国家级物理实验教学示范中心系列教材

云南省普通高等学校"十二五"规划教材

科学出版社"十三五"普通高等教育本科规划教材

大学物理实验

（上册）

主编　张皓晶

科学出版社

北　京

内 容 简 介

本书根据云南师范大学国家级物理实验教学示范中心多年来的教学研究和教学实践经验总结编写而成,全书系统介绍了大学物理实验课的学习方法和要求,分为基础性实验、提高性实验、设计性实验、综合性实验和开放型课外实验五个层次,实验除了简明扼要地给出实验原理、实验内容、可提供的器材和实验参数,还对实验方法、数据处理、实验误差、实验结果示例、实验教学中的疑难问题等进行了详尽的分析和讨论,并附有思考题. 特别是书中收集了数十位作者在教学实践中设计的实验,这些实验均发表在国内外教学研究的期刊上(有的被 SCI 或 EI 收录),其中的测量方法提示、实验设计要求为教师教学工作和学生课内外学习提供方便.

本书可供高等院校理、工、农、医等各专业的学生作为大学物理实验课或普通物理实验课的教学用书或参考书,并可供其他从事物理实验的科技工作者参考.

图书在版编目(CIP)数据

大学物理实验. 上册 / 张皓晶主编. —北京:科学出版社,2023.1
国家级物理实验教学示范中心系列教材 云南省普通高等学校"十二五"规划教材 科学出版社"十三五"普通高等教育本科规划教材
ISBN 978-7-03-074656-6

Ⅰ. ①大… Ⅱ. ①张… Ⅲ. ①物理学—实验—高等学校—教材
Ⅳ. ①O4-33

中国版本图书馆 CIP 数据核字(2023)第 010306 号

责任编辑:窦京涛 田轶静 / 责任校对:杨聪敏
责任印制:张 伟 / 封面设计:无极书装

科 学 出 版 社 出版
北京东黄城根北街 16 号
邮政编码:100717
http://www.sciencep.com
涿州市般润文化传播有限公司 印刷
科学出版社发行 各地新华书店经销
*
2023 年 1 月第 一 版 开本:720×1000 1/16
2023 年 1 月第一次印刷 印张:26
字数:524 000
定价:**89.00 元**
(如有印装质量问题,我社负责调换)

序

物理学是以实验为基础的科学，物理实验教学是科学实验的雏形和先驱，物理实验课是对学生进行科学实验基本训练的重要基础课程，大学物理实验教学是培养学生科学素养和实践创新能力的重要环节. 通过物理实验课的学习，学生可以在实验的设计思想、实验方法、实验手段、实验仪器操作能力等方面为科学实验打下坚实的基础.

多年来，云南师范大学国家级物理实验教学示范中心教学团队，在研究和创新物理实验方面做了一系列的工作. 教学团队将物理理论教学和实验研究方法拓展到学科前沿进展和各门学科的学习研究中，老师们弘扬国立西南联合大学在困难时期因地制宜自制实验仪器的精神，培养学生运用先进科学仪器从事物理教学、科学研究及教具设计与制作的能力，培养学生因地制宜解决边疆民族地区中学物理实验教具、设备欠缺问题的能力，坚持"服务于边疆民族地区基础教育"人才培养的理念和方向，构建分层次教学的创新模式，强化学生实践创新能力的培养. 在教学、科研一体化的平台基础上，以张皓晶副教授为首的实验教学示范中心教学团队，编写了这套特色鲜明的实验教材，所编教材按照实验内容的基础性、提高性、设计性、综合性、开放型分为上下两册. 它的适应面很广、选择余地很大，在云南师范大学经过多年的教学实践并几次完善，在理工科大学生物理实验教学中发挥了重要作用，也适合在云南等边疆民族地区的各类高等学校使用，特别是这次修订融进了近几年教学改革的新成果，是一套渗透着时代气息的精品课教材，该书是国家级物理实验教学示范中心系列教材、云南省普通高等学校"十二五"规划教材、科学出版社"十三五"普通高等教育本科规划教材.

该书中的设计性实验颇具创新性. 设计性实验是一种让学生独立自主对实验方法进行设计、对实验结果进行分析研究的实验，与传统的基础性实验和提高性实验相比，它更有利于培养学生的创新能力. 教学团队在大学物理实验课程中开设了适合本科一、二年级的设计性实验35个，有近千名学生先后做了这些实验，教学实践表明这些实验是成功的，备受学生欢迎，并受到国内外同行的高度评价，由此成为获得第七届国家级高等学校教学成果奖的部分内容之一.

综合性物理实验是多年来在教学实践中曾经尝试过的题目，有的选题是获得诺贝尔物理学奖的重要实验，有的选题把发表在 Science、Nature、PR、ApJS、AJ、MNRAS 等杂志上的国际最新研究成果中包含的基本物理实验方法、技术手段、设计思想引入物理实验教学中，让学生学习到更多的前沿科技知识，接受良好的科研训练, 获得了许多研究成果. 例如, 通过"耀变体的 CCD 测光实验"(实验 5.15) 的学习, 学生在国际学术期刊(*The Astrophysical Journal Supplement Series*, 2016, 24:24; *The Astronomical Journal*, 2015, 150:8; *Monthly Notices of the Royal Astronomical Society*, 2015, 451:4193-4206 等)发表多篇论文.

通过多届学生的教学实践发现, 进入开放型课外实验学习的学生, 实践能力显著增强, 初任职学生工作时不应期明显缩短, 具有较强的后发优势, 深受基层教育部门和用人单位的好评. 开放型课外实验设计研究中收录的 15 个实验, 仅是学生完成的众多开放型课外实验的部分示例. 借助实验室现有的条件, 结合边疆民族地区生源实际情况, 总结了应用新材料、新方法改进的实验, 给出了一些新的实验设计思想和方法提示.

由张皓晶主编的《大学物理实验》是一套具有创新性的实验教材. 编者都是在教学科研第一线辛勤工作多年、具有丰富教学经验和科研背景的教师, 教材融进了他们长年累月积淀的科研内容和教学思想、方法、成果, 体现了"刚毅坚卓"的校训, 反映出了"启智树人, 教学相长"的教风, 凝聚着广大实验工作者的智慧和心血. 学生们通过实验课学习, 在国内外学术期刊所发表的几十篇论文和获奖经历也表明了他们的大学物理实验教学所达到的水平. 该书对大学物理实验教学的研究探索和创新是令人赞赏的, 也确实是一套大学物理实验的好教材, 在这里我愿把它推荐给大家, 让物理实验课程担负起云南边疆民族地区培养学生创新精神、创新意识和创新能力的任务.

韩占文

2022 年 9 月于昆明

前　　言

物理学是一门研究物质的基本结构、基本运动形式、相互作用和转化规律的学科，也是一门理论与实践紧密结合的学科. 它的基本原理渗透在自然科学的各个领域并广泛应用于生产实践中，是自然科学和工程技术的基础. 物理学对人类生产和生活、社会文明进程及人文理念产生过并且还正在产生着十分深刻的影响. 物理学是实验科学，物理实验是物理学的基础.

大学物理实验是理工科学生的一门必修课，是学生进入大学后的第一门实验课. 在大学物理实验中，学生将受到系统的物理实验方法和实验技能的训练，这些训练将为学生以后的学习打下一个良好的基础，因此大学物理实验是整个实验教学体系中的一个非常重要的环节.

本书是张皓晶等教师在云南师范大学物理实验教研室前辈们编写的《大学物理实验》的基础上编写而成的. 《大学物理实验》于 1989 年出版，至今已经使用了 30 余年. 在此期间，随着科学技术的进步和教育改革的发展，大学物理实验课在教学体系、教学方法、实验技术、仪器设备等方面都发生了很大变化，物理实验教研室也发展壮大并于 2008 年建成国家级物理实验教学示范中心. 2009 年物理实验教研室成为国家级和云南省级"物理实验课程教学团队"，同年"基础物理实验"课程建成了国家级和云南省级精品课程，前辈们编写并长期使用的《大学物理实验》教材也多次修改. 为了适应新的教学要求和条件，让大学物理实验课程担负起边疆民族地区培养学生创新精神、创新意识和创新能力的任务，解决边疆民族地区学生物理实验基础参差不齐、部分学生从未做过物理实验、各专业物理实验课教学整体进度难于统一、教学质量难于保证、教学目标难于实现等问题，物理实验课程教学团队结合大学物理实验教学的要求，拓展物理实验教学内容，针对边疆民族地区物理实验器材欠缺的问题，开展了培养学生自主设计、开发物理实验教具能力的研究. 这就要求相应的大学物理实验课程与时俱进，对教学体系、教学内容、教学方法和教学手段进行深入的改革. 为此重新编写了这本大学物理实验教材.

本书的内容是按分层次教学的需要而编排的. 第 1 章为实验的基础知识和数据处理基本要求，这部分内容可根据教学中不同专业的实际情况选用. 在实验内容上，本书按照五个教学层次编写．第一层次为入门实验，即本书第 2 章基础性实验．考虑到我国边疆民族地区中学物理教学的现状和不同地区学校的差异，这一章所选的实验题目主要是为学生学习大学物理实验课程做一些知识的准备，为高中和大学之间做一个衔接，且主要目的是训练学生对物理现象的观察能力，激发学生对物理实验的兴趣．通过这些实验让学生学习基本物理实验方法和测量技术，熟悉基本物理实验仪器的工作原理和使用方法，学习实验数据处理和分析的基本方法．第二层次为提高性实验，即本书第 3 章提高性实验，具体在介绍每个实验时，分别按照实验目的、实验原理、实验装置、实验内容和注意事项等展开．实验目的是巩固学生在基本实验阶段的学习成果，开阔眼界及思路，提高学生对实验方法和技术的综合运用能力．第三层次为设计性实验，即本书第 4 章设计性实验，设计性实验是物理实验课程改革中的一种新型教学实验，这些实验要求学生自己根据测量原理和方法提示，查阅参考文献，自己设计实验装置，完成实验设计要求，并对实验结果及误差进行分析与研究，故称此为设计性实验．设计性实验是大学物理实验中一种较高层次的教学实验训练．教学实践表明，学生做设计性实验时，能从失败与成功中得到更多的实验技能训练，整体素养和能力得到提高．借助我们实验室现有的条件，结合边疆民族地区生源实际情况，我们总结了应用新材料、新方法改进的实验，给出了一些新的实验设计思想和方法提示．这些内容是我们在国内学术刊物上发表的教学研究论文的总结．近年来，教学团队指导学生通过设计性实验的训练，已经写出高质量的实验报告数十篇，其中有 20 余篇以论文形式在《物理教师》《物理实验》《物理通报》等多种学术刊物上发表，多篇被 SCI、EI 收录，有的论文参加全国大学生"挑战杯"和国内各种物理实验竞赛，均有获奖，这也是设计性实验备受学生欢迎之处．第四层次为综合性实验，即本书第 5 章综合性实验，综合性实验是多年来在教学实践中曾经尝试过的题目，有的选题是获得诺贝尔物理学奖的重要实验，通过综合性实验的训练，使学生体验查阅资料、学习新颖的重要和经典实验方案的再设计、搭建实验设备、解决实验中出现的问题，以及分析实验结果等全过程，在整个实验过程中锻炼学生分析和解决实际物理问题的能力，提高学生的科学素养．通过综合性实验的学习，锻炼学生对物理实验知识的综合运用能力和独立工作能力．第五层次为开放型课外实验，即本书第 6 章开放型课外实验设计研究．完成了前五章学习和考核的学生，在教师的引导下，进入开放型课外实验设计的学习，让学生学到更多的课外科技知识，接受良好的初步科研训练．结合边疆民族地区高校的生源实际情况，按照边疆民族地区基础教育的需要，将科研成果和最新国际研究成果融入专业教学之中，优化物理理论和实验教学内容，把理论课中的科学思想、方法适时引入物理学理论与实验教学和实验数据处理中，同时把实验中数据处理方法上升到理论学习与研究，实现学生的理论基础与实验能力双促进；把发表在 *Science*，*Nature*，*PRL*，*Nature Material*，*ApJ* 等杂志上的国际最新研究成果中包含的基本物理实验方法、技术手段、设计思想引入物理实验教学中，使物理理论和实验教学内容贴近科学研究的前沿，实验方法与科学研究的前沿对接，如讲到光栅和光栅衍射实验时，介绍发表在 *Phy. Rev. Lett.* 2007, 99：174301 上关于声子晶体中的亚波长增强透射效应的论文，阐述声波与光波、声栅与光栅的区别与联系；将物理理论教学和实验研究方法拓展到学科前沿进展和各门学科的学习与研究中，弘扬国立西南联合大学在困难时期因地制宜自制实验仪器的精神，培养学生运用先进科学仪器从事物理教学、科学研究及教具设计与制作的能力，培养学生因地制宜解决边疆民族地区物理实验教具、设备欠缺问题的能力；坚持"服务于边疆民族地区基础教育"人才培养的理念和方向，构建多元化的实验平台. 强化学生实践创新能力的培养，在教学、科研一体化的平台基础上，使学生学到更多的课外科技知识，接受良好的科研训练，获得了许多奖项和成果. 进入开放型课外实验学习的学生，实践能力显著增强，初任职学生工作时不应期明显缩短，具有较强的后发优势，深受基层教育部门和用人单位的好评. 第 6 章收录的 15 个实验，仅是学生完成的众多实验设计的部分示例.

　　全书收集了 153 个实验. 这些实验都在云南师范大学物理实验教学中心的"大学物理实验"课程教学中实践过，结果证明可行且效果较好. 本书把实验教学内容与教学问题分析讨论结合在一起，对实验教学具有较强的指导性，在对一些具体实验现象、问题的剖析和讨论中，力图提高物理概念的准确性和实验原理的严密性，较为重视实验中理论的指导作用. 本书是国家级物理实验教学示范中心系列教材、云南省普通高等学校"十二五"规划教材、科学出版社"十三五"普通高等教育本科规划教材. 此外，大学物理实验课是一门体现集体智慧和劳动结晶的课程，是云南师范大学物理实验教研室前辈和广大教师日积月累、逐步完善、发展和升华的结果. 在这里，我们要感谢物理实验教研室在《大学物理实验》教材编写和历次修改中已退休的胡世强、宋建业、丁丽芬、尚鹤龄、李静义、孔正坤、王瑞丽、曾华、杨和仙、刘燕、李星等教师. 在编写本书的过程中，我们参阅了国内外大量文献资料，参考了国内外一些高校的普通物理实验教材及普通物理教科书，吸收了在实验教学第一线辛勤耕耘多年、在实验教学方面有较高造诣的众多研究者的经验，在所收录和应用的参考文献中如有疏漏处，请给予谅解. 在此，对被引用文献的各位潜心从事物理实验教学研究的专家和同行致以衷心的感谢.

　　本书由张皓晶主编，王丽莎、王黎智、尹德都、冯洁、刘应开、刘文广、李汝恒、张雄、矣昕宝、温元斌等担任编委. 全书最后由张皓晶统稿加工. 本书也是云南师范大学国家级物理实验教学示范中心教职工近几年教学改革成果的结晶，参加编写的还有郑永刚、杨卫平、石俊生、徐云冰、彭桦、易庭丰、梁红飞、吕宪魁、蔡武德、毛慰明等. 本书在出版过程中，得到了科学出版社编辑的帮助和指导，在此一并致谢.

　　感谢"云南省中青年学术和技术带头人后备人才"项目(2017HB020)的支持.

　　由于作者水平有限，书中不妥之处在所难免，恳请各位专家、同行和同学们指正.

编　者

2022 年 8 月于昆明呈贡大学城

目　　录

第1章　测量误差与数据处理

1.1　测量误差与不确定度

1.1.1　测量和实验误差

测量　在科学实验中，一切物理量都是通过测量得到的. 所谓测量，就是将待测物理量与规定作为标准单位的同类物理量(或称为标准量)通过一定的方法进行比较. 测量中的比较倍数即为待测物理量的测量值. 测量可分为两类：一类是用已知的同类物理量与待测物理量直接进行比较，或者从已用标准量校准的仪器仪表上直接读出测量值(例如，用米尺量得物体的长度为 0.7300m，用停表测得单摆周期为 1.05s，用毫安表读出电流值为 12.0mA 等)，这类测量称为直接测量；另一类测量不能直接把待测量的大小测出来，而是依据待测量由一个或几个直接测得量的函数关系求出该待测量(例如，测量铜圆柱体的密度时，首先用游标卡尺或螺旋测微器(千分尺)测出它的高 h 和直径 d，用天平称出它的质量 m，然后通过函数关系式 $\rho = 4m/(\pi d^2 h)$ 计算出铜的密度 ρ)，这类测量称为间接测量(或称复合测量).

一般来说，大多数测量都是间接测量. 但随着科学的发展，很多原来只能以间接测量方式来获得的物理量，现在也可以直接测量了. 例如，电功率现在可用功率表直接测量；又如速度也可用速率表来直接测量等.

测得的数据(即测量值)不同于数学中的数值，它是由数字和单位两部分组成的. 一个数值有了单位，便有了特定的物理意义，这时它才可以称为一个物理量. 因此，在实验中经测量所得的量(数据)应包括数值和单位，二者缺一不可.

实验误差　任何物质都有其自身的特性. 反映这些特性的物理量所具有的客观真实数值称为物理量的真值. 测量的目的就是要力求得到真值. 但测量总是依据一定的理论和方法，使用一定的仪器，在一定的环境中由一定的人进行的. 在测量过程中，由于受到测量仪器、测量方法、测量条件和测量人员的水平以及种种因素限制，测量结果与客观存在的真值不可能完全相同，所测得的只能是该物理量的近似值. 也就是说，任何一种测量结果与客观存在的真值之间总会或多或少地存在一定的差值，这种差值称为测量误差(又称测量的绝对误差)，简称"误差"，即

$$测量值(x) - 真值(X) = 误差(\varepsilon)$$

误差存在于一切测量之中,而且贯穿测量过程的始终. 每次测量都会引起误差. 测量所根据的方法和理论越多,所用仪器经历的时间越长,则引进误差的机会就越多. 因此,实验应根据测量量来制订或选择合理的方案和仪器. 要避免测量中某个环节盲目不实际的高指标,因为这样既不符合现代信息论的基本思想,又加大了测量误差. 一个优秀的实验工作者,应该是在一定的要求下,以最低的代价来获得最好的结果. 要做到既保证必要的实验精度,又合理地节省人力与物力.

1.1.2　误差分类

1. 随机误差(王云才,2014)

定义:在实际测量中,多次测量同一量时,误差的绝对值和符号的变化,时大时小,时正时负,以不可预定的方式变化着的误差称为随机误差.

如对准标志(刻线)的不一致,读数偏大与偏小引起的误差,光电流变动、实验条件的波动等都会产生随机误差. 随机误差在各项测量中的单个无规律性,导致了众多随机误差之和有正负相消的机会,随着测量次数的增加,随机误差的个数也增加,而随机误差平均值愈来愈小并以零为极限,因此,多次测量的平均值的随机误差比单个测量值的随机误差小,这种性质通常称为抵偿性,抵偿性只发生在本次实验产生的许多随机误差中,也称为本次随机误差.

通常,可以用统计的方法估计出随机误差的界限Δ,则Δ称为随机误差限或极限误差,而$(-\Delta, \Delta)$或简写为$\pm\Delta$,称之为随机误差的置信区间,它与概率有关.

由于随机误差的变化不能预先确定,因此,这类误差也不能修正,而仅仅只能估计. 随机误差是具有统计(或概率)规律的误差,其显著的统计特征如下所述.

(1) 测量列的算术平均值,在深入讨论随机误差问题时,可假定系统误差已经被消除或减小到可以忽略的地步.

在相同条件(即等精度)下对于某一物理量进行k次测量,其测量值为x_1, x_2, x_3, $\cdots$, x_k的算术平均值为$\bar{x}$,则

$$\bar{x} = \frac{1}{k}\sum_{i=1}^{k} x_i \tag{1-1-1}$$

根据统计误差理论,在一组k次测量的数据中,当测量次数$k \to \infty$时,$\bar{x} = X$(真值). 算术平均值最接近于真值,所以称为测量的"最佳值".

测量次数的增加对于提高算术平均值的可靠性是有利的,但不是测量次数越多越好. 因为增加测量次数必定延长测量时间,这样会给保持稳定的测量条件增

加困难，还会引进大的观测误差. 另外，增加测量次数对系统误差的减小并不起作用，所以实验次数不必过多. 一般在科学研究中，取 10～20 次，而在物理实验中，通常取 6～10 次.

(2) 测量列的标准误差，如前所述，随机误差的大小和方向都不能预知，但是在等精度条件下，对物理量进行足够多次测量，就会发现测量的随机误差是按一定的统计规律分布的，而典型的分布就是正态分布(高斯分布).

典型的正态分布如图 1-1-1 所示. 图中 ε 为绝对随机误差(绝对误差)，$f(\varepsilon)$ 为概率分布函数，σ 为标准误差.

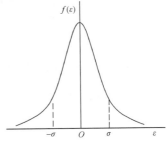

图 1-1-1　随机误差分布曲线

由概率知识可以证明

$$f(\varepsilon) = \frac{1}{\sigma\sqrt{2\pi}} e^{-\varepsilon^2/2\sigma^2} \tag{1-1-2}$$

其中 σ 被定义为测量列的标准误差. σ 可表示为

$$\sigma = \lim_{k\to\infty} \sqrt{\frac{1}{k}\sum_{i=1}^{k}(x_i - X)^2} = \lim_{k\to\infty}\sqrt{\frac{1}{k}\sum_{i=1}^{k}\varepsilon_i^2} \tag{1-1-3}$$

(3) σ 的统计意义，由(1-1-2)式表示的正态分布和概率论知识有

$$\int_{-\infty}^{\infty} f(\varepsilon)\mathrm{d}\varepsilon = 1$$

$$\int_{-\sigma}^{\sigma} f(\varepsilon)\mathrm{d}\varepsilon = p(\sigma) = 0.683$$

$$\int_{-2\sigma}^{2\sigma} f(\varepsilon)\mathrm{d}\varepsilon = p(2\sigma) = 0.954$$

$$\int_{-3\sigma}^{3\sigma} f(\varepsilon)\mathrm{d}\varepsilon = p(3\sigma) = 0.997$$

(1-1-3)式表明：当 $k \to \infty$ 时，任何一次测量值与真值之差落在区间 $(-\infty, \infty)$ 的概率为 1(满足归一化条件)，而落于区间 $[-\sigma, \sigma]$ 的概率为 0.683，即置信概率 $P = 0.683$，落于区间 $[-2\sigma, 2\sigma]$ 的概率为 0.954，置信概率 $P = 0.954$，落于区间 $[-3\sigma, 3\sigma]$ 的概率为 0.997，置信概率 $P = 0.997$，由此可看到 σ 是一个统计特征值，它表明了在一定条件下等精度测量列随机误差的概率分布情况. 当测量次数无限多时，测量误差的绝对值大于 3σ 的概率仅为 0.3%，对于有限次测量，这种可能性是极微小的，于是可认为此时的测量是失误，该测量值不可信，应予剔除. 这就是著名的 3σ 准则，在分析多次测量的数据时很有用. 由此可知，标准误差 σ 是随机误差散布情况的量度.

(4) 标准偏差 σ_x 的最佳估计值. 在实际测量中，测量次数 k 总是有限的，况且真值 X 也不知道，因此标准误差只具有理论价值，对它的实际处理只能进行估算. 设 $\bar{x}$ 为多次测量值 x_i 的算术平均值，定义测量列的标准偏差为

$$\sigma_x = \sqrt{\frac{1}{k-1}\sum_{i=1}^{k}(x_i-\bar{x})^2} \tag{1-1-4}$$

当测量次数足够多时，测量列中任一测量值与平均值的偏离落在 $(-\sigma_x, \sigma_x)$ 的概率为 68.3%. (1-1-4)式亦称为贝塞尔公式.

2. 系统误差

在同一实验条件下(仪器、环境和观测人都不变)多次测量时，误差的绝对值和正负号保持不变，或按一定规律变化的误差，称系统误差，系统误差的特征是它的可确定性. 它主要来自以下几个方面.

1) 仪器误差

仪器是指为确定被测量值所必需的计量器具和辅助设备的总体，其误差来源于以下几个方面.

(1) 标准器误差. 标准器是提供标准量值的器具，如激光管、标准量块、标准电池、标准电阻和铯原子钟等，使用时它们的真值和它们自身体现出来的客观量值之间有差异，或者，在没有满足约定真值所需的条件下复现出某个与约定真值有差异的值.

(2) 仪器误差. 将被测的量转换成可直接观测的指示值或等效信息的计量器具，有时可分为转换系统、传输通道和指示系统等. 例如，零位指示器、阿贝比长仪等比较仪器，温度计、秒表、检流计等指示仪器都会引起误差.

(3) 附件误差. 为测量创造一些必要条件，或使测量方便地进行的各种辅助附件均属测量附件，例如，电测中的转换开关及移动接触点，电源、热源和连接导线等都会引起误差.

误差的具体表现形式如下.

线纹尺分划质量不好，光学计量装置的杂散光，量块的不平行性及不平面度，螺纹测微器有空行程，望远镜光学性能不好，由零件联结间隙产生的隙动等，这些误差大部分是由制造工艺和长期使用磨损引起的，属于结构性的误差.

仪器在使用时没有调整到水平、垂直、平行等理想状态，应当对中的未能对中，方向不准等属于使用中的调整性误差.

此外，还有变化性的误差. 如提供标准量值本身的准确性及其随时间的不稳定性和随空间位置变化的不均匀性，激光波长的长期稳定性，尺长的时效，电阻、电池的老化，晶体振荡器频率的长期漂移和短时波动，硬度块上的硬度值各处不

同等，又如伴随有源仪器信号输出时的各种噪声，这些噪声使得信号产生失真或畸变.

2) 环境误差

由各种环境因素与要求的标准状态不一致及其在空间上的梯度与随时间的变化引起的测量本身的变化，机构失灵、相互位置改变等引起的误差，这些因素和温度、湿度、气压(引起空气各部分的扰动)、震动(大地微震、冲击、碰撞等)、照明(引起视差)、加速度、电磁场、野外工作时的风效应、阳光照射、透明度、空气含尘量有关.

仪器仪表在出厂规定的正常工作条件下使用时产生的示值误差称为基本误差，所谓正常工作条件是指检定规程中所规定的工作条件，如(20±2)℃等，超出此正常工作条件使用时所增加的误差称为附加误差或变动量. 计量仪器仪表使用与检定时，环境因素的差异引起的误差，常常成为新的重要的误差源. 科学实验中，静态分析和检定与动态使用时的差异是值得特别注意的误差源，例如，当地面上已检定的仪器，在空中运动着的飞行器上使用等.

3) 人员误差

测量者生理上的最小分辨力，感觉器官的生理变化，反应速度和固有习惯引起的误差. 如记录某一信号时，测量者滞后和超前的趋向，对准标态读数时，始终偏左或偏右，偏上或偏下，常表现为视差、观测误差、估读误差和读数误差等. 这类误差常简称为人差.

4) 方法误差

需要瞬时取样测量，而实际上取样间隔不为零；经验公式函数类型选择的近似性以及公式中各系数确定的近似性. 由测量方法或计算方法不完善所引起的误差均属于方法误差.

在推导测量结果表达式中没有得到反映，而在测量过程中实际起作用的一些因素引起的误差也属于方法误差，如电测量中由方法不妥引起的装置绝缘漏电、热电势、引线电阻上的压降，平衡电路中的灵敏阈值等.

由知识的不足或研究不充分引起的方法误差，如对已检验方法进行了不小心的简化，操作和实验不合理等都容易引起方法误差.

在一些计量工作中，测量对象本身的规律变化正是我们要研究的，但有时也作为误差因素考虑. 有一些误差不是测量设备所有，也不是被测对象所有，当设备与对象连接后就将误差带给了测量结果. 例如，用高准确度电压表测量电压源的电压时，由于输入与输出阻抗的失配，而将误差带给了测量结果. 不同的电压源有着不同的误差.

必须注意：以上各种误差来源，有时是联合起作用的. 误差分析时，几个误差来源联合起作用时，可以作为一个独立误差因素考虑，这样就可能使得它与其他各个因素独立或无关，能使误差合成时得到简化.

综上所述，系统误差和随机误差性质不同，来源不同，处理方法也不相同，但在实验中系统误差和随机误差往往是并存的，共同影响着实验测量结果.

3. 精密度、准确度、精确度

通常人们用"精度"这类词来形容测量结果的误差大小，但精度是一个笼统的概念. 我们有必要从误差角度对此作一定的说明(汪涛，2012).

精密度——指重复测量所得结果相互接近的程度. 精密度反映了随机误差大小的程度.

准确度——指测量值或实验所得结果与真值符合的程度. 它是描述测量值接近真值程度的尺度，反映了系统误差大小的程度.

精确度——精密度与准确度的综合，既描述了测量数据间的接近程度，又表示了与真值的接近程度. 总之，精确度反映了综合误差大小的程度.

图 1-1-2 可以帮助读者形象地理解以上三个名词.

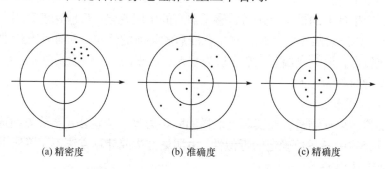

(a) 精密度　　　　　　(b) 准确度　　　　　　(c) 精确度

图 1-1-2　精密度、准确度、精确度

图 1-1-2(a)中子弹击中靶子的点比较集中，但都偏离靶心，表示精密度较高而准确度较差；图 1-1-2(b)虽然着弹点较分散，但平均值较接近靶心，表示准确度较高而精密度较差；图 1-1-2(c)则表明了精密度和准确度均较好，即精确度较高.

4. 误差的相互转化

必须注意误差的性质是可以在一定的条件下相互转化的. 例如，尺子的分度误差对于制造尺子来说是随机误差，但将它作为基准尺检定成批尺子时，该分度误差使得成批测量结果始终长些或短些，这就成为系统误差. 系统误差来源于这类随机误差，常称为双向系统误差、系统性随机误差或前次随机误差等. 由于误差在前次实验中已带有，故在累积测量中具有累积的特性. 所谓累积测量是指逐段测量距离求得它们之和，逐个检定砝码的质量以求得砝码组的质量之和等. 以后可以见到，累积的性质实质上是强正相关的随机误差.

用测量线测量阻抗参数或反射系数时，它本身的剩余反射对测量线来说是系统误差，但在测量反射系数时引入的误差，就与阻抗反射和剩余反射之间的相角有关，在不同的相角关系下误差数值不同，在实际测量中各种相角关系都有可能出现，具有随机性质.

加工的长管，管径误差在各处都有确定的值，它是系统误差，但对于该管的平均效应来说，管径各处的误差有正有负，有大有小，具有随机性质.

又如度盘某一分度线具有一个恒定系统误差，但所有各分度线的误差却有大有小，有正有负，对整个度盘分度线的误差来说具有随机性质. 如果用度盘的固定位置测量定角，则误差恒定；如果用度盘的各个不同位置测量该角，则误差时大时小，时正时负，随机化了. 因而，测量平均值的误差能够得到减小，这种办法常称为随机化技术.

在实际的科学实验与测量中，人们常利用这些特点减小实验结果的误差. 譬如，当实验条件稳定且系统误差可掌握时，就尽量在相同条件下做实验，以便修正系统误差；当系统误差未能掌握时，就可以采用随机化技术，例如，均匀改变测量条件(如度盘位置)使系统误差随机化，以便得到抵偿部分系统误差后的结果.

1.1.3　测量结果的不确定度(杨述武，2000；汪涛等，2012)

由于测量误差的存在而对测量值不能确定的程度称为不确定度. 不确定度是一个描述尚未确定的误差特征的量，是表征测量范围的一个评定，而被测量的真值就在其中. 不确定度按误差性质分为系统不确定度和随机不确定度. 按估计或推测其数值的不同方法归并为两类：其一，多次重复测量用统计的方法计算出的标准偏差；其二，用其他方法估计出的近似的"标准偏差". 前者称为 A 类分量，后者称为 B 类分量.

由于不确定度是未定误差的特征描述，而不是指具体的、符号和绝对值皆已知的误差值，故而不能用于修正测量结果. 因此可以称标准偏差为不确定度，也可以称若干倍的标准偏差(误差限)为不确定度.

1. 直接测量值的标准不确定度的 A 类分量 $u_A(x)$

测量 x 的平均值 $\bar{x}$ 的实验标准差 $s(\bar{x}) = \sqrt{\dfrac{\sum(x_i - \bar{x})}{n(n-1)}}$，取 x 的标准不确定度的 A 类分量

$$u_A(x) = s(\bar{x}) \tag{1-1-5}$$

当测量值 x 的分布为正态分布时，不确定度 $u_A(x)$ 表示 $\bar{x}$ 的随机误差在 $-u_A(x)\sim +u_A(x)$ 范围内的概率近似为 2/3.

2. 直接测量值的标准不确定度的 B 类分量 $u_B(x)$

设 x 误差的某一项的误差限为 Δ，其标准差 $s=\Delta/k$，（k 为与该未定系统差分量的可能分布有关的常数)，则标准不确定度 B 类分量

$$u_B(x)=\Delta/k \tag{1-1-6}$$

按均匀分布，$k=\sqrt{3}$，则 $u_B(x)=\Delta/\sqrt{3}$，$\bar{x}$ 的该项误差在 $-u_B(x)\sim +u_B(x)$ 范围内的概率为 57%.

例如，使用光学平台上的米尺测量长度时，米尺的量程为 0～1500mm，最小分度为 1mm，按国家计量技术规范 JJG 30—1984，其示值误差在 ±1mm 以内，即极限误差 $\Delta=0.01$mm，则由米尺引入的标准不确定度 $u_B=1$mm$/\sqrt{3}\approx 0.58$mm.

3. 合成标准不确定度 $u_c(x)$ 或 $u_c(y)$

对一物理量测量之后，要计算测得值的不确定度，由于其测得值的不确定度来源不止一个，所以要合成其标准不确定度.

例如，用螺旋测微器测钢珠的直径，不确定度的来源有：

(1) 重复测量读数(A 类评定)；

(2) 螺旋测微器的固有误差(B 类评定).

又如用天平称衡一物体的质量，不确定度的来源有：

(1) 重复测量读数(A 类评定)；

(2) 天平不等臂(B 类评定)；

(3) 砝码的标称值的误差(B 类评定)，标称值指仪器上标明的量值；

(4) 空气浮力引入的误差(B 类评定).

由不同来源评定的标准不确定度要合成为测得值的标准不确定度，首先要明白一点，作为标准不确定度，不论是 A 类评定或 B 类评定在合成时是等价的；其次是合成的方法，由于实际上各项误差的符号不一定相同，采用算术求和将可能增大合成值，一般统一约定采用**方和根法**，合成两类分量.

对于直接测量，被测量 X 的标准不确定度的来源有 k 项，则合成不确定度 $u_c(x)$ 取

$$u_c(x)=\sqrt{\sum_{i=1}^{k}u^2(x)} \tag{1-1-7}$$

上式中的 $u(x)$ 可以是 A 类评定或 B 类评定.

对于间接测量，设被测量 Y 由 m 个不相关的直接被测量 $x_1,x_2,\cdots,x_m$ 算出，它

们的关系为 $y=y(x_1,x_2,\cdots,x_m)$，各 x_i 的标准不确定度为 $u(x_i)$，则 y 的合成标准不确定度 $u_c(y)$ 为

$$u_c(y)=\sqrt{\sum_{i=1}^{m}\left(\frac{\partial y}{\partial x_i}\right)^2 u^2(x_i)} \tag{1-1-8}$$

偏导数 $\dfrac{\partial y}{\partial x_i}$ 为灵敏系数，$\dfrac{\partial y}{\partial x_i}$ 的计算与导数 $\dfrac{dy}{dx}$ 的计算很相似，只是计算 $\dfrac{\partial y}{\partial x_i}$ 时要把 x_i 以外的变量作为常量处理，对于幂函数 $y=Ax_1^a x_2^b\cdots x_m^k$，由于

$$\frac{\partial y}{\partial x_1}=y\frac{a}{x_1},\quad \frac{\partial y}{\partial x_2}=y\frac{b}{x_2},\quad \cdots,\quad \frac{\partial y}{\partial x_m}=y\frac{a}{x_m}$$

(1-1-8)式成为比较简单的形式

$$u_c(y)=y\sqrt{\left(a\frac{u(x_1)}{x_1}\right)^2+\left(b\frac{u(x_2)}{x_2}\right)^2+\cdots+\left(k\frac{u(x_m)}{x_m}\right)^2} \tag{1-1-9}$$

4. 测量结果的表达

$$Y=y\pm u_c(y)\,(单位)$$

或用相对不确定度 $u_r=u(y)/y$，则

$$Y=y(1\pm u_r)\,(单位)$$

测量后，一定要计算不确定度，如果实验时间较少，或者不便于比较全面地计算不确定度，对于以随机误差为主的测量情况，可以只计算 A 类标准不确定度作为总的不确定度，略去 B 类不确定度；对于以系统误差为主的测量情况，可以只计算 B 类标准不确定度作为总的不确定度.

计算 B 类不确定度时，如果查不到该类仪器的容许误差，可取 Δ 等于分度值或某一估计值，但要注明.

1.2　有效数字及其运算

1.2.1　有效数字的概念

在物理实验中，测量结果就是一些数据. 由于仪器精度和测量者估读能力的限制，所测数据的位数是一定的. 在记录数据时，一般应根据测量仪器的最小分度(仪器的精密度)读数，并读到最小分度后再估计一位数字. 例如，用米尺测量一物体的长度(图 1-2-1)，所得数据应写为 10.6mm，其中 1 和 0 是准确读出来的，称为可靠数字；而末位

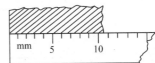

图 1-2-1　米尺读数示意图

数 6 是估计出来的, 其准确性是值得怀疑的, 称为可疑数字, 我们将测量数据中的可靠数字和一位可疑数字统称为有效数字. 10.6mm 共有三位有效数字.

"0" 在数字之间或数之末时, 均属有效数字; 代表小数的 "0" 不是有效数字. 例如, 9.80、9.00、5.03 都是三位有效数字, 而 0.0900、0.503、0.00840 也只是三位有效数字.

在变换单位时, 为了不改变有效数字的位数, 同时也为了书写方便, 一般要采用科学记数法. 例如, 10.6mm, 以 km 为单位时记为 1.06×10^{-5} km, 如记为 0.0000106km, 则显得繁杂; 以 μm 为单位时记为 1.06×10^{4} μm, 如记为 10600μm, 就成了五位有效数字, 这是错误的. 总之, 在一个有效数字的末尾绝不能任意增减 "0" 的个数, 有效数字的位数与单位的变换无关, 与小数点的位置无关.

在科学实验中, 有效数字具有重要的意义. 有效数字位数的多少反映了我们对被测量了解的清晰程度, 有些情况下, 要将被测量的有效数字增加一位, 在方法、仪器的改进等方面均要付出很大的代价. 而有效数字的位数一旦增加一位, 我们将会了解到新的信息乃至发现新的规律. 随着实验的深入, 大家对有效数字的意义将会有更深刻的认识.

1.2.2　有效数字的修约规则

在数据处理中, 常常需要运算一些精度不等的数值. 为了节省运算时间, 避免运算过繁引起的错误, 我们采用如下的修约规则.

(1) 如舍去部分的数值小于所保留末位的1/2, 则末位不变; 如舍去部分的数值大于所保留的末位的1/2, 则末位加 1.

(2) 如舍去部分的数值等于所保留末位的1/2, 则末位凑成偶数. 即当末位为偶数时, 末位不变; 当末位为奇数时, 末位加 1.

以上规则可归纳为 "四舍六入五凑偶" 来记忆.

1.2.3　有效数字的运算规则

(1) 和差运算. 最后结果中可疑数字的位置, 应与各数中可疑数字位数最高(最左)的一数相同.

例 1　$510.3 + 92 + 2.04 = ?$

解
```
      510.3
       92
  +)  2.04
  --------------
      604.34
```

三个数字中，第二个数的可疑数字位数最高，个位 2 已可疑，因此结果中可疑数字的位置应定在个位，最后结果 604 是三位有效数字.

(2) 积商运算. 以其中有效数字位数最少的数作为基准，将其他各数取舍到比此基准多一位有效数字，而后进行运算，最后的结果与参加运算各数中有效数字位数最少者相同.

例 2　$2.485 \times 6.3 \div 1.87 = ?$

解　原式 $= 2.485 \times 6.3 \div 1.87 = 8.37$，结果为 8.4.

(3) 三角函数或对数、乘方、开方等的有效数字位数与原来的相同，如 $\sin 39.2° = 0.632$，$\lg 127 = 2.10$.

(4) 带 e、π、$\sqrt{2}$ 等的有效数字. e、π、$\sqrt{2}$ 等应取成比参加运算的其他数多一位的数. 例如，0.855π 应取为 0.855×3.142，而 $\frac{1}{4}\pi D^2 h$ 中，不能把常数"4"视为一位有效数字，只能以 D 和 h 两个量的有效数字来确定 π 应取的位数.

1.2.4　测量结果的有效数字

物理实验中，我们常以平均值作为测量的最佳值，而以绝对误差表示偶然误差的大小. 由于误差只是对误差可能性的范围的估计，因此表示误差的数每一位都是可疑的，按有效数字的规定，只能保留一位可疑数字. 这样误差一般只有一位有效数字(若误差的第一位数为"1"或者"2"，则可考虑保留两位). 如

$$L = (1.534 \pm 0.003)\,\mathrm{m}, \quad M = (23.65 \pm 0.04)\,\mathrm{g}, \quad g = (9.78 \pm 0.016)\,\mathrm{m/s}^2$$

我们在进行数据处理时，首先确定绝对误差的大小，并保留一位有效数字，对测量结果(平均值)的有效数字位数的确定，按照"任何测量结果(平均值)的最末一位应与绝对误差所在位对齐"的原则处理. 例如，$g = 980.12\,\mathrm{cm/s}^2$，$\Delta g = 0.3\,\mathrm{cm/s}^2$，则 $g = (980.1 \pm 0.3)\,\mathrm{cm/s}^2$.

同直接测量一样，间接测量结果有效数字的确定，也要先计算绝对误差的大小，由绝对误差来确定测量结果的有效数字.

1.3　用作图法处理数据

实验数据的表示通常有列表法、方程法、作图法三种，其中作图法(图解法)在物理实验中得到了广泛的应用，具有重要的意义.

设 X、Y 为两个物理变量，如从实验测得 (X_1, Y_1)、(X_2, Y_2)、(X_3, Y_3) 等数据组，在坐标纸上以 X 为横轴、Y 为纵轴，作出各组数据对应的点，根据这些实验

点作出一条光滑的图线，使这些实验点均匀分布在图线两边，有了这种图线，就可以在一定范围内迅速找到某一物理量所对应的另一物理量的值，即求出未知的物理量，以至归纳出某些经验公式，这就是作图法. 作图法的优点是简明直观，便于比较，容易显示出数据的最高点和最低点，因此只要图线作得足够准确，则不必知道变量间的函数关系式即可对变量求微分或积分.

1.3.1　作图规则

(1) 图纸的选择和坐标的分度以尽可能不改变测量数据的精度为宜，常用的作图纸有直角坐标纸和对数坐标纸，应根据量值变化的数量级和测量的精度，按其需要进行选择. 数据中的估计值在图纸上仍是估计.

(2) 分度比例应选择适当，使所得图线主要部分的斜率为1.

(3) 坐标分度值不一定自零起，应使所得的图线在坐标纸的中部为占满全部坐标纸为宜.

(4) 实验点应作得准确，图线应光滑匀整. 根据测量数据，用"X,Y"标出各点的坐标，使实验点准确落在"X""Y"的交点上，若一张图要作几条图线，必须用不同的标记，如"△""⊙"等.

1.3.2　曲线的直化

许多物理问题中，物理量之间的变化并不是线性的. 但是直线是最容易作的图线，用起来也最方便. 在数据处理中，根据变量间的关系作图时，最好用变量代换使之成为线性关系,使所得的图线为直线,这就是将曲线方程化为直线方程，简称曲线的直化.

用变量代换将曲线直化后，按作图规则作实验图线，获得一条满意的直线之后，在该直线上选取两个相距较远的代表点，由此两点的坐标求出直线的斜率，进而求出未知物理量. 有时需要将直线外推，由截距求未知量.

例3　表1-3-1 所列数据为实验测得的单摆周期 T 与摆长 L 的关系. 试用作图法通过求直线的斜率来计算重力加速度 g.

表 1-3-1　单摆周期 T 与摆长 L 的关系数据

L/cm	107.0	97.0	87.0	77.0	67.0	57.0
T/s	2.077	1.977	1.869	1.756	1.634	1.500
T^2/s^2	4.314	3.908	3.493	3.084	2.670	2.250

解　$T^2 = \dfrac{4\pi^2}{g}L$ ，令 $Y = T^2$ ， $K = \dfrac{4\pi^2}{g}$ ，则方程变为 $Y=KL$, Y-L 图线是直线，

K 是直线的斜率. 由实验数据标出点, 并作出如图 1-3-1 所示的直线. 为求斜率 K, 在直线上选取两点, 其坐标为 $A(111.3, 4.50)$、$B(74.5, 3.00)$, 于是

$$K = \frac{Y_A - Y_B}{L_A - L_B} = \frac{4.50 - 3.00}{111.3 - 74.5} \text{s}^2/\text{cm} = \frac{1.50}{36.8} \text{s}^2/\text{cm}, \quad g = \frac{4\pi^2}{K} = \frac{4 \times 3.142^2}{1.50/36.8} \text{cm/s}^2 \approx 969 \text{cm/s}^2$$

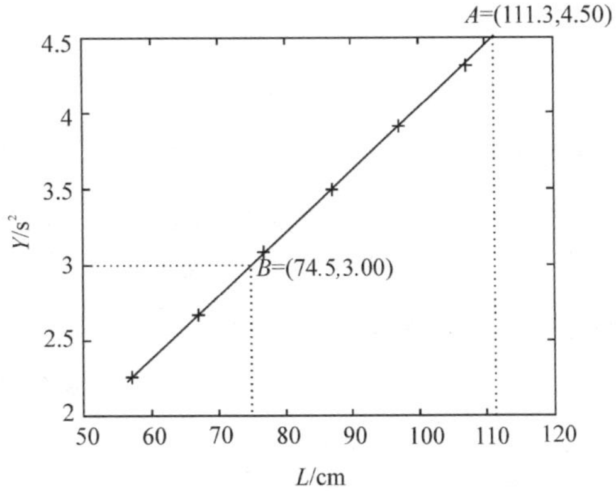

图 1-3-1 用作图法求直线斜率示例

1.4 用一元线性回归法处理数据

1.4.1 一元线性回归方程

1. 最小二乘法原理

假定变量 x_i 与 y_i 的关系是线性的, 回归方程的形式

$$y = a_0 + a_1 x \tag{1-4-1}$$

是一条直线.

测得一组数据 x_i、$y_i (i = 1, 2, \cdots, k)$. 现在的问题是, 怎样根据这组数据找出 (1-4-1)式, 即确定其系数 a_0 和 a_1.

我们讨论最简单的情况, 即每个数据的测量都是等精度的, 而且, 假定 x_i、y_i 中只有 y_i 是有测量误差的. 在实际处理问题时我们可以把相对来说误差较小的变量作为 x, 如果 x_i、y_i 的误差都要考虑, 可另行参考有关文献.

由于测得的 x_i、y_i 总是不可能完全落在 (1-4-1)式所表示的直线上, 对于与某一个 x_i 相对应的 y_i, 它与用回归法求得的直线(1-4-1)式在 y 方向的偏差为

$$\varepsilon_i = y_i - y = y_i - a_0 - a_1 x_i \tag{1-4-2}$$

参看图 1-4-1.

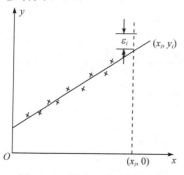

图 1-4-1　最小二乘法原理图

这样我们来拟合回归方程(1-4-1)，即要使 $\sum_{i=1}^{k}\varepsilon_i^2$ 为最小值，这就是最小二乘法原理. 可写成

$$\sum_{i=1}^{k}\varepsilon_i^2 = \sum_{i=1}^{k}(y_i - a_0 - a_1 x_i)^2 \quad (1\text{-}4\text{-}3)$$

为了求 $\sum_{i=1}^{k}\varepsilon_i^2$ 的最小值，把 (1-4-3) 式对 a_0、a_1 求偏微商，对 a_0、a_1 求偏微商的意义是在具有相同精度的各个测量值中，所测量的最佳值就是求偏微商所对应的极小值，这时 x_i、y_i、δ_A 是已知量，而变量是 a_0 和 a_1，令其一级偏微商为零，即

$$\left.\begin{array}{l} \dfrac{\partial}{\partial a_0}\left(\sum_{i=1}^{k}\varepsilon_i^2\right) = -2\sum_{i=1}^{k}(y_i - a_0 - a_1 x_i) = 0 \\[3mm] \dfrac{\partial}{\partial a_1}\left(\sum_{i=1}^{k}\varepsilon_i^2\right) = -2\sum_{i=1}^{k}(y_i - a_0 - a_1 x_i)x_i = 0 \end{array}\right\} \quad (1\text{-}4\text{-}4)$$

整理后写成

$$\left.\begin{array}{l} \overline{x}a_1 + a_0 = \overline{y} \\[2mm] \overline{x^2}a_1 + \overline{x}a_0 = \overline{xy} \end{array}\right\} \quad (1\text{-}4\text{-}5)$$

式中

$$\left.\begin{array}{l} \overline{x} = \dfrac{1}{k}\sum_{i=1}^{k}x_i \\[3mm] \overline{y} = \dfrac{1}{k}\sum_{i=1}^{k}y_i \\[3mm] \overline{x^2} = \dfrac{1}{k}\sum_{i=1}^{k}x_i^2 \\[3mm] \overline{xy} = \dfrac{1}{k}\sum_{i=1}^{k}x_i y_i \end{array}\right\} \quad (1\text{-}4\text{-}6)$$

(1-4-5)式的解为

$$a_1 = \frac{\overline{xy} - \overline{x}\,\overline{y}}{\overline{x^2} - \overline{x}^2} = \frac{l_{xy}}{l_{xx}} \quad (1\text{-}4\text{-}7)$$

$$a_0 = \overline{y} - a_1\overline{x} \quad (1\text{-}4\text{-}8)$$

在(1-4-4)式中对 a_1、a_0 再求一次微商，得 $\sum\limits_{i=1}^{k}\varepsilon_i^2$ 的二级微商，大于零. 这样，(1-4-7)式

和回归方程(1-4-8)给出的 a_1、a_0 对应于 $\sum\limits_{i=1}^{k}\varepsilon_i^2$ 的极小值，即用最小二乘法对回归直线

的两个参量斜率和截距的估计值. 于是，就得到了直线的回归方程(1-4-8)式. (1-4-7)
式中

$$l_{xy} = \sum_{i=1}^{k}(x_i - \overline{x})(y_i - \overline{y}) \tag{1-4-9}$$

$$l_{xx} = \sum_{i=1}^{k}(x_i - \overline{x})^2 \tag{1-4-10}$$

很容易证明

$$l_{xy} = k(\overline{xy} - \overline{x}\,\overline{y}) = \sum_{i=1}^{k}x_i y_i - \frac{1}{k}\left(\sum_{i=1}^{k}x_i\right)\left(\sum_{i=1}^{k}y_i\right) \tag{1-4-11}$$

$$l_{xx} = k(\overline{x^2} - \overline{x}^2) = \sum_{i=1}^{k}x_i^2 - \frac{1}{k}\left(\sum_{i=1}^{k}x_i\right)^2 \tag{1-4-12}$$

同样，令

$$l_{yy} = \sum_{i=1}^{k}(y_i - \overline{y})^2 = k(\overline{y^2} - \overline{y}^2)$$

$$= \sum_{i=1}^{k}y_i^2 - \frac{1}{k}\left(\sum_{i=1}^{k}y_i\right)^2 \tag{1-4-13}$$

这是为以后讨论所准备的.

(1-4-11)~(1-4-13)式也是实际计算时常用的式子.

(1-4-8)式告诉我们，回归直线方程(1-4-1)是通过 $(\overline{x}, \overline{y})$ 这一点的. 从力学的角度看，$(\overline{x}, \overline{y})$ 即是 x_i、$y_i (i = 1, 2, \cdots, k)$ 的重心位置，回归直线必须通过重心这一点是很自然的. 记住这个结论，对于理解回归直线方程是有帮助的，也会有助于我们用作图法处理数据.

2. 单个测量值的剩余方程

显然，测量数据中对应于每个 $x = x_i$ 的 y_i 与回归直线 $y = a_0 + a_1 x$ 的偏离值即残差，为

$$\varepsilon_i = y_i - y = y_i - (a_0 + a_1 x) = y_i - a_0 - a_1 x_i$$

上式表示数据点在回归直线两侧的离散程度. 取

$$S^2 = \frac{\sum_{i=1}^{k}\varepsilon_i^2}{k-2} = \frac{\sum_{i=1}^{k}(y_i - a_0 - a_1 x_i)^2}{k-2} \tag{1-4-14}$$

S^2 叫做单个测量值 y 的剩余方差. 与前类似, S^2 是线性方程方差的无偏估计. $k-2$ 是自由度, 其意义即在两个变量情况下有两个方程就可以解出结果了, 现在多了 $k-2$ 个方程, 所以自由度就是 $k-2$.

由(1-4-14)式可得

$$S = \sqrt{\frac{\sum_{i=1}^{k}(y_i - a_0 - a_1 x_i)^2}{k-2}} \tag{1-4-15}$$

这里, S 叫做 y_i 的剩余标准差, 或简称标准偏差(标准差).

S 的意义是, 对于正态样本 x、y, 即在 $x_i = x_0$ 附近遵从正态分布, y 在 $y_i = y_0$ 附近也遵从正态分布, y_i 落在 $y_0 \pm 0.5S$ 区间内的概率为 38.3%, 落在 $y_0 \pm S$ 区间内的概率为 68.3%, 落在 $y_0 \pm 2S$ 区间内的概率为 94.5%, 落在 $y_0 \pm 3S$ 区间内的概率为 99.7% 等.

由于以上结论, 对于 x、y 取值范围内的所有 x、y_i 都成立, 于是, 如果 $\Delta\delta = \pm S$、在平面上作两条与回归直线平行的直线

$$y' = a_0 - S + a_1 x \tag{1-4-16}$$

$$y'' = a_0 + S + a_1 x \tag{1-4-17}$$

则可以预料, 在出现的 (x_i, y_i) 全部数据点中, 约有 68.3% 的点落在(1-4-16)式、(1-4-17)式这两条直线之间, 如图 1-4-2 所示.

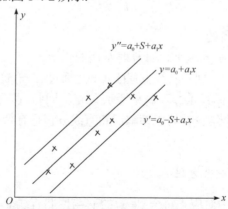

图 1-4-2　回归直线两侧数据点分布区间示意图

因此, S^2 或 S 是检验回归是否有效的重要标志. 利用 S^2 或 S 进行方差分析

还可以解决回归分析的其他问题.

3. 一元线性回归方程系数的偏差

现在,我们来讨论回归方程(1-4-1)的系数 a_1 和 a_0 的估计值的偏差,以此来表示回归直线的稳定性.

由(1-4-7)式,考虑到我们假定的前提,即 x 没有误差,误差只出现在 y 上,由于

$$a_1 = \frac{l_{xy}}{l_{xx}} = \frac{\sum\limits_{i=1}^{k}(x_i - \overline{x})(y_i - \overline{y})}{\sum\limits_{i=1}^{k}(x_i - \overline{x})^2} \tag{1-4-18}$$

根据误差传递公式,利用(1-4-14)式,即以 S^2 代表每个 y 的方差,有 a_1 的方差

$$S_{a_1}^2 = \sum_{i=1}^{k}\left[\frac{(x_i - \overline{x})}{\sum\limits_{i=1}^{k}(x_i - \overline{x})^2}\right]^2 S^2 = \frac{S^2}{l_{xx}} \tag{1-4-19}$$

或 a_1 的偏差

$$S_{a_1} = \frac{S}{\sqrt{l_{xx}}} \tag{1-4-20}$$

(1-4-20)式中 S 及 l_{xx} 可由(1-4-15)式及(1-4-12)式算出.下面,我们还将介绍一种通过相关系数 r 求 S 的方法.

由(1-4-20)式可见,S_{a_1} 不仅与 S 有关,还与 l_{xx} 即 x 的波动有关.如果 x 的取值比较分散,则 l_{xx} 大,S_{a_1} 就小;反之,如果 x 的取值比较密集,则 l_{xx} 小,S_{a_1} 就大.这告诉我们在求回归直线时 x_i 的取点不要过于集中,以分散些为好.

同样,有

$$a_0 = \overline{y} - a_1\overline{x} = \sum_{i=1}^{k}\left[\frac{1}{k} - \frac{\overline{x}(x_i - \overline{x})}{\sum\limits_{i=1}^{k}(x_i - \overline{x})^2}\right]y_i$$

$$S_{a_0}^2 = \sum_{i=1}^{k}\left[\frac{1}{k} - \frac{\overline{x}(x_i - \overline{x})^2}{\sum\limits_{i=1}^{k}(x_i - \overline{x})^2}\right]^2 S^2 = \left(\frac{1}{k} + \frac{\overline{x}^2}{l_{xx}}\right)S^2 = \frac{\overline{x^2}}{l_{xx}}\cdot S^2 \tag{1-4-21}$$

$$S_{a_0} = \sqrt{\frac{1}{k} + \frac{\overline{x}^2}{l_{xx}}} \cdot S = \frac{\sqrt{\overline{x^2}}}{\sqrt{l_{xx}}} S \tag{1-4-22}$$

如果 $S_{a_0} > a_0$，则说明对正态分布样本在 68.3%的置信水平上 a_0 是零结果，即回归直线过原点.

由(1-4-20)式、(1-4-22)式有

$$S_{a_0} = \sqrt{\overline{x^2}} S_{a_1} = \sqrt{\frac{\sum\limits_{i=1}^{k} x_i^2}{k}} \cdot S_{a_1} \tag{1-4-23}$$

从(1-4-23)式可以看出，a_1 的偏差将直接影响 a_0，而且 x 的数值越大，对 S_{a_0} 越不利. 这也可以理解，即斜率有了一定的误差(S_{a_1})，如果 x 距原点越远，即 x_i 越大，则截距的误差也被"放大"得越大.

4. 相关系数

定义一元线性回归方程的相关系数

$$r = \frac{l_{xy}}{\sqrt{l_{xx} l_{xy}}} = \frac{\sum\limits_{i=1}^{k} (x_i - \overline{x})(y_i - \overline{y})}{\sqrt{\sum\limits_{i=1}^{k} (x_i - \overline{x})^2 \sum\limits_{i=1}^{k} (y_i - \overline{y})^2}} = \frac{\overline{xy} - \overline{x} \cdot \overline{y}}{\sqrt{(\overline{x^2} - \overline{x}^2)(\overline{y^2} - \overline{y}^2)}}$$

由上式可见，相关系数 r 与回归参量 a_1 同号，即 $r > 0$，则 $a_1 > 0$，亦即回归直线的斜率为负，叫做负相关.

可以证明，当 x 与 y 完全不相关时，$r = 0$；当 x_i 与 y_i 全部都在回归直线上时，$|r| = 1$；r 的数值只在–1 与+1 之间，即 $-1 \leqslant r \leqslant 1$.

在概率统计中，两个随机变量 xy 的相关系数定义为

$$r = \frac{\text{cov}(x, y)}{\sigma(x)\sigma(y)} \tag{1-4-24}$$

很自然，在实际测量中对于等精度测量，用平均值代替真值，用偏差代替误差，就有

$$r = \frac{l_{xy}}{\sqrt{l_{xx} l_{xy}}}$$

两个随机变量相互对立时，其协方差为零. 这也就说明了两个变量互不相关时，其相关系数为零.

由(1-4-24)式也可知，如果 x 与 y 是一随机变量，则 $r=1$. 因此，对于回归直线，如果 x_i、y_i 全部都在回归直线上，即 x 与 y 之间有确定的线性函数关系，那么，由(1-4-24)式显然得 $r=1$.

图 1-4-3(a)～(e)表示 r 取不同数据时数据点的分布情形.

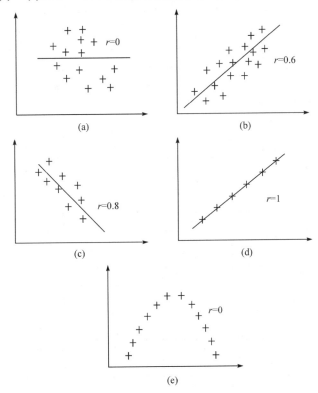

图 1-4-3　相关系数 r 取不同数据时数据点的分布

当 $r=0$ 时，$l_{xy}=0$. 于是由(1-4-7)式可知，(1-4-1)式中的系数 $a_1=0$. 此时，根据最小二乘法确定的回归直线与 x 轴平行，即 y 对 x 的一级偏微商为零，说明 y 的变化与 x 无关. 这种情况下数据点的分布是完全无规则的，如图 1-4-3(a)所示；图 1-4-3(b)是正相关；图 1-4-3(c)是负相关；图 1-4-3(d)说明 x_i 与 y_i 完全线性相关，即 x_i、y_i 全部都在回归直线上，x、y 之间存在确定的函数关系；图 1-4-3(e)亦是 $r=0$ 的情况，这说明相关系数 r 只表示 x 与 y 之间的线性关系的密切程度，而并不表示 x、y 之间存在明显的关系，但不是线性关系. 因此，r 也叫线性相关系数.

由上面的讨论可知，对于一个实际问题，只有当相关系数 r 的绝对值大到一定程度时，才可以用回归直线来近似地表示变量 x 与 y 之间的关系. 因此，要有一个标准，在这个标准上，就可以认为 x 与 y 线性关系显著，这个标准与显著性水平 α 及数据点的个数，即样本数 k 有关，表 1-4-1 为 α=0.05 及 α=0.01 下的相关系数 r 达到显著的最小值.

表 1-4-1　相关系数检验表

$k-2$	α		$k-2$	α	
	0.05	0.01		0.05	0.01
1	0.997	1.000	20	0.423	0.537
2	0.950	0.990	21	0.413	0.526
3	0.878	0.959	22	0.404	0.515
4	0.811	0.917	23	0.396	0.496
5	0.754	0.874	24	0.388	0.487
6	0.707	0.834	25	0.381	0.478
7	0.666	0.798	26	0.374	0.463
8	0.632	0.765	28	0.361	0.449
9	0.602	0.735	30	0.349	0.418
10	0.576	0.708	35	0.325	0.393
11	0.553	0.684	40	0.304	0.372
12	0.532	0.661	45	0.288	0.354
13	0.514	0.641	50	0.273	0.325
14	0.497	0.623	65	0.250	0.302
15	0.482	0.606	70	0.232	0.283
16	0.468	0.590	80	0.217	0.267
17	0.456	0.575	90	0.205	0.254
18	0.444	0.561	100	0.195	0.254
19	0.433	0.549	200	0.138	0.181

例如，有 10 个数据点，若 $|r| \geqslant 0.632$，我们就说 r 在 α=0.05 水平上显著；若 $|r| < 0.632$，这说明 x 与 y 在这个显著性水平上线性不相关，即在这种情况下去拟合回归直线就没有意义了. 如果取 α=0.01，则显著性标准为 0.765. α 越小，显著性标准就越高.

下面，我们进一步对相关系数 r 的性质以及 r 与其他量之间的关系做一些讨论. 已知

$$\sum_{i=1}^{k} \varepsilon_i^2 = \sum_{i=1}^{k} (y_i - y)^2 = \sum_{i=1}^{k} [(y_i - \bar{y}) - (y - \bar{y})]^2$$

$$= \sum_{i=1}^{k} (y_i - \bar{y})^2 - \sum_{i=1}^{k} (y - \bar{y})^2 = l_{yy} - \sum_{i=1}^{k} (y - \bar{y})^2 \qquad (1\text{-}4\text{-}25)$$

而(1-4-25)式中

$$\sum_{i=1}^{k}(y-\overline{y})^2 = \sum_{i=1}^{k}[(a_0+a_1x_i)-(a_0+a_1\overline{x})]^2$$

$$= a_1^2 \sum_{i=1}^{k}(x_i-\overline{x})^2$$

$$= a_1^2 l_{xx} = a_1 l_{xy} = r^2 l_{yy} \qquad (1\text{-}4\text{-}26)$$

把(1-4-26)式代入(1-4-25)式，有

$$\sum_{i=1}^{k}\varepsilon_i^2 = (1-r^2)l_{yy} \qquad (1\text{-}4\text{-}27)$$

(1-4-27)式亦说明，当$|r|=1$时，$\sum_{i=1}^{k}\varepsilon_i^2=0$，即所有数据点都在回归直线上；当$r=0$时，$y=\overline{y}$，即回归直线是一条平行于$x$轴的直线．

(1-4-27)式还说明，由于$\varepsilon^2>0$有$1-r^2>0$，即

$$r>0 \quad \text{或} \quad -1<r<1 \qquad (1\text{-}4\text{-}28)$$

由(1-4-28)式及(1-4-27)式，有

$$S^2 = \frac{\sum_{i=1}^{k}\varepsilon_i^2}{k-2} = \frac{(1-r^2)l_{yy}}{k-2}, \quad S = \sqrt{\frac{(1-r^2)l_{yy}}{k-2}} \qquad (1\text{-}4\text{-}29)$$

实际上也常常是用(1-4-29)式来计算S量的．

由(1-4-14)式、(1-4-20)式及(1-4-29)式，有

$$\frac{S_{a_1}}{a_1} = \sqrt{\frac{\left(\dfrac{1}{r^2}-1\right)}{k-2}} \qquad (1\text{-}4\text{-}30)$$

(1-4-30)式表示回归直线系数a_1的相对偏差．这是一个很有实际意义的式子，因为我们常常要用回归法求回归直线的斜率和截距，并由此得出某些物理量的数值．根据(1-4-30)式，由r及k就可以完全确定a_1的相对误差了．

也可以由(1-4-30)式，并利用(1-4-23)式和(1-4-7)式得到S_{a_0}．

1.4.2　一元线性回归法应用实例

这是介绍一个学生在光学平台上完成的实验，用单缝衍射法测量金属丝的弹性模量(杨氏模量)，实验中对传统的设置进行了改进．由单缝衍射条纹的间距与缝宽的关系，得到缝宽的变化量，即为待测物的变化量，进而计算出杨氏模量．采用单缝衍射法测定微小变化长度，从而提高了实测精度，减小了实验误差．

1. 实验原理和方法

由胡克定律(杨述武，2000)

$$\frac{F}{S} = E\frac{\delta}{L} \tag{1-4-31}$$

式中 $F = mg, S = \dfrac{d\pi^2}{4}$ (d 为待测金属丝的直径). 代入(1-4-31)式可得

$$\frac{mg}{\frac{1}{4}\pi d^2} = E\frac{\delta}{L}$$

进而可得

$$E = \frac{4mgL}{\delta\pi d^2} \tag{1-4-32}$$

由单缝衍射(张皓辉等, 2009; 郑光平、李锐锋, 2008)可知, 缝宽的变化为

$$\Delta b = \left(\frac{1}{l_0} - \frac{1}{l}\right)D\lambda \tag{1-4-33}$$

式中 l 为加上重物后 ±1 级暗条纹到屏中心的距离, l_0 是未加重物时 ±1 级暗条纹到屏中心的距离, D 为狭缝到屏幕的距离.

当细丝长度的微小变化量 δ 与 Δb 相等时(即 $\delta = \Delta b = \left(\dfrac{1}{l_0} - \dfrac{1}{l}\right)D\lambda$)有

$$E = \frac{4mgL}{\left(\dfrac{1}{l_0} - \dfrac{1}{l}\right)D\lambda\pi d^2} \tag{1-4-34}$$

由(1-4-34)式可得

$$\frac{1}{l} = -\frac{4gL}{D\lambda E\pi d^2}m + \frac{1}{l_0} \tag{1-4-35}$$

令 $y = \dfrac{1}{l}$, $\beta_1 = -\dfrac{4gL}{D\lambda E\pi d^2}$, $\beta_0 = \dfrac{1}{l_0}$, $x = m$, 则(1-4-35)式变为

$$y = \beta_0 + \beta_1 x \tag{1-4-36}$$

通过测出 n 组 (x, y), 采用作图法画出图形, 由最小二乘法得出 β_1, 再由 $\beta_1 = -\dfrac{4gL}{D\lambda E\pi d^2}$ 得

$$E = -\frac{4gL}{D\beta_1\lambda\pi d^2} \tag{1-4-37}$$

从而测出杨氏模量.

实验中需要测定的物理量有: ①待测物的直径 d; ②狭缝到屏幕的距离 D;

③待测物的长度 L；④所加砝码的质量 m. 而激光的波长 λ 已知 $(\lambda = 632.8\text{nm})$.

2. 实验装置

如图 1-4-4 所示，实验中采用氦氖激光器作为光源，设计出一套新型的实验装置，并对实验所用的狭缝进行改进. 让激光垂直照射到单缝的平面上，调节缝的宽度，使得光通过单缝后恰好能够在白屏上出现清晰、明亮、稳定的衍射条纹(张皓辉等，2009). 这时，在挂钩上加上准备好的砝码，将使得待测物发生形变进而改变单缝的缝宽，从而衍射条纹也发生变化. 由衍射条纹间距的变化与缝宽变化之间的关系进一步测出杨氏模量. 整个实验装置在光学平台上，较为稳定.

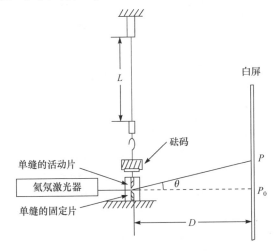

图 1-4-4　单缝衍射法测量金属丝的弹性模量(杨氏模量)实验装置图

3. 测量结果实例和误差分析讨论

1) 实验现象

实验中所观察到的衍射条纹如图 1-4-5 所示(张皓辉等，2009).

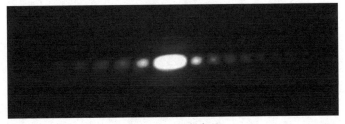

图 1-4-5　衍射条纹

2) 实验数据

整理实验数据如表 1-4-2 所示.

表 1-4-2　实验数据记录

i	$l_i /(\times 10^{-2}\text{m})$	y_i / m^{-1}	x_i /kg
1	1.825	54.79452	2.0
2	1.950	51.28205	2.1
3	2.025	49.38272	2.2
4	2.105	47.50594	2.3
5	2.175	45.97701	2.4
6	2.255	44.34590	2.5
7	2.455	40.73320	2.6
8	2.525	39.60396	2.7
9	2.655	37.66478	2.8
10	2.725	36.69725	2.9
11	3.205	31.20125	3.0
12	3.325	30.07519	3.1
13	3.375	29.62963	3.2
14	3.455	28.94356	3.3
15	3.800	26.31579	3.4
16	6.205	16.11604	3.5
17	6.955	14.37815	3.6
18	8.205	12.18769	3.7
19	9.655	10.35733	3.8
20	12.960	7.71605	3.9
21	14.155	7.06464	4.0

由表 1-4-2 中的实验数据可拟合出图 1-4-6.

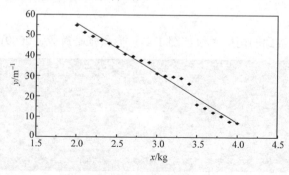

图 1-4-6　x-y 拟合图

相关测量值的实验数据见表 1-4-3.

表 1-4-3　相关测量值的实验数据

钢丝直径 $d/(\times 10^{-3}\,\mathrm{m})$	钢丝长度 $L/(\times 10^{-2}\,\mathrm{m})$	狭缝到光屏的 距离 $D/(\times 10^{-2}\,\mathrm{m})$	当地重力加速度 $g/(\mathrm{m/s^2})$	氦氖激光的波长 $\lambda/(\times 10^{-9}\,\mathrm{m})$
0.665	84.04	783.50	9.784	632.8
0.664	83.05	784.50		
0.666	85.03	782.50		

根据(1-4-36)式，直线方程同为

$$y = \beta_0 + \beta_1 x$$

3) 误差分析讨论

为了比较各测量值 (x,y) 与线性关系的偏差 v_i 大小，将各 (x,y) 代入(1-4-36)式

$$y_1 - (\beta_0 + \beta_1 x_1) = v_1$$
$$y_2 - (\beta_0 + \beta_1 x_2) = v_2$$
$$\cdots\cdots$$
$$y_i - (\beta_0 + \beta_1 x_i) = v_i$$

当 β_0、β_1 的值选择适当，使 $\sum\limits_{i=1}^{k} v_i^2$ 最小时，方程(1-4-36)最接近于测量数据后隐含的数值模型，由最小二乘法原理有[5]

$$\sum_{i=1}^{k} v_i^2 = \sum_{i=1}^{k}(y_i - \beta_0 - \beta_1 x_i)^2$$

$$\frac{\partial}{\partial \beta_0}\left(\sum_{i=1}^{k} v_i^2\right) = -2\sum_{i=1}^{k}(y_i - \beta_0 - \beta_1 x_i) = 0$$

$$\frac{\partial}{\partial \beta_1}\left(\sum_{i=1}^{k} v_i^2\right) = -2\sum_{i=1}^{k}(y_i - \beta_0 - \beta_1 x_i)x_i = 0$$

整理后写成

$$\overline{y} = \beta_0 + \beta_1 \overline{x} \tag{1-4-38}$$

$$\overline{xy} = \beta_0 \overline{x} + \beta_1 \overline{x^2} \tag{1-4-39}$$

(1-4-38)式、(1-4-39)式中

$$\overline{x} = \frac{1}{k}\sum_{i=1}^{k} x_i \tag{1-4-40}$$

$$\overline{y} = \frac{1}{k}\sum_{i=1}^{k} y_i \tag{1-4-41}$$

$$\overline{x^2} = \frac{1}{k}\sum_{i=1}^{k} x_i^2 \tag{1-4-42}$$

$$\overline{xy} = \frac{1}{k}\sum_{i=1}^{k}x_i y_i \tag{1-4-43}$$

其中

$$斜率：\beta_1 = l_{xy}/l_{xx} \tag{1-4-44}$$

$$截距：\beta_0 = \overline{y} - \beta_1 \overline{x} \tag{1-4-45}$$

而有

$$l_{xx} = \sum_{i=1}^{k}x_i^2 - \frac{1}{k}\left(\sum_{i=1}^{k}x_i\right)^2 \tag{1-4-46}$$

$$l_{yy} = \sum_{i=1}^{k}y_i^2 - \frac{1}{k}\left(\sum_{i=1}^{k}y_i\right)^2 \tag{1-4-47}$$

$$l_{xy} = \sum_{i=1}^{k}y_i x_i - \frac{1}{k}\left(\sum_{i=1}^{k}x_i\right)\left(\sum_{i=1}^{k}y_i\right) \tag{1-4-48}$$

不难计算出

$$\frac{\partial^2}{\partial \beta_0^2}\left(\sum_{i=1}^{k}v_i^2\right) > 0$$

$$\frac{\partial^2}{\partial \beta_1^2}\left(\sum_{i=1}^{k}v_i^2\right) > 0$$

$$\frac{\partial^2}{\partial \beta_0 \partial \beta_1}\left(\sum_{i=1}^{k}v_i^2\right) = 2\sum_{i=1}^{k}x_i$$

$$\frac{\partial^2}{\partial \beta_0 \partial \beta_1}\left(\sum_{i=1}^{k}v_i^2\right) - \frac{\partial^2}{\partial \beta_0^2}\left(\sum_{i=1}^{k}v_i^2\right)\frac{\partial^2}{\partial \beta_1^2}\left(\sum_{i=1}^{k}v_i^2\right) < 0$$

所以 β_0、β_1 满足(1-4-38)式时，$\sum_{i=1}^{k}v_i^2$ 有极小值.

为了估计单个测量值 (x_i, y_i) 偏离式(1-4-38)的大小，定义剩余标准差为

$$\delta_s = \sqrt{\sum_{i=1}^{k}v_i^2/(k-2)}$$

$$= \sqrt{\sum_{i=1}^{k}(y_i - \beta_0 - \beta_1 x_i)^2/(k-2)}$$

同时注意到方差 $\sum_{i=1}^{k}v_i^2$ 与相关系数的关系

$$R^2 = 1 - \sum_{i=1}^{k}v_i^2/l_{yy}$$

剩余标准误差可写成

$$\delta_{\mathrm{s}} = \sqrt{\sum_{i=1}^{k}(1-R^2)^2 l_{yy} / (k-2)} \tag{1-4-49}$$

由概率统计理论，测量值 (x_i, y_i) 的相关系数定义为

$$R = \frac{\mathrm{cov}(x, y)}{\delta(x)\delta(y)} = \frac{\mathrm{cov}(\overline{x}, \overline{y})}{\delta(\overline{x})\delta(\overline{y})}$$

由偏差代替误差推出

$$R = \frac{l_{xy}}{\sqrt{l_{xx}l_{yy}}} \tag{1-4-50}$$

在满足 $|R| > \mathrm{Re}$（Re 为起码相关系数，可查相应数学手册得到）的条件下，方程(1-4-36)线性相关，根据概率统计理论可求出斜率和截距的标准误差

$$\delta_{\beta_1} = \delta_{\mathrm{s}} / \sqrt{l_{xx}} \tag{1-4-51}$$

$$\delta_{\beta_0} = \delta_{\beta_1} \sqrt{\sum_{i=1}^{k} x_i^2 / k} \tag{1-4-52}$$

根据表 1-4-2 中的实验数据可知：$k = 21$，再根据相关公式可得

$\overline{x} = 3$；　　　　　　$\overline{y} = 31.52251$；　　　　$\overline{x^2} = 9.36667$；

$\overline{xy} = 85.65366$；　　$l_{xx} = 7.7$；　　　　　　$l_{yy} = 4652.072$；

$l_{xy} = -187.191$；　　$\beta_1 = -24.3105$；　　$\beta_0 = 104.454$；

$\delta_{\mathrm{s}} = 2.309722622$；　$\delta_{\beta_1} = 0.832366255$；　$\delta_{\beta_0} = 2.547457843$；

$R = -0.989045765$；

将 R 的计算结果与查表得到的 Re 相比较有 $|R| > \mathrm{Re}(\mathrm{Re} > 0.549)$.

用肖维勒法检验有无粗差，当 $k = 21$ 时，肖维勒系数 $\omega_k = 2.24$

$$y_i = \beta_0 + \beta_1 x \pm \delta_{\mathrm{s}} \omega_k$$

在上式两直线外的数据点为坏值，予以剔除. 使得所有测量点都落在 $y_i = \beta_0 + \beta_1 x \pm \delta_{\mathrm{s}} \omega_k$ 两直线所夹范围内，如表 1-4-4 所示.

表 1-4-4　实验数据分析与处理

x_i /kg	$\beta_1 x + \beta_0 + \delta_{\mathrm{s}}\omega_k$ / m^{-1}	y_i / m^{-1}	$\beta_1 x + \beta_0 - \delta_{\mathrm{s}}\omega_k$ / m^{-1}
2.0	61.00740	54.79452	50.65860
2.1	58.57635	58.28205	48.22755
2.2	56.14530	49.38272	45.79650
2.3	53.71425	47.50594	43.36545

续表

x_i /kg	$\beta_1 x + \beta_0 + \delta_s \omega_k$ / m^{-1}	y_i / m^{-1}	$\beta_1 x + \beta_0 - \delta_s \omega_k$ / m^{-1}
2.4	51.28320	45.97701	40.93440
2.5	48.85215	44.34590	38.50335
2.6	46.42110	40.73320	36.07230
2.7	43.99005	39.60369	33.64125
2.8	41.55900	37.66478	31.21020
2.9	39.12795	36.69725	28.77915
3.0	36.69690	31.20125	26.34810
3.1	34.26585	30.07519	23.91705
3.2	31.83480	29.62963	21.48600
3.3	29.40375	28.94356	19.05495
3.4	26.97270	26.31579	16.62390
3.5	24.54165	16.11604	14.19285
3.6	22.11060	14.37815	11.76180
3.7	19.67955	12.18769	9.33075
3.8	17.24850	10.35733	6.89970
3.9	14.81745	7.71605	4.46865
4.0	12.38640	7.06464	2.03760

由表 1-4-4 可绘出图 1-4-7.

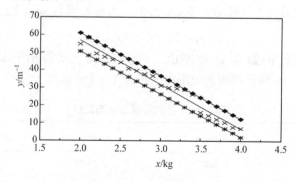

图 1-4-7　数据处理统计图

其置信概率为

$$P_r = 1 - \frac{1}{2k} = 97.6190476\%$$

根据(1-4-51)式、(1-4-52)式算出的

$$\delta_{\beta_1} = 0.832366255$$

$$\delta_{\beta_0} = 2.547457843$$

则可得

$$\beta_1 = -24.31 \pm 0.83$$

$$\beta_0 = 104.5 \pm 2.5$$

4. 实验结论

从上文可得经验公式为

$$y = 101.5 - 24.31x$$

由(1-4-37)式并代入表 1-4-3 中的实验数据可以算出实验中被测钢丝的杨氏模量

$$E = -\frac{4gL}{D\beta_1\lambda\pi d^2} = 1.96413 \times 10^{11} \, \text{N} / \text{m}^2$$

而被测材料杨氏模量的标准值为

$$E_0 = 2.01 \times 10^{11} \text{N} / \text{m}^2$$

其相对误差为

$$\frac{|1.96 \times 10^{11} - 2.01 \times 10^{11}|}{2.01 \times 10^{11}} \times 100\% \approx 2.488\%$$

说明该实验方法是正确有效的.

而且该法有普遍适用性(郑光平和李锐锋, 2008), 运用同样的方法还可以测量铁、铝、铜、钨、镍等材料的经验公式, 进而测出它们的杨氏模量.

1.5　用多元线性回归法处理数据

1.5.1　二元线性回归方程

假定 y 随 x_1、x_2 而变化, 回归方法的形式是

$$y = a_0 + a_1x_1 + a_2x_2 \tag{1-5-1}$$

测得 k 组数据 x_{1i}、x_{2i}、$y_i(i = 1, 2, \cdots, k)$.与前一样, 假定 x_{1i}、x_{2i}、y_i 中只有 y_i 是有误

差的，根据最小二乘法原理去拟合回归方程(1-5-1)，使其在 y 方向的偏差 ε_i 的平方和最小

$$\varepsilon_i = y_i - y = y_i - a_0 - a_1 x_{1i} - a_2 x_{2i} \quad (i = 1, 2, \cdots, k)$$

要求

$$\sum_{i=1}^{k} \varepsilon_i^2 = \sum_{i=1}^{k} (y_i - a_0 - a_1 x_{1i} - a_2 x_{2i})^2 \tag{1-5-2}$$

最小.

与一元线性回归一样，将(1-5-2)式对 a_0、a_1、a_2 求微商，取其一级微商为零，并得知其二级微商大于零，于是得出的 a_0、a_1、a_2 即是满足最小二乘法原理的估计值.

$$\left. \begin{aligned} \frac{\partial}{\partial a_0}\left(\sum_{i=1}^{k} \varepsilon_i^2\right) &= -2\sum_{i=1}^{k} (y_i - a_0 - a_1 x_{1i} - a_2 x_{2i}) = 0 \\ \frac{\partial}{\partial a_1}\left(\sum_{i=1}^{k} \varepsilon_i^2\right) &= -2\sum_{i=1}^{k} (y_i - a_0 - a_1 x_{1i} - a_2 x_{2i})(x_{1i}) = 0 \\ \frac{\partial}{\partial a_2}\left(\sum_{i=1}^{k} \varepsilon_i^2\right) &= -2\sum_{i=1}^{k} (y_i - a_0 - a_1 x_{1i} - a_2 x_{2i})(x_{2i}) = 0 \end{aligned} \right\} \tag{1-5-3}$$

整理后得

$$a_0 + \overline{x_1} a_1 + \overline{x_2} a_2 = \overline{y} \tag{1-5-4}$$

$$\left. \begin{aligned} \overline{x_1} a_0 + \overline{x_1^2} a_1 + \overline{x_1 x_2} a_2 &= \overline{x_1 y} \\ \overline{x_2} a_0 + \overline{x_1 x_2} a_1 + \overline{x_2^2} a_2 &= \overline{x_2 y} \end{aligned} \right. \tag{1-5-5}$$

由(1-5-4)式得

$$a_0 = \overline{y} - a_1 \overline{x_1} - a_2 \overline{x_2} \tag{1-5-6}$$

把(1-5-6)式代入(1-5-5)式中，得正规方程组

$$\left. \begin{aligned} l_{11} a_1 + l_{12} a_2 &= l_{1y} \\ l_{21} a_1 + l_{22} a_2 &= l_{2y} \end{aligned} \right\} \tag{1-5-7}$$

解(1-5-7)式，有

$$a_1 = \frac{l_{1y} l_{22} - l_{2y} l_{12}}{l_{11} l_{22} - l_{12}^2} \tag{1-5-8}$$

$$a_2 = \frac{l_{2y}l_{11} - l_{1y}l_{21}}{l_{11}l_{22} - l_{12}^2} \tag{1-5-9}$$

(1-5-4)式~(1-5-9)式中

$$
\left.
\begin{aligned}
l_{11} &= \sum_{i=1}^{k}(x_{1i} - \overline{x_1})^2 = \sum_{i=1}^{k}(\overline{x_1^2} - \overline{x_1}^2) = \sum_{i=1}^{k}x_{1i}^2 - \frac{1}{k}\left(\sum_{i=1}^{k}x_{1i}\right)^2 \\
l_{12} &= l_{21} = \sum_{i=1}^{k}(x_{1i} - \overline{x_1})(x_{2i} - \overline{x_2}) = k(\overline{x_1 x_2} - \overline{x_1}\,\overline{x_2}) \\
&= \sum_{i=1}^{k}x_{1i}x_{2i} - \frac{1}{k}\left(\sum_{i=1}^{k}x_{1i}\right)\left(\sum_{i=1}^{k}x_{2i}\right) \\
l_{22} &= \sum_{i=1}^{k}(x_{2i} - \overline{x_2})^2 = k(\overline{x_2^2} - \overline{x_2}^2) \\
&= \sum_{i=1}^{k}x_{2i}^2 - \frac{1}{k}\left(\sum_{i=1}^{k}x_{2i}\right)^2 \\
l_{1y} &= \sum_{i=1}^{k}(x_{1i} - \overline{x_1})(y_i - \overline{y}) = k(\overline{x_1 y} - \overline{x_1}\,\overline{y}) \\
&= \sum_{i=1}^{k}x_{1i}y_i - \frac{1}{k}\left(\sum_{i=1}^{k}x_{2i}\right)\left(\sum_{i=1}^{k}y_i\right) \\
l_{2y} &= \sum_{i=1}^{k}(x_{2i} - \overline{x_2})(y_i - \overline{y}) = k(\overline{x_2 y} - \overline{x_2}\,\overline{y}) \\
&= \sum_{i=1}^{k}x_{2i}y_i - \frac{1}{k}\sum_{i=1}^{k}x_{2i}\sum_{i=1}^{k}y_i
\end{aligned}
\right\} \tag{1-5-10}
$$

$$
\left.
\begin{aligned}
\overline{x_1} &= \frac{1}{k}\sum_{i=1}^{k}x_{1i}, \quad \overline{x_2} = \frac{1}{k}\sum_{i=1}^{k}x_{2i} \\
\overline{x_1^2} &= \frac{1}{k}\sum_{i=1}^{k}x_{1i}^2, \quad \overline{x_2^2} = \frac{1}{k}\sum_{i=1}^{k}x_{2i}^2 \\
\overline{x_1 x_2} &= \overline{x_2 x_1} = \frac{1}{k}\sum_{i=1}^{k}x_{1i}x_{2i} \\
\overline{x_1 y} &= \frac{1}{k}\sum_{i=1}^{k}x_1 y_i \\
\overline{x_2 y} &= \frac{1}{k}\sum_{i=1}^{k}x_{2i}y_i, \quad \overline{y} = \frac{1}{k}\sum_{i=1}^{k}y_i
\end{aligned}
\right\} \tag{1-5-11}
$$

引入

$$S^2 = \frac{\sum\limits_{i=1}^{k} \varepsilon_i^2}{k-3} = \frac{\sum\limits_{i=1}^{k} (y_i - a_0 - a_1 x_{1i} - a_2 x_{2i})^2}{k-3}$$

$$= \frac{l_{yy} - a_1 l_{1y} - a_2 l_{2y}}{k-3} \qquad (1\text{-}5\text{-}12)$$

为单个测量值 λ 的剩余方差

$$S = \sqrt{\frac{l_{yy} - a_1 l_{1y} - a_2 l_{2y}}{k-3}} \qquad (1\text{-}5\text{-}13)$$

由 y_i 的标准差，$k-3$ 为自由度可以得到

$$S_{a_2}^2 = \frac{l_{11}}{l_{22}l_{11} - l_{12}^2} S^2, \quad S_{a_2} = \sqrt{\frac{l_{11}}{l_{22}l_{11} - l_{12}^2}} S \qquad (1\text{-}5\text{-}14)$$

$$S_{a_1}^2 = \frac{l_{22}}{l_{22}l_{11} - l_{12}^2} S^2, \quad S_{a_1} = \sqrt{\frac{l_{22}}{l_{22}l_{11} - l_{12}^2}} S \qquad (1\text{-}5\text{-}15)$$

$$S_{a_0}^2 = \frac{1}{k} S^2 + S_{a_1}^2 \bar{x}_1^2 + S_{a_2}^2 \bar{x}_2^2$$

$$= \left(\frac{1}{k} + \frac{\bar{x}_1^2 \cdot l_{22}}{l_{22}l_{11} - l_{12}^2} + \frac{\bar{x}_2^2 \cdot l_{11}}{l_{22}l_{11} - l_{12}^2} \right) S^2$$

$$S_{a_0} = \sqrt{\frac{1}{k} + \frac{\bar{x}_1^2 \cdot l_{22}}{l_{22}l_{11} - l_{12}^2} + \frac{\bar{x}_2^2 \cdot l_{11}}{l_{22}l_{11} - l_{12}^2}} \cdot S \qquad (1\text{-}5\text{-}16)$$

与一元线性回归类似，有全相关系数

$$R = \sqrt{\frac{a_1 l_{1y} + a_2 l_{2y}}{l_{yy}}} \qquad (1 \geqslant R \geqslant 0) \qquad (1\text{-}5\text{-}17)$$

R 表示回归方程的好坏，将(1-5-17)式代入(1-5-13)式，有

$$S = \sqrt{\frac{(1 - R^2) l_{yy}}{k-3}} \qquad (1 \geqslant R \geqslant 0) \qquad (1\text{-}5\text{-}18)$$

形式上与一元线性回归相似.

1.5.2　多项式回归

在函数的形式不易确定时，我们常用多项式回归来处理问题. 即令

$$y = a_0 + a_1 x + a_2 x^2 + \cdots + a_n x^n$$

通常 $n \leqslant 5$ 已完全足够了.可以以其系数的误差来判断 n 应取到哪一次.

多项式回归方程可以用多元线性回归方程来解决，即令

$$x_1 = x$$
$$x_2 = x^2$$
$$\cdots\cdots$$
$$x_n = x^n$$

其他就是解多元线性回归方程的问题了.

1.5.3　二元线性回归法应用实例

这里介绍光学实验中一个学生完成的设计性实验，就如何采用多元线性回归法求柯西色散公式做些讨论.

实验表明，光学介质在没有特征吸收的情况下，折射率可以用柯西公式表示为

$$n = A + \frac{B}{\lambda^2} + \frac{C}{\lambda^4} \tag{1-5-19}$$

式中 A、B、C 是表示光学材料特征的常数. 在实验中，只要对不同的波长 λ 测出相应的折射率 n，应用二元线性回归法，就可以求出这三个常数的最佳值，得到柯西公式.

具体做法是：在调好的分光仪上，测出三棱镜顶角 A 及 Hg、He、Na 等实验室常用光源的可见光谱线所对应的最小偏向角，然后通过公式

$$n = \frac{\sin\dfrac{A + \delta_{\min}}{2}}{\sin\dfrac{A}{2}}$$

算出各波长对应的折射率 n，设 λ 为已知光波长，测量误差极小，则有

$$y = n, \quad a_0 = A; \quad x_1 = \frac{1}{\lambda^2}, a_1 = B; \quad x_2 = \frac{1}{\lambda^4}, a_2 = C$$

(1-5-19)式可表示为

$$y = a_0 + a_1 x_1 + a_2 x_2 \tag{1-5-20}$$

(1-5-20)式是多项式的一般形式，由此，寻求经验公式的问题就归结为如何根据实验中测得的 k 组数据，即 λ_i 与 n_i 值求得 x_{1i}、x_{2i}、$y_i (i = 1, 2, 3, \cdots, k)$，从而确定方程中各系数的最佳值.

若选残差的平方和作为目标函数 Q

$$Q = \sum_{i=1}^{k}(y_i - y)^2 = \sum_{i=1}^{k}(y_i - a_0 - a_1 x_1 - a_2 x_2)^2$$

根据最小二乘法原理，各参数为最佳值的条件是使目标函数 Q 取极小值，要使 Q 取极小值，则 Q 对 a 的一级偏微商必须为零. 由此可得 a 为最佳值的条件必须满足如下方程组：

$$\left. \begin{array}{l} \dfrac{\partial Q}{\partial a_0} = -2\sum_{i=1}^{k}(y_i - a_0 - a_1 x_{1i} - a_2 x_{2i}) = 0 \\[3mm] \dfrac{\partial Q}{\partial a_1} = -2\sum_{i=1}^{k}(y_i - a_0 - a_1 x_{1i} - a_2 x_{2i})x_{1i} = 0 \\[3mm] \dfrac{\partial Q}{\partial a_i} = -2\sum_{i=1}^{k}(y_i - a_0 - a_1 x_{1i} - a_2 x_{2i})x_{2i} = 0 \end{array} \right\}$$

解此方程组，可得各待定参数的最佳值为

$$\left. \begin{array}{l} a_0 = \overline{y} - a_1 \overline{x_1} - a_2 \overline{x_2} \\[3mm] a_1 = \dfrac{l_{1y} l_{22} - l_{2y} l_{12}}{l_{11} l_{22} - l_{12}^2} \\[3mm] a_2 = \dfrac{l_{2y} l_{11} - l_{1y} l_{21}}{l_{11} l_{22} - l_{12}^2} \end{array} \right\}$$

在多元线性回归中，因变量 y 与各自变量 x_1、x_2 的线性相关程度可用全相关系数 R 表示为

$$R = \sqrt{1 - \dfrac{\sum_{i=1}^{k}(y_i - y)^2}{\sum_{i=1}^{k}(y_i - \overline{y})^2}} = \sqrt{\dfrac{a_1 l_{1y} + a_2 l_{2y}}{l_{yy}}}$$

若全相关系数 R 越接近于 1，则表示线性相关程度越高，所求得的回归方程就比较理想. 相反，若 R 越接近于零，则表示线性相关程度越差，所求得的回归方程就没有多大意义.

此外，为反映回归方程对诸多实验点的拟合程度，可计算标准残差 S，表述为

$$S = \sqrt{\dfrac{\sum_{i=1}^{k}(y_i - y)^2}{k - 3}} = \sqrt{\dfrac{(1 - R^2) l_{yy}}{k - 3}}$$

表 1-5-1 列出实验所得的折射率 n_i 及相关数值.

表 1-5-1　入射光波长和相应折射率 n_i 的实验数据分析与处理结果

i	$\lambda_i\,/\,\text{Å}$	$x_{1i}=1/\lambda_i^2$	$x_{2i}=1/\lambda_i^4$	$y_i=n_i$	y_i^2	$x_{1i}x_{2i}$	$x_{1i}y_i$	$x_{2i}y_i$
1	7065	2.0034×10^{-8}	4.0138×10^{-16}	1.7276	2.9846	8.0412×10^{-24}	3.4611×10^{-8}	6.9342×10^{-16}
2	6678	2.2424×10^{-8}	5.0282×10^{-16}	1.7308	2.9957	11.2752×10^{-24}	3.8811×10^{-8}	8.7028×10^{-16}
3	5893	2.8796×10^{-8}	8.1919×10^{-16}	1.7391	3.0245	23.8774×10^{-24}	5.0079×10^{-8}	14.4204×10^{-16}
4	5876	2.8963×10^{-8}	8.3883×10^{-16}	1.7394	3.0255	24.2950×10^{-24}	5.0378×10^{-8}	14.5906×10^{-16}
5	5790	2.9829×10^{-8}	8.8979×10^{-16}	1.7397	3.0266	26.5415×10^{-24}	5.1894×10^{-8}	15.4797×10^{-16}
6	5770	3.0036×10^{-8}	9.0219×10^{-16}	1.7404	3.0290	27.0982×10^{-24}	5.2275×10^{-8}	15.7017×10^{-16}
7	5461	3.3532×10^{-8}	11.2438×10^{-16}	1.7454	3.0464	37.7027×10^{-24}	5.8527×10^{-8}	19.6245×10^{-16}
8	5048	3.9243×10^{-8}	15.4001×10^{-16}	1.7537	3.0755	60.4346×10^{-24}	6.8820×10^{-8}	27.0072×10^{-16}
9	5016	3.9745×10^{-8}	15.7968×10^{-16}	1.7543	3.0766	62.7844×10^{-24}	6.9725×10^{-8}	27.7123×10^{-16}
10	4960	4.0648×10^{-8}	16.5224×10^{-16}	1.7565	3.0853	67.1603×10^{-24}	7.3980×10^{-8}	29.0216×10^{-16}
11	4922	4.1278×10^{-8}	17.0386×10^{-16}	1.7566	3.0856	70.3319×10^{-24}	7.2509×10^{-8}	29.9300×10^{-16}
12	4713	4.5020×10^{-8}	20.2680×10^{-16}	1.7620	3.1046	91.2465×10^{-24}	7.9325×10^{-8}	35.7122×10^{-16}
13	4471	5.0025×10^{-8}	25.0254×10^{-16}	1.7697	3.1318	125.1896×10^{-24}	8.8529×10^{-8}	44.2875×10^{-16}
14	4358	5.2653×10^{-8}	27.7237×10^{-16}	1.7739	3.1467	145.9736×10^{-24}	9.3401×10^{-8}	49.1791×10^{-16}
15	4047	6.1057×10^{-8}	37.2793×10^{-16}	1.7868	3.1927	227.6162×10^{-24}	10.9097×10^{-8}	66.6107×10^{-16}

表 1-5-1 中的 15 组数据，经过回归运算得

$$\overline{x_1}=\frac{1}{k}\sum_{i=1}^{k}x_{1i}=3.75522\times10^{-8}$$

$$\overline{x_2}=\frac{1}{k}\sum_{i=1}^{k}x_{2i}=15.32934\times10^{-16}$$

$$\overline{y}=\frac{1}{k}\sum_{i=1}^{k}y_i=1.7517267$$

$$l_{11}=\sum_{i=1}^{k}x_{1i}^2-\frac{1}{k}\left(\sum_{i=1}^{k}x_{2i}\right)^2=18.414792\times10^{-16}$$

$$l_{22}=\sum_{i=1}^{k}x_{2i}^2-\frac{1}{k}\left(\sum_{i=1}^{k}x_{2i}\right)^2=1188.0907\times10^{-32}$$

$$l_{12}=l_{21}=\sum_{i=1}^{k}x_{1i}x_{2i}-\frac{1}{k}\left(\sum_{i=1}^{k}x_{1i}\right)\left(\sum_{i=1}^{k}x_{2i}\right)=146.09264\times10^{-24}$$

$$l_{1y} = \sum_{i=1}^{k} x_{1i} y_i - \frac{1}{k} \left(\sum_{i=1}^{k} x_{1i} \right) \left(\sum_{i=1}^{k} y_i \right) = 0.266148 \times 10^{-8}$$

$$l_{2y} = \sum_{i=1}^{k} x_{2i} y_i - \frac{1}{k} \left(\sum_{i=1}^{k} x_{2i} \right) \left(\sum_{i=1}^{k} y_i \right) = 2.122696 \times 10^{-16}$$

$$l_{yy} = \sum_{i=1}^{k} y_i^2 - \frac{1}{k} \left(\sum_{i=1}^{k} y_i \right)^2 = 3.8523 \times 10^{-3}$$

$$a_0 \approx 1.703174, \quad a_1 \approx 1.13157 \times 10^6, \quad a_2 \approx 3.9521508 \times 10^{12}$$

$$R \approx 0.999454 > \mathrm{Re}^{[1]}$$

柯西色散公式为

$$n = 1.70317 + \frac{1.132 \times 10^6}{\lambda^2} + \frac{3.95 \times 10^{12}}{\lambda^4}$$

由表 1-5-1 中的 λ_i 和 n_i 可作色散曲线如图 1-5-1 所示.

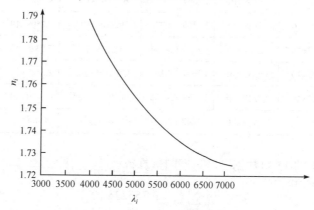

图 1-5-1　色散曲线图

通过实验总结物理规律寻求相关物理量之间的经验公式是物理实验基础训练的重要内容. 实验中使用了分光计, 能够进一步掌握其原理以及调整使用方法, 而数据处理的方法又使以前学过的多元线性回归分析方法得到加深理解和巩固, 本实验在这些方面取得了令人满意的结果.

由于实验中计算工作量大, 为了减少不必要的计算, 突出实验重点, 采用 Origin 软件或 Excel.

---

① Re 为 $k=15$ 时的相关系数起码值.

$$S = 9.7827751 \times 10^{-6}$$

$$S_{a_0} = \sqrt{\frac{1}{k} + \frac{\overline{x}_1^2 l_{22} + \overline{x}_2^2 l_{11}}{l_{11} l_{22} - l_{12}^2}} \cdot S = 0.00006$$

$$S_{a_1} = \sqrt{\frac{l_{22}}{l_{11} l_{22} - l_{12}^2}} \cdot S = 0.001 \times 10^6$$

$$S_{a_2} = \sqrt{\frac{l_{11}}{l_{11} l_{22} - l_{12}^2}} \cdot S = 0.02 \times 10^{12}$$

$$A = a_0 = 1.70318 \pm 0.00006$$

$$B = a_1 = (1.132 \pm 0.001) \times 10^6$$

$$C = a_2 = (3.95 \pm 0.02) \times 10^{12}$$

参 考 文 献

楼枚. 1994. 从单缝衍射到动态测量单丝直径[J]. 大学物理实验, 7(4): 22-24.

汪涛, 陶纯匡, 王银峰, 等. 2012. 大学物理实验[M]. 北京: 机械工业出版社.

王云才. 2008. 大学物理实验教程[M]. 3 版. 北京: 科学出版社.

肖明耀. 1985. 误差理论与应用[M]. 北京: 计量出版社.

杨述武, 赵立竹, 沈国土. 2007. 普通物理实验 3. 光学部分[M]. 4 版. 北京: 高等教育出版社.

杨述武. 2000. 普通物理实验(一、力学及热学部分)[M]. 3 版. 北京: 高等教育出版社.

姚启钧. 2008. 光学教程[M]. 4 版. 北京: 高等教育出版社.

张皓辉, 武旭东, 吕宪魁, 等. 2009. 单缝衍射法测量金属线胀系数[J].云南师范大学学报(自然科学版), 29(1): 53-57.

张雄, 王黎智, 马力, 等. 2001. 物理实验设计与研究[M]. 北京: 科学出版社.

郑光平, 李锐锋. 2008. 单缝衍射测量金属膨胀[J]. 物理实验,28(9): 36-37.

朱鹤年. 2007. 新概念物理实验测量引论[M]. 北京: 高等教育出版社.

(第 1 章张皓晶　编)

第 2 章　基础性实验

2.1　长　度　测　量

【实验目的】

(1) 学习游标卡尺和螺旋测微器(千分尺)的测量原理;

(2) 掌握游标卡尺、螺旋测微器和读数显微镜的使用方法.

【实验原理】

长度是基本物理量之一，长度测量是一切测量的基础. 常用的长度测量仪器有米尺、游标卡尺、螺旋测微器和读数显微镜. 通常用量程和分度值表示长度测量仪器的规格. 量程表示仪器的测量范围,分度值是仪器的最小分划单位. 分度值还反映了仪器的精密程度. 一般说来，分度值越小，仪器越精密.

1. 游标卡尺

为使米尺测得更准确，在米尺上附加一个能够滑动的有刻度的小尺，叫做游标. 游标卡尺主要由主尺 1 和副尺(游标)2 组成. 图 2-1-1 中主尺上有毫米刻度线，副尺上也有刻度线. 3 是辅助游标(测量较大长度时作微动调节). 量爪 A、B 用于测量厚度和外径，量爪 A'、B' 用于测量内径. 图 2-1-1(b)的深度尺 C 可用于测量槽或者孔洞深度.

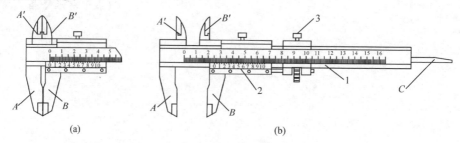

图 2-1-1　游标卡尺

游标卡尺的测量读数均由游标的零线与主尺的零线之间的距离表示. 常用游标卡尺构造上的主要特点是：游标卡尺上 p 个分格与主尺上 $(p-1)$ 个分格的总长

度相等.设 y 代表主尺上每格的长度，x 代表游标上每格的长度，则 $p \cdot x = (p-1)y$.主尺与游标上每个分格长度的差值为

$$\delta x = y - x = \frac{y}{p} \qquad (2\text{-}1\text{-}1)$$

以 $p = 10$ 的游标卡尺为例，主尺每格长1mm，那么游标上 10 格总长9mm，游标上每格长度就是0.9mm，则 $\delta x = y - x = 0.1\text{mm} = \frac{1}{10}\text{mm}$.若不考虑零点误差，当游标卡尺量爪合拢时，游标上的零线与主尺零线重合.此时游标上第一条刻线在主尺第一条刻度线左边0.1mm处，游标上第二条刻线在主尺第二条刻线左边0.2mm处，……，依次类推.显然，若游标上第一条刻线与主尺上第一条刻线重合，则游标上其余刻线都不与主尺刻线重合，则量爪间距即测量值读数应为0.1mm(图 2-1-2)；若游标的第二条刻线与主尺的第二条刻线重合，则读数应为0.2mm，……，依次类推(图 2-1-3).

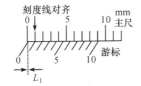

图 2-1-2 十分游标卡尺刻度示意图 Ⅰ

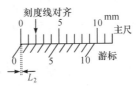

图 2-1-3 十分游标卡尺刻度示意图 Ⅱ

这种有 10 个分格($p = 10$)的游标卡尺叫做"十分游标".十分游标的 δx 是0.1mm.δx 由主尺刻度值与游标刻度值之差得出，不是估计值，它是游标卡尺能够读准的最小值，即分度值.用游标时游标卡尺读数中毫米以下这位数是准确的.根据仪器读数的一般规则，上例中的读数结果应写为 $L_1 = 0.10\text{mm}$，$L_2 = 0.20\text{mm}$.百分位上加的"0"表示读数误差出现在这位上.可见，使用游标可以提高测量精度，游标卡尺分度值越小，其测量误差也越小.

另一种常用的游标是"二十分游标"($p = 20$).将主尺上19mm等分为游标上的 20 格(图 2-1-4)，分度值可由(2-1-1)式求得：$\delta x = \frac{1}{20}\text{mm} = 0.05\text{mm}$.也可将主尺上39mm等分为游标上 20 格(图 2-1-5)，主尺上两格与游标一格比较得 $\delta x = 2.0\text{mm} - \frac{39}{20}\text{mm} = 0.05\text{mm}$ (或 $\delta x = \frac{1}{20}\text{mm} = 0.05\text{mm}$).

二十分游标卡尺的游标上常刻有 0、25、50、75、100 等标度，以便直接读数.例如，游标上第五条刻线(标25)与主尺刻线对齐，则读数的尾数为0.25mm，可直接由标度数读出.二十分游标的误差限不大于0.05mm，故读数结果写到百分之一毫米这一位数.

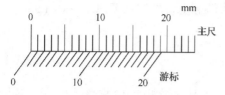

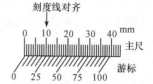

图 2-1-4　二十分游标卡尺刻度示意图 I　　　图 2-1-5　二十分游标卡尺刻度示意图 II

常用游标还有五十分游标($p=50$)，主尺上 49mm 与游标 50 格相当．五十分游标的分度值 $\delta x=\dfrac{1}{50}\text{mm}=0.02\text{mm}$．游标上刻有 0,1,2,…,9 等标度，以便读数．五十分游标的读数结果也到百分之一毫米这一位上．用游标卡尺测量长度的读数值可以表示为

$$L=m\cdot y+n\cdot\delta x \tag{2-1-2}$$

m 代表游标零线指示出的主尺刻度的整毫米数，n 代表游标上第 n 条线与主尺某刻度线重合，$y=1\text{mm}$，δx 是游标分度值．如图 2-1-6 所示即为长度值 $L=21.48\text{mm}=2.148\text{cm}$ 的情况．

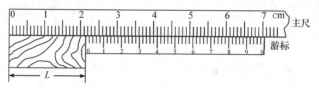

图 2-1-6　五十分游标卡尺读数示意图

综上所述，游标卡尺的分度值是由主尺与游标刻度的差值决定的，亦即由游标分度数目决定．这种利用两种标度的差值作测量分度值从而提高测量精度的方法叫做**差示法**．一般游标原理中用到的差示法可如下表述．

设游标上 p 个分格与主尺上 q 个分格的长度相等（p、q 均为整数）．如图 2-1-7 所示，设游标上每格长度为 x，主尺上每格长度为 y，则 $px=qy$．又设与游标第一刻线最接近的主尺格数为 k（线既可能在游标第一刻线左边，也可能在其右边），游标卡尺分度值 $\delta x=|k\cdot y-x|$，而 $x=\dfrac{q}{p}y$，则

$$\delta x=\left|k-\frac{q}{p}\right|\cdot y \tag{2-1-3}$$

(2-1-3)式称为通用游标公式．由此式可求各类游标的分度值 δx．例如，某游标，主尺上 39mm 与游标上 20 格相当，则 $p=20,q=39,k=2,y=1\text{mm}$，代入(2-1-3)式得

$$\delta x = \left(2 - \frac{39}{20}\right) \times 1 = 0.05 (\text{mm})$$

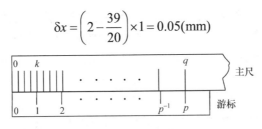

图 2-1-7　差示法

此即前述的二十分游标.

其他常见的游标卡尺还有深度游标卡尺、高度游标卡尺、齿轮游标卡尺等.

2. 螺旋测微器

螺旋测微器是比游标卡尺更精密的长度测量仪器. 常用的外径螺旋测微器量程 25mm，分度值 0.01mm，如图 2-1-8 所示.

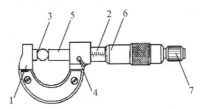

图 2-1-8　螺旋测微器

1.尺架；2.固定套管；3.砧座；4.锁紧手柄；5.螺杆；6.活动套筒；7.棘轮盘

螺旋测微器的主要部分是螺距 0.05mm 的微动螺旋杆，活动套筒旋转一周，它就沿轴向移动 0.05mm. 微分套筒 6(与螺杆 5 固定在一起)上沿圆周刻有 50 个等分格，当螺杆沿轴向移动 $\frac{0.5}{50}$mm (即 0.01mm)时，套筒上刻度转过一格. 这就是机械放大原理. 由于螺杆转两周，轴向移动 1mm，所以主尺除整刻度外，还标有半刻度(图 2-1-9).

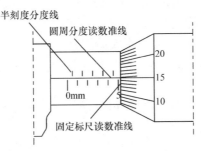

图 2-1-9　螺旋测微器读数示意图

测量时应轻轻转动棘盘轮 7 以推动螺杆把待测物恰好夹住. 读数时从固定套筒 2 的标尺上读出整格数，0.5mm 以下的读数则由活动套筒 6 圆周上的刻度读出. 测量数据估读到 0.001mm 位. 例如，图 2-1-9 的读数为 5.150mm.

3. 读数显微镜

读数显微镜主要用于测量微小距离或微小距离的变化，主要由机械部分和光具部分组成. 如图 2-1-10 所示，JDX-2 型读数显微镜的分度值为 0.01mm，量程为

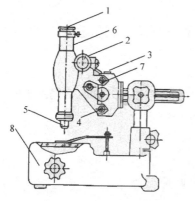

图 2-1-10　读数显微镜

50mm，其光具部分 6 是长焦距显微镜(图中 1、5 分别为其目镜和物镜)，6 装在由丝杆带动的滑动台 7 上，其位置由旋钮 2 调节，7 上有标尺 3 及读数鼓轮 4. 滑动台连同显微镜一起可换不同方向安装以适应各种测量条件. 整个装置安装在底座 8 上.

操作方法：

(1) 正确安置仪器并对准待测物.

(2) 调节测微目镜以清楚地看到叉丝或者标尺.

(3) 调节显微镜聚焦情况或移动整个仪器，使待测物成像清楚并消除视差.

(4) 旋转读数鼓轮，使叉丝依次对准被测物像两端，两次读数的差值即为待测值. 注意，两次读数必须向一个方向旋转鼓轮，以避免回程差.

【实验器材】

米尺、游标卡尺、螺旋测微器、读数显微镜、待测物(铁环、钢球、钢丝等).

【实验内容】

(1) 用米尺测量铁环的高及内、外径各 5 次. 求各量的平均值和平均绝对误差，并计算铁环体积及其平均绝对误差和相对误差.

(2) 用游标卡尺对铁环重复以上实验内容.

(3) 用螺旋测微器测量钢珠与钢丝直径各十次，求其平均值并计算标准误差和相对误差.

(4) 选一较小物体，用读数显微镜测量其长度各五次，求出标准误差和相对误差并写出结果表达式.

【数据处理】

绘制记录表格(表 2-1-1 和表 2-1-2)，认真记录测量数据并按误差理论正确处理数据.

(1) 铁环的测量.

仪器名称：_____.

表 2-1-1 铁环的测量数据记录表

项目 测量 次数 n	米尺测量的参数			游标卡尺测量的参数		
	内径 d / cm	外径 D / cm	高度 h / cm	内径 d / cm	外径 D / cm	高度 h / cm
1						
2						
3						
4						
5						
平均值	$\bar{d}=$____ cm	$\bar{D}=$____ cm	$\bar{h}=$____ cm	$\bar{d}=$____ cm	$\bar{D}=$____ cm	$\bar{h}=$____ cm

米尺测量结果：

$D = \bar{D} \pm \Delta D =$ _____ cm ; $h = \bar{h} \pm \Delta h =$ _____ cm ;

$d = \bar{d} \pm \Delta d =$ _____ cm .

(上式中 ΔD、Δh、Δd 分别表示 D、h、d 的平均绝对误差)以 ΔV 表示体积绝对误差，E 为相对误差，则

$$\bar{V} = \frac{\pi}{4}\left(\bar{D}^2 - \bar{d}^2\right)\cdot h = \underline{\qquad} \text{cm}^3 ;$$

$$E = \left(2\frac{\bar{D}\cdot\Delta D + \bar{d}\cdot\Delta d}{\bar{D}^2 - \bar{d}^2} + \frac{\Delta h}{\bar{h}}\right)\times 100\% = \underline{\qquad} ;$$

$$\Delta V = \bar{V}\cdot E = \underline{\qquad} \text{cm}^3 .$$

测量结果 $V = \bar{V} \pm \Delta V =$ _____ cm^3 .

游标卡尺测量数据的处理公式同上.

(2) 钢球与钢丝的直径 d 的测量.

仪器名称：_____.

表 2-1-2　钢球与钢丝的直径测量数据记录表

项目 测量 次数 n	钢球参量			钢丝参量		
	读数 d'/mm	修正值 d_0/mm	$d=(d'-d_0)$/mm	读数 d'/mm	修正值 d_0/mm	d/mm
1						
2						
⋮						
	平均值 $\bar{d}=$＿＿＿ mm，标准误差 $\sigma_{\bar{d}}=$＿＿＿ mm			平均值 $\bar{d}=$＿＿＿ mm，标准误差 $\sigma_{\bar{d}}=$＿＿＿ mm		

相对误差 $E=\dfrac{\sigma_{\bar{d}}}{\bar{d}}\times100\%=$ ＿＿＿＿＿ .

测量结果 $d=\bar{d}\pm\sigma_{\bar{d}}=$ ＿＿＿＿＿ mm .

(3) 测距显微镜测量结果的记录与处理同上.

【思考题】

(1) 试分析米尺、游标卡尺、螺旋测微器的系统误差各表现在哪些方面. 读数显微镜的情况又如何?

(2) 螺旋测微器的棘轮不用可以吗? 为什么?

(3) 某一铝板长约 30cm，宽约 5cm，厚约 0.1cm，中间有一宽约 1mm 的缝. 问用何种仪器才能使此板体积的测量结果有四位有效数字?

(4) 游标原理可用于计时. 科学式授时是每分钟均匀发布 61 个信号，问它与每秒响一次的天文摆钟相结合可以准确地测量出多大的时间间隔? 若从标准时间 7 时 50 分开始科学式授时，摆钟在 7 点 50 分 27 秒时与科学式授时重合，问此摆钟在 7 时 50 分时快或者慢了多少? 为什么? (已知天文摆钟误差小于 0.5s.)

2.2　单摆测重力加速度

【实验目的】

(1) 用单摆测重力加速度;

(2) 研究单摆的振动周期和摆长的关系;

(3) 研究单摆的振动周期和摆角的关系.

【实验原理】

把一个金属小球拴在一根不能伸长且上端固定的细线上，如果细线的质量比小球的质量小很多，而小球的直径又比细线的长度小很多，摆球在重力作用下，在竖直平面内来回摆动，这样的装置就叫单摆.

　　单摆往复摆动一次所经过的时间称为单摆振动的周期. 由振动理论可证：当摆幅很小时($\theta < 5°$)，单摆的运动方程为

$$\frac{\mathrm{d}^2\theta}{\mathrm{d}t^2} = -\frac{g}{L}\theta$$

单摆振动的角频率

$$\omega = \sqrt{\frac{g}{L}}$$

因为周期 T 与角频率的关系

$$T = \frac{2\pi}{\omega}$$

所以

$$T = 2\pi\sqrt{\frac{L}{g}} \tag{2-2-1}$$

摆长 L 是摆球质心到悬点的距离，g 是重力加速度，由(2-2-1)式可得

$$g = 4\pi^2\frac{L}{T^2} \tag{2-2-2}$$

由(2-2-2)式可知，只要测出单摆的摆长 L 和振动的周期 T，就可以求出本地的重力加速度 g.

　　(2-2-1)式又可写成

$$T^2 = \frac{4\pi^2}{g}L \tag{2-2-3}$$

上式表明：周期的平方 T^2 和摆长 L 成正比，作 T^2-L 图线，$4\pi^2/g$ 是直线的斜率. 如果改变摆长测出相应的周期，则可以由 T^2-L 图线的斜率求出重力加速度 g.

　　用秒表测单摆振动的周期 T，米尺测摆线的长 l，游标卡尺测摆球的直径 D，则摆长 $L = l + \dfrac{D}{2}$，由(2-2-2)式就可以测量当地的重力加速度.

　　摆的振动周期 T 与摆角 θ 的关系经理论推导可得

$$T = T_0\left[1 + \left(\frac{1}{2}\right)^2\sin^2\frac{\theta}{2} + \frac{1}{2}\cdot\frac{3}{4}\sin^4\frac{\theta}{2} + \cdots\right] \tag{2-2-4}$$

(2-2-4)式中 T_0 为 θ 接近 5° 时的周期，如略去 $\sin^4\dfrac{\theta}{2}$ 项和以后的高次项，则

$$T = T_0 \left(1 + \frac{1}{4} \sin^2 \frac{\theta}{2} \right) \tag{2-2-5}$$

如果测出不同摆角 θ 的周期 T，作 T-$\sin^2 \frac{\theta}{2}$ 图线，就可验证(2-2-5)式.

【实验器材】

单摆、米尺、游标卡尺、秒表等.

【实验内容】

(1) 取摆长约为1m的单摆，用米尺测量悬点到小钢球上切点摆线长 l，用游标卡尺测量摆球的直径 D(各测三次，取平均值)，利用公式 $L = l + \frac{D}{2}$ 计算摆长.

用米尺测摆线长度时，应注意使米尺和被测摆线平行，并尽量靠近，读数时视线要和米尺的方向垂直，以避免视差产生的误差.

(2) 用秒表测量单摆连续摆动 50 个周期的时间 $50T$，重复测量五次，取其平均值，计算周期 T，注意摆角 θ 要小于或等于 $5°$.

用秒表测周期时，应在摆球通过平衡位置时按秒表并读"0"，在完成一个周期运动，再次同方向通过平衡位置时数"1".

(3) 根据内容(1)、(2)中数据，用(2-2-2)式计算重力加速度 $\bar{g}$ 及其相对误差 ($E_0 = \Delta L / \bar{L} + 2\Delta T / \bar{T}$)和绝对误差($\Delta g = E_0 \cdot \bar{g}$)，以及与当地重力加速度标准值比较的百分误差. 用测量结果的正确表示法：$g = \bar{g} \pm \Delta g (\mathrm{m \cdot s^{-2}})$ 表示测量结果.

(4) 将摆长每次缩短 0.1m，改变摆长五次，分别测摆长和周期. 将测量结果填入设计的表格中.

(5) 根据内容(4)的数据用图解法在坐标纸上作 T^2-L 图线，若为过原点的直线，则 $T^2 = bL$，这说明单摆振动周期的平方 T^2 和摆长 L 成正比的规律成立. 并求直线的斜率和重力加速度 g.

(6) 取摆长约为 1m，研究周期和摆角的关系，在 $5° \sim 25°$ 取三组数据(方法同内容(1)、(2))，每个摆角测三次，用所得数据作 T-$\sin^2 \frac{\theta}{2}$ 图线，检验 T 和 $\sin^2 \frac{\theta}{2}$ 是否为线性关系，检验(2-2-5)式中 $\sin^2 \frac{\theta}{2}$ 的系数是否为 $\frac{1}{4}T_0$，算出百分误差.

【思考题】

(1) 为什么测周期要在摆球通过平衡位置时按秒表？

(2) 如果测量结果的相对误差 $\dfrac{\Delta g}{g} \leqslant 0.2\%$，若 $L = 1\mathrm{m}$，$T \approx 2\mathrm{s}$，秒表的精度为 0.1s，连续测量周期的次数 n 应为多少？

(3) 摆球从平衡位置移开的距离为摆长的几分之几时，摆角约为 5°？

2.3　固体和液体密度的测定

【实验目的】

(1) 了解物理天平的构造，掌握物理天平的使用方法；

(2) 用流体静力称衡法和比重瓶法测定固体和液体的密度.

【实验原理】

物体的质量与体积之比称为该物体的密度

$$\rho = \frac{m}{V} \tag{2-3-1}$$

只要测定了物体的质量 m 和体积 V，物体的密度就可以确定.

1. 固体密度的测定

物体的质量可用天平测定，而物体的体积则应根据形状的不同而采用不同的测量方法，对于形状规则、密度均匀的固体，可用游标卡尺之类的量具测量其线度，再用公式计算其体积. 对于形状不规则的物体，可用量筒测出其体积，但是误差较大，用下面介绍的流体静力称衡法测体积可以减少误差.

若待测物体的密度大于水的密度，可用天平测出物体在空气中的质量 m 和物体浸没在水中的视质量 m_1，根据阿基米德原理得待测物体在水中受到的浮力为 $mg - m_1 g = \rho_0 V g$，若水在室温下的密度 ρ_0 已知，则可由此确定物体排开水的体积，这也就是待测物体的体积

$$V = \frac{m - m_1}{\rho_0}$$

现将上式代入(2-3-1)式中，即得物体的密度

$$\rho = \frac{m}{m - m_1} \rho_0 \tag{2-3-2}$$

若待测物体的密度小于水的密度，可先用天平测出物体在空气中的质量 m，然后在待测物体下面悬挂一个密度大于水的重物，再把待测物体连同重物全部浸没在水中，这时用天平称衡，相应的砝码质量为 m_2；再将待测物体提升到液面上，

而这时重物仍浸没在水中, 再用天平称衡, 相应的砝码质量为 m_3, 则待测物体受到的浮力为 $m_3g - m_2g$, 根据阿基米德原理知 $m_3g - m_2g = \rho_0 Vg$ (ρ_0 为室温下水的密度), 则待测物体的体积为

$$V = \frac{m_3 - m_2}{\rho_0}$$

待测物体的密度为

$$\rho = \frac{m}{V} = \frac{m}{m_3 - m_2}\rho_0 \tag{2-3-3}$$

2. 液体密度的测定

若某固体在空气中用天平称衡的质量为 m, 浸没在水中的视质量为 m_1, 在待测液体中的视质量为 m_2, 固体的体积为 V, 室温下水的密度为 ρ_0, 被测液体的密度为 ρ_1, 根据阿基米德原理有下列两式成立:

$$mg - m_1g = V\rho_0 g$$
$$mg - m_2g = V\rho_1 g$$

上两式相除后可得到待测液体的密度

$$\rho_1 = \frac{m - m_2}{m - m_1}\rho_0 \tag{2-3-4}$$

3. 比重瓶法测固体、液体密度

如图 2-3-1 所示的比重瓶是一个磨口玻璃瓶, 瓶塞中间有一毛细管. 当瓶中注满液体并用瓶子塞住时, 多余的液体就从毛细管顶部溢出. 于是, 瓶内所容纳的液体就是一个定值. 利用这一特点可以测定不溶于水的小块状固体或液体的密度.

用比重瓶测定不溶于水的小块状固体的密度, 可依次称出小块状固体的质量 m_2、盛满蒸馏水后瓶和水的总质量 m_1、装满蒸馏水的瓶内投入待测固体的总质量 m_3. 显然, 被小块状固体排出瓶外的水的总质量是 $m_1 + m_2 - m_3$, 而被排出的水的体积就是待测固体的体积, 所以待测固体的密度

$$\rho = \frac{m_2}{m_1 + m_2 - m_3}\rho_0 \tag{2-3-5}$$

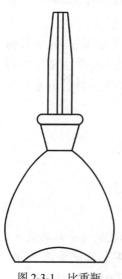

图 2-3-1　比重瓶

式中 ρ_0 是室温下的密度.

利用此法可以测液体的密度, 设空比重瓶的质量为 m_1 , 充满密度为 ρ 的液体时的质量为 m_2 , 充满和液体同温度的蒸馏水时的质量为 m_3 , 比重瓶在该温度下的容积为 V , 则

$$\rho = \frac{m_2 - m_1}{V}, \quad V = \frac{m_3 - m_1}{\rho_0}$$

其中 ρ_0 为室温下蒸馏水的密度, 由此二式可得出待测液体的密度

$$\rho = \frac{m_2 - m_1}{m_3 - m_1} \rho_0 \tag{2-3-6}$$

【实验器材】

物理天平、砝码、烧杯、比重瓶、细线、蒸馏水、待测的固体和液体、待测的小块状固体、温度计、吸水纸.

【实验内容】

1. 用流体静力称衡法测固体的密度

(1) 按照天平的操作规程, 将天平调整到能称衡的状态.

(2) 用天平称衡待测固体(固体的密度大于水的密度)在空气中的质量 m .

(3) 用细线将固体吊在天平横梁左侧的挂钩上, 如图 2-3-2 所示将固体浸没在盛有水的烧杯中, 不要触及杯壁, 注意除去物体周围的气泡, 测出固体在水中的视质量 m_1 .

(4) 测出水温, 并从下册附表 F-3 中查出该温度下水的密度 ρ_0 .

(5) 根据(2-3-2)式算出固体的密度及其误差.

若待测固体的密度小于水的密度, 用流体静力称衡法测固体密度的实验步骤由学生自己拟定.

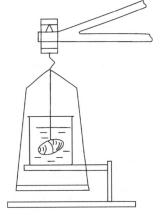

图 2-3-2　待测固体浸入液体

2. 用流体静力称衡法测定液体的密度

(1) 用物理天平测出物体在空气中的质量 m .

(2) 测出物体在水中的视质量 m_1 .

(3) 测出物体在待测液体中的视质量 m_2 .

(4) 用温度计测出水温, 查出在此温度下水的密度 ρ_0 .

(5) 根据(2-3-4)式和第 1 章方法算出待测液体的密度及误差.

3. 用比重瓶法测小块状固体的密度

(1) 测出小块状固体在空气中的质量 m_2 .

(2) 将比重瓶装满蒸馏水塞上塞子，擦去流出的水，测出比重瓶和水的质量 m_1.

(3) 将小块状固体倒入比重瓶内，测出比重瓶、小块状固体和水的总质量 m_3.

(4) 根据(2-3-5)式算出小块状固体的密度并进行误差计算.

用比重瓶法测定液体密度的实验步骤由学生自己拟定.

【数据处理】

整理测量数据并列入自己设计的数据记录表中，利用各公式分别计算各密度之值，并分别估算误差.误差传递公式参考本节【附录二】.

【思考题】

(1) 怎样用流体静力称衡法测量石蜡的密度?

(2) 怎样用比重瓶法去测量液体的密度?

(3) 天平是一种等臂杠杆仪器，如果左、右两臂的长度不等，测量时将因不等臂产生误差，一般物理天平的不等臂误差约为 3 个分度值. 为了避免不等臂误差，可以采用复称法. 即将被测物体分别放在左、右两个砝码盘中各测一次，设测得的质量分别为 M_1 和 M_2，试证明物体的质量

$$M = \sqrt{M_1 M_2} = \frac{1}{2}(M_1 + M_2)$$

【附录一】

1. 物理天平简介

物理天平的构造如图 2-3-3 所示.

天平的横梁是一等臂杠杆，中间刀口是支点. 两边刀口是着力点，两边刀口上悬挂着两个质量相等的秤盘，天平的止动旋钮右旋时天平启动，左旋时天平止动. 每台天平都根据最大称量附有一套相应的砝码，加减 1g 以内的砝码，可以靠移动游码来实现，当游码放在最左端的零刻度时，相当于右盘没有加小砝码. 对于感量是 0.02g 的天平游码向右移动一大格，等于右盘加了 0.1g 砝码，一大格又分为五小格，游码向右移动一小格，就相当于在右盘内加了 20mg 的砝码.

2. 天平的规格

物理天平的规格是由感量和称量两个参量来决定的.

物理天平的感量是指天平平衡时，天平指针从标尺上零点平衡位置偏转一个最小分格时天平秤盘上的质量差，一般来说，感量的大小应该与天平砝码(游码)读数的最小分度值相适应. 灵敏度是感量的倒数，即天平平衡时，在一个盘中加单位质量后指针偏转的格数. 称量是天平允许称衡的最大质量.

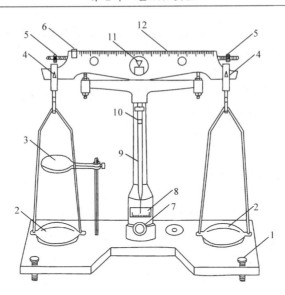

图 2-3-3　物理天平

1. 水平螺丝；2. 砝码盘；3. 杯托盘；4. 边刀口；5. 平衡螺母；　6. 游码；7. 止动旋钮；8. 标尺；9. 指针；
10. 感量砣；11. 中间刀口；12. 横梁

3. 物理天平的操作步骤

使用天平时，首先调节天平底座处于水平. 调节水平螺丝，使水准仪中气泡位于圆圈线中间位置，这样就使得底座处于水平，立柱处于铅直状态.

天平空载时，应将游码拨到左端与"0"刻度对齐，将止动旋钮向右旋转，支起天平横梁，观察指针摆动情况. 如果不平衡，将止动旋钮左旋使天平止动，调节横梁两端的平衡螺母，再观察是否平衡，直至达到空载平衡为止.

在用天平进行称衡时，左盘放待测物体，右盘放砝码，轻轻启动天平，观察天平的倾斜情况，酌情增减砝码，最后调整砝码直到天平平衡时，待测物体的质量就等于砝码的质量.

4. 天平的操作规则

(1) 为了避免刀口受冲击而损坏和破坏空载平衡，必须切记：在取放物体、取放砝码、调节平衡螺母和游码及不使用天平时，都必须将天平止动，只有在判断天平是否平衡时才启动天平. 天平启、止动时动作要轻，止动最好在天平指针接近刻度尺中间时.

(2) 天平的负载量不得超过其最大称量，以免损坏刀口或压弯横梁.

(3) 砝码不得用手拿取，只准用镊子夹取.

(4) 称衡时，先估计物体的质量，加一适当的砝码，支起天平，判明轻重后再调整砝码. 调整砝码时，一定要从大到小依次更换砝码，不要先加小砝码，那样往往要多费时间，或者出现砝码不够用的情形. 称衡后，要检查横梁是否已落下，砝码是否按顺序摆好，以使天平始终保持正常状态.

(5) 天平的各部分以及砝码都要注意防锈和防腐蚀. 高温物体、液体及带腐蚀性的化学药品不得直接放在秤盘内称衡.

【附录二】

1. 用流体静力称衡法测定固体(固体的密度大于水的密度)密度的误差公式

$$\frac{\Delta \rho}{\overline{\rho}} \leqslant \left| \left(\frac{1}{\overline{m}} - \frac{1}{\overline{m} - \overline{m}_1} \right) \Delta m \right| + \left| \frac{\Delta m_1}{\overline{m} - \overline{m}_1} \right|$$

$$= \frac{\overline{m}_1 \Delta m}{\overline{m} (\overline{m} - \overline{m}_1)} + \frac{\Delta m_1}{\overline{m} - \overline{m}_1}$$

2. 测定液体密度的误差公式

$$\frac{\Delta \rho_1}{\rho_1} \leqslant \left| \frac{(\overline{m}_2 - \overline{m}_1) \Delta m}{(\overline{m} - \overline{m}_2)(\overline{m} - \overline{m}_1)} \right| + \left| \frac{-\Delta m_2}{\overline{m} - \overline{m}_2} \right| + \left| \frac{\Delta m_1}{\overline{m} - \overline{m}_1} \right|$$

3. 用比重瓶法测定固体密度的误差公式

$$\frac{\Delta \rho}{\rho} \leqslant \left| \frac{(\overline{m}_1 - \overline{m}_3) \Delta m}{\overline{m}_2 (\overline{m}_1 + \overline{m}_2 - \overline{m}_3)} \right| + \left| \frac{-\Delta m_1}{\overline{m}_1 + \overline{m}_2 - \overline{m}_3} \right| + \left| \frac{\Delta m_3}{\overline{m}_1 + \overline{m}_2 - \overline{m}_3} \right|$$

2.4　惯　性　秤

【实验目的】

(1) 学习用惯性秤测量物体的惯性质量；
(2) 了解物体的惯性质量和引力质量之间的关系；
(3) 观察重力对惯性秤振动的影响.

【实验原理】

牛顿第二定律指出

$$F = ma \tag{2-4-1}$$

其中 m 称为惯性质量. 万有引力定律指出

$$F = G\frac{m_1 m_2}{R^2} \tag{2-4-2}$$

其中 G 是万有引力常数，m_1、m_2 称为质量.

惯性质量是物体惯性的量度，引力质量是物体间相互吸引性质的量度，它们是完全不同的物理概念. 惯性秤只能测量物体的引力质量，天平只能称衡物体的引力质量. 目前，已有实验在 $3/10^{11}$ 以内的高精密度下证实：当惯性质量和引力质量采用同一单位时，任何物体的惯性质量和引力质量都相等. 因此，在通常情况下不必对物体惯性质量和引力质量加以区分，而统称为物体的质量. 惯性秤结构如图 2-4-1 所示.

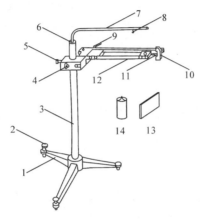

图 2-4-1　惯性秤结构示意图

1. 三脚架；2. 水平螺栓；3. 立柱；4. 固定座；5. 旋钮；6. 滚花扁螺母；7. 吊杆；8. 挂钩；9. 球形手柄；10. 光电门；11. 挡光片；12. 平台；13. 片状砝码；14. 待测圆柱体

将惯性秤平台水平放置，使其在水平面做简谐振动，从而排除了引力(重力)对运动的影响，因此决定平台加速度的只有秤臂的弹性恢复力 F. 设 k 为秤臂的弹性恢复系数，x 为平台质心偏离平衡位置的距离，则

$$F = -kx \tag{2-4-3}$$

设 m_0 为平台的惯性质量，m 为砝码或待测物的惯性质量，由牛顿第二定律，有

$$F = \left(m_0 + m\right)\frac{\mathrm{d}^2 x}{\mathrm{d}t^2} \tag{2-4-4}$$

从(2-4-3)式、(2-4-4)式中消去 F，得

$$\frac{\mathrm{d}^2 x}{\mathrm{d}t^2} = -\frac{k}{m_0 + m}x \tag{2-4-5}$$

其解为 $x = A\cos(\omega t + \varphi_0)$，代入(2-4-5)式，得

$$\omega^2 = \frac{k}{m_0 + m}$$

$$T = 2\pi\sqrt{\frac{m_0 + m}{k}} \tag{2-4-6}$$

设惯性秤平台空载时周期为T_0，即$T_0 = 2\pi\sqrt{m_0 / k}$，由(2-4-6)式，平台上负载时周期可写为

$$T^2 = T_0^2 + \frac{4\pi^2}{k}m \tag{2-4-7}$$

要测某一物体的惯性质量，只要利用已知惯性质量的惯性秤砝码测得一系列T^2的值及相应的m值，由(2-4-7)式作$T^2\text{-}m$图线，再测出待测物的振动周期，就可在$T^2\text{-}m$图线上查到相应的惯性质量.

【实验器材】

惯性秤、砝码、水平仪、周期测定仪(或计时仪).

【实验内容】

(1) 调节惯性秤平台水平.

(2) 接通电源，将光电门与周期测定仪(或计时器)连接.

(3) 使平台沿水平方向作简谐振动，测定秤周期T_0.

(4) 将10个已知惯性质量的片状砝码逐个插入平台，分别测得载有一个、两个至十个砝码时的振动周期，作$T^2\text{-}m$图线.

(5) 分别测量两个待测圆柱体的惯性质量.

(6) 用物理天平分别称衡两个待测圆柱体的引力质量，并与它们的惯性质量比较.

(7) 观察重力对惯性秤振动的影响. ①惯性秤平台仍水平放置,将待测圆柱体用细线悬挂在平台中央测其周期. ②松开球形手柄,使平台垂直于地面位置放置,测出待测圆柱体的周期.

【思考题】

(1) 什么是引力质量? 什么是惯性质量?

(2) 实验内容(7)的结论如何? 试分析之.

(3) 通过实验，你认为这套惯性秤优点何在? 你还能设想出更好的"惯性秤"吗?

2.5 牛顿第二定律的验证

【实验目的】

(1) 熟悉气垫导轨和光电数字计时系统的调节和使用方法；

(2) 验证牛顿第二定律.

【实验原理】

在牛顿第二定律中，物体加速度 a 的大小与合外力 F 的方向相同，其数学表达式为

$$F = kma \tag{2-5-1}$$

选择适当单位使 $k=1$ ，上式可写成

$$F = ma \tag{2-5-2}$$

(2-5-2)式就是牛顿第二定律的通常表达式. 牛顿第二定律又可表述为：作用在物体上的合外力 F 等于物体的质量 m 与加速度 a 的乘积. 验证牛顿第二定律可分为两个方面：①在质量 m 一定时，加速度 a 与合外力 F 成正比，即 $a \propto F$ ；②在合外力 F 一定时，加速度 a 与质量 m 成反比.

在气垫导轨上验证牛顿第二定律，气垫导轨的构造原理和调平方法见仪器使用说明书.

细线跨过轻滑轮，一端系于滑块 2 上，另一端悬挂一砝码盘 6，滑块和砝码盘上共有 5 个砝码. 滑块(包括上面的支架和挡光片)质量为 m_0 ，砝码盘质量为 m' ，每个砝码质量均为 m_1 . 把砝码盘、砝码、滑块及其上面的附加物看作一个系统，系统总质量为 m . 有

$$m = m_0 + m_1 + 5m_1$$

系统各部分受力情况如图 2-5-1 所示，系统所受合外力等于砝码盘重量和它上面砝码重量所产生拉力的总和. 当砝码盘上没有砝码时，系统所受合外力为

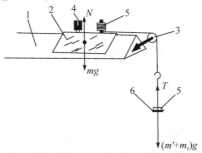

图 2-5-1 系统各部分受力分析示意图

1. 导轨；2. 滑块；3. 滑轮；4.U 形挡光片；5. 附加砝码；6. 砝码盘

$$F = m'g$$

当砝码盘上有 n 个砝码时，系统所受合外力为

$$F = (m' + nm_1)g$$

由上分析可知，只要把滑块上的附加砝码一次次地拿到砝码盘上，就可实现系统质量不变，外力逐渐增加的实验条件.

系统各部分质量可用天平称量，从而计算出系统总质量，从砝码盘及其上面砝码的质量就可算出合外力 F. 为了验证牛顿第二定律，还需测定系统的加速度 a.

实验中，滑块从光电门 K_1 向光电门 K_2 运动，系统各部分均在恒力作用下做匀加速直线运动. 加速度 a 用以下两式分别求出：

$$a = \frac{v_2^2 - v_1^2}{2s} \qquad (2\text{-}5\text{-}3)$$

或

$$a = \frac{v_2 - v_1}{t} \qquad (2\text{-}5\text{-}4)$$

(2-5-3)式、(2-5-4)式中 v_1、v_2 分别是滑块在光电门 K_1、K_2 两处的瞬时速度. s 是 K_1、K_2 间的距离，可由导轨上刻度尺读出. t 是滑块从光电门 K_1 到 K_2 所用时间，可由光电计时装置读出. 不同的计时装置功能不同，可从上面两式中任选一式求加速度.

瞬时速度 v 的定义是 $v = \lim\limits_{\Delta t \to 0} \dfrac{\Delta s}{\Delta t}$，因此只要求出极短时间内的平均速度，就可近似求出瞬时速度 v. 求极短时间需要用光电计时装置.

如图 2-5-1 所示，在滑块上第一个 U 形挡光片(或方孔挡光片)上，将光电计时装置的工作状态选择置于相应的工作状态，测出两前沿的挡光时间 Δt，用游标卡尺测出两前沿间的距离 Δs，因为 Δt 很小，所以把 $v = \dfrac{\Delta s}{\Delta t}$ 这个极短时间的平均速度作为挡光片两前沿中点通过光电门的瞬时速度.

【实验器材】

气垫导轨(包括滑块和滑轮)、光电计时装置、气源、砝码、砝码盘、附加砝码、细线、游标卡尺、物理天平.

【实验内容】

(1) 用纱布或棉纱蘸少量无水酒精擦拭导轨表面和滑块内侧.

(2) 调节光电计时装置，让聚光小灯泡的光射到光敏管上(红外光电门不要随便调). 将仪器的工作状态选择旋钮置于适当位置，以便能够记录两次挡光时

间(例如，VAFN 多用数字测试仪旋钮置于"加速度"挡，JSZ-4 数字计时器的旋钮置于"S_2"挡). 插上吸尘器电源，打开吸尘器，开始供气(或接通其他供气装置，开始供气). 调好滑块上挡光片方位，让滑块通过光电门时能记下挡光片两前沿两次挡光的时间 Δt .

(3) 调平气轨. ①调节底脚螺丝，使滑块能停在两光电门中间某处或处于微小游动状态. ②轻推滑块，测出滑块通过两光电门的时间 Δt_1、Δt_2. 调节底脚螺丝，使 Δt_1 和 Δt_2 尽量接近. 反方向轻推滑块，测出它通过两光电门的时间 $\Delta t_1'$、$\Delta t_2'$，调节底脚螺丝，使它们尽量接近，若它们的百分误差分别在1% 左右，则认为导轨已调水平.

(4) 用游标卡尺测两挡光片前沿间的距离 Δs . 用气轨上米尺测两光电门的距离 s .

(5) 用物理天平称出滑块(包括上面的支架和挡光片)的质量 m_0，称出砝码盘质量 m'.

(6) 将细涤纶线的一端拴在小滑块上，其上放 4 个小砝码，另一端绕滑轮后挂上砝码盘(如果砝码盘太轻，仅 2g，则可再加上一个附加小砝码). 将滑块放在第一光电门外侧约 20cm 处，让它由静止开始加速运动，测出滑块通过两光电门的时间 Δt_1、Δt_2，将滑块重新放在原来的起始位置. 重复五次后取 Δt_1 和 Δt_2 平均值，计算 v_1 和 v_2 的平均值.

(7) 每次从滑块上取一个砝码放到砝码盘上，重复内容(6)中，直到滑块上砝码全都移到砝码盘上.

(8) 将小滑块换成大滑块(或在滑块上加配重)，让砝码盘上的砝码与内容(7)中最后所挂砝码相同. 重复内容(6)中测量，测出 Δt_1、Δt_2，求出 v_1、v_2 的平均值.

【数据处理】

(1) 分析质量一定时，加速度 a 与合外力 F 的关系. 用内容(6)和(7)测出数据，再由 $v = \dfrac{\Delta s}{\Delta t}$ 计算出 v，根据(2-5-3)式或(2-5-4)式计算加速度. ①作 a-F 图线，由图线说明加速度 a 与合外力 F 成正比，求出图线斜率，将其与系统质量的倒数 $\dfrac{1}{m}$ 比较，算出百分误差. ② 用计算器回归处理，求 a-F 函数关系式的斜率、截距、相关系数，说明 a-F 关系式的线性关系. a-F 是过原点的直线，证明加速度 a 与合外力 F 成正比，把斜率与 $\dfrac{1}{m}$ 比较，算出百分误差.

(2) 分析合外力一定时加速度 a 和系统 m 的关系，由内容(7)、(8)的数据求出

合外力 F 一定时改变质量前、后的加速度 a_1 和 a_2，计算出 ma_1 和 ma_2，并计算出二者差值的百分误差，若在一定的误差范围内，则证明了加速度与系统质量 m 成反比．

若滑轮质量较大，不能忽略，则系统的总质量应包括滑轮的折合质量 $\dfrac{I}{r^2}$（r 为滑轮半径，I 为滑轮转动惯量）．

【思考题】

(1) 为什么要把附加砝码放到滑块上？

(2) 为什么对 Δt_1、Δt_2 进行重复测量时，滑块的起始位置要保持一定？

(3) 对于质量不能忽略的滑轮，系统质量 $m = m_0 + m' + 5m_1 + \dfrac{I}{r^2}$，如果不考虑滑轮折合质量，试比较对结果带来的影响？

2.6　用伸长法测定金属丝的杨氏模量

【实验目的】

(1) 学会测量金属丝杨氏模量的方法；

(2) 掌握用光杠杆装置测量微小伸长量的方法；

(3) 学会用逐差法处理数据．

【实验原理】

假定一根长度为 L_0、截面积为 S 的均匀金属丝或棒，在外力 F 作用下伸长(或压缩) ΔL．胡克定律指出，对于有拉伸(或压缩)形变的弹性体，在弹性限度内应变 $\Delta L / L_0$ 与应力 F / S 成正比，即

$$\frac{F}{S} = r\frac{\Delta L}{L_0} \tag{2-6-1}$$

式中，比例系数 r 称为杨氏模量．由于 $\Delta L / L_0$ 为纯数，故杨氏模量和应力具有相同的量纲．

设金属丝的直径为 d，则 $S = \dfrac{1}{4}\pi d^2$，将此式代入(2-6-1)式，得

$$r = \frac{4FL_0}{\pi d^2 \Delta L} \tag{2-6-2}$$

上式表明在长度为 L_0，直径为 d 和所受外力 F 相同的情况下，杨氏模量大的金属

丝的伸长量较小，而杨氏模量小的金属丝伸长量较大. 所以杨氏模量描述了材料抵抗外力产生拉伸(或压缩)形变的能力(抗弹性变形的能力)，是描述材料本身弹性的物理量.

　　根据(2-6-2)式测量杨氏模量时，F、d、L_0 都比较容易测量，唯有 ΔL 是一个微小的长度变化量，很难用普通测量长度的仪器测准确. 因此，我们用光杠杆测量微小长度变化量 ΔL，装置如图 2-6-1 所示.

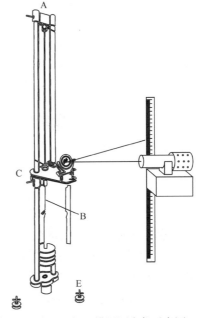

【实验器材】

　　杨氏模量测定仪、光杠杆、螺旋测微器、钢卷尺、望远镜、砝码等.

【仪器描述】

　　图 2-6-1 为杨氏模量测定仪的示意图. 待测金属丝上端固定在支架的上夹头 A 中，下端固定在圆柱夹头 B 上，夹头 B 穿过支架平台 C 中间的圆孔，并可在孔中上下自由移动. 夹头下端的钩用来挂砝码盘. 调节仪器上的螺丝 E 可使支架铅直，即钢丝与平台 C 相垂直，并使夹头 B 刚好悬在平台 C 的圆孔中间.

图 2-6-1　杨氏模量测定仪示意图

　　光杠杆是测量微小长度变化的装置，如图 2-6-2(a)所示，将一个平面镜 M 固定在 T 形三脚架上，在支架的下面安装三个足尖 f_1、f_2 和 f_3，它们构成一等腰三角形. f_1 到 f_2、f_3 连线中点的距离为 K，这一组合称为光杆杠. 测量时将两个前足尖放在固定平台 C 前沿的槽内，后足尖 f_1 搁在圆柱夹头 B 上，如图 2-6-2(b)所示. 当 f_1 随夹头 B 上下移动时，平面镜的仰角将发生变化.

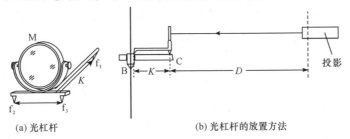

(a) 光杠杆　　　　　　　　　　　(b) 光杠杆的放置方法

图 2-6-2　测量微小长度变化的装置示意图

　　金属丝的微小伸长量 ΔL 的测量，就是由光杠杆和包括一个竖直标尺、一个望远镜组成的镜尺组来完成的. 如图 2-6-3 所示，镜尺组放在平面镜 1～2m 远的位置，望远镜水平对准平面镜.

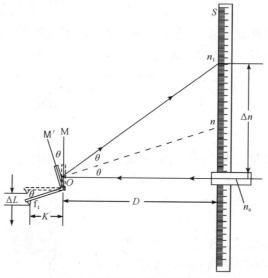

图 2-6-3　金属丝微小伸长量的测量

假设开始时平面镜的法线在水平位置，光源发出的光经平面镜反射后，在标尺 S 上的读数为 n_0. 当金属丝在拉力 F 的作用下伸长 ΔL 时，光杠杆的后脚 f_1 也随金属丝下降 ΔL，并带动平面镜 M 转动 θ 角到 M′. 同时平面镜的法线 On_0 也转过同一角度 θ 至 On. 根据光的反射定律可知，从 n_0 发出的光经平面镜 M′ 反射至 n_1，且 $\angle n_0On = \angle n_1On = \theta$，此时入射光线和反射光线之间的夹角应为 2θ.

设 D 是光杠杆平面镜到标尺 S 的垂直距离，K 是光杠杆后脚 f_1 到两前脚 f_2、f_3 连线的垂直距离. n_0、n_1 分别为金属丝伸长前后反射光在标尺上的刻度数，则 Δn 就是标尺上的刻度差. 由图 2-6-3 可知

$$\tan\theta = \Delta L / K \tag{2-6-3}$$
$$\tan 2\theta = \Delta n / D \tag{2-6-4}$$

因为 ΔL 是一个微小变化量，所以 θ 角也是一个很小的量. 因此可以认为 $\tan 2\theta \approx 2\tan\theta$. 根据(2-6-3)式和(2-6-4)式可得

$$\frac{\Delta n}{D} = 2\frac{\Delta L}{K}$$

即

$$\Delta L = \frac{K}{2D}\Delta n \tag{2-6-5}$$

ΔL 原是一个很难测的微小伸长量，但当 D 远大于 K 时，经光杠杆放大后的量 Δn 都是一个可以直接从标尺上读出的较大的量. 若以 $\Delta n / \Delta L$ 为放大率，那么

光杠杆系统的放大倍数即为 $\dfrac{2D}{K}$. 在实验中通常 K 为 4～8cm，D 为1～2m，放大倍数可达25～100倍. 可见光杠杆装置确实为本实验提供了测量微小长度变化的可能和方便.

将(2-6-5)式和 $F = mg$ 代入(2-6-2)式，得

$$r = \frac{8mgL_0D}{\pi d^2 K \Delta n} \tag{2-6-6}$$

这就是本实验所依据的原理公式.

【实验内容】

(1) 按图 2-6-1 安装好仪器，调节杨氏模量测定仪底部的三颗螺钉，使平台 C 达到水平(可用水准仪检查)，检查夹头是否夹紧金属丝. 查看夹头 B 是否位于平台 C 的圆孔中心，并能否上下自由移动. 加上1～2kg 砝码使金属丝拉直(此砝码不作为外力).

(2) 将光杠杆的两前脚 f_2、f_3 放在平台 C 的槽内，后脚 f_1 放在圆柱夹头 B 上，使其靠近中心而又不与金属丝接触. 在距光杠杆平面镜前1～2m 处放置光学投影仪或望远镜(光学投影仪放在1m 左右为好)，并使光学投影仪的物镜和光杠杆的镜面近似等高.

(3) 接通投影仪电源，观察光杠杆镜面上是否有光带. 然后调节投影仪使光带恰好在镜面的中央，再调节焦距使从光杠杆镜面反射到标尺上的光带成一条细线，并使这一光亮的细线与标尺上某一刻度重合. 记此刻度为 n_0(注意：光带本身有一定的宽度，因此读数时应以光带的上线或下线为标准).

注：用望远镜代替光学投影仪测定 ΔL 时，首先调节目镜使观察到的叉丝最清晰；其次调节物镜直到能从望远镜中看到标尺刻线的清晰像. 观察时注意消除视差(观察者眼睛上下晃动时，从望远镜中观察到标尺刻度的像与叉丝间相对位移无偏移，称为无视差，如果有视差，则要再仔细调节物镜与目镜的相对距离，直到消除视差为止).

(4) 在砝码钩上逐次增加砝码(每次增加1kg)直到 5kg 或 7kg 为止. 记下每次对应的标尺读数 $n_1, n_2, n_3, \cdots, n_7$.

(5) 加到 5kg 或 7kg 后，再增加 0.5kg 砝码，此时不必读数，取下 0.5kg 砝码后再读数，然后逐次减去1kg 砝码，记下每次对应标尺读数为 $n_7', n_6', n_5', \cdots, n_0'$，减到与开始拉直金属丝所用砝码相同时为止.

(6) 取同一负荷下标尺刻度的平均值 $\overline{n_0}, \overline{n_1}, \cdots, \overline{n_7}$，然后用逐差法处理实验数据，算出平均值 $\overline{\Delta n}$.

(7) 按上述步骤再做一次.

(8) 用钢卷尺测量金属丝的长度 L_0 和光杠杆镜面到标尺间的垂直距离 D. 用螺旋测微器测出金属丝的直径 d(要求在不同位置测 5 次取平均值). 将光杠杆放在纸上压出三个脚的痕迹，量出后脚痕迹点到两前脚痕迹点连线的垂直距离 K.

(9) 将测得的数据用逐差法处理,以平均值代入(2-6-6)式可求得金属丝的杨氏模量 r.

【思考题】

(1) 如果用材料相同，但粗细、长度不同的两根钢丝，它们的杨氏模量是否相同?

(2) 怎样提高光杠杆测量微小长度变化的灵敏度?

(3) 本实验中，哪个量的测量误差对测量结果的影响最大?

(4) 是否可以用作图法求杨氏模量，如果以应力为横轴、应变为纵轴作图是什么形状?

【附录】

逐差法是处理数据的一种方法，由误差理论可知，算术平均值最接近真值，因此在实验中应尽量实现多次测量. 但在本实验中，如果简单地取各次测量的平均值，并不能达到好的效果. 例如，在光杠杆法中，如果每次增加1kg，连续七次，则可读得八个标尺读数，它们分别为 $n_0, n_1, n_2, n_3, \cdots, n_7$，其相邻两项的差值为 $(n_1 - n_0), (n_2 - n_1), \cdots, (n_7 - n_6)$. 根据平均值的定义

$$\overline{\Delta n} = \frac{(n_1 - n_0) + (n_2 - n_1) + \cdots + (n_7 - n_6)}{7} = \frac{n_7 - n_0}{7}$$

中间值全部抵消，只有首末两次测量值起作用，与增加 7 次的单次测量等价.

为了保持多次测量能减少随机误差的优越性，需要在数据梳理方法上做一些改进. 通常把数据分成两组：一组是 n_0, n_1, n_2, n_3；另一组是 n_4, n_5, n_6, n_7. 取相应项的差值，则平均值为

$$\overline{\Delta n} = \frac{(n_4 - n_0) + (n_5 - n_1) + (n_6 - n_2) + (n_7 - n_3)}{4}$$

应注意 $\overline{\Delta n}$ 是增加质量为 4kg 砝码时的平均值. 用隔项逐差法处理数据的优点是能充分利用多次测量的数据，减少随机误差.

2.7 用落球法测定液体的黏滞系数

【实验目的】

(1) 用落球法测定液体的黏滞系数;

(2) 标准误差传递公式的应用.

【实验原理】

物体在黏滞性流体中运动时,紧靠物体表面的流体附着于物体表面而被带走,物体表面附近不同的流层以不同的速度沿物体运动方向流动. 流层离物体愈远,速度愈小,形成了速度梯度,这是因为流层之间有内摩擦力,即黏滞阻力. 这种由流体的黏滞性直接产生的阻力叫做黏滞阻力,它作用在液体中的运动物体上.

半径为 r 的光滑小球在无限广阔的液体中以速度 v 运动时将受到与速度方向相反的黏滞阻力. 如果速度不大,球也很小,液体中又不产生涡流,则根据斯托克斯定律,黏滞阻力的大小为

$$f = 6\pi\eta vr \tag{2-7-1}$$

式中 η 为该液体的黏滞系数. 上式表明,黏滞阻力的大小除与物体运动速度成正比外,还与液体的黏滞系数成正比.

小球在液体中下落时,受到向下的重力和向上的黏滞阻力及浮力(图 2-7-1).小球刚开始下落时重力大于浮力和黏滞阻力之和,小球向下做加速运动. 随着速度的增加,黏滞阻力也增大,最后小球所受合力为零,此时小球以收尾速度 v 向下做匀速运动,有方程

$$\frac{4}{3}\pi r^3 \rho g - \frac{4}{3}\pi r^3 \rho_0 g - 6\pi\eta vr = 0 \tag{2-7-2}$$

所以

$$\eta = \frac{2(\rho - \rho_0)gr^2}{9v} \tag{2-7-3}$$

式中 ρ 为小球密度, ρ_0 为液体密度, v 是小球在无限广阔液体中的收尾速度. 当然,无限广阔的液体是无法找到的,对于在半径为 R 、高为 H 的玻璃圆筒中完成的实验,考虑到器壁的影响,测得的收尾速度 v_0 与 v 的关系可表示为

$$v = v_0\left(1 + K\frac{r}{R}\right)\left(1 + P\frac{r}{H}\right)$$

式中 K 、 P 为常数. 因实验用的圆筒高 H 至少比小球半径 r 大两个数量级,故可略去高 H 对收尾速度的影响. 本实验中, K 值可定为2.4(K 值的确定方法见本实验【附录】). 因此,(2-7-3)式成为

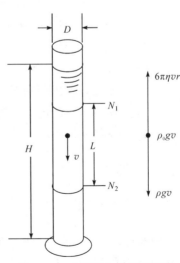

图 2-7-1 小球受力分析示意图

$$\eta = \frac{2(\rho - \rho_0)gr^2}{9v_0\left(1 + 2.4\dfrac{r}{R}\right)}$$ 　　　　　(2-7-4)

代入小球直径 d 和圆筒直径 D，用 $\dfrac{L}{t}$ 替代筒中收尾速度 v_0，上式成为

$$\eta = \frac{(\rho - \rho_0)d^2 gt}{18L\left(1 + 2.4\dfrac{d}{D}\right)}$$ 　　　　　(2-7-5)

只要测出小球匀速下落距离 L 所用时间 t 以及 d、D、ρ、ρ_0 等量，就可由上式算出该液体的黏滞系数. η 的国际制单位为帕斯卡·秒(Pa·s)，厘米-克-秒制单位为泊(P).

【实验器材】

长玻璃圆筒(内盛待测黏滞系数的甘油或蓖麻油)、镊子一把、小球十粒、停表、磁铁、密度计、温度计、螺旋测微器或读数显微镜、游标卡尺、米尺.

【实验内容】

(1) 用螺旋测微器或读数显微镜测各球直径 d. 小球密度也可由实验室给出.

(2) 调整玻璃圆筒使其铅直，定好测量标线 N_1 与 N_2 的位置(从 N_1 起小球应匀速下落)，用米尺测出 N_1、N_2 间距离 L.

(3) 测量小球下落距离 L 所用时间 t，注意要尽可能使小球从圆筒中心向下落，测定完毕之前不得用磁铁吸取小球，以免破坏甘油的静止状态.

(4) 测出油的温度. 温度不同黏滞系数也不同，测量中不得用手接触玻璃筒，以免油温变化.

(5) 用密度计测出待测液体的密度 ρ_0.

(6) 用游标卡尺测出玻璃筒的内径 D.

(7) 用磁铁在筒外吸出小球.

【数据处理】

(1)数据记录 $\bar{\rho} = \underline{\qquad}$ kg/m^3，$L = \bar{L} \pm \sigma_{\bar{L}} = \underline{\qquad}$ m，$\bar{\rho}_0 = \underline{\qquad}$ kg/m^3，

$D = \bar{D} \pm \sigma_{\bar{D}} = \underline{\qquad}$ m，$t = \bar{t} \pm \sigma_{\bar{t}} = \underline{\qquad}$ s，$d = \bar{d} \pm \sigma_{\bar{d}} = \underline{\qquad}$ m，$T = \underline{\qquad}$ ℃.

(2) η 的平均值 $\bar{\eta}$

$$\bar{\eta} = \frac{(\bar{\rho} - \bar{\rho}_0)\bar{d}^2 \bar{g} \bar{t}}{18\bar{L}\left(1 + 2.4\frac{\bar{d}}{\bar{D}}\right)} = \underline{\qquad}$$

(3) 设 η 的误差主要由 t、L、d、D 引起，则平均值的标准差 $\sigma_{\bar{\eta}}$ 可按下式计算：

$$\frac{1}{\bar{\eta}}\frac{\partial \eta}{\partial t} = \frac{1}{\bar{t}} = \underline{\qquad}, \qquad \frac{1}{\bar{\eta}}\frac{\partial \eta}{\partial L} = -\frac{1}{\bar{L}} = \underline{\qquad}$$

$$\frac{1}{\bar{\eta}}\frac{\partial \eta}{\partial d} = \frac{2}{\bar{d}} - \frac{2.4}{\bar{D}\left(1 + 2.4\frac{\bar{d}}{\bar{D}}\right)} = \underline{\qquad}$$

$$\frac{1}{\bar{\eta}}\frac{\partial \eta}{\partial D} = \frac{2.4\bar{d}}{\bar{D}^2\left(1 + 2.4\frac{\bar{d}}{\bar{D}}\right)} = \underline{\qquad}$$

$$\frac{\sigma_{\bar{\eta}}}{\bar{\eta}} = \sqrt{\left(\frac{1}{\bar{\eta}}\frac{\partial \eta}{\partial t}\right)^2 \sigma_{\bar{t}}^2 + \left(\frac{1}{\bar{\eta}}\frac{\partial \eta}{\partial L}\right)^2 \sigma_{\bar{L}}^2 + \left(\frac{1}{\bar{\eta}}\frac{\partial \eta}{\partial d}\right)^2 \sigma_{\bar{d}}^2 + \left(\frac{1}{\bar{\eta}}\frac{\partial \eta}{\partial D}\right)^2 \sigma_{\bar{D}}^2} = \underline{\qquad}$$

$$\sigma_{\bar{\eta}} = \underline{\qquad}$$

$$\eta = \bar{\eta} \pm \sigma_{\bar{\eta}} = \underline{\qquad}$$

【思考题】

(1) 应用误差传递公式计算 σ_{η}/η 时，哪些量的误差对总误差贡献大？分析在测量和总误差计算中可以采取的措施.

(2) 不要标线 N_2，测小球从 N_1 到筒底的时间和相应的距离是否可以？

(3) 小球在靠近筒壁处下落与中心下落相同距离所用时间哪个多？为什么？

(4) 油温升高后下落时间如何变化？黏滞系数如何变化？

【附录】

常数 K 的确定

略去圆筒高度的影响后，半径为 r 的小球在无限广阔液体中收尾速度 v 与在半径为 R 的圆筒液体中的收尾速度 v_0 有以下近似关系：

$$v = v_0\left(1 + K\frac{r}{R}\right)$$

可解出

$$K = \frac{(v - v_0)}{v_0 r} R \tag{2-7-6}$$

上式右边仅 v 无法直接测量，我们可用外延法确定.

　　选取一组高度相同而半径 R 不同的玻璃圆筒，在每只玻璃筒上的对应部分标上间距为 L 的 N_1、N_2 标线. 测量半径为 r 的小球在各筒中匀速下落 L 所需时间 t，以 t 为纵轴，以 r/R 为横轴作图，将测量的各实验点连成一直线，延伸此直线与 t 轴相交，得 t' 值. t' 值对应的横坐标 $r/R=0$，因 $r \neq 0$，这就相当于 $R \to \infty$ 的情况. 因此，无限广阔液体中的收尾速度 v 就是 L 与 t' 之商(即 $v = L/t'$)，把 r、R、v_0 代入(2-7-6)式就可以算出各 R 对应的 K 值.

2.8　用三线摆测定转动惯量

【实验目的】

　　掌握用三线摆测定转动惯量的原理和方法.

【实验原理】

　　刚体在转动时所表现出的惯性用转动惯量来量度. 转动惯量不仅与刚体的质量和形状有关，而且与刚体转轴的位置有关. 对于规则的刚体，绕特定轴的转动惯量可以通过数学方法用理论公式计算出来. 但由于实际刚体的形状比较复杂，理论上计算有一定的困难，一般通过实验的方法进行测量. 本实验就是用三线摆来测量刚体的转动惯量的.

　　三线摆示意图如图 2-8-1 所示，用三根等长的线连接上、下两个半径不同的圆盘. 盘上线的悬点构成等边三角形，当两圆盘均被调节成水平时，两圆心在同一垂直线 $O_1 O_2$ 上，下圆盘可绕垂直轴 $O_1 O_2$ 扭转. 为了不使下圆盘扭转时晃动，不要直接扭转下圆盘，而是使上圆盘转过一个很小的角度(5°左右)，由于线的张力作用，圆盘作往复扭转，同时下圆盘的质心将沿转轴 $O_1 O_2$ 升降. 扭转周期与下圆盘的质量分布有关，当改变下圆盘的质量分布时，扭转周期将发生变化. 三线摆就是通过测量它的扭转周期求出任一质量已知物体的转动惯量的.

　　如图 2-8-1 所示，线长为 l，上圆盘线的悬点到圆心距离为 r，下圆盘的悬点到圆心的距离为 R. 如图 2-8-2 所示，当下圆盘相对于上圆盘转过某一角度 θ_0 时，线的悬点 B 移动到位置 B_1，同时质心升高 h. 从上圆盘 C 点作一垂线，与升高 h 后的下圆盘交于 A 和 A_1 点. 由图 2-8-2 可以看出

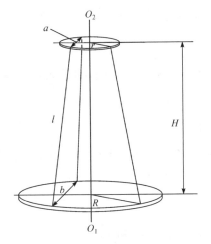

图 2-8-1 三线摆示意图

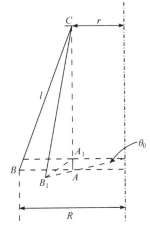

图 2-8-2 下圆盘的扭转振动

$$h = AC - A_1C$$

$$= \frac{(AC)^2 - (A_1C)^2}{AC + A_1C}$$

因为

$$AC^2 = BC^2 - AB^2 = l^2 - (R-r)^2$$

$$A_1C^2 = B_1C^2 - A_1B_1^2 = l^2 - (R^2 + r^2 - 2Rr\cos\theta_0)$$

所以得到

$$h = \frac{2Rr(1-\cos\theta_0)}{AC + A_1C} = \frac{4Rr\sin^2\dfrac{\theta_0}{2}}{AC + A_1C}$$

当偏转角很小并且悬线很长时

$$AC + A_1C \approx 2H$$

$$\sin^2\frac{\theta_0}{2} \approx \left(\frac{\theta_0}{2}\right)^2 = \frac{\theta_0^2}{4}$$

于是

$$h = \frac{Rr\theta_0^2}{2H} \tag{2-8-1}$$

当下圆盘偏转一小角度时，由于它上升一高度 h ，重力势能为

$$E_p = Mgh = \frac{Rr\theta_0^2}{2H}Mg$$

式中 M 为下圆盘的质量.

当下圆盘扭回到平衡位置时，它所具有的动能(此时的重力势能为零)为

$$E_k = \frac{1}{2} I_0 \omega_0^2$$

式中 I_0 为下圆盘的转动惯量，ω_0 是下圆盘回到平衡位置时的角速度. 若忽略摩擦力，根据机械能守恒定律有

$$\frac{1}{2} I_0 \omega_0^2 = Mgh \tag{2-8-2}$$

如果下圆盘作的小角度扭转可以看成是一谐振运动，其角位移和时间的关系为

$$\theta = \theta_0 \sin \frac{2\pi}{T_0} t$$

由上式对时间 t 求一阶导数，可得到下圆盘在 t 时刻的角速度

$$\omega = \frac{d\theta}{dt} = \frac{2\pi}{T_0} \theta_0 \cos \frac{2\pi}{T_0} t$$

在通过平衡位置的瞬间($t=0$，$\dfrac{T_0}{2}$，T_0，$\dfrac{3}{2}T_0$ 等)，下圆盘角速度的绝对值

$$\omega_0 = \frac{2\pi}{T_0} \theta_0 \tag{2-8-3}$$

将(2-8-1)式和(2-8-3)式代入(2-8-2)式得

$$\frac{1}{2} I_0 \left(\frac{2\pi}{T_0} \theta_0 \right)^2 = \frac{Rr\theta_0^2}{2H} Mg$$

所以

$$I_0 = \frac{MgRr}{4\pi^2 H} T_0^2 \tag{2-8-4}$$

实验时只要测出 M、R、r、H 和 T_0 就可以从上式求出下圆盘的转动惯量 I_0.

如果要测质量为 m 的待测物体绕 O_1O_2 轴的转动惯量，只需将待测物体置于下圆盘上，使总质心位置仍然在原来的 O_1O_2 轴上，测出周期 T_1，由(2-8-4)式可知总的转动惯量为

$$I_1 = \frac{(M+m)gRr}{4\pi^2 H} T_1^2 \tag{2-8-5}$$

由(2-8-5)式减(2-8-4)式就可得出待测物体的转动惯量 I

$$I = I_1 - I_0 = \frac{gRr}{4\pi^2 H} \left[(M+m)T_1^2 - MT_0^2 \right] \tag{2-8-6}$$

【实验器材】

三线摆、游标卡尺、米尺、水准仪、停表、天平、待测物.

【实验内容】

(1) 用水准仪检查下圆盘是否处于水平状态.

(2) 用天平分别测出待测物体的质量, 用米尺量出上下两圆盘间的垂直距离 H (在不同位置测量三次取平均值).

(3) 测出上下两圆盘的悬点到圆心的距离 r 和 R (r 和 R 为以 a、b 为边长的等边三角形的外接圆半径. 分别测出上下两圆盘悬点之间的距离 a、b 后, 利用等边三角形的关系求得 $r = \dfrac{\sqrt{3}}{3}a$、$R = \dfrac{\sqrt{3}}{3}b$).

(4) 转动上圆盘(摆角 5°左右), 使下圆盘作扭转摆动. 测出扭转 50 个周期的时间, 求出周期 T_0, 重复三次算出 T_0 的平均值. 由(2-8-4)式算出下圆盘的转动惯量 I_0, 并求出绝对误差和相对误差. 将 I_0 与理论公式计算值进行比较, 计算百分误差.

圆盘转动惯量的理论公式为

$$I_0 = \frac{1}{2}MR^2$$

(5) 将圆环置于下圆盘上, 使二者轴线一致, 按内容(4)测出周期 T_1. 重复三次算出 F_1 的平均值. 由(2-8-6)式算出圆环的转动惯量 I, 并求出绝对误差和相对误差. 将 I 与理论公式计算值比较, 计算百分误差.

圆环转动惯量的理论公式为

$$I = \frac{1}{2}m\left(R_{内}^2 + R_{外}^2\right)$$

【思考题】

(1) 给你两个质量和体积都相同的圆柱体, 根据三线摆测转动惯量的原理, 自己设计方案和步骤验证平行轴定理.

(2) 三线摆在摆动中受到阻力, 振幅越来越小, 它的周期有没有变化?

(3) 引起本实验误差的主要因素有哪些? 如何避免?

2.9　用扭摆测定切变模量和验证平行轴定理

【实验目的】

(1) 掌握用扭摆测定转动惯量的方法;

(2) 验证刚体的平行轴定理;

(3) 测定切变模量.

【实验原理】

　　将一金属丝(或杆)的上端固定,下端系一重物(刚体)便构成扭摆. 由于扭摆绕轴线作扭转振动时其周期具有等时性,因此振动周期很容易测得,并且可以通过测量若干个周期的方法而达到很高的测量精度. 根据周期和其他物理量之间的关系可以测得一些物理量,而且方法简单,测量方便.

　　如图 2-9-1 所示,将金属杆 l 上端固定在支架 A 上,下端固定在圆盘 B 的中心,即构成扭摆.

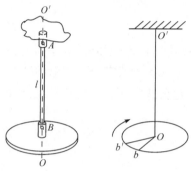

图 2-9-1　扭摆

当圆盘在外力矩的作用下沿水平面从 b 转至 b' 扭转一小角位移 φ 时,由于扭杆的扭转形变,将产生一恢复力矩

$$M = -c\varphi \qquad (2\text{-}9\text{-}1)$$

式中 c 为金属杆的扭转系数,负号表示恢复力矩与角位移 φ 的方向相反. 此时若去掉外力矩,在恢复力矩的作用下,扭摆将做角加速运动,其运动方程为

$$I = \frac{\mathrm{d}^2\varphi}{\mathrm{d}t^2} = -c\varphi \qquad (2\text{-}9\text{-}2)$$

式中 I 为整个系统对于扭杆轴线 OO' 的转动惯量. 此方程的解为

$$\varphi = \varphi_0 \cos(\sqrt{c/I}t) \qquad (2\text{-}9\text{-}3)$$

　　很明显这是一个简谐振动,其振动周期为

$$T = 2\pi\sqrt{I/c}$$

或

$$T^2 = 4\pi^2 I/c \qquad (2\text{-}9\text{-}4)$$

　　可见,只要测出扭杆的扭转系数 c 和扭摆的振动周期 T,就可以求出转动惯量 I,其中扭转系数 c 为一常数,其大小取决于扭杆的材料和几何形状(若扭杆是长为 l,半径为 R 的圆柱体,则 $c = \pi NR^4/2l$,N 为金属材料的切变模量),因此,扭摆周期 T 的平方与转动惯量 I 成正比. 反之,若转动惯量 I 和周期 T 已知,由 $T^2 = 4\pi^2 I/c$ 及 $c = \pi NR^4/2l$ 也可求出金属材料的切变模量

$$N = \frac{8\pi lI}{T^2 R^4} \qquad (2\text{-}9\text{-}5)$$

　　如图 2-9-2 所示,在圆盘上沿某一直径方向对称地放置一对相同的金属圆柱或小圆盘,质量均为 m. 设圆盘对扭转轴线的转动惯量为 I_0;两圆柱绕自身转轴(通过圆柱自身轴线且平行于扭转轴线)的转动惯量为 I_C,则整体对扭转轴的转动

惯量为

$$I=I_0 + 2I_C + 2md^2 \qquad\qquad (2\text{-}9\text{-}6)$$

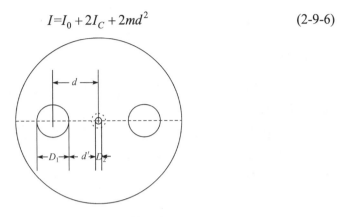

图 2-9-2　验证平行轴定律

将上式代入(2-9-4)式，得

$$T^2 = 4\pi^2(I_0 + 2I_C)/c + 8\pi^2 md^2/c \qquad\qquad (2\text{-}9\text{-}7)$$

上式中因 c、I_0、I_C 及 m 均为常数，可令 $A = 4\pi^2(I_0 + 2I_C)/c$，$B = 8\pi^2 m/c$，得

$$T^2 = A + Bd^2 \qquad\qquad (2\text{-}9\text{-}8)$$

　　由(2-9-8)式可知，T^2 与 d^2 之间是线性关系. 如果通过实验作出 T^2-d^2 的关系曲线，得到的确实是一条直线，则可以由此验证平行轴定理，而且由 B 可以求 c 及 N，由 A、c 可求 I_0.

【实验器材】

　　扭摆、停表、游标卡尺、外径螺旋测微器、直尺、圆环、圆柱体等.

【实验内容】

　　(1) 用秒表测圆盘的扭摆振动周期 T.

　　(2) 用直尺和螺旋测微器分别测出扭摆的摆长和扭杆的直径. 根据扭杆材料的切变模量 N 可求出 c(扭杆材料的切变模量 N 见书末的附表 F-7).

　　(3) 根据 c、T，由(2-9-4)式可求 I.

　　(4) 将圆环放在圆盘(扭摆)上，使环与盘同轴，再次测盘与环的共同扭摆振动周期 T'，根据扭转常数 c，盘的转动惯量 I 及 T'，可求环的转动惯量 I'.

　　(5) 取下圆环，在盘的任一直径上以转轴为中心，对称地放上两个相同的圆柱体(或小圆盘)，并用游标卡尺测量圆柱体质心与转轴之间的距离 d；测量不同 d

值时的周期 T 值，作 T^2-d^2 图线，从图线的斜率 $B = 8\pi^2 m / c$ 及 $c = \pi NR^4 / 2l$ 求出扭杆金属材料的切变模量 $N = 16\pi ml / BR^4$.

【注意事项】

(1) 测周期时应以摆沿记号通过平衡位置为起始和终止时刻，连续测量 50 或 100 个周期取平均值.

(2) 测量扭杆的直径时应在不同位置、不同方向测十次以上取平均值.

(3) 测量过程中要防止扭摆像单摆一样摆动，等摆动稳定之后再开始测量，摆角要小于15°.

【数据处理】

(1) 列表法：将测量的各项数据列入自己设计的表格中，并计算出相应的实验结果和实验误差.

(2) 图示法：根据测试数据作 T^2-d^2 的图线，由图线说明所得结论，并求出扭杆的扭转系数 c 及切变模量 N.

【思考题】

(1) 停表测量时间的误差主要来自启动和止动的操作，一般约为 0.2s，若使周期测量误差在千分之一的范围内，问需测多少个周期的时间方可达到? 设周期约为 2s.

(2) 测扭摆周期时，摆沿记号在什么位置开始计时为好? 为什么?

2.10　可倒摆测量重力加速度

【实验目的】

(1) 掌握可倒摆测量重力加速度的方法；
(2) 研究质量分布变化对复摆振动周期的影响.

【实验原理】

(1) 如图 2-10-1 所示，在长约 1.5m 的金属杆上有刀口 O_1 和 O_2，圆形重物 A、D 可在 O_1、O_2 间移动，圆形重物 B 可在 O_2 至下端间移动. 此复摆正、倒挂均能以刀口为支点摆动，所以叫可倒摆(又称为可逆摆或开特摆).

(2) 设摆以 O_1 为水平轴的转动惯量为 I_1，当摆角较小时，以 O_1 为支点的正挂摆动周期

$$T_1 = 2\pi\sqrt{\frac{I_1}{mgh_1}} \qquad (2\text{-}10\text{-}1)$$

式中 m 为摆的质量，g 为当地的重力加速度，h_1 为轴 O_1 到摆的质心 G 的距离. 当摆以 O_2 为支点倒挂时，摆动周期

$$T_2 = 2\pi\sqrt{\frac{I_2}{mgh_2}} \qquad (2\text{-}10\text{-}2)$$

式中 I_2 是以 O_2 为轴的转动惯量，h_2 为 O_2 到 G 的距离.

由平行轴定理，$I_1 = I_G + mh_1^2$，$I_2 = I_G + mh_2^2$，I_G 为可倒摆对通过质心 G 的水平轴的转动惯量，因此，(2-10-1)式和 (2-10-2)式可表为

$$T_1 = 2\pi\sqrt{\frac{I_G + mh_1^2}{mgh_1}} \qquad (2\text{-}10\text{-}3)$$

$$T_2 = 2\pi\sqrt{\frac{I_G + mh_2^2}{mgh_2}} \qquad (2\text{-}10\text{-}4)$$

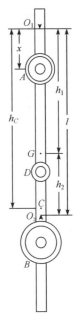

图 2-10-1　可倒摆

从上两式可解出重力加速度

$$g = \frac{4\pi^2\left(h_1^2 - h_2^2\right)}{T_1^2 h_1 - T_2^2 h_2} \qquad (2\text{-}10\text{-}5)$$

适当调节重物 A、B、D 的位置，可使正挂、倒挂周期 T_1、T_2 相等. 因而(2-10-5)式成为

$$g = \frac{4\pi^2\left(h_1 + h_2\right)}{T^2}$$

式中 $h_1 + h_2$ 正好是刀口 O_1、O_2 间的距离 l，所以

$$g = \frac{4\pi^2 l}{T^2} \qquad (2\text{-}10\text{-}6)$$

可见，只要精确地测量出正挂和倒挂时相等的周期 T 和刀口间距离 l，就能得到精确的 g 值. 历史上，波茨坦大地测量研究所曾花了八年时间(1896~1904)用此方法测得当地 g 值为 $(981.274 \pm 0.003)\,\mathrm{cm/s^2}$，获得了六位有效数字.

(3) 为了较快地找到 $T_1 = T_2$ 的周期值，必须研究质量分布变化对 T_1、T_2 的影响. 如图 2-10-1 所示，设 A 锤质量为 m_a，O_1 到 A 的距离为 x，A 锤对 O_1 轴的转动惯量为 $m_a x^2$，全摆除去 A 锤之外的质量为 m_0，对 O_1 轴的转动惯量为 I_0，质心在 C

点，令 $O_1C = h_C$ ，因 A 锤较小，(2-10-1)式可近似写成

$$T_1 = 2\pi\sqrt{\frac{I_0 + m_a x^2}{(m_0 h_C + m_a x)g}}$$

可见，以 O_1 为轴时，摆的等值摆长 l_1 可写为

$$l_1 = \frac{I_0 + m_a x^2}{m_0 h_C + m_a x} \qquad\qquad (2\text{-}10\text{-}7)$$

上式两边对 x 求导得

$$\frac{\mathrm{d}l_1}{\mathrm{d}x} = \frac{m_a^2 x^2 + 2m_a m_0 h_C x - I_0 m_a}{(m_0 h_C + m_a x)^2} \qquad\qquad (2\text{-}10\text{-}8)$$

由上式可以看出：

(1) 当 A 锤由 O_1 向 O_2 移动，即 x 由零逐渐增大时，(2-10-8)式右边分母始终为正，分子由负值 $(-I_0 m_a)$ 逐渐增大，在一定范围内 $\frac{\mathrm{d}l_1}{\mathrm{d}x} < 0$ ，因而等值摆长 l_1 单调减小，周期 T_1 也相应减少.

(2) 当 x 增至某值时，有 $\frac{\mathrm{d}l_1}{\mathrm{d}x} = 0$ ， l_1 、 T_1 减小达到极小值.

(3) x 继续增大，将有 $\frac{\mathrm{d}l_1}{\mathrm{d}x} > 0$ ， l_1 、 T_1 开始单调增加.

T_1 随 A 锤位置不同而变化的趋势如图 2-10-2 所示. T_2 的变化规律与 T_1 相似，但变化较明显，图 2-10-2 画出了三种不同 B 锤位置的 T_1 、 T_2 曲线. 可以看出，只有 B 锤到 O_2 的距离 O_2B 恰当才可能找到 T_1 、 T_2 相等的交点.

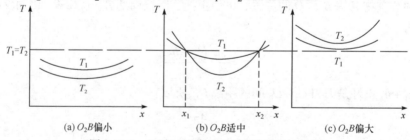

(a) O_2B 偏小　　　　　　(b) O_2B 适中　　　　　　(c) O_2B 偏大

图 2-10-2　T_1 随 A 锤位置不同而变化的趋势图

【实验器材】

可倒摆、停表(百分之一秒)或数字毫秒计、米尺.

【实验内容】

(1) 将光电门置于摆下端的挡光片处并和能测周期的数字毫秒计连接，毫秒

计用 1ms 挡. 先将 B 锤置于 O_2 外侧中间，A 锤置于 O_1O_2 中间，用毫秒计测 T_1、T_2 各一个周期，如用停表，需测出 $20\sim30$ 个周期时间. 若 $T_1 > T_2$，B 锤位置可能是图 2-10-2(a)和图 2-10-2(b)的情况，再将 A 锤置于离 O_2 10cm 处(也可置于离 O_1 10cm 处)，测 T_1、T_2，如 $T_1 < T_2$，则能找到 T_1T_2 曲线交点，B 锤位置合适. 否则应参照图 2-10-1 改变 B 锤，A 锤位置，直到 T_1、T_2 可能有交点为止.

(2) 测绘 T_1、T_2 曲线，以 x 为横坐标，周期为纵坐标作图. x 每增加 10cm 测一组 T_1、T_2，直到 A 锤离 O_2 约 10cm 为止. 描出 T_1、T_2 曲线，找到交点 x_1、x_2 的大概值.

(3) 测量 $T_1 = T_2 = T$ 的精确值. 将 A 锤置于 x_2 处，测 T_1、T_2，若 $T_1 > T_2$，x 应增加，反之，x 减小，随着 T_1、T_2 相互接近，测量周期数应增加，如用停表，T_1、T_2 应由 $100\sim200$ 个连续周期值取平均，为减小起始和终止计时误差，应在摆下端运动到极端位置，运动速度最大时启动和止动秒表. 当 $|T_1 - T_2|$ 接近千分之二秒时，可微调最小锤 D，使 T_1、T_2 最终相等. 测量时，摆下端的振幅不要大于 5cm，每次启动时摆的最大振幅应相同.

(4) 用米尺测量刀口 O_1O_2 间距离 l.

(5) 把 T 和 l 代入(2-10-6)式，求出 g 及其与当地 g 值的相对误差.

【思考题】

(1) 实验中摆角能否太大，为什么？

(2) 将 A 锤置于 $x = \dfrac{1}{2}$ 处测得 $T_1 = 2.062\text{s}$，$T_2 = 2.084\text{s}$. 以后只调 A 锤位置，能否找到 T_1、T_2 交点？写出正确的调节步骤.

(3) 设 B 锤已置于正确位置，A 锤于某处测得 $T_1 = 2.022\text{s}$，$T_2 = 2.025\text{s}$，x 增加 3mm 后，$T_1 = 2.021\text{s}$，$T_2 = 2.026\text{s}$，由此判断 A 锤在 x_1，x_2 两点哪一个附近. 上面两种情况中 T_1、T_2 值对换，这样的测量结果会不会出现？为什么？

2.11　用音叉法研究弦的振动

【实验目的】

(1) 观察弦线上形成的驻波；

(2) 研究波速与张力以及弦线的线密度之间的关系；

(3) 用实验作图法总结经验公式.

【实验器材】

电动音叉(或打点计时器)、弦线、滑轮、砝码、米尺、分析天平等.

【实验原理】

在本实验中，使弦振动的策动力是电动音叉，如图 2-11-1 所示，也可以用打点计时器. 为了研究波速 v 与张力 T 以及弦线的线密度 ρ 之间的关系，有实验公式为

$$v = \sqrt{\frac{T}{\rho}} \tag{2-11-1}$$

其中 $v = \lambda f$ 为横波在弦线中的传播速度，f 为频率，波长 $\lambda = 2L/n$，L 为含 n 个半波长的弦的总长度.

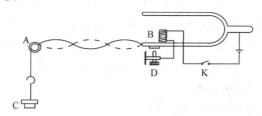

图 2-11-1　电动音叉

(2-11-1)式的成立可以由实验得到验证. 但本实验是在假设不知(2-11-1)式的情况下，拟通过实验数据寻求 v、T、ρ 三者间的关系，总结出经验公式. 为达到此目的，首先作定性观察，估计 v、T、ρ 的基本函数形式. 经对多次实验结果的分析判断，估计三变量间的关系是幂函数形式，因此可以设

$$v = T^{\alpha} \rho^{\beta} \tag{2-11-2}$$

只要求出常数 α 和 β 之值，就能列出经验公式. α 和 β 值可以由实验作图法求出.

将(2-11-2)式的两边取对数之后化为直线方程，即

$$\lg v = \alpha \lg T + \beta \lg \rho \tag{2-11-3}$$

在图 2-11-1 的装置上，固定一根弦(即保持 ρ 值不变)，测出一组对应的 T_i 和 v_i 之值. 作 $\lg v$ - $\lg T$ 图，图线(直线)的斜率即为 α 值. 然后将直线外推得截距 A 值，(2-11-3)式中 $A = \beta \lg \rho$，用天平和米尺测出 ρ 值，β 值即可确定. 把 α 和 β 值代入(2-11-2)式便得所求的经验公式.

【实验仪器】

弦的一端与音叉的一臂 B 相连，另一端跨过滑轮 A 与砝码 C 相连，闭合开关 K，调节螺丝 D，使之与音叉臂 B 接触，这时电路接通，电磁铁吸引音叉. 由于音叉被吸动，臂 B 离开螺丝 D，中断电流，电磁铁停止作用，音叉回到原位置，电路又再次接通. 重复以上过程，音叉就按其固有频率往复振动. 于是，弦线就在音叉的策动下振动起来.

【实验内容】

(1) 增减砝码，使弦上呈现明显而稳定的驻波，其波节不得少于 3 个.

(2) 所得数据 $\lg T_t$ 及其对应的 $\lg v_t$ 不得少于 10 组.

(3) 用作图法画 $\lg T_t$ 与 $\lg v_t$ 的曲线，求得 α 和 β 值.

(4) 将所得数据以 $\lg T_t$ 为自变量输入计算器回归运算，求出相关系数 r、斜率 b 和截距 a 等值.

(5) 将所求的 α 和 β 值与作图法值比较，计算百分误差.

【思考题】

(1) 要满足哪些条件才能使弦线上呈现稳定且振幅最大的驻波？

(2) 弦线的粗细和弹性对实验有何影响？应怎样选择？

2.12　用混合法测固体的比热

【实验目的】

(1) 学习基本的量热方法——混合法；

(2) 测定金属的比热；

(3) 学习分析量热过程中的系统误差和散热修正方法.

【实验原理】

1. 比热的测定

通常温度越高，分子运动越剧烈. 物质的温度是与构成物质的大量分子的能量相联系的. 因此，物质温度的升高必须从周围环境吸收热量(热能)；温度降低必定会向周围环境放出热量(热能). 单位质量的某物质温度升高(或降低)1K 吸收(或放出)的热量叫做这种物质的比热. 比热在国际单位制(SI)中的单位是 焦耳／(千克·开)(J／(kg·K))有时也采用卡／(克·摄氏度)(cal／(g·℃)) 作为比热的单位.

实验和理论都证明固体的比热在低温时明显与温度有关，温度越低，比热越小；在常温范围内，物质的比热基本上不随温度变化，可看成常数，各种物质的比热见附表 F-20.

热量总是由高温物体传向低温物体. 在系统和外界没有热交换，外界对系统不做功的情况下，系统中低温物体吸收的热量 $Q_{吸}$ 等于高温物体放出的热量 $Q_{放}$，这叫做热平衡原理，即

$$Q_{吸}=Q_{放}$$

(2-12-1)

(2-12-1)式叫做热平衡方程，它是能量守恒定律在热学中的体现.

混合法测量金属的比热就是利用热平衡原理测量的，为了使系统不和外界进行热交换，实验在量热器中进行.

量热器的构造如图 2-12-1 所示.

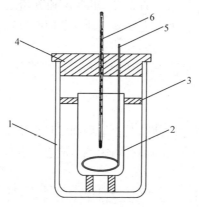

图 2-12-1　量热器的构造

1. 金属外筒；2. 金属内筒；3. 绝热支架；4. 绝热盖；5. 搅拌器；6. 温度计

由于内筒外壁和外筒内壁镀成镜面，它们发射或吸收热的本领可忽略. 内筒置于绝热架上，外筒又用绝热盖盖住，中间的空气层与外界不能形成对流. 内、外筒中央的空气层是热的不良导体. 因为热传递的三种方式基本不能进行，所以量热器内筒和装入其中的物体可看作绝热系统. 有些量热器的内、外筒间是由多孔绝热材料填满的，内筒和其中的物体也看作绝热系统.

设待测金属样品的质量为 m，比热为 c；量热器内筒的质量为 m_1，比热为 c_1；搅拌器的质量为 m_2，比热为 c_2；水的质量为 m_0，比热为 c_0. 又设温度计插入水中的体积为 V，则温度计插入水中部分的热容量 $C_温 = 1.9V \cdot J / K$ 或 $0.46V \cdot cal \cdot ℃$. 混合前水和量热器内筒、搅拌器的温度为 t_1，将加热到温度为 t_2 的样品迅速放入量热器，盖上盖后不停地、缓慢地、轻轻地进行搅拌，设混合后平衡温度为 θ，则

$$Q_放 = mc(t_2 - \theta)$$

$$Q_吸 = (m_0 c_0 + m_1 c_1 + m_2 c_2 + C_温)(\theta - t_1)$$

由热平衡方程得

$$mc(t_2 - \theta) = (m_0 c_0 + m_1 c_1 + m_2 c_2 + C_温)(\theta - t_1) \tag{2-12-2}$$

$$c = \frac{(m_0 c_0 + m_1 c_1 + m_2 c_2 + C_温)(\theta - t_1)}{m(t_2 - \theta)} \tag{2-12-3}$$

(2-12-3)式就是用混合法测比热的计算公式.

2. 系统误差分析

为了搞清楚哪些量的测试对实验的误差大, 我们结合具体数据对(2-12-3)式进行误差估算.

量热器内筒和搅拌器一般是铜制的. 铜的比热 c_1 约为水的比热 c_0 的 $\dfrac{1}{10}$, 并且实验中水的体积为量热器内筒容积的 $\dfrac{1}{2} \sim \dfrac{2}{3}$, 有 $m_0 > m_1$, $m_0 \gg m_2$. 因此与 $m_0 c_0$ 相比, $m_1 c_1$、$m_2 c_2$、$C_温$ 都较小, 初步分析可略去. (2-12-3)式可化简为

$$c = \frac{m_0 c_0 (\theta - t_1)}{m(t_2 - \theta)} \qquad (2\text{-}12\text{-}4)$$

c 的相对误差为

$$\frac{\Delta c}{c} = \frac{\Delta m_0}{m_0} + \frac{\Delta c_0}{c_0} + \frac{\Delta(\theta - t_1)}{\theta - t_1} + \frac{\Delta m}{m} + \frac{\Delta(t_2 - \theta)}{t_2 - \theta} \qquad (2\text{-}12\text{-}5)$$

一般实验条件 $m_0 \approx 100\text{g}$, 样品质量 m 约为几十克, 用称量为 500g、感量为 0.02g 的物理天平准确称量 m_0、m_1, 则 $\Delta m_0 = \Delta m = 0.02\text{g}$. 用分度值为 0.1℃ 的水银温度计测量. 实验中混合后的温升 $(\theta - t_1)$ 一般为几摄氏度(设为5℃), 所以 $\dfrac{\Delta m_0}{m_0}$、$\dfrac{\Delta m}{m}$ 和 $\dfrac{\Delta(\theta - t_1)}{\theta - t_1}$ 相比可忽略不计, 水的比热 c_0 引用公认值, 故 $\dfrac{\Delta c_0}{c_0}$ 也很小. 因此 (2-12-5)式可近似为

$$\frac{\Delta c}{c} = \frac{\Delta \theta + \Delta t_1}{\theta - t_1} + \frac{\Delta t_2 + \Delta \theta}{t_2 - \theta} \qquad (2\text{-}12\text{-}6)$$

一般情况下, 待测金属要加热到较高温度, 如100℃. 因此, 上式中第二项比第一项小得多, 可略去. 设温度计已校准, 其精度为 0.1℃, 于是

$$\frac{\Delta c}{c} \approx \frac{0.1 + 0.1}{5} = 4\%$$

由以上分析可知: 本实验误差主要来自温度测量, 测混合的温升 $\theta - t_1$ 是关键, 影响 $\theta - t_1$ 准确的因素除温度计本身外, 更重要的是散热影响.

3. 散热修正

由于在混合过程中系统不是理想的绝热系统, 它总要和外界进行热交换, 这就破坏了(2-12-2)式成立的条件. 这是很重要的系统误差. 为了减小系统误差, 必须进行散热修正. 本实验介绍两种散热修正的方法.

(1) 补偿法.

牛顿冷却定律: 当系统温度和环境温度相差很小时, 散热速度与温度差成正比

$$\frac{\delta q}{\delta t} = K(t - t_0) \qquad (2\text{-}12\text{-}7)$$

上式为牛顿冷却定律的数学表达式. δq 是系统散失的热量; δt 是时间间隔; K 是散热常数, 与系统表面积成正比并随表面的吸收和辐射热的本领而变; t 是系统温度; t_0 是环境温度; $\frac{\delta q}{\delta t}$ 叫散热速率, 表示单位时间内系统散失的热量.

由牛顿冷却定律知, 当 $t > t_0$ 时, $\frac{\delta q}{\delta t} > 0$, 系统向外界散热; 当 $t < t_0$ 时, $\frac{\delta q}{\delta t} < 0$, 系统从外界吸收热量. 如果适当选择量热器的初温 t_1 使它低于环境温度 t_0, 混合后的末温 θ 高于环境温度 t_0, 使混合后的前阶段量热器从外界吸收热量近似等于后阶段量热器向外界放出的热量. 这样, 系统吸收热量和散失热量相互补偿, 就可以看作量热器和外界近似无热交换.

(2) 温度修正法.

假定系统与外界的热交换进行得无限快, 即系统无热量损失, 也未从外界获得热量. 为达此目的, 需对混合前的初温 t_1 和混合后的末温 θ 进行修正.

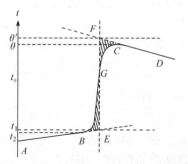

图 2-12-2　量热器内筒温度随时间变化的曲线图

量热器内筒温度随时间变化的曲线如图 2-12-2 中的 ABCD. 过某点 G 作与时间轴 t 垂直的直线, 与 AB、CD 的延长线交于点 E 和点 F, 使面积 BEG 与面积 CFG 相等, 这样 E 点和 F 点的温度就是热交换进行得无限快时混合前的初温 t_1 和混合后的末温 θ. 粗略确定 G 点的方法是选环境温度为 G 点的纵坐标. 精确确定 G 点的方法较为复杂, 这里不再叙述.

【实验器材】

量热器、加热炉、温度计、物理天平、停表、小量筒和待测金属样品.

【仪器描述】

加热炉见图 2-12-3, 一般常用的加热炉有三种: ①沸水加热炉, 此加热炉的特点是金属块不与沸水接触, 它处于斜铜管中. ②蒸汽加热炉, 蒸汽通过加热炉

夹层，使炉中待测金属加热，当温度稳定几分钟后可将样品由下侧活门很快放入量热器中. ③竖式电加热炉，用热电阻配自动平衡电桥测温控温，当加热到控制温度(如100 ℃)稳定几分钟后可将样品迅速放入量热器.

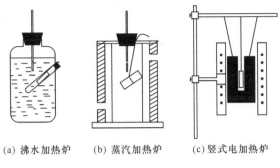

(a) 沸水加热炉　　　(b) 蒸汽加热炉　　　(c) 竖式电加热炉

图 2-12-3　加热炉

【实验内容】

(1) 用物理天平称待测金属样品质量 m .

(2) 将样品放入加热器中加热.

(3) 用物理天平称量热器内筒质量 m_1，搅拌器质量 m_2 (如果两者材料相同就一同称量).

(4) 在内筒中，装入 $\frac{1}{2} \sim \frac{2}{3}$ 的水(水的温度比室温低3℃左右). 在天平上称总质量，计算出水的质量 m_0 .

(5) 盖上量热器，每分钟测一次水温.

(6) 将加热炉稳定几分钟，读出 t_2，并读出量热器中水温 t_1，将量热器移近加热炉，迅速将样品放入量热器中(注意不要将水溅出)，盖上量热器，并把它从加热炉边移开，不停地、慢慢地、轻轻地搅拌，同时每隔 0.5min 读一次温度，要注意读出温度的最大值 θ 及其对应的时间，然后继续测温几分钟.

(7) 用小量筒装一定量的水，再插入温度计，测量温度计插入量热器中部分的体积.

(8) 作温度-时间曲线，定出修正后的初温 t_1 和混合后的温度 θ .

(9) 计算待测样品比热 c .

【思考题】

(1) 为什么混合时必须将金属样品迅速地、轻轻地放入水中？在混合过程中为什么必须缓慢地、轻轻地、不停地搅拌？

(2) 为什么量热器不能接近加热炉？

(3) 量热器筒外为什么不能附着水滴?

(4) 量热器中温度计插入的位置应如何确定才正确?

2.13　用拉脱法测量液体表面张力系数

【实验目的】

(1) 用拉脱法测量室温下液体的表面张力系数;

(2) 学习焦利秤的使用方法.

【实验原理】

液体表面如张紧的弹性薄膜,都有收缩的趋势,因此液体表面一定存在张力,

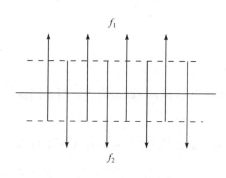

图 2-13-1　液体表面张力

这种张力只存在于极薄的表面层内,称为表面张力. 设想液面上有一长为 l 的线段, 则在线段两侧液面上有力 f_1、f_2 (f_1、f_2 大小相等、方向相反)相互作用, 力的方向恒与线段垂直, 如图 2-13-1 所示, 力的大小 f 与线段长 l 成正比, 即

$$f = \alpha l \qquad (2\text{-}13\text{-}1)$$

比例系数 α 称为液体的表面张力系数,单位为 N/m.

金属框中间拉一金属细线 ab ,如图 2-13-2 所示, 在室温下将框及细线浸入液体中, 再慢慢地将其拉出液面, 在细线下会带起一液膜, 在液膜刚要被拉断时, 有

$$F = F' + 2\alpha l + ldh\rho g \qquad (2\text{-}13\text{-}2)$$

其中 F 为向上的拉力, F' 是框和细线所受重力和浮力之差, l 为细线的长度, $2\alpha l$ 是表面张力(液膜有前后两面), d 为细线的直径(即液膜的厚度), h 为液膜被拉断前的高度, $ldh\rho g$ 为液膜被拉断前的重量, 由(2-13-2)式可得

$$\alpha = \frac{(F - F') - ldh\rho g}{2l} \qquad (2\text{-}13\text{-}3)$$

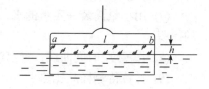

图 2-13-2　拉脱法测液体表面张力

下面我们将用焦利秤来测量 α . 焦利秤是弹簧秤的一种，如图 2-13-3 所示，它的主要部分是一立柱 A 和一有毫米刻度的圆柱 B，在圆柱的上端固定一游标 V，B 上挂一弹簧 D，转动旋钮 H 可以升降 B 和 D，G 为十字形金属丝，M 为平面镜，镜面上有一标线，实验时，使 G 的横线及其在平面镜中的像以及镜面标线三者始终重合(称三者相重合时 G 的位置为零点)，这样可保持 G 的位置不变，C 为一平台，它可由螺旋 S 升降，在升降中平台不转动，I 为秤盘. 普通弹簧秤是上端固定，在下端加负载后向下伸长. 焦利秤则相反，它使弹簧下端 G 的位置保持一定，加负载后则向上拉伸弹簧确定伸长值. 设在力 F 作用下弹簧伸长为 L，根据胡克定律有 $F = KL$，其中 K 为弹簧的劲度系数，单位为 $\mathrm{N/m}$.

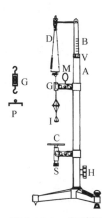

图 2-13-3　焦利秤

焦利秤常附有几个弹簧，根据实验需要选择劲度系数恰当的弹簧.

【实验器材】

焦利秤、金属框及线、砝码、烧杯、蒸馏水、温度计、游标卡尺.

【实验内容】

(1) 测量 K 值.

① 将劲度系数为 $0.2 \sim 0.3\mathrm{N/m}$ 的弹簧挂在焦利秤上，调节支架的底脚螺旋，使 G 的竖直线穿过平面镜支架上小圆孔的中心，这时弹簧将与 A 柱平行.

② 旋转 H 使 G 位于零点，记录 B 上标尺值 L_a，重复 5 次，求出 $\overline{L_a}$.

③ 在秤盘上加 1g 砝码，旋转 H 使 G 位于零点，记录 B 上标尺值 L_b，重复 5 次，求出 $\overline{L_b}$.

④ 计算 K 值.

(2) 测量 $(F - F')$ 值.

① 取下秤盘，挂上金属线框，将盛有蒸馏水的烧杯置于 C 上，使金属框中的细线 ab 刚好达到水面，如图 2-13-4 所示. 同时旋转 H、S 使 G 位于零点，记录 B 上标尺值 L_1 及旋钮 S 的位置 S_1.

② 使 G 位于零点稍下方, 同时慢慢旋转 H、S 使弹簧向上伸长、烧杯下降, 直至水膜刚好破裂为止. 在这个过程中, G 始终位于零点不动, 如图 2-13-4 所示. 记录 B 上标尺值 L_2 及旋钮 S 的位置 S_2.

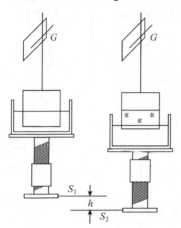

图 2-13-4　测量($F - F'$)值示意图

③ 根据胡克定律得 $(F - F') = K|L_1 - L_2|$. 重复内容①~③5 遍, 计算($F - F'$)值.

(3) 测量 h、l 值.

① 测量旋钮 S 位于 S_1 和 S_2 时的高度差, 即得水膜的高度 h.

② 测量细线 ab 长度 l.

(4) 记录细线 ab 的直径 d (仪器卡片上标明)、室温及重力加速度 g.

(5) 计算室温下水的表面张力系数.

【思考题】

(1) 在将金属框从水中慢慢拉出来的过程中, 拉力 F 怎样变化? ($F - F'$)又怎样变化?

(2) 实验中, 烧杯、金属线框及水要保持清洁, 否则对实验有何影响?

(3) 实验中能不能采用其他形状的金属线框?

(4) 能否对任何一种液体采用焦利秤来测量其表面张力系数?

2.14　非线性元件伏安特性测量

【实验目的】

(1) 掌握伏安法测电阻的方法;

(2) 学习选择电流表内、外接的连接方法;

(3) 了解线性、非线性电阻的伏安特性曲线, 学会用图线表示实验结果.

【实验原理】

(1) 测量电阻值的方法很多, 例如, 万用电表欧姆挡可直接测量电阻值, 但精度较差; 用"电桥法"测量电阻值, 精度高. 本实验采用伏安法测量电阻值.

伏安法测量电阻值是间接测量法, 利用的是欧姆定律, 公式如下:

$$R = \frac{U}{I} \tag{2-14-1}$$

用电压表可测出电阻两端电压, 用电流表测出流经这一电阻的电流, 根据(2-14-1)式算出这一电阻的阻值.

(2) 流经电阻的电流随外加电压变化的关系曲线,称为伏安特性曲线. 一般金属导体的电阻是线性电阻. 线性电阻的特点是电阻两端的电压与通过它的电流成正比. 以电流作因变量,电阻两端的电压为自变量,在坐标纸上取点作图,可得到一条通过原点,在一、三象限的直线,如图 2-14-1 所示,此直线斜率的倒数就是该电阻的阻值 R. 它与外加电压的大小和方向无关. 这表明:当调换电阻两端电压的极性时,电流方向也随之改变,而电阻始终为一定值,即 $R=\dfrac{U}{I}$. 它的符号如图 2-14-2 所示.

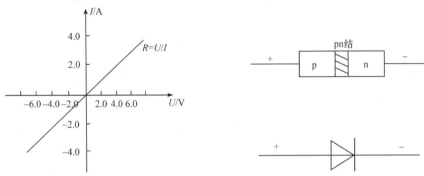

图 2-14-1 线性电阻伏安特性曲线   图 2-14-2 晶体二极管示意图

(3) 晶体二极管是非线性电阻元件,它的电阻不仅与外加电压的大小有关,还与方向有关. 在二极管两端加以正向电压(二极管正极接高电势、负极接低电势),则电路中有正向电流,当所加电压比较小时,正向电流很小,在电流表上几乎看不出来,此时二极管呈现的电阻较大;随着正向电压的增加,电流也增加,但开始时电流随电压变化较慢. 当正向电压接近二极管的导通电压时(锗二极管为 0.2 V 左右,硅二极管为 0.7 V 左右),二极管的电阻变得较小,电流急剧变化.导通后电压的微小变化就会使电流变化很大. 当在二极管两端加以反向电压时(二极管正极接低电势,负极接高电势),电路中的反向电流很弱,几乎处于截止状态,反向电流随反向电压增加很慢,但当反向电压继续增加时,反向电流突然增大,出现反向击穿现象,这个电压叫做反向击穿电压. 把正、反向电压和正、反向电流的对应关系在坐标纸上描点作图. 图 2-14-3(a)、(b)所示曲线称为非线性电阻二极管的正、反向伏安特性曲线.

从二极管的正、反向伏安特性曲线看,电流和电压不是线性关系,各点的电阻值都不相同,凡具有这种性质的电阻,就称为非线性电阻.

(4) 为了测量电阻值,可以采用电流表外接电路和电流表内接电路中任一种. 但由于电流表和电压表本身都存在着不同数值的电阻(内阻),所示会直接影响测量结果,因此,没有一种电路能够从它所测的 U 和 I 值中直接算出准确的电阻值 R.

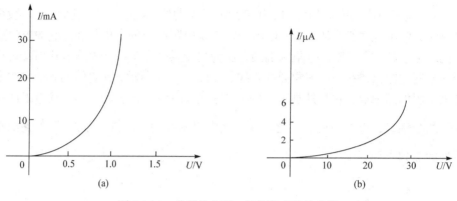

图 2-14-3　非线性电阻二极管伏安特性曲线

电流表外接电路(图 2-14-4). 电流表的读数不仅是通过电阻 R 的电流 $I_R = \dfrac{U}{R}$，而且还包含电压表支路的分流 $I_V = \dfrac{U}{R}$，即 $I = I_R + I_V = U\left(\dfrac{1}{R} + \dfrac{1}{R_V}\right)$ 或者 $I = \dfrac{U}{R}\left(1 + \dfrac{R}{R_V}\right)$，则

$$R = \frac{1}{\dfrac{I}{U} - \dfrac{1}{R_V}} \tag{2-14-2}$$

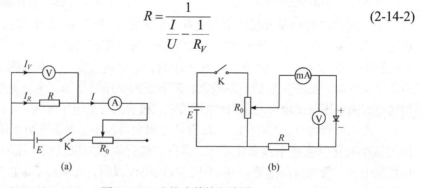

图 2-14-4　电流表外接电路图

若根据(2-14-1)式计算电阻值，由(2-14-2)式可知测量结果将偏小，且 R_V 相对于 R 越小，误差越大.

电流表内接电路(图 2-14-5). 电压表的读数不仅是电阻两端的电压 $U_R = IR$，而且还包含电流表内阻 R_A 上的电压 $U_A = IR_A$，即 $U = U_R + U_A = I(R + R_A)$ 或者 $U = IR\left(1 + \dfrac{R_A}{R}\right)$，则

$$R = \frac{U}{I} - R_A \tag{2-14-3}$$

若根据(2-14-1)式计算电阻值，由(2-14-3)式可知，测量结果将偏大，且 R_A 相对于 R 越大，误差越大．

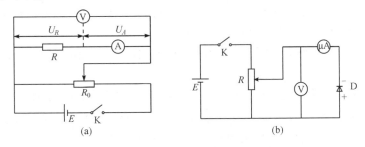

图 2-14-5 电流表内接电路图

从以上分析可知：用伏安法测电阻时，由于电表内阻的影响，测得的电阻值总是偏大或偏小，这就是所谓的"方法误差"．一般只要根据待测电阻及所用电表内阻大小，选择合适的测量电路，就可把这种测量方法造成的误差减小至允许的范围．若待测电阻阻值比较小，即 $R \ll R_V$，宜用电流表外接法测量；若待测电阻阻值比较大，即 $R \gg R_A$，宜用电流表内接法测量；若待测电阻阻值 R 相对于电流表内阻 R_A 很大，即 $R \gg R_A$，而相对于电压表内阻 R_V 很小时，即 $R \ll R_V$，则无论选用哪一种接法都可以．如果要得到电阻的准确值，必须按(2-14-2)式、(2-14-3)式修正公式进行计算．

【实验器材】

直流低压电源、电流表、电压表、滑线变阻器、待测电阻、二极管、低压灯泡、开关、导线等．

【实验内容】

(1) 记录电流、电压表的内阻，晶体二极管的型号和主要参数．

(2) 分别用电流表内、外接法测量阻值大小不同的两个线性电阻．

① 分别按图 2-14-4(b)和图 2-14-5(b)连接线路，注意应将 R_0 调至分压为零的位置．

② 接通电源，调节 R_0 的滑头位置，分别取五个不同的电压值，读出并记录相应的电流值．

③ 以电压值为横坐标、电流值为纵坐标作伏安特性曲线，求出 R 值．

④ 根据(2-14-3)式和(2-14-2)式计算电阻值，与作图法的结果比较，计算百分误差．

⑤ 根据测量结果分析，测量阻值大小不同的电阻时，各采用什么线路．

(3) 测量二极管伏安特性曲线.

① 测量正向特性曲线. 按图 2-14-4(b)(外接法)连接电路,图中 R 为保护二极管的限流电阻. 电压表量限取 1.5V. 开始使 R_0 分压为零,接通电源,调节 R_0 的滑头位置,使加在二极管两端的电压缓慢增加,取不同的电压值,读出相应的电流值,以电压值为横坐标,电流值为纵坐标作图,画出二极管的正向伏安特性曲线.

② 测量二极管反向特性曲线. 按图 2-14-5(b)(内接法)连接电路,电压表量限取 15V. 开始使 R_0 分压为零,接通电源,调节 R_0 的滑头位置,使电压为 0.00V,1.00V,2.00V,…,读出相应的电流值.同样以电压值为横坐标,电流值为纵坐标作图,画出二极管 D 的反向伏安特性曲线.

(4) 自己设计电路,测定一个小灯泡(非线性电阻)的伏安特性曲线,并与二极管的伏安特性曲线比较.

【注意事项】

(1) 测量二极管正向伏安特性时,毫安表的读数不得超过二极管允许通过的最大正向电流值.

(2) 测量二极管反向伏安特性时,加在二极管两端的电压不得超过二极管允许的最大反向电压.

【思考题】

(1) 图 2-14-4 和图 2-14-5 中,电流表的连接有何不同?为什么要采用不同的连接方法?

(2) 线性电阻的伏安特性有何特点?

2.15　电表的扩程与校准

【实验目的】

(1) 掌握改装电表的基本原理和方法;

(2) 学会校准电表刻度的方法.

【实验原理】

通常在直流电路中使用的电流表和电压表都是磁电式表头,其测量机构的灵敏度很高,只要通以微弱的电流(毫安或微安级)就能使线圈发生显著的偏转,因而一般只能测量很小的电流或电压. 如果测量较大的电流或电压,就必须对表头进行改装，扩大其量程. 根据并联电路的分流原理，选取一个比表头内阻适当小的电阻 R_s 与之并联，使超过表头所能承受的那部分电流从 R_s 通过，则由表头和分流电阻 R_s 组成的整体，就成为一个扩大了原量程的电流表. 根据串联电路的分压原理，在表头上串联一个比表头内阻适当大的电阻 R_p 就能改装成一个扩大了原量程的电压表.

1. 扩大电流表的量程

如图 2-15-1 所示，若电流表的内阻为 R_g，满度电流值为 I_g，欲将其量程扩大为 I，可用分流电阻 R_s 与之并联. 由并联电路分流原理可知

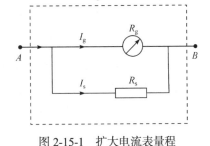

图 2-15-1　扩大电流表量程

$$\frac{I_g}{I_s} = \frac{R_s}{R_g}$$

而

$$I_s = I - I_g$$

所以

$$R_s = \frac{I_g}{I - I_g} R_g \tag{2-15-1}$$

设 $I = nI_g$，代入上式得

$$R_s = \frac{R_g}{n-1} \tag{2-15-2}$$

可见，若事先测出表头的参数 I_g、R_g，欲将一表头扩大量程 n 倍，只需在该表头上并联一已知阻值为 $\dfrac{R_g}{n-1}$ 的分流电阻 R_s. 而且并联的分流电阻 R_s 越小，改装后扩程范围越大、扩大了量程后的电流表比原表头具有更小的内阻，从而减小了对待测电路的影响.

2. 将表头改装成电压表

由于表头在满度时的电压降 $U_g(=I_gR_g)$ 很小，一般只有零点几伏，不能用来测量较高的电压，R_g 阻值不大，若与待测电路并联，必会分流过多，引起很大的测量误差. 因此，欲将一表头改装成电压表，必须根据串联电路的分压原理，把一个较大阻值的电阻 R_p 与表头串联，使在 R_p 上产生较大的电压降落，而加在表头两端的电压仍为 $U_g(=I_gR_g)$，改装后的电压表的内阻比原表头的内阻要大得多，

这就减小了对待测电路的分流影响.

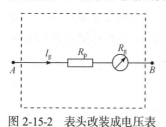

图 2-15-2　表头改装成电压表

如图 2-15-2 所示，设待改装表头的满度电流为 I_g，内阻为 R_g，改装的电压表量程为 U，由欧姆定律知 AB 间的电势差为 $U_g=I_g(R_g+R_p)$，故所需串联的分压电阻为

$$R_p = \frac{U}{I_g} - R_g \qquad\qquad (2\text{-}15\text{-}3)$$

3. 电表的校准

电气仪表在使用一段时间或进行改装及修理后，都要对它进行校准. 按照国家有关规定：0.1、0.2、0.5 级标准表每年至少要校验一次(其余仪表可视使用情况决定校验周期). 所谓校准就是检验该仪表的基本误差是否还与刻度盘上所标明的准确度相符合，或者把仪表的测量值与被测量之"真"值比较而决定仪表允许的基本误差.

一般对于较高级别的仪表如 0.1～0.5 级，用补偿法校准(参阅实验 3.26)，而对于较低级别的电表如1.0～5.0级常用本实验的方法，即直接比较法进行校准. 具体的做法是将一个标准电表和被校准的电表接入同一电路测量一定的电流(或电压)，通过被校表和标准表读数的比较，对被校表进行校准. 校准电路如图 2-15-3 和图 2-15-4 所示. 直接比较法校准仪表时，标准表的量程不应小于被校表的量程，但也不应超过被校表量程的 25%. 标准表和被校准表之间的级别要求符合表 2-15-1 的规定.

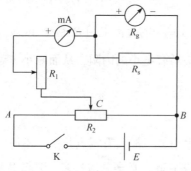

图 2-15-3　电流表校准电路图

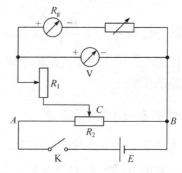

图 2-15-4　电压表校准电路图

表 2-15-1 电表校准级别

被校表的准确度级别		0.2	0.5	1.0	1.5	2.5	5.0
标准表的准确度级别	不考虑校正	—	0.1	0.2	0.5	0.5	0.5
	考虑校正	0.1	0.2	0.5	0.5	—	—

校准的结果，被校准电表与标准表在各个刻度上的读数会有差异，其差值就是被校表的绝对误差，以其中最大的绝对误差除以电表的量程，即为该电表的最大标称误差

$$最大标称误差 = \frac{最大绝对误差}{量程} \times 100\%$$

根据标称误差的大小，即可确定电表的级别. 如在电表面板上有 ⓪.⑤ 符号，表示该电表为 0.5 级，其基本误差不大于量程的 0.5%.

使用电表时，可以不用电表的级别作为确定误差的最后依据，通过对电表逐点校准，读出电表各个刻度指示值和标准电表对应的指示值，即可得出刻度的修正值，例如，校正电流时的 $\delta I_x (= I_s - I_x)$ 以 I_x 为横坐标，δI_x 为纵坐标，相邻两点间用直线连接，从而画出待校准电表的校准曲线，整个曲线呈折线状，如图 2-15-5 所示. 根据校准曲线即可修正电表的读数. 虽然两相邻校准点间的任何读数均不确定，但如果有十个左右的校准点，就可获得充分的准确性，校准曲线应妥为保存或附在仪表上，以便将来用该仪表测量时修正测量值，使结果更为准确.

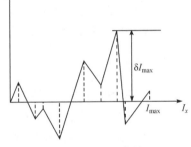

图 2-15-5 校准曲线

【实验器材】

直流稳压电源、表头、电流表、电压表、滑线变阻器、电阻箱等.

【实验内容】

1. 将量程是 100 μA 的表头扩程至 10 mA

(1) 由(2-15-2)式算出分流电阻的数值(表头内阻 R_g 由实验室给出).

(2) 按图 2-15-3 连接线路，R_s 用电阻箱代替，R_1 (阻值较大)和 R_2 (阻值较小)为滑线变阻器，先断开 K_1，将 R_2 调至分压最小的位置，R_1 调为最大，R_s 等于计算值.

(3) 检查两个电表的零点，如不指零，应调节调零旋钮，使其指零. 检查电路无误后接通电源.

(4) 校准量程，调节电流(改变 R_2 和 R_1)，使改装表的满度读数(即量程)与标准表的该读数吻合. 若有差异，可稍微调整 R_s ，使电表量程符合设计值，记下 R_s 值(即实验值).

(5) 校准刻度，均匀地取被校表刻度上的 5～10 个校准点，调节电流从大到小逐点校准，再从小到大重复校一遍，取两次标准读数的平均值作为实际值. 作出校准曲线.

(6) 比较分流电阻 R_s 的实验值与计算值，求百分误差.

(7) 确定扩程后电表的级别.

2. 将 $100\,\mu A$ 的电表表头改装成 $0\sim10\,V$ 的电压表

(1) 由 (2-15-3)式算出分压电阻 R_p . 按图 2-15-4 连接线路.

(2) 用校准电流表的方法校准改装后的电压表，作出校准曲线，并计算 R_p 的实验值与计算值的百分误差.

(3) 确定扩程后的电压表级别. 自拟数据记录表格.

【思考题】

(1) 能否把本实验用的表头改装成 $50\,\mu A$ 的微安表或 $0.1\,V$ 的电压表？

(2) 本实验的电表经过校准后使用时，其测量误差是否可以比级别误差要小一些? 试任取一刻度值加以比较.

(3) 在校准电流表时，如果发现改装表的读数相对于标准表的读数偏大，试问要达到标准表的示值，此时改装表的分流电阻应调大还是调小，为什么?

2.16　万用电表的使用

【实验目的】

(1) 掌握万用电表的使用和接入误差修正；

(2) 学习检查电路故障的方法.

【实验原理】

万用电表原理参考(杨述武，2005；张皓晶，2019)，万用电表的级别较低，特别是欧姆挡的测量误差较大，只能作为精度不高的测量或粗测.

1. 接入误差

万用电表在使用时，不是固定连接在电路中，而是用两表笔(也叫测试棒)接在待测位置，如图 2-16-1 所示，读数后立即撤离，因此接入误差成为经常要考虑的问题.

(1) 电压测量的接入误差，如图 2-16-1 所示，用万用电表直流电压挡测量电阻两端的电压. 设 U_2 为电压表接入前 R_2 两端的电压，U_2' 为接入后由电压表指定的值. 由于电压表的内阻 R_V 不为穷大，因此 $U_2' < U_2$. 则

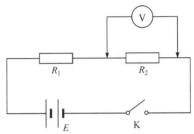

$$\Delta U = U_2 - U_2' = U_2'\left(\frac{U_2}{U_2'} - 1\right) \quad (2\text{-}16\text{-}1)$$

图 2-16-1 万用电表测电压

称为电压测量的接入误差，忽略电源内阻，由分压电路可得

$$U_2 = \frac{R_2}{R_1 + R_2}E$$

$$U_2' = \frac{\dfrac{R_2 R_V}{R_2 + R_V}}{R_1 + \dfrac{R_2 R_V}{R_2 + R_V}}E$$

将 U_2 与 U_2' 代入(2-16-1)式右端括号内，简化后可得

$$\frac{U_2}{U_2'} - 1 = \frac{R_{\text{并}}}{R_V}$$

式中 $R_{\text{并}} = R_1 R_2 / (R_1 + R_2)$ 为 R_1 与 R_2 并联的等效电阻，接入误差是系统误差，可对测量值进行修正. 将上式代入(2-16-1)式整理可得 R_2 上的电压

$$U_2 = U_2'\left(1 + \frac{R_{\text{并}}}{R_V}\right) \quad (2\text{-}16\text{-}2)$$

(2) 电流测量的接入误差，用万用电表电流挡测量电路中的电流可用图 2-16-2 的方法. 设开关 K 闭合后，回路中的电流为 I，断开时由电流表指示的电流为 I'. 由于电流表的内阻 R_A 不为零，因此 $I' < I$. 则

$$\Delta I = I' < I = I'\left(\frac{I}{I'} - 1\right) \quad (2\text{-}16\text{-}3)$$

称为电流测量的接入误差. 可以证明

$$\frac{I}{I'} - 1 = \frac{R_A}{R_1 + R_2} = \frac{R_A}{R_{\text{串}}}$$

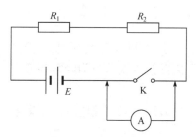

图 2-16-2　万用电表测电流

式中 $R_{串} = R_1 + R_2$ ，为 R_1 与 R_2 串联的等效电阻，将上式代入(2-16-3)式可得回路中的电流

$$I = I'\left(1 + \frac{R_A}{R_{串}}\right) \qquad (2-16-4)$$

2. 万用电表使用规则

(1) 使用万用电表前应熟悉面板上各旋钮的作用、功能测量范围和表盘刻度，然后根据待测对象及大小，将功能转换开关旋至合适的挡位. 若不知待测量的大小，可选择最大量程试测，然后再旋至合适挡位.

(2) 表笔正负不要接反. 测量直流电流和电压时要注意极性. 变换测量项目或量程时，应将表笔撤离测试点.

(3) 测试时应采用跃接法，并注意指针的偏转情况，发现异常立即将表笔撤离测试点. 注意手不能接触与测试点相通的任何导电部分.

(4) 使用欧姆挡时，应先进行欧姆零点调整(每次换挡都要重新调零)，不能测带电电阻和额定电流极小的电阻(如灵敏电流计内阻)，测试晶体管要注意极性. 测试时两手不能同时接触表笔的导电部分.

(5) 使用完毕应将功能转换开关旋至空挡或最大交流电压挡，以保证安全.

3. 用万用电表检查电路

在实验中常遇到这种情况，电路连好后经检查无误，但闭合开关却不能正常工作，表示电路出现故障. 常见故障有以下几种.

(1) 导线内部断线，或两端接线交叉处焊接不良.

(2) 开关、接线柱等接触不良或焊接处虚焊、脱落.

(3) 电表或电路元件损坏.

电路故障检查，往往用一只万用电表即可解决. 首先根据故障的表现仔细分析电路，估计故障发生的部位，然后用万用电表进行检查，或根据上述故障可能发生的原因，对电路系统检查，检查方法分为两种.

(1) 电压检查法：在电源接通的情况下，用万用电表的电压挡(直流电路用直流电压挡)从电源两端开始，逐点进行电压测量. 若电压分布正常，说明已检查部分无误，出现电压反常的地方即是故障所在之处. 此法的优点是不必拆开电路，检查方便，能较快找出故障位置. 但不宜检查微小电压部位.

(2) 电阻检查法：首先断开电源，并将电路逐段拆开，用欧姆挡逐段测量电阻(包括导线电阻)，根据所测电阻判断是否正常. 如该段上有并联支路，应根据并联关系估计是否正常，必要时应断开并联电路. 此法对单根导线或单个元件进行检查方便. 缺点是需断开电路.

【实验器材】

万用电表、电阻箱、电阻板、待检故障电路、直流稳压电源等.

【实验内容】

(1) 用电阻箱校准欧姆各挡的中值电阻及 ×1 挡的表盘欧姆刻度.

(2) 分别测量如图 2-16-3 所示电阻板上的电阻，它们的串联阻值和并联阻值.

(3) 用三个已知电阻串联(总电阻在 500～5000Ω)，与 20 V 直流电压组成闭合回路. 用万用电表选择合适量程测量各电阻上的电压降和回路电流，并求各量的实际值.

(4) 测量实验室中常用的几种交流电压.

(5) 检查实验室提供的故障电路.

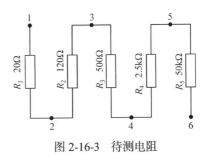

图 2-16-3　待测电阻

【思考题】

(1) 接入误差是万用电表所特有的，还是任何电压表、电流表都会有的问题？

(2) 电压表、电流表内阻的大小和接入误差有什么关系？根据实验内容(3)的结果，分析接入误差对测量结果的影响.

(3) 为什么不宜用欧姆表测量电流计的内阻？能否用欧姆表测量电源内阻？

2.17　模拟法研究静电场

【实验目的】

(1) 了解模拟法使用的条件；

(2) 学习用模拟法研究静电场.

【实验原理】

描述一个静电场需要用电势或电场强度两个物理量中的一个来描述. 测绘静电场，通常是测定其电势的分布，然后根据电势梯度的负值求出场强分布.

空气的电阻比任何电压表的内阻要大得多，引入探针和电压表必然引起空间电势的畸变，直接用电压表去测定静电场空间各点的电势是不可能的，由于产生

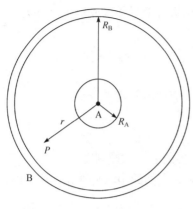

图 2-17-1　长圆柱导体横截面图

静电场和稳恒电流场的电荷分布不随时间而变化，并且静电场的基本规律(如高斯定理、环路定理等)均对稳恒电流场适用，且两者有相似的数学表达式，因此通常采用稳恒电流场来模拟静电场.

如图 2-17-1 所示，是一个半径为 R_A 的长圆柱导体(电极 A)和内半径为 R_B 的长圆柱导体(电极 B)的横截面图，两圆柱的中心重合. 设电极 A 、B 分别带有等值异号的电荷，电势分别为 U_A 、U_B ，并且 $U_B = 0$ ，则在电极 A 、B 之间产生一个辐射的静电场. 由高斯定理可知 $E = k\dfrac{1}{r}$ ，式中 E 是任意点 P 场强的大小， r 是 P 点离中心的距离， k 是常数. P 点电势

$$U_r = U_A - \int_{R_A}^{r} E \mathrm{d}r = U_A - \int_{R_A}^{r} K \frac{1}{r} \mathrm{d}r$$

$$= U_A - K \ln\left(\frac{r}{R_A}\right)$$

同样

$$U_B = U_A - K \ln\left(\frac{R_B}{R_A}\right) = 0$$

所以

$$U_r = U_A \frac{\ln\left(\dfrac{R_A}{r}\right)}{\ln\left(\dfrac{R_B}{R_A}\right)} \tag{2-17-1}$$

或者

$$r = R_B \left(\frac{R_A}{R_B}\right)^{\frac{U_r}{U_A}} \tag{2-17-2}$$

由(2-17-2)式得

$$\ln r = \ln R_B + \frac{U_r}{U_A} \ln\left(\frac{R_A}{R_B}\right) \tag{2-17-3}$$

从(2-17-1)式可以看出， P 点的电势 U_r 是位置 r 的函数，并且在 r 相同的地方电

势也相同. 说明等势线的轨迹是以中心为圆心的圆. 从中心开始测出等间隔变化的 U 值及所对应的 r 值，据此就可求出 Δr 间距内电场强度大小的平均值，即

$$E = -\frac{\mathrm{d}U}{\mathrm{d}r} \approx -\frac{\Delta U}{\Delta r} \tag{2-17-4}$$

若在电极 A、B 之间加入导电纸，空间的电场是不会随之而改变的. 可以证明空间任意一点的电势的数学形式与(2-17-1)式相同(见本实验【附录】).

图 2-17-2 是测量电路图. 在电极 A、B 之间加上电压，则导电纸中有电流流过，但没有电荷流动. 设电流密度为 j，导电纸的电导率为 σ，则纸内的电场强度 E 可用欧姆定律的微分形式来表示

$$j = \sigma E$$

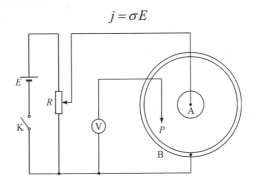

图 2-17-2 静电场测量电路图

同样可以证明，导电纸中电场强度与原静电场的电场强度是相同的(见本实验【附录】). 因此可以用导电纸来进行模拟测量.

根据(2-17-2)式，测出电势相等的点，连接起来就是等势线. 如果测出电势差相等的几条等势线，就可根据等势线的疏密程度来直接判定电场分布的大致情况.

【实验器材】

直流电源、探针、导电纸、电极、直尺、游标卡尺、开关、导线等.

【实验内容】

(1) 按图 2-17-2 连接线路. 测量并描绘七种不同电势的等势线，每条等势线至少要由六个以上的点确定.

(2) 在测不同电势的等势线时，都改变一个小 ΔU，测出相应的 Δr，由(2-17-4)式求出测量区域的场强大小的平均值，作 E-$\dfrac{1}{r}$ 曲线.

(3) 根据测量点的分布，找出等势线的圆心(测出各等势线的平均半径，也可用二元回归找圆心).

(4) 根据(2-17-3)式，以 $X = \dfrac{U_r}{U_e}$ 为自变量，$Y = \ln \overline{r}$ 为因变量，作回归分析．计算出截距 $A_e = \ln b$，斜率 $B_e = \ln\left(\dfrac{a}{b}\right)$，从而求出电极半径 R_A、R_B 之值.

(5) 用游标卡尺测出两电极的半径 R_A 和 R_B，与实验所得值比较，求出相对误差.

【思考题】

(1) 如果实验中电源电压增加一倍，等势线、电场线、电场强度和电势分布有何变化？

(2) 如果用刀片沿辐射状电场的方向将导电纸切开，场的布局是否有变化？

(3) 导电纸的电导率是否一定要均匀分布？为什么？

【附录】

设导电纸的厚度为 d，电导率为 σ，截面积为 S，则半径为 $r \to r + \mathrm{d}r$ 的圆环的电阻为

$$\mathrm{d}R = \frac{\mathrm{d}S}{\sigma S} = \frac{\mathrm{d}r}{2\pi\sigma r d}$$

从半径为 r 到半径为 R_B 的导电纸圆环的电阻

$$R_r = \int_r^{R_B} \frac{\mathrm{d}r}{2\pi\sigma r d} = \frac{1}{2\pi\sigma r d}\ln\left(\frac{R_B}{r}\right)$$

故两电极之间导电纸的总电阻

$$R = \frac{1}{2\pi\sigma r d}\ln\left(\frac{R_A}{R_B}\right)$$

流过导电纸的电流

$$I = \frac{U_A}{R} = \frac{2\pi\sigma r d}{\ln\left(\dfrac{R_B}{R_A}\right)}U_A$$

所以半径为 r 的 P 点电势(因 $U_B = 0$)

$$U_r = IR_r = U_A \frac{\ln\left(\dfrac{R_B}{r}\right)}{\ln\left(\dfrac{R_B}{R_A}\right)}$$

上式与(2-17-1)式相同，由 $E = \dfrac{\mathrm{d}U}{\mathrm{d}r}$ 可知，电场强度也相同，这充分说明静电场可

以用稳恒电流场来模拟.

2.18　用单臂电桥测量电阻

【实验目的】

(1) 掌握单臂电桥(惠斯通电桥)的原理和特点；

(2) 学会用单臂电桥测中值电阻；

(3) 研究电桥灵敏度.

【实验原理】

电桥在测量电路参数时应用极为广泛，其灵敏度和精确度都比较高，主要用于测量电阻、电容、电感、频率等物理量，或者将某些非电学类的物理量，如温度、压力等，转换成电阻量来进行测量.

电桥的测量原理基于电势比较法，为适应不同的测量需要，电桥有许多类型，其中最简单的是直流单臂电桥，即惠斯通电桥，适于测量中值电阻($10 \sim 10^6 \Omega$).

直流单臂电桥的线路如图 2-18-1 所示，四个电阻 R_1、R_2、R_3 和 R_4 连成一个四边形，四边形的对角 A、C 接直流电源，B、D 接检流计，所谓"桥"就是指 B、D 这条对角线而言，检流计的作用就是将"桥"两端的电势和 U_B、U_D 直接进行比较. 而四边形的每一条边称为电桥的一个桥臂，改变桥臂电阻的阻值，可改变 U_B 和 U_D 的大小，当 $U_B = U_D$ 时，检流计指零，此时称电桥处于平衡状态.

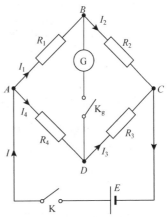

图 2-18-1　直流单臂电桥的线路

1. 电桥平衡条件

电桥平衡时，$I_g = 0, I_1 = I_2, I_3 = I_4, U_{AB} = U_{AD}, U_{BC} = U_{DC}$，或

$$I_1 R_1 = I_4 R_4, \quad I_2 R_2 = I_3 R_3$$

两式相除得

$$\frac{R_1}{R_2} = \frac{R_4}{R_3} \tag{2-18-1}$$

或改写为

$$R_1 R_3 = R_2 R_4 \tag{2-18-2}$$

此式即为电桥的平衡条件,它表示电桥平衡时,各相对臂电阻的乘积相等. 若 R_1 为被测电阻(图 2-18-1),根据平衡条件 $R_x (R_1)$ 就可通过已知的三个桥臂电阻 R_2、R_3、R_4 值求出, 即

$$R_x = \frac{R_2}{R_3} R_4 \qquad\qquad (2\text{-}18\text{-}3)$$

式中 $\dfrac{R_2}{R_3}$ 称为电桥的比率臂, R_4 为比较臂.

从电桥的平衡条件可得如下结论:

(1) 平衡条件仅由桥臂各参数之间的关系确定, 而与电源和检流计的内阻无关, 因此电桥电路对电源的稳定性要求不高, 这就是电桥测量法的一个优点.

(2) 将电源对角线与检流计对角线位置互换, 平衡条件不变(但电桥灵敏度会发生改变).

(3) 电桥的相对臂位置互换, 平衡条件不变.

2. 电桥的灵敏度

为了计算由电桥灵敏度限制带来的测量误差 ΔR_x, 定义电桥灵敏度

$$S_b = \frac{\alpha}{\Delta R_x} \qquad\qquad (2\text{-}18\text{-}4)$$

式中 α 是电桥平衡后, 当 R_x 改变为 $R_x + \Delta R_x$ 时使检流计偏转的分格数. 灵敏度 S_b 的单位为分度/欧姆(div/Ω), 如果人眼对检流计偏转格数的分辨率为 $\Delta \alpha$ (一般为 0.2div), 则待测电阻的测量误差 ΔR_x 可写成

$$\Delta R_x = \frac{\Delta \alpha}{S_b} \qquad\qquad (2\text{-}18\text{-}5)$$

可见, 电桥灵敏度 S_b 越高, 对电桥平衡的判断越准确, 带来的测量误差就越小. 根据(2-18-5)式可求出待测电阻的误差. 例如, 实验测电桥灵敏度 $S_b = 4.5\text{div}/\Omega$, 检流计的分辨率为 0.2div, 那么待测电阻由电桥灵敏度限制带来的误差 $\Delta R_x = \dfrac{0.2}{4.5} \approx 0.044(\Omega)$.

然而, 待测电阻不能改变, 若改变比较臂 R_4 的阻值, 将 R_4 变成 $R_4 + \Delta R_4$ 时, 根据电桥平衡条件(2-18-1)式有

$$\Delta R_x = \frac{R_2}{R_3} \Delta R_4$$

因此(2-18-4)式和(2-18-5)式改写成

$$S_b = \frac{\alpha}{\dfrac{R_2}{R_3}\Delta R_4} \qquad\qquad (2\text{-}18\text{-}6)$$

$$\Delta R_x = \frac{\Delta \alpha}{S_b} = \frac{\Delta \alpha}{\alpha}\frac{R_2}{R_3}\Delta R_4 \qquad\qquad (2\text{-}18\text{-}7)$$

由上式可知，为了提高待测电阻 R_x 的测量精确度，即减小 ΔR_x 值，应尽量提高电桥的灵敏度.

由(2-18-4)式电桥灵敏度的定义有

$$S_b = \frac{\alpha}{\Delta R_x} = \frac{\alpha}{\Delta I_g}\left(\frac{\Delta I_g}{\Delta R_x}\right), \quad 平衡附近 \qquad\qquad (2\text{-}18\text{-}8)$$

若令 $S_i = \dfrac{\alpha}{\Delta I_g}$ 表示检流计的灵敏度，即单位电流引起检流计指针的偏转格数，则

$$S_b = S_i\left(\frac{\Delta I_g}{\Delta R_x}\right), \quad 平衡附近 \qquad\qquad (2\text{-}18\text{-}9)$$

如果检流计的内阻为 R_g ，在电源电压一定时，由基尔霍夫定律可算出检流计中电流(非平衡电流)为

$$I_g = U(R_x R_3 - R_2 R_4)/[R_g(R_x + R_2)(R_3 + R_4) + R_x R_2(R_3 + R_4) + R_3 R_4(R_x + R_2)]$$

由上式算出 $\dfrac{\Delta I_g}{\Delta R_x}$ ，代入(2-18-9)式很容易得出电桥灵敏度的普遍表达式

$$S_b = \frac{S_i U}{R_x + R_2 + R_3 + R_4 + R_g\left(2 + \dfrac{R_x}{R_2} + \dfrac{R_3}{R_4}\right)} \qquad\qquad (2\text{-}18\text{-}10)$$

由此式可以看出：检流计的灵敏度越高，电桥灵敏度越高；电源电压越高，电桥灵敏度越高；桥臂电阻越小，电桥灵敏度越高；检流计内阻越小，电桥灵敏度越高. 由于桥臂电阻的大小受被测电阻的限制，而且检流计内阻的改变也是有限的，所以提高电桥灵敏度最有效的办法是采用高灵敏度的检流计和提高电源电压. 当然提高电源电压是有条件的，不能使流过各桥臂的电流超过其额定值；而检流计灵敏度过高会增加平衡条件的困难.

3. 消除单臂电桥系统误差的方法

(1) 交换位置测量法. 若比率臂 $\dfrac{R_2}{R_3}$ 的指示值与真值有差异(比率臂不准)，可

将 R_x 与 R_4 的位置交换，取两次测量结果的几何平均值 $\sqrt{R_{x1}R_{x2}}$ 为最后测量值，可以消除不等臂的影响.

(2) 交换电源极性法. 每次测量都改变电源极性，将两次测量结果求算术平均值，可以消除电流计零点偏离和直流寄生热电势带来的系统误差.

【实验器材】

万用电表、滑线变阻器、电阻箱、检流计、直流稳压电源、待测电阻、箱式电桥、开关和导线等.

【仪器描述】

QJ-23 型惠斯通电桥适用于测量 $1\sim9.999\times10^6\,\Omega$ 范围内的电阻，基本量程为～ $10\sim9.999\times10^5\Omega$ ，它的内部接线及面板外形如图 2-18-2 和图 2-18-3 所示. 图 2-18-3 中右上角四个读数盘为 R_4 (比较臂)的阻值，右下角两接线端钮"R_x"为被测电阻接线端钮，"K_B"为电源按钮开关，"K_G"为检流计按钮开关，检流计上方旋钮为比率臂选择开关(倍率旋钮)，$\dfrac{R_2}{R_3}$ 之比值(从 $10^{-3}\sim10^3$ 以十倍相差，共有 7 个比值)直接刻在刻度盘上，左上角"+""-"为外接电源的接线端钮，"内""G""外"为检流计选择端钮，当使用仪器内所附检流计时，将"G"和"外"用金属短路片连接，当在"G"和"外"间外接检流计时，需把"G"和"内"短接.

使用方法:

(1) 调节检流计零点，将"G"和"内"间的金属短路片换接到"G"和"外"接线端钮之间，调节检流计调零旋钮，使检流计指针指零刻度.

(2) 选择比率臂的倍率值，用万用电表粗略测出待测电阻的数值，根据其大小，将比率臂选择开关调到合适的挡位(如 R_x 为 $10^4\Omega$ ，置"10"；为 $10^3\Omega$ ，置"1"等)，保证比较臂有四位有效数字. 测量结束时，应先松开"K_G"，后松开"K_B"(测量电感性电阻时尤其要注意，否则检流计将被感生电动势损坏). 测量结束时，应先松开"K_G"，后松开"K_B"(测量电感性电阻时尤其要注意，否则检流计将被感生电动势损坏).

(3) 调节比较臂，从高挡往低挡调节 R_4 的四个读数盘，使检流计指针向零点趋近，直至电桥平衡为止，则被测电阻 R_x=比率值×比较臂读数.

(4) 测量完毕，将金属短路片换接在"内"和"G"之间，以保护检流计.

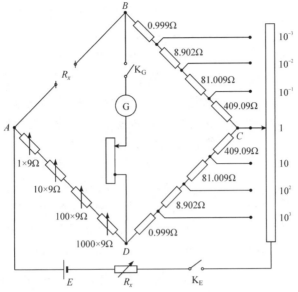

图 2-18-2　QJ-23 型惠斯通电桥电路

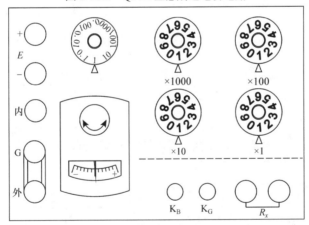

图 2-18-3　QJ-23 型惠斯通电桥

【实验内容】

(1) 用电阻箱自组单桥,测量三个不同数量级($10^1,10^2,10^3$)的电阻,要求测量结果均应有四位有效数字.

① 按图 2-18-4 连接线路,注意将 K_1、K_2 断开,R_g 调至最大.

② 根据测量精度的要求及待测电阻的大概数值,确定 $\dfrac{R_2}{R_3}$ 的值和比较臂 R_4 的初值.

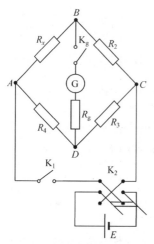

图 2-18-4　惠斯通电桥测量图

③ 调节好检流计的零点，检查线路无误后合上 K_1、K_2，接通电源.

④ 跃接 K_g，观察检流计指针的偏转情况，若不指零，调节 R_4，直至检流计指针指零(R'_g 为保护电阻，开始时置最大值，电桥平衡时应置零. 为判断电桥 R_4 是否真正平衡,应反复断开、合上开关 K_G，细心观察检流计指针是否有摆动). 记下 R_4 的读数.

⑤ 将 K_2 换向，重复内容④.

⑥ 将 R_x 和 R_4 的位置交换，重复内容④、⑤，取四次测量的平均值作为测量结果.

(2) 研究电桥灵敏度 S_b 与电源电压 U，检流计灵敏度 S_i、内阻 R_g 和桥臂电阻的关系，选 R 为 10^3 数量级的电阻，分别测量下列几种情况下的电桥灵敏度.

① 保持 R_g、S_i 和 U 不变，比率臂 $\dfrac{R_2}{R_3}$ 分别取 $\dfrac{50\Omega}{50\Omega}$、$\dfrac{500\Omega}{500\Omega}$、$\dfrac{5000\Omega}{5000\Omega}$；

② 保持 R'_g、S_i 和 $\dfrac{R_2}{R_3}$ 不变，电源电压分别为 $\dfrac{U}{2}$、U、$2U$ (设 $U=3\text{V}$)；

③ 保持 S_i、U 和 $\dfrac{R_2}{R_3}$ 不变，保护电阻 R'_g 分别为 0、1000Ω、2000Ω (检流计内阻视为 $R_g+R'_g$)；

④ 保持 U、$\dfrac{R_2}{R_3}$ 和 $R_g+R'_g$ 不变，检流计的灵敏度分别为 S_i、$\dfrac{S'_i}{2}$、$\dfrac{S'_i}{4}$ (检流计灵敏度的改变可用图 2-18-5 来实现. 若 $R_s=\dfrac{R_g}{n-1}$

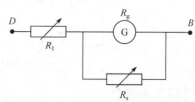

图 2-18-5　检流计灵敏度改装电路图

(n 为 S_i 的减小倍数)，又 $R_1=\dfrac{(n-1)R_g}{n}$，则 R_s、R_1 及 R_g 构成的等效电阻仍然等于检流计内阻 R_g，而检流计的灵敏度 S_i 却改变了 n 倍).

(3) 根据实验数据，分析电桥灵敏度与哪些因素有关.

(4) 用箱式电桥测量同一批标称值相同的产品电阻，其数目不少于 15 个，算出平均值及标准差，并按刻粗差的准则筛选出废品电阻.

注：自拟数据记录表格.

【思考题】

(1) 电桥测量电阻的原理是什么？如何调节电桥平衡？

(2) 在直流单臂电桥中，哪些因素影响了测量电阻的准确性？

(3) 如何选取 $\dfrac{R_2}{R_3}$ 的值？怎样消除作为比率臂的两个电阻不准确所造成的系统误差？

2.19　霍尔效应测量磁场

【实验目的】

(1) 观察霍尔效应现象；

(2) 了解用霍尔效应测量磁场的方法；

(3) 进一步熟悉电势差计的使用方法.

【实验原理】

如图 2-19-1 所示，将厚度为 d、宽度为 l 的导电薄片沿 x 轴通以电流 I，当其在 y 轴方向加以匀强磁场 B 时，在导电薄片两侧 AA'，将产生一电势差 $U_{AA'}$，这个现象称为霍尔效应.

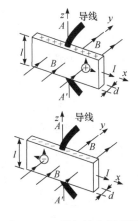

图 2-19-1　霍尔效应原理图

假如导电薄片内导电载流子的电量为 q，若 $q>0$，则其定向漂移速度 v 与电流密度同向. 薄片中这些正电荷载流子在磁场 B 中将受到洛伦兹力 $\boldsymbol{F}_\mathrm{L}=+|q|\boldsymbol{v}\times\boldsymbol{B}$，由图 2-19-1 可知，这些正电荷载流子所受到的力沿 z 轴正方向. 若薄片中载流子

为负电荷，$q<0$，则其正向漂移速度 v' 与电流密度反向，所受洛伦兹力 $\boldsymbol{F}_L = -|q|\boldsymbol{v}\times\boldsymbol{B}$ 也沿 z 轴正方向. 可见，由于 B 的存在，定向移动的载流子(无论 $q>0$，或 $q<0$)都将受到沿 z 轴正方向的洛伦兹力

$$f_L = qvB \tag{2-19-1}$$

设载流子为正电荷，由于洛伦兹力的作用，正电荷将在 A 侧堆积，而在 A' 侧出现负电荷，并产生由 A 指向 A' 的横向电场 E_t，显然 E_t 对 q 的作用力 $f_e = qE_t$ 恰好与洛伦兹力 f_L 的方向相反，当

$$qE_t = qvB$$

或当电场 E_t 满足

$$E_t = vB \tag{2-19-2}$$

时，定向运动的载流子所受合力为零，这时载流子将回到与磁场 B 不存在时相同的运动状态，同时 A、A' 两侧停止电荷的继续堆积，从而在 A、A' 两侧建立一个稳定的电势差 $U_{AA'}$(即霍尔电势差)

$$U_{AA'} = \int_A^{A'} E_t \mathrm{d}l = \int_0^l vB\mathrm{d}l$$

所以

$$U_{AA'} = vBl \tag{2-19-3}$$

设导电薄片内的载流子浓度为 n，则电流强度 $I = nqvld$，由此得载流子的漂移速度

$$v = \frac{I}{nqld} \tag{2-19-4}$$

将(2-19-4)式代入(2-19-3)式得

$$U_{AA'} = \frac{1}{nq}\frac{IB}{d} \tag{2-19-5}$$

若载流子为负电荷，上式中 $q<0$，因而 $U_{AA'}<0$. 令 $R_H = 1/nq$，则(2-19-5)式可以写成

$$U_{AA'} = \frac{R_H IB}{d} \tag{2-19-6}$$

R_H 称为霍尔系数，它表示材料的霍尔效应的大小. 在应用中(2-19-6)式也常写成如下形式：

$$U_{AA'} = K_H IB \tag{2-19-7}$$

系数 $K_H = R_H/d = 1/nqd$ 称作霍尔元件的灵敏度，对于某一元件来说，K_H 是个常

数，只要将霍尔元件放入已知磁场 B 中，由测得的 I、$U_{AA'}$ 值代入(2-19-7)式即可求得 K_H 的值.

由 $R_H = 1/nq$ 及(2-19-6)式可以得出以下结论.

(1) 霍尔系数与载流子浓度成反比，由于半导体中载流子浓度 n 小于导体，因此半导体的霍尔效应较金属明显.

(2) 如果载流子 q 带正电荷，霍尔系数为正，则 $U_{AA'} > 0$；反之霍尔系数为负，则 $U_{AA'} < 0$，因此在实验中通过对 $U_{AA'}$ 进行测量，可以确定霍尔系数的正负，从而判别半导体样品是 p 型还是 n 型.

(3) 根据 $R_H = 1/nq = U_{AA'}d / IB$ 可得

$$n = \frac{IB}{U_{AA'}dq} \qquad\qquad (2\text{-}19\text{-}8)$$

如果知道 $U_{AA'}$、I(由实验测得)、B、d(由实验室给出)，就可以确定该材料的载流子浓度. 用这样的方法也可以研究浓度与温度等的变化规律.

(4) 由于霍尔电势差和磁感应强度成正比，如果通过样品的电流 I 维持不变，则从测量到的 $U_{AA'}$ 值就可求得外磁场 B 的大小. 特斯拉计(测量磁感应强度的一种仪器)就是根据这一原理制成的.

如果选用 n 小的半导体材料制成的霍尔元件足够薄(一般只有 0.2 mm 厚)，那么就可以有效地提高它的霍尔灵敏度. 在控制电流 I 不变的情况下，若再将 $U_{AA'}$ 值放大，最后用电表指示，将指示刻度由 $U_{AA'}$ 换算成 B 的大小，这样就成为测量磁场的特斯拉计了.

由于霍尔效应的建立需要的时间很短(在 $10^{-14} \sim 10^{-12}$s 内)，因此使用霍尔元件时可以用直流或交流电. 若控制电流 I 用交流电 $I = I_0 \sin \omega t$，则 $U_{AA'} = K_H IB = K_H B I_0 \sin \omega t$ 所得的霍尔电势差也是交变的，在使用交流电的情况下(2-19-7)式仍可使用. 只是式中的 I 和 $U_{AA'}$ 应理解为有效值.

在制造霍尔元件时，由于受到生产工艺水平的限制，样品的电极不可能是理想的欧姆接触，霍尔电极接触点也不可能完全对称，又由于电极与样品材料不同，因此伴随霍尔效应还会有热电现象和温差电现象发生，并由此引起一些附加效应，对测量结果带来系统误差，这些附加效应往往都与电流方向和磁场方向有关，而且对于某一具体的霍尔元件来说又是恒定不变的，为了消除附加效应的影响，在实际测量时通过改变 B 和 I 的方向，即取 $(+B, +I)$、$(+B, -I)$、$(-B, +I)$、$(-B, -I)$ 四种条件进行测量，将测量到的 $U_{AA'}$ 值取绝对值平均，将得到正确结果.

实验路线如图 2-19-2 所示. 在图 2-19-2(a)中，若 K_1 合向 "2" 侧，电势差计

测量 $+U_{AA'}$ 值；合向"1"侧，测量 $-U_{AA'}$ 值. 当 K_2 合向"1"侧时，控制电流 I 由 C 流向 D(为正电流方向)，合向"2"侧时，I 由 D 流向 C(为电流负方向). 用电势差计测出标准电阻 R_s 上的压降 U_s，即可得到流过霍尔元件(样品)的控制电流. 为了使控制电流不超过样品允许的额定值，可调节限流电阻 R.

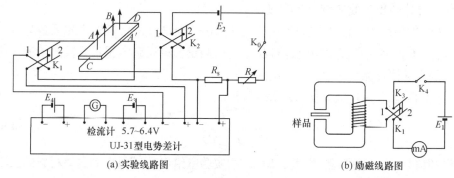

图 2-19-2　霍尔效应实验线路图

图 2-19-2(b)为励磁线路，当 K_3 合向"1"侧时，电磁铁在空隙中产生的 B 方向向上(为 B 的正方向)，合向"2"侧时，B 的方向与前述方向相反.

【实验器材】

霍尔片、UJ-31 型电势差计、标准电池、灵敏电流计、直流电源、标准电阻、电磁铁等.

【实验内容】

(1) 按图 2-19-2 连接线路，经检查无误后，校准电势差计的工作电流.

(2) 按实验室所给参数调好电磁铁的激磁电流.

(3) 使流过样品的控制电流从 1mA 开始，取 10 种不同的值一直测到 1mA 为止. 并测定相应于 $(+B,+I)$，$(+B,-I)$，$(-B,+I)$，$(-B,-I)$ 时的 $U_{AA'}$ 值.

(4) 将测量的各项数据列入自己设计的表格之中，并注明实验室的温度及实验室给出的已知参数.

(5) 根据(2-19-7)式，以 I 为横坐标，$\overline{U}_{AA'}$ 为纵坐标进行线性回归运算，求出其斜率 $B_e = K_H B$，由实验室给出的样品霍尔灵敏度 K_H 及样品的 d 求出样品所在处的磁感应强度 B，并根据 B，I 的方向和 $U_{AA'}$ 的正负确定样品的导电类型.

【注意事项】

(1) 霍尔元件(样品)又薄又脆，容易破裂，实验时注意轻拿轻放，勿施压力，勿摔碰.

(2) 本实验中所用霍尔元件允许通过的最大电流为 10 mA ，切勿超过! 否则霍尔元件将被烧坏.

(3) 电磁铁的励磁线圈通电的时间不宜过长，时间太长线圈和铁芯会因发热而影响测量结果，实验时，每测完一两点最好把 K_4 断开片刻，并随时注意励磁电流的大小是否符合要求.

【思考题】

(1) 若磁场 B 与霍尔元件的法线方向不一致，对测量结果有什么影响? 如何用实验方法判断 B 与元件的法线是否一致?

(2) 利用霍尔效应能测量交变磁场吗? 试画出线路图并说明测试方法.

2.20　感应法测绘圆线圈的磁场

【实验目的】

(1) 研究载流圆线圈轴向磁场的分布规律，加深对毕奥-萨伐尔定律的理解;

(2) 学习感应法测绘磁场的原理和方法;

(3) 验证磁场叠加原理.

【实验原理】

1. 载流圆线圈轴线平面上的磁场分布

由毕奥-萨伐尔定律可导出圆线圈轴线上某点的磁感应强度

$$B = \frac{\mu_0 \overline{R}^2}{2(\overline{R}^2 + x^2)^{3/2}} I$$

式中 I 为通过圆线圈的电流强度，$\overline{R}$ 为线圈平均半径，x 为圆线圈中心到该点的距离. 由上式可得圆心处的磁感应强度 $B_0 = \mu_0 I / 2\overline{R}$.

轴线外的磁场分布较为复杂. 图 2-20-1 所示为线圈轴线平面上磁力线的分布. 设圆线圈匝数为 N ，则其圆心处的磁感应强度为

$$B_0 = \frac{\mu_0 N}{2\overline{R}} I \qquad\qquad (2\text{-}20\text{-}1)$$

且

$$\frac{B}{B_0} = \left[1 + \left(\frac{x}{\overline{R}}\right)^2\right]^{-\frac{3}{2}} \tag{2-20-2}$$

以圆心为原点，线圈轴线为 x 轴建立坐标. 由(2-20-2)式得 $\dfrac{B}{B_0}$-x 的分布曲线如图 2-20-2 所示.

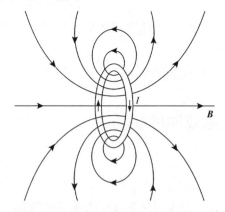

图 2-20-1　线圈轴线平面上磁力线的分布　　　　图 2-20-2　$\dfrac{B}{B_0}$-x 分布曲线

若圆线圈中通以交流电流 $I = I_\mathrm{m} \sin \omega t$ (I_m 为电流强度峰值，ω 为圆频率)，则产生一个交变磁场，线圈轴线上的磁感应强度

$$B = \frac{\mu_0 \overline{R}^2 N}{2(\overline{R}^2 + x^2)^{3/2}} I_\mathrm{m} \sin \omega t = B_\mathrm{m} \sin \omega t$$

式中 B_m 为磁感应强度峰值，即

$$B_\mathrm{m} = \frac{\mu_0 \overline{R}^2 N}{2(\overline{R}^2 + x^2)^{3/2}} I_\mathrm{m} \tag{2-20-3}$$

圆心处磁感应强度峰值为

$$B_{\mathrm{m}_O} = \frac{\mu_0 N}{2\overline{R}} I_\mathrm{m} \tag{2-20-4}$$

由(2-20-3)式和(2-20-4)式可得

$$\frac{B_\mathrm{m}}{B_{\mathrm{m}_O}} = \left[1 + \left(\frac{x}{\overline{R}}\right)^2\right]^{-\frac{3}{2}} \tag{2-20-5}$$

这一分布规律与图 2-20-2 所示情形相同, 若以 $\dfrac{B_{\mathrm{m}}}{B_{\mathrm{m}_O}}$ 为纵坐标, 以 $\left[1+\left(\dfrac{x}{R}\right)^2\right]^{-\frac{3}{2}}$ 为横坐标, 则由(2-20-5)式可得一条过原点斜率为 1 的直线.

2. 磁场的测量

(1) 磁感应强度大小的测定. 磁感应强度的峰值可根据法拉第电磁感应定律用下述方法测量.

在圆线圈产生的交变磁场中某位置, 放入一个小探测线圈 T, 如图 2-20-3 所示, 设 T 的法线方向为 n, n 与磁感应强度 B 的夹角为 θ, T 的面积和匝数分别为 S 和 N'. 通过 T 的磁通量 $\phi = (B_{\mathrm{m}} S \cos\theta)\sin\omega t$. 由法拉第定律可得线圈 T 内感应电动势大小为

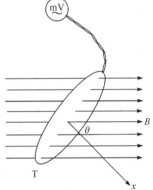

$$E = N'\left|\dfrac{\mathrm{d}\phi}{\mathrm{d}t}\right| = (N'S\omega B_{\mathrm{m}}\cos\theta)\cos\omega\theta$$
$$= E_{\mathrm{m}}\cos\omega t \qquad (2\text{-}20\text{-}6)$$

感应电动势有效值 E_{e} 可由交流电压表测得

$$E_{\mathrm{e}} = \dfrac{E_{\mathrm{m}}}{\sqrt{2}} = \dfrac{1}{2}N'S\omega B_{\mathrm{m}}\cos\theta \qquad (2\text{-}20\text{-}7)$$

图 2-20-3　交变磁场中放入小探测线圈

当 $\theta = 0$ 即探测线圈法线方向与磁场方向一致时, E_{e} 取极大值, 即 $E_{\mathrm{e}}' = \dfrac{1}{\sqrt{2}}N'S\omega B_{\mathrm{m}}$, 可得

$$B_{\mathrm{m}} = \dfrac{\sqrt{2}}{N'S\omega}E_{\mathrm{e}}' \qquad (2\text{-}20\text{-}8)$$

测量时, 在待测点旋转探测线圈 T, 电压表示值的极大值是 E_{e}', 此时线圈 T 的法线方向就是磁场的方向. 把测得的 E_{e} 值代入(2-20-8)式可得 B_{m} 值.

为了尽量减小系统误差, 采取比较测量, 设在线圈圆心处测得感应电动势极大值 E_{e_O}', 由(2-20-8)式得 $\dfrac{E_{\mathrm{e}}'}{E_{\mathrm{e}_O}'} = \dfrac{B_{\mathrm{m}}}{B_{\mathrm{m}_O}}$, 将(2-20-5)式代入得

$$\dfrac{E_{\mathrm{e}}'}{E_{\mathrm{e}_O}'} = \dfrac{B_{\mathrm{m}}}{B_{\mathrm{m}_O}} = \left[1+\left(\dfrac{x}{R}\right)^2\right]^{-\frac{3}{2}} \qquad (2\text{-}20\text{-}9)$$

可见 $\dfrac{E_{\mathrm{e}}'}{E_{\mathrm{e}_O}'}$ 和 $\dfrac{B_{\mathrm{m}}}{B_{\mathrm{m}_O}}$ 的变化规律相同.

(2) 磁场方向的测定. 由(2-20-7)式可知, 磁场方向可以用感应电动势取极大

值时探测线圈的法线方向来表示，但是余弦函数在极大值附近的变化率极小，所以在 E_e 取极大值时测定方向的误差比较大，余弦函数在函数值为零时变化率取极大值，因此在探测线圈法线方向与磁场方向垂直即 E_e 取极小值时，测量方向的误差较小，在实际测量值中，通常在探测线圈转至感应电动势 E_e 最小(趋于零)时，用与线圈法线方向 n 垂直的方向表示磁场方向.

(3) 探测线圈.圆形线圈的磁场是非均匀场，而探测线圈又有一定的大小，所以，用上述方法测得的磁感应强度实际上是待测点附近区域的平均值，为了测得各场点的真实值，探测线圈的体积应该做得比较小. 但是，若线圈的体积太小，感应电动势太弱，探测灵敏度会大大降低. 实验结果表明，若取线圈长度 L 与其外径 D 之比 $\dfrac{L}{D}=0.72$，那么即使由于实验条件限制，探测线圈不能做得太小，测得值与线圈大小也无关.

3. 亥姆霍兹线圈

(1) 磁场分布. 一对匝数和半径均相同的圆线圈彼此平行且共轴,半径均为 R , 间距为 d , 两线圈中电流均为 I 且回绕方向相同, 如图 2-20-4 所示. 取两线圈圆心连线的中点为原点，场点 P 沿轴线的坐标为 x , 可得两线圈间距取不同值时，轴向磁场分布如图 2-20-5 所示. 图 2-20-5(a)为 $d > R$ 的情况，图 2-20-5(b)为 $d = R$ 的情况，图 2-20-5(c)为 $d < R$ 的情况.

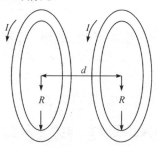

图 2-20-4　亥姆霍兹线圈

由(2-20-3)式可得，两线圈在轴线上产生的磁感应强度大小分别为

$$B_1 = \frac{\mu_0}{2}\frac{N\overline{R}^2 I}{\left[\overline{R}^2 + \left(x + \dfrac{d}{2}\right)^2\right]^{3/2}}$$

$$B_2 = \frac{\mu_0}{2}\frac{N\overline{R}^2 I}{\left[\overline{R}^2 + \left(x - \dfrac{d}{2}\right)^2\right]^{3/2}}$$

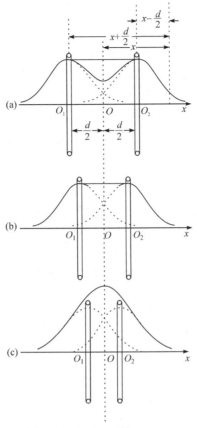

图 2-20-5 轴向磁场分布

其方向均为轴向，则总磁感应强度大小

$$B = B_1 + B_2$$

$$= \frac{\mu_0 N \overline{R}^2 I}{2} \left\{ \frac{1}{\left[\overline{R}^2 + \left(x + \frac{d}{2} \right)^2 \right]^{3/2}} + \frac{1}{\left[\overline{R}^2 + \left(x - \frac{d}{2} \right)^2 \right]^{3/2}} \right\} \qquad (2\text{-}20\text{-}10)$$

由(2-20-10)式，令 $\left. \dfrac{\mathrm{d}^2 B}{\mathrm{d}x^2} \right|_{x=0} = 0$ ，可得原点附近磁场最均匀的条件是 $d = \overline{R}$ ，即两线圈间距等于它们的半径，这种线圈组合叫亥姆霍兹线圈.

由(2-20-10)式得亥姆霍兹线圈公共轴线的轴点($x = 0$)的磁感应强度大小为

$$B_0 = \frac{8}{5^{3/2}} \frac{\mu_0 N I}{\overline{R}} \qquad (2\text{-}20\text{-}11)$$

当 $|x| < \dfrac{\overline{R}}{10}$ 时，B 的大小与 B_0 值的偏离小于 $\dfrac{1}{10000}$. 可见亥姆霍兹线圈可产生一个虽不太强，但均匀性相当好的匀强磁场区域.

(2) 验证磁场的叠加原理. 对轴线上任一点 P，分别将 A、B 两线圈通以交流电流，用探测线圈在 P 点测得感应电动势极大值分别为 E_{eA} 和 E_{eB}，再将两线圈串联起来测量 P 点合磁场对应的感应电动势 $E_{e(A+B)}$，由于轴线上各点的磁场方向相同，将矢量和简化为代数和：$B_{m(A+B)} = B_{mA} + B_{mB}$. 由(2-20-8)式可得

$$E_{e(A+B)} = E_{eA} + E_{eB} \tag{2-20-12}$$

验证此式，则验证了轴向磁场符合矢量叠加原理.

空间任意一点 P' 的磁场. 由(2-20-8)式可测 A 线圈电流激发的磁感应强度大小

$$B_{mA} = \frac{\sqrt{2}E_{eA}}{N'S\omega} \tag{2-20-13}$$

方向用 B_{mA} 与 x 轴的夹角 α_A 表示(图 2-20-6). 对 B 线圈有

$$B_{mB} = \frac{\sqrt{2}E_{eB}}{N'S\omega} \tag{2-20-14}$$

方向用 B_{mB} 与 x 轴的夹角 α_B 表示. 将 A、B 线圈顺向串联后在 P' 点测得总磁感应强度大小

$$B_{m(A+B)} = \frac{\sqrt{2}E_{e(A+B)}}{N'S\omega} \tag{2-20-15}$$

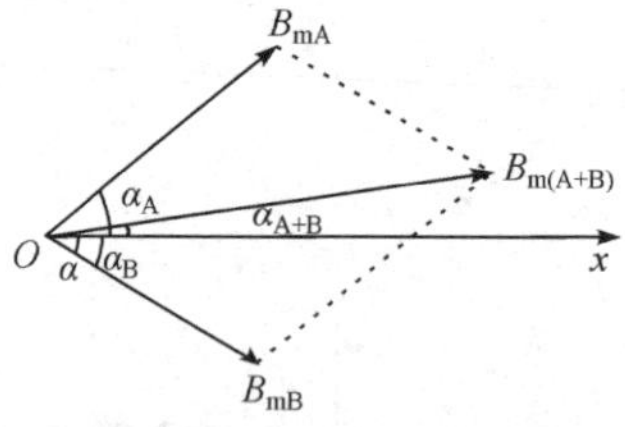

方向用 $B_{m(A+B)}$ 与 x 轴的夹角 α_{A+B} 表示，根据矢量叠加原理 $B_{m(A+B)} = B_{mA} + B_{mB}$，由余弦定理可得求和矢量大小为

$$B_{m(A+B)}^2 = B_{mA}^2 + B_{mB}^2 - 2B_{mA}B_{mB}\cos(\pi - \alpha)$$

图 2-20-6　磁感应矢量叠加原理

式中 $\alpha = \alpha_{mA} + \alpha_{mB}$，即 B_{mA} 与 B_{mB} 的夹角. 将(2-20-13)式、(2-20-14)式、(2-20-15)式等代入上式得

$$E_{e(A+B)}^2 = E_{eA}^2 + E_{eB}^2 + 2E_{eA}E_{eB}\cos(\alpha_A + \alpha_B) \tag{2-20-16}$$

验证此式即验证了亥姆霍兹线圈产生的磁场符合矢量叠加原理.

注意：实际测量中，电压表测得的值并不严格等于探测线圈的感应电动势，而是等于感应电压，故以下均将 E_e 写作感应电压 U.

【实验仪器】

音频信号发生器、晶体管万用电表、亥姆霍兹线圈(包括探测线圈、定位片等)、导线.

【实验内容】

1. 测量圆形电流的磁场沿轴线的分布

在坐标纸上画好中心线，然后放入圆形线圈，使中心线与圆形线圈轴线重合作为 x 轴，以圆形线圈几何中心为坐标原点.

(1) 按图 2-20-7 接好线路.

(2) 调节音频信号发生器，使输出电流大小适当，输出频率 1kHz.

(3) 由圆线圈中心轴线沿轴向每隔 10.0mm 选一点，测量磁场大小(感应电压). 测量过程中注意保持圆线圈电流值不变.

(4) 将测量数据进行数据处理，U_0 是在原点测得的感应电压值.

(5) 由所得数据作 $\dfrac{B}{B_0}$-x 关系曲线.

(6) 求 $\left(\dfrac{B}{B_0}\right)_{测}$ 的相关系数.

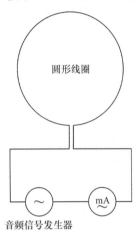

图 2-20-7　测量圆形电流的磁场沿轴线的分布

2. 圆电流周围磁力线的描绘

在坐标纸上选一点 A_1 作为描迹起点. 把定位片覆盖在 A_1 上，使定位片上小针的底部对准 A_1，用手指按住定位片勿使其移动，再将探测线圈置于定位片上，并使定位片上小针插入探测线圈底部的定位孔. 以小针为轴缓缓转动探测线圈，当感应电压达到最小值时停止. 将描点针插入探测线圈边缘上的描点孔内，在坐标纸上刺一细孔 A_2（A_2 与 A_1 的连线方向即为 A_1 点的磁场方向). 把定位片覆盖在 A_2 上使定位片小针对准 A_2，重复以上步骤可得 A_3、A_4 …… 用光滑曲线连接这些测量点可得过 A_1 点的磁力线. 按上述步骤作五条磁力线，注意分布尽量均匀并覆盖整个坐标纸平面.

3. 利用亥姆霍兹线圈验证磁场叠加原理

选择亥姆霍兹线圈轴线的中心作为坐标原点，以过两线圈中心的对称轴为 x 轴建立 xOy 坐标系. 对待测点分别测出 A、B 线圈磁感应强度的大小(感应电压 U_A 和 U_B) 和方向(与 x 轴的夹角 θ_A 和 θ_B). 再将 A,B 两线圈顺向串联后重复上述测量，得感应电压 U_{A+B} 和磁感应强度与 x 轴的夹角 θ_{A+B}. 逐点验证磁场叠加原理. 将数据填入表 2-20-1.

注意：线圈电流始终保持恒定.

表 2-20-1　验证磁场叠加原理数据表

x/cm	20.00	10.00	0.00	−2.00	−4.00
y/cm	0.00	0.00	0.00	−4.00	−4.00
U_A/mV					
θ_A					
U_B/mV					
θ_B					
U_{A+B}/mV					
θ_{A+B}					
$U_{A+B}=$ $\sqrt{U_A^2+U_B^2+2U_AU_B\cos(\theta_A+\overline{\theta_B})}$					

关于磁场方向与 x 轴的夹角 θ (表中 θ_A, θ_B 和 θ_{A+B})的测量情况说明如下：以实验内容 2 中 A_1 点为例. 由实验内容 2，沿测量 A_1 点方向可得测量点 A_2. 如图 2-20-8 所示，在坐标纸上作直角三角形 $\triangle A_1A_2D$，使 $\overline{A_1D}$ 平行于 x 轴，则 $\theta_{A_1}=\angle A_2A_1D$ 且

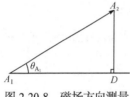

图 2-20-8　磁场方向测量

方法示意图

$\tan\theta_{A_1}=\dfrac{\overline{A_2D}}{\overline{A_1D}}$，边长 $\overline{A_1D}$ 和 $\overline{A_2D}$ 可由坐标值读出，测得

$$\theta_{A_1}=\arctan\dfrac{\overline{A_2D}}{\overline{A_1D}}.$$

【思考题】

(1) 对于励磁电流的选择和调节应该有什么要求？

(2) 沿圆线圈的直径方向测量感应电压时，其变化规律如何？与轴线方向的变化规律有什么不同？为什么？

(3) 为什么不在感应电压达到最大值时确定磁场方向？

(4) 亥姆霍兹线圈能产生强磁场吗？为什么？

(5) 为什么说利用探测线圈按实验内容 2 的方法. 测绘的磁力线是比较粗糙的？

2.21　用示波器观测磁滞回线

【实验目的】

(1) 了解示波器观测磁滞回线的原理；

(2) 用示波器观测铁磁材料的磁滞回线.

【实验原理】

1. 铁磁材料的磁化特性

磁性材料使用时总要处在磁化状态，它的特性也在磁化过程中显示出来. 磁性材料在稳恒磁场中被磁化时所表现出的特性，称为静态磁化特性或直流磁特性，磁性材料处在周期性的交变磁场中被磁化时所表现出的特性，称为动态磁化特性或交流磁特性. 在交流磁化条件下得到的磁化曲线和磁滞回线称为动态磁化曲线和动态磁滞回线.

交流磁特性比直流磁特性要复杂得多，如图 2-21-1 所示为 0.1mm 厚的 Ni79Mo4 软磁合金在直流、400Hz、1kHz 下的交流磁滞回线(测量时保持磁场强度 H_m 不变). 由图可以看出，在磁场强度变化范围相同的条件下，动态回线所包围的面积比静态回线要大一些，并且磁滞回线的形状及大小还随交流磁场的频率而变化. 这是由于铁磁材料在交变磁场中消耗的能量除磁滞损耗外，还有涡流损耗等. 动态磁滞回线反映了铁磁材料在交变磁场中的磁化过程. 因此，动态磁滞回线的测量是磁测量中重要内容之一. 测量动态磁特性的方法很多，有伏安法、冲击法和示波法等. 本实验用示波法观测铁磁材料的动态磁特性.

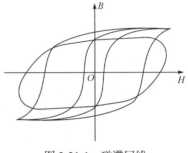

图 2-21-1　磁滞回线

2. 示波器显示磁滞回线的原理

示波法就是用示波器直接显示样品的动态磁滞回线. 在示波器的 x 轴和 y 轴分别输入与交变磁场强度 H 和磁感应强度 B 成正比的交变电压，则在示波器屏上即可得到样品的动态磁滞回线. 电路原理如图 2-21-2 所示，通常把铁磁材料样品做成闭合环形，N_1、N_2 分别为环状样品的初、次级线圈的匝数，若初级线圈通以交变励磁电流 I_1，则由安培环路定律可得

$$H = \frac{N_1 I_1}{L} \tag{2-21-1}$$

式中 L 为样品的平均磁路长度. 为了获得一个正比于 H 的电压，在初级线圈回路中串接电阻 R_1 (要求 R_2 比初级线圈的阻抗小得多)，由电阻 R_1 两端求出电压

$$U_{R_1} = I_1 R_1 = \frac{L R_1}{N_1} H \tag{2-21-2}$$

(2-21-2)式中 N_1、L 和 R_1 均为常数，(2-21-2)式表示 U_{R_1} 与 H 成正比. 虽然这是在环形样品条件下导出的，但亦可近似适用于矩形样品的闭合磁路中.

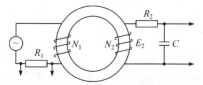

图 2-21-2　示波器显示磁滞回线电路原理

怎样获得一个正比于样品的磁感应强度 B 的电压？由于交变磁场 H 在样品中产生交变的磁感应强度 B，结果在次级线圈产生感应电动势，其大小为

$$E = \frac{\mathrm{d}\phi}{\mathrm{d}t} = N_2 S \frac{\mathrm{d}B}{\mathrm{d}t} \tag{2-21-3}$$

由此可得

$$B = \frac{1}{N_2 S} \int E \mathrm{d}t \tag{2-21-4}$$

由(2-21-4)式可以看出：如果设法从次级线圈回路获得输出电压正比于 $\int E \mathrm{d}t$，问题就得到了解决. 解决的方法就是在次级回路中接一个由高电阻 R_2 和大电容 C 组成的积分电路，其输出电压为

$$U_C = \frac{1}{R_2 C} \int E \mathrm{d}t \tag{2-21-5}$$

由(2-21-4)式和(2-21-5)式可得

$$U_C = \frac{N_2 S}{R_2 C} B \tag{2-21-6}$$

(2-21-6)式中 N_2、S、R_2 和 C 均为常数，(2-21-6)式表示 U_C 和 B 成正比.

将 $U_x = U_{R_1}$ 和 U_C 分别接在示波器的"x 轴输入"和"y 轴输入"，则在示波器的屏上扫描出来的图形即可反映出在磁化电流变化一个周期时样品的动态磁滞回线. 以后每个周期重复此过程，结果在屏上显示出一条连续的磁滞回线. 如果改变初级线圈的输出电压，可使屏上的磁滞回线由小到大扩展，把每个磁滞回线的顶点连成一条曲线，就得到样品的基本磁化曲线.

为了定量测量磁滞回线上任一点的 B、H 值，需要对示波器进行定标，具体方法是在保持测绘磁滞回线时示波器的 x 轴和 y 轴增益不变的情况下，用标准正弦电压校准示波器的 x 轴和 y 轴输入偏转灵敏度 D_x 和 D_y（即电子束偏转 1cm 所需外加电压），再测出磁滞回线上所求点的坐标 x、y，从而计算出加在示波器上的电压

$$U_x = U_{R_1} = x D_x$$

$$U_y = U_C = yD_y$$

然后根据(2-21-2)式和(2-21-6)式算出

$$H = \frac{N_1 D_x}{LR_1} x \qquad (2\text{-}21\text{-}7)$$

$$B = \frac{R_2 C D_y}{N_2 S} y \qquad (2\text{-}21\text{-}8)$$

【实验器材】

自耦变压器、待测样品、通用示波器、电阻和电容元件、正弦信号发生器.

【实验内容】

(1) 按图 2-21-3 连接电路，图中为自耦变压器. 调节示波器，使光点位于坐标原点.

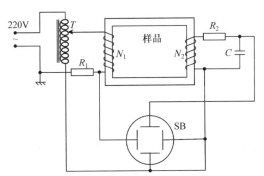

图 2-21-3　用示波器观测磁滞回线电路

(2) 对样品进行退磁. 首先调节自耦变压器，使通过样品初级线圈的励磁电流从零直到饱和，同时调节示波器，使屏上出现磁滞回线的图像然后逐渐减小励磁电流直至零为止.

(3) 测定基本磁化曲线. 励磁电流从零开始，分为 5～8 次，逐次增加励磁电流，使磁滞回线由小到大，直到饱和. 分别记录每条磁滞回线的顶点坐标，描在坐标纸上. 将所描各点连成曲线，就得到基本磁化曲线.

(4) 测磁滞回线. 将样品达到饱和状态的磁滞回线按 1∶1 的比例描绘在坐标纸上，并记下磁滞回线各极限值点的坐标 x_i、y_i.

(5) 示波器定标. 保持原 x 轴和 y 轴增益不变，将标准正弦电压加到示波器的 x、y 轴输入端，用晶体管毫伏表测量外加电压有效值 U_{xe}、U_{ye}，其峰值分别为 $U_{xm} = \sqrt{2} U_{xe}$，$U_{ym} = \sqrt{2} U_{ye}$，再分别量出屏上的水平线段和垂直线段的长度 $\mathrm{d}x$、$\mathrm{d}y$，则此时示波器偏转灵敏度

$$D_x = \frac{U_{xm}}{dx} (\text{V} / \text{cm})$$

及

$$D_y = \frac{U_{ym}}{dy} (\text{V} / \text{cm})$$

(6) 根据(2-21-7)式及(2-21-8)式算出(x_i、y_i)所对应的H_i、B_i值，并标在所描绘的磁滞回线相应位置上.

【思考题】

(1) 怎样用示波器显示非时间函数的两个物理量之间的相互关系？请设计一个显示晶体二极管的伏安特性曲线的电路图.

(2) 将本实验与静态磁滞回线的测量进行对比，说明动态测定法有何优点？

(3) 在标定磁滞回线各点的H和B值时，为什么一定要严格保持示波器的x轴和y轴增益调节，使磁滞回线在示波器上的显示保持不变.

2.22　交　流　电　桥

【实验目的】

(1) 用交流电桥测定电容和电感；

(2) 了解交流电桥平衡原理，掌握其调节平衡的方法.

【实验原理】

交流电桥不仅具有直流电桥结构简单、精密、通用的特点，而且较直流电桥运用更广泛，不仅可以测量电阻，还可以测量电容、电感、互感、介质损耗和频率等.

交流电桥的电路如图 2-22-1 所示，形式与惠斯通电桥相同，区别在于交流电桥使用交流电源(如音频信号发生器)，平衡指示器用交流检流器(如交流毫伏表、耳机、示波器等)，四个桥臂中不仅有电阻，还有电容、电感或它们的组合. 因此交流电桥的平衡条件不仅受桥臂元件数值的影响，同时还受相角关系的影响.

1. 交流电桥的平衡条件

如图 2-22-1 所示，Z_1、Z_2、Z_3、Z_4 为四个桥臂的复阻抗. 类似惠斯通电桥，当交流电桥平衡时，

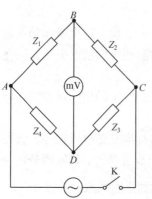

图 2-22-1　交流电桥

没有电流流过平衡指示器，即 B、D 两点在任何时刻电势相等，其平衡方程为

$$\frac{Z_1}{Z_4} = \frac{Z_2}{Z_3} \tag{2-22-1}$$

或

$$Z_1 Z_3 = Z_2 Z_4 \tag{2-22-2}$$

即交流电桥平衡时，相对臂复阻抗的乘积相等.

若采用指数形式表示复阻抗

$$Z_i = z_i \mathrm{e}^{\mathrm{j}\varphi_i} \quad (i = 1,2,3,4)$$

其中 z_i 称为复阻抗 Z_i 的 "模"，φ_i 称为复阻抗 Z_i 的 "辐角"，则(2-22-2)式可变为

$$z_1 z_3 \mathrm{e}^{\mathrm{j}(\varphi_1+\varphi_3)} = z_2 z_4 \mathrm{e}^{\mathrm{j}(\varphi_2+\varphi_4)}$$

上式两边相等意味着方程等号两边的模和辐角分别相等

$$z_1 z_3 = z_2 z_4 \tag{2-22-3}$$

$$\varphi_1 + \varphi_3 = \varphi_2 + \varphi_4 \tag{2-22-4}$$

可见，交流电桥平衡时不仅相对臂阻抗模的乘积相等，而且阻抗辐角之和也要相等，两个条件缺一不可. 因此任意配置桥臂元件，不一定能使电桥达到平衡. 利用(2-22-4)式，可以帮助我们正确地确定桥臂阻抗特性. 例如，桥路两相邻臂 z_2、z_3 为纯电阻，则有 $\varphi_2 = \varphi_3 = 0$，要满足(2-22-4)式又必须要求 $\varphi_1 = \varphi_4$，即相邻臂 z_1、z_4 须同时为电容性或电感性阻抗，电桥才能平衡. 同理，若桥路两相对臂 z_2、z_4 为纯电阻，则要求另一相对臂一为电容性阻抗，一为电感性阻抗，否则电桥不可能达到平衡.

交流电桥的桥臂阻抗特性变化繁多，根据不同的测量目的，交流电桥有各种不同的形式，多达数十种. 本实验仅介绍两种常用的交流电桥线路.

1) 串联电阻式电容电桥

这是一种最简单的测量电容的电桥. 由于实际电容器的介质并不是理想介质，总要损耗电路中的能量(即有介质损耗)，电容器两端的电压 U 和流过电容器的电流 I 之间的相位差不再是 $\frac{\pi}{2}$，而是比 $\frac{\pi}{2}$ 小一个 σ 角(σ 称为损耗角，$\tan\sigma$ 称为损耗因数). 因此，通常把电容器看成一个理想电容 C 和一个损耗电阻 r_c 的组合(串联或并联). 当把 C 和 r_c 看成串联时，等效电路如图 2-22-2(a)所示，此时损耗因数

$$\tan\sigma = \frac{U_\mathrm{r}}{U_\mathrm{c}} = \frac{r_\mathrm{c}}{1/\omega C} = \omega C r_\mathrm{c}$$

式中 ω 为交流电源角频率. 串联电阻式电容桥的电路如图 2-22-2(b)所示，各臂阻抗分别为

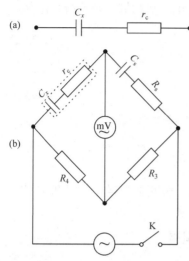

$$Z_1 = r_c - j\frac{1}{\omega C_x}$$

$$Z_2 = R_s - j\frac{1}{\omega C_x}$$

$$Z_3 = R_3$$

$$Z_4 = R_4$$

根据平衡条件(2-22-2)式有

$$R_3\left(r_c - j\frac{1}{\omega C_x}\right) = R_4\left(R_s - j\frac{1}{\omega C_x}\right)$$

令其虚部和实部分别相等得

$$C_x = \frac{R_3}{R_4}C_s \qquad (2\text{-}22\text{-}5)$$

图 2-22-2　串联电阻式电容电桥

$$r_c = \frac{R_4}{R_3}R_s \qquad (2\text{-}22\text{-}6)$$

电桥平衡时根据 C_s、R_s、R_3、R_4 的值即可求得待测电容 C_x 和损耗电阻 r_c.

2) 麦克斯韦电感电桥

这是一种利用已知电容来测定电感的电桥. 由于任何电感都是由导线制成的, 导线具有一定的电阻, 因此可以把实际电感看作一个理想电感 L_x 和一个损耗电阻 r_L 的串联组合, 其等效电路如图 2-22-3(a)所示. 电感线圈的 r_L 越小, 在交流电的一个周期内线圈储存的能量相对于损耗的能量越大, 就称这个线圈的质量越好, 常用"品质因数" Q 来表示线圈的这一性质. 定义

$$Q = \frac{\omega L_x}{r_L} \qquad (2\text{-}22\text{-}7)$$

Q 值的大小即表示线圈性能的好坏.

麦克斯韦电感电桥的线路如图 2-22-3(b)所示. 各臂阻抗分别为

$$Z_1 = r_L + j\omega L_x$$

$$Z_2 = R_2$$

$$Z_3 = R_3 /\!/ \frac{1}{j\omega C_3}$$

$$Z_4 = R_4$$

电路平衡方程为

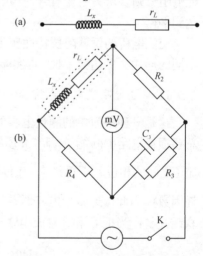

图 2-22-3　麦克斯韦电感电桥

$$r_L + j\omega L_x = \left(\frac{1}{R_3} + j\omega C_3\right) R_2 R_4$$

令其虚部和实部分别相等有

$$L_x = R_2 R_4 C_3 \qquad\qquad (2\text{-}22\text{-}8)$$

$$r_L = \frac{R_2 R_4}{R_3} \qquad\qquad (2\text{-}22\text{-}9)$$

电桥平衡时根据 R_2、R_3、R_4 和 C_3 值,即可求出待测电感 L_x 和损耗电阻 r_L. 把 L_x 和 r_L 值代入(2-22-7)式即可得到电感线圈的品质因数 Q 值.

2. 交流电桥的调节

(1) 选择调节参量. 由于交流电桥的平衡又须同时满足两个条件,因此在桥臂调节参量中至少要有两个是可以调节的(称调节参量),其余参量在电桥调节过程中固定不变(称为固定参量). 实验中如何选择调节参量是关系到电桥能否收敛和收敛快慢的问题,显然两个调节参量不能只出现在一个平衡方程中,否则另一个平衡方程永远满足不了,电桥不可能达到平衡;如果调节参量同时出现在两个平衡方程中,由于调节时对两个平衡条件都有影响,须反复调节很多次才能使两个平衡条件同时满足,电桥才能平衡;如果使两个调节参量分别出现在两个平衡方程中,从理论上讲调节两次电桥即可达到平衡. 例如,串联电阻式电容桥,若选择 R_s、C_s 为调节参量,则调节 C_s 可满足(2-22-5)式,调节 R_s 可满足(2-22-6)式,经两次调节,电桥就达到了平衡.

(2) 确定各桥臂参量的初值. 欲使电桥快速平衡,开始应设法估计待测量的数值,并根据平衡条件和测量精度要求,选定固定参量的数值和调节参量的初值,使电桥一开始就接近平衡点. 例如,用串联电阻式电容桥测电容,待测电容为 0.1μF 左右,若选择 R_4、C_s 为固定参量,其值为 $R_4 = 200.0\Omega$,$C_s = 0.1000\mu F$;选 R_3、C_s 为调节参量,根据(2-22-5)式可将 R_3 先置为 200Ω,由于电容的损耗电阻 r_c 较小(标准电容的 r_c 视为零). 根据(2-22-6)式可取 $R_s = 0$,这样,电桥虽不平衡,但偏离平衡点不会太远.

(3) 调节方法. 对于两个调节参量,实验中只能一个一个地调节,这就出现先调哪一个的问题. 由于各桥臂参量对电桥平衡起的作用不同,调节时要分主次,先调节对平衡起主导作用的参量. 例如,串联电阻式电容桥中,若选 R_s、C_s 为调节参量,两者相比,对电桥平衡起主导作用的是 R_3,就应该先调 R_3. 另外由于要满足两个平衡条件,电桥才能平衡,所以每调一步(调节一个参量),又能使平衡指示器出现一个相对的最小值. 将此参量固定再调节另一个参量,可使平衡指示器出现一个较前更小的最小值. 如此反复调节, 直到无论调节哪一个参量, 怎样调节都不能使平衡指示器出现更小值时, 认为电桥已达到了平衡.

【实验器材】

音频信号发生器、电阻箱、十进式标准电容箱、晶体管毫伏表、QS18A 型万能电桥、待测电容、电感、开关、导线等.

【实验内容】

本实验用音频信号发生器作电源, 调节其输出频率为 1000 Hz, 输出电压为 3V 左右.

1. 用串联电阻式电容桥测电容

(1) 按图 2-22-2(b)接线, 其中 C_s 为标准电容箱, R_3、R_4、R_s 为电阻箱.

(2) 选 R_4、C_s 为固定参量, 取 R_4 为几百欧姆, C_s 为 0.500 μF 左右. 选 R_3、R_s 为调节参量, 估算其初值, 使电桥开始就接近平衡点.

(3) 反复调节 R_3 和 R_s (思考应先调哪一个才能尽快平衡电桥?), 直到平衡指示器的读数无法再小时, 记下其读数及 R_3、R_4、R_s、C_s 的值, 根据(2-22-5)式和(2-22-6)式计算待测电容 C_x 和损耗电阻 r_c. 将测量结果填入表 2-22-1.

表 2-22-1　测量电容器的电容量和损耗电阻

待测量	固定参量		调节参量		固定参量		调节参量	
	C_s	R_4	R_3	R_s	R_3	R_4	C_s	R_s
电桥平衡时的参量值								
电桥平衡时指示器读数 平衡调节步数 $C_x = \dfrac{R_3}{R_4} C_s$ $r_c = \dfrac{R_4}{R_3} R_s$								

(4) R_3、R_4 为固定参量, 其值为几百欧姆, 选 R_s、C_s 为调节参量, 类似上述步骤, 再次调节电桥平衡, 比较两种情况电桥收敛性的好坏.

2. 用麦克斯韦电桥测电感

(1) 按图 2-22-3(b)接线, 其中 C_3 为标准电容箱, R_2、R_3、R_4 为电阻箱.

(2) 自拟实验步骤测定电感线圈的 L_x 和损耗电阻 r_L (要求 L_x 的测量精度尽可能高). 将测量结果填入表 2-22-2.

表 2-22-2　测定线圈的电感量和损耗电阻

固定参量		调节参量		电板平衡时 指示器读数	$L_x = R_2 R_4 C_3$	$r_L = \dfrac{R_2 R_4}{R_3}$

3. 用 QS18A 型万能电桥测量上述电容和电感

使用方法见 QS18A 型万能电桥说明书.

【注意事项】

(1) 平衡指示器的量程开始要选得足够大，调节过程中随着电桥逐渐接近平衡，再逐渐减小量程，提高测量精度；

(2) 本实验仪器、用具较多，注意放置要适当，避免导线纵横交错以致影响调节平衡.

【思考题】

(1) 试比较交流电桥和直流电桥的异同.

(2) 图 2-22-2(b) 中 R_3、R_4 应如何取值？过大或过小后果如何？

(3) 分析图 2-22-4 中的桥路是否可以调节平衡？

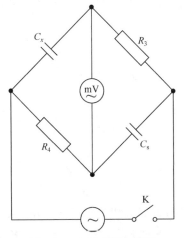

图 2-22-4　思考题电路图

2.23　RLC 串联电路的暂态特性

【实验目的】

(1) 研究 RL、RC 及 RLC 串联电路的暂态特性；
(2) 了解电感和电容元件在电路中的作用；
(3) 进一步熟悉示波器的使用.

【实验原理】

RC、RL 和 RLC 串联电路在接通或断开电源后的短暂时间内，电路从一个稳态转变为另一个稳态，这个转变过程称为暂态过程(或过渡过程). 本实验主要研究 RC、RL 和 RLC 串联电路在接通和断开电源时，电流和电压变化的规律.

1. RC 串联电路的暂态过程

在图 2-23-1 中，将开关 K 置于"1"时，电路处于 $u_C = 0$ 的稳态，然后将开关 K 置于"2"时，电源 E 通过电阻 R 向电容 C 充电. 由基尔霍夫定律有

$$iR + u_C = E$$

由于

$$i = C\frac{du_C}{dt}$$

所以

$$RC\frac{du_C}{dt} + u_C = E$$

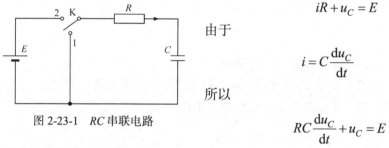

图 2-23-1　RC 串联电路

用分离变量法可得其解为

$$u_C(t) = E + Ae^{\frac{t}{RC}}$$

由初始条件 $u_C(0)=0$，得

$$u_C(t) = E\left(1 - e^{\frac{t}{RC}}\right) \tag{2-23-1}$$

$$i(t) = \frac{E}{R}e^{\frac{t}{RC}} \tag{2-23-2}$$

$u_C(t)$ 和 $i(t)$ 的函数曲线如图 2-23-2 和图 2-23-3 所示. 可以看出 u_C 和 i 均按指数规律变化，过程的快慢取决于乘积 RC，令 $\tau = RC$. τ 称为时间常数，它反映了过程进行的快慢程度. τ 大，过程进行得慢；τ 小，过程进行得快.

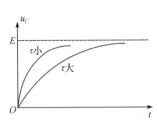 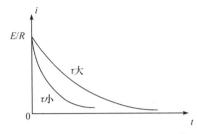

图 2-23-2　开关 K 由 "1" 置于 "2" 时，u_C 与　　图 2-23-3　开关 K 由 "1" 置于 "2" 时，i 与
　　　　　t 的关系曲线　　　　　　　　　　　　　　　　　　　t 的关系曲线

　　将 K 置于 "2"，使 $u_C = E$ ，然后将开关 K 置于 "1"，电容通过电阻放电．此时的电路方程为

$$iR + u_C = 0$$

$$RC\frac{\mathrm{d}u_C}{\mathrm{d}t} + u_C = 0$$

由初始条件 $u_C(0) = 0$ ，可得放电过程的特解

$$u_C(t) = E\mathrm{e}^{\frac{1}{RC}} \tag{2-23-3}$$

$$i(t) = -\frac{E}{R}\mathrm{e}^{-\frac{1}{RC}} \tag{2-23-4}$$

此时 $u_C(t)$ 和 $i(t)$ 的函数曲线如图 2-23-4 和图 2-23-5 所示，过程进行的慢快仍取决于时间常数 τ ．

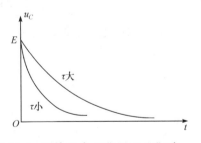 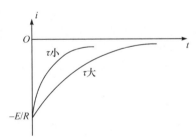

图 2-23-4　开关 K 由 "1" 置于 "2" 时，u_C 与　　图 2-23-5　开关 K 由 "1" 置于 "2" 时，i 与
　　　　　t 的关系曲线　　　　　　　　　　　　　　　　　　　t 的关系曲线

2. *RL* 串联电路的暂态过程

　　如图 2-23-6 所示，当开关 K 置于 "1" 时，电感线圈两端的电压 $u_L = 0$ ，然后将开关置于 "2" 后，有电流 i 通过线圈和电阻，由基尔霍夫定律有

$$u_L + iR = E$$

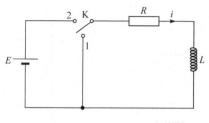

图 2-23-6　*RL* 串联电路

由于

$$u_L = L\frac{\mathrm{d}i}{\mathrm{d}t}$$

所以

$$L\frac{\mathrm{d}i}{\mathrm{d}t} + iR = E$$

其通解为

$$i(t) = \frac{E}{R} + A^{\frac{R}{L}t}$$

由初始条件 $i(0) = 0$ 得

$$i(t) = \frac{E}{R}\left(1 - \mathrm{e}^{\frac{R}{L}t}\right) \tag{2-23-5}$$

$$u_L = \frac{E}{R}\mathrm{e}^{\frac{R}{L}t} \tag{2-23-6}$$

$i(t)$ 和 $u_L(t)$ 的函数曲线如图 2-23-7 和图 2-23-8 所示，它们也都按指数规律变化，变化的快慢取决于时间常数 $\tau = \dfrac{L}{R}$.

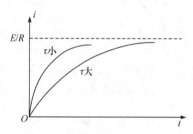

图 2-23-7　开关由"1"置于"2"时，i 与 t
　　　　　关系曲线

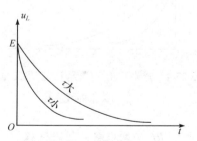

图 2-23-8　开关由"1"置于"2"时，u_L 与 t
　　　　　关系曲线

同理可得开关 K 由"2"置于"1"时，i 和 u_L 的变化规律为

$$i(t) = \frac{E}{R} e^{\frac{R}{L}t} \tag{2-23-7}$$

$$u_L(t) = L\frac{\mathrm{d}i}{\mathrm{d}t} = -E e^{\frac{R}{L}t} \tag{2-23-8}$$

$i(t)$ 和 $u_L(t)$ 的函数曲线如图 2-23-9 和图 2-23-10 所示.

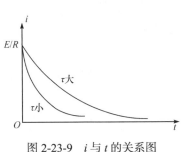

图 2-23-9　i 与 t 的关系图

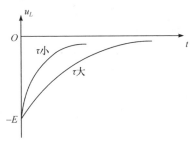

图 2-23-10　u_L 与 t 的关系图

3. RLC 串联电路暂态过程

图 2-23-11 为 RLC 串联电路. 我们先讨论放电过程. 将开关 K 置于 "2" 使电容充电至 E , 然后将开关 K 置于 "1", 电容通过 R 和 L 放电, 由基尔霍夫定律有

$$u_R = Ri = RC\frac{\mathrm{d}u_C}{\mathrm{d}t}$$

$$u_L = L\frac{\mathrm{d}i}{\mathrm{d}t} = LC\frac{\mathrm{d}^2u_C}{\mathrm{d}t^2}$$

图 2-23-11　RLC 串联电路

$$LC\frac{\mathrm{d}^2u_C}{\mathrm{d}t} + RC\frac{\mathrm{d}u_C}{\mathrm{d}t} + u_C = 0$$

这是二阶线性常系数齐次微分方程, 初始条件为 $u_C(0) = E$ 和 $\dfrac{\mathrm{d}u_C(0)}{\mathrm{d}t} = 0$. 方程的解分为三种情况.

(1) $R^2 < \dfrac{4L}{C}$

$$u_C(t) = \frac{E}{\cos\varphi} e^{-\frac{R}{2L}t}\cos(\cot\omega t + \varphi) \tag{2-23-9}$$

式中

$$\omega = \sqrt{\frac{1}{LC} - \frac{R^2}{4L^2}}$$

$$\varphi = \arctan\left(-R\sqrt{\frac{C}{4L - R^2 C}}\right)$$

(2-23-9)式的曲线如图 2-23-12 中的曲线 I 所示，这是欠阻尼振荡，其周期为

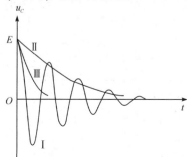

图 2-23-12　$u_C\text{-}t$ 曲线

$$T = \frac{2\pi}{\sqrt{\dfrac{1}{LC} - \dfrac{R^2}{4L^2}}} \qquad (2\text{-}23\text{-}10)$$

(2)　$R^2 > \dfrac{4L}{C}$

$$u_C(t) = \frac{E}{\text{ch}a} e^{\frac{R}{2L}t} \text{ch}(\omega' t + a) \qquad (2\text{-}23\text{-}11)$$

式中

$$\omega' = \sqrt{\frac{R^2}{4L^2} - \frac{1}{LC}}$$

$$a = \text{artanh}R\sqrt{\frac{C}{R^2 C - 4L}}$$

(2-23-11)式的曲线如图 2-23-12 所示中的曲线 II 所示，这是过阻尼.

(3)　$R^2 = \dfrac{4L}{C}$

$$u_C(t) = E\left(1 + \frac{2R}{L}t\right) \qquad (2\text{-}23\text{-}12)$$

这时的 $u_C\text{-}t$ 曲线如图 2-23-12 中曲线 III 所示，这是过阻尼和欠阻尼的临界点，即为临界阻尼.

　　下面我们再讨论充电过程. 将开关 K 置于"1"，使电容放电至 $u_C = 0$，然后将开关 K 置于"2"，得到方程

$$LC\frac{\mathrm{d}^2 u_C}{\mathrm{d}t^2} + RC\frac{\mathrm{d}u_C}{\mathrm{d}t} + u_C = E$$

初始条件为 $u_C(0) = 0$ 和 $\dfrac{\mathrm{d}u_C(0)}{\mathrm{d}t} = 0$. 方程的特解仍分为三种情况.

(1)　$R^2 < \dfrac{4L}{C}$

$$u_C(t) = E\left[1 - \frac{e^{-\frac{R}{2L}t}}{\cos a}\cos(\omega t + \varphi)\right] \qquad (2\text{-}23\text{-}13)$$

(2)　$R^2 > \dfrac{4L}{C}$

$$u_C(t) = E\left[1 - \frac{e^{-\frac{R}{2L}t}}{cha}ch(\omega't + a)\right] \tag{2-23-14}$$

(3) $R^2 = \dfrac{4L}{C}$

$$u_C(t) = E\left[1 - \left(1 + \frac{R}{2L}\right)e^{-\frac{R}{2L}t}\right] \tag{2-23-15}$$

相对应的曲线 u_C-t 分别为图 2-23-13 中的 Ⅰ 、Ⅱ 、Ⅲ. 可以看出, 充电过程和放电过程十分类似, 它们只是最后趋向的平衡位置不同而已. 它们振幅衰减得快慢都与时间常数 $\tau = \dfrac{2L}{R}$ 有关.

本实验采用方波发生器作电源. 方波发生器产生周期性的矩阵脉冲, 它的输出波形如图 2-23-14 所示. 前半周期 $\left(0, \dfrac{T_n}{2}\right)$ 的输出电压为 E , 然后突变为零. 后半周期 $\left(\dfrac{T_n}{2}, T_0\right)$ 的输出电压为零, 然后突变为 E , 于是电路就周期性地接通-断开-接通, 只要 L 和 C 的数值选得合适, 就可用示波器观察暂态过程.

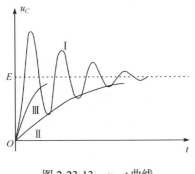

图 2-23-13　u_C-t 曲线

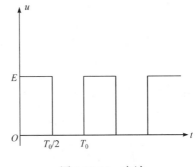

图 2-23-14　方波

【实验器材】

方波发生器、通用示波器、交流电阻箱、电感线圈、电容、导线、开关等.

【实验内容】

(1) 观察方波发生器的输出波形(示波器用"直流输入")、测出方波发生器的内阻 r .

先用示波器测出方波源的开路电压 U, 然后将一电阻箱与方波源串联, 调节电阻箱的电阻，使方波发生器的输出电压为 $\dfrac{U}{2}$，电阻箱的读数即为方波发生器的内阻 r.

(2) 观察 RC 电路的暂态过程.

① 按图 2-23-15 接线，调整示波器，使屏幕上显示清晰、稳定、便于观察的波形，记录一个方波周期的波形图.

② 改变 R 的大小，观察波形的变化，记录一个方波周期的波形图，并与前面的波形比较.

(3) 观察 RL 电路的暂态过程. 将电容换成电感，内容同(2).

(4) 观察 RLC 电路的暂态过程.

① 按图 2-23-16 连接线路，调整电阻箱使电路出现欠阻尼振荡，选择一个合适的值 R_1 测出在半个方波周期内的振荡次数 n，由 $T = \dfrac{T_0}{2n}$ 算出振荡周期(或用 "t/cm" 检测出 n' 次振荡的时间 t，$T = \dfrac{t}{n'}$，并与(2-23-10)式(式中 $R = R_1 + r + R_L$，R_L 为线圈直流电阻)的计算值比较.

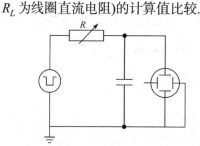
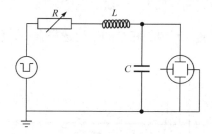

图 2-23-15　　RC 电路暂态过程电路图　　　　图 2-23-16　　RLC 电路暂态过程电路图

② 测量半个方波周期内各次振荡的振幅，用回归法求出时间常数 τ，并与理论值 $\tau = \dfrac{2L}{R} = \dfrac{2L}{R_1 + r + R_L}$ 比较.

③ 逐步增加电阻箱的电阻，直至出现临界状态(即图 2-23-17 中的突起刚刚消失)，记录下对应的值 $R_{1临}$，临界电阻即为

$$R_{临} = R_{1临} + r + R_2$$

将上述结果与计算值 $R_{临} = \sqrt{\dfrac{4L}{C}}$ 比较.

④ 再增加电阻箱的电阻，使之出现过阻尼状态，观察波形随 R 变化的规律.

【思考题】

(1) 在本实验中，为什么示波器要用"直流输入"？

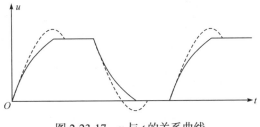

图 2-23-17　u 与 t 的关系曲线

(2) 怎样观察 RC 串联电路充放电过程的电流波形? 画出电路图说明.

(3) 根据 RC 串联电路的暂态过程, 用欧姆表(或万用电表电阻挡)可以判别电容器的好坏, 试简述其原理.

2.24　RLC 电路的稳态特性

【实验目的】

(1) 考察 RLC 串联电路的幅频特性和相频特性;

(2) 掌握相位差的测量方法.

【实验原理】

当正弦交流电输入由电阻、电容、电感组成的串联电路时, 电阻(电容或电感)两端输出电压的幅值及相位将随输入电压的频率而变化.

1. RC 串联电路

RC 串联电路如图 2-24-1(a)所示. 以电流矢量 I 为参考矢量,可作出 U_i, U_C, U_R 的矢量图 2-24-1(b). 复阻尼、各电压及电流的模可用以下各式表示:

$$Z = \sqrt{R^2 + \left(\frac{1}{\omega C}\right)^2} \tag{2-24-1}$$

$$I = \frac{U}{Z} = \frac{U}{\sqrt{R^2 + \left(\frac{1}{\omega C}\right)^2}} \tag{2-24-2}$$

$$U_C = I\frac{1}{\omega C} = \frac{U}{\sqrt{1 + (RC\omega)^2}} \tag{2-24-3}$$

$$U_R = IR = \frac{UR}{\sqrt{R^2 + \left(\frac{1}{\omega C}\right)^2}} \tag{2-24-4}$$

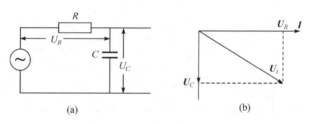

图 2-24-1　RC 串联电路

电源电压与电流间的相位差

$$\varphi = -\arctan\frac{1}{RC\omega} \tag{2-24-5}$$

由以上各式分析可知：

(1) 对于数值已定的 RC 串联电路的阻抗 Z 只与电源电压的频率有关，Z 随 ω 的增大而减小；

(2) 当电源电压频率增加时，电流的幅值及 R 上的电压幅值均增加，而电容 C 上的电压则减小；

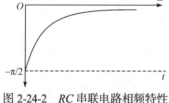

图 2-24-2　RC 串联电路相频特性

(3) 在频率较低时，电源电压与电流间的相位差 φ 接近 $-\dfrac{\pi}{2}$，当频率很高时 φ 接近于零，即电源电压与电流同相，其相频特性曲线如图 2-24-2 所示.

2. RL 串联电路

RL 串联电路如图 2-24-3(a)所示，其电路复阻抗、各电压、电流的模由下面公式表示：

$$Z = \sqrt{R^2 + (\omega L)^2} \tag{2-24-6}$$

$$I = \frac{U}{Z} = \frac{U}{\sqrt{R^2 + (\omega L)^2}} \tag{2-24-7}$$

$$U_L = I\cdot\omega L = \frac{U\omega L}{\sqrt{R^2 + (\omega L)^2}} \tag{2-24-8}$$

$$U_R = IR = \frac{UR}{\sqrt{R^2 + (\omega L)^2}} \tag{2-24-9}$$

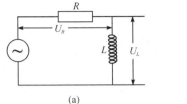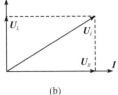

(a)　　　　　　　　　　(b)

图 2-24-3　*RL* 串联电路

电源电压与电流间的相位差

$$\varphi = \arctan \frac{\omega L}{R} \tag{2-24-10}$$

分析以上各式可知：

(1) 数值已定的 *RL* 串联电路的阻抗与电源的频率有关，频率越高阻抗越大，角频率为零时电路的阻抗等于 *R*；

(2) 当电源频率增加时，*I* 随之减小，U_R 亦减小，而 U_L 则增大；

(3) 电源电压与电流间的相位差 φ 在 ω 很低时接近于零，随 ω 的增加 φ 逐渐增大，当 ω 很大时 φ 接近 $\dfrac{\pi}{2}$，其相频特性曲线如图 2-24-4 所示.

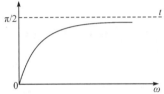

图 2-24-4　*RL* 串联电路相频特性

3. *RLC* 串联电路

RLC 串联电路如图 2-24-5(a)所示，电路复阻抗、各电压及电流的模分别为

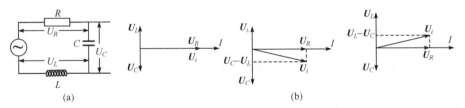

(a)　　　　　　　　　　(b)

图 2-24-5　*RLC* 串联电路

$$Z = \sqrt{R^2 + \left(\omega L - \frac{1}{\omega C} \right)^2} \tag{2-24-11}$$

$$I = \frac{U}{Z} = \frac{U}{\sqrt{R^2 + \left(\omega L - \dfrac{1}{\omega C} \right)^2}} \tag{2-24-12}$$

$$U_C = I\frac{1}{\omega C} = \frac{U}{\omega C\sqrt{R^2 + \left(\omega L - \dfrac{1}{\omega C}\right)^2}} \tag{2-24-13}$$

$$U_L = I\omega L = \frac{U\omega L}{\sqrt{R^2 + \left(\omega L - \dfrac{1}{\omega C}\right)^2}} \tag{2-24-14}$$

$$U_R = IR = \frac{UR}{\sqrt{R^2 + \left(\omega L - \dfrac{1}{\omega C}\right)^2}} \tag{2-24-15}$$

电源电压与电流间的相位差

$$\varphi = -\arctan\frac{\omega L - \dfrac{1}{\omega C}}{R} \tag{2-24-16}$$

分析以上各式可得出这样的结论:

(1) 当 $\omega L = \dfrac{1}{\omega C}$ 时, 电源电压与电流间的相位差 $\varphi = 0$, 即电压与电流同相, 此时电路阻抗 $Z = R$, 电路中的电流达最大值, 电路处于谐振状态. 相应的角频率用 ω_0 表示成

$$\omega_0 = \frac{1}{\sqrt{LC}} \tag{2-24-17}$$

(2) 当 $\omega L > \dfrac{1}{\omega C}$ 时, $\varphi > 0$, 电流的相位落后于电源电压, 整个电路呈电感性, 这时 $\omega > \omega_0$, φ 随 ω 增大而趋于 $\dfrac{\pi}{2}$;

(3) 当 $\omega L < \dfrac{1}{\omega C}$ 时, $\varphi < 0$, 电流的相位超前电源电压, 整个电路呈电感性, 这时 $\omega < \omega_0$, φ 随 ω 减小而趋于 $-\dfrac{\pi}{2}$.

如果以 $\dfrac{\omega}{\omega_0} - \dfrac{\omega_0}{\omega}$ 为横坐标, φ 为纵坐标, 则 RLC 串联电路的相频特性曲线如图 2-24-6 所示.

4. 相位差的测量

测量相位差的方法较多, 这里只介绍用示波器测相位差的两种方法.

(1) 利用李萨如图形测电路的相位差: 将两个同频率的交变电压分别加在示

波器的 x、y 轴输入端可得到李萨如图形(图 2-24-7). 其解析解为

$$\left.\begin{array}{l} x = A\cos\omega t \\ y = B\cos(\omega t - \varphi) \end{array}\right\} \tag{2-24-18}$$

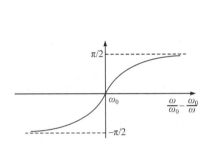

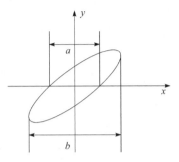

图 2-24-6　RLC 串联电路相频特性　　　图 2-24-7　李萨如图形

当时 $y = 0, \omega t - \varphi = \pm\dfrac{\pi}{2}$，即 $\omega t = \pm\dfrac{\pi}{2} + \varphi$ 时

$$b = A\left[\cos\left(\frac{\pi}{2} + \varphi\right) - \cos\left(-\frac{\pi}{2} - \varphi\right)\right] = 2A\sin\varphi$$

由(2-24-18)式可知，当 $\cos\omega t = \pm 1$ 时，可得李萨如图形在 x 轴上的最大投影值

$$a = 2A$$

比上两式得

$$\sin\varphi = \frac{b}{a}$$

则

$$\varphi = \arcsin\frac{b}{a} \quad 和 \quad \varphi = \pi - \arcsin\frac{b}{a} \tag{2-24-19}$$

如果图形在一、三象限取 $\varphi = \arcsin\dfrac{b}{a}$ 计算，在二、四象限取 $\varphi = \pi - \arcsin\dfrac{b}{a}$ 计算，但在计算 φ 时不能确定谁超前谁落后.

(2) 利用双踪示波器测相位差. 双踪示波器可以同时显示两个独立的信号波形，因而能较方便地对两个信号进行比较，如果设两信号分别为

$$x = A\sin(\omega t + \varphi_A) = A\sin\omega\left(t + \frac{\omega_A}{\omega}\right)$$

$$y = B\sin(\omega t + \varphi_B) = B\sin\omega\left(t + \frac{\omega_B}{\omega}\right)$$

两振动达到同一相角的时间差

$$\Delta t = \frac{\varphi_A}{\omega} - \frac{\varphi_B}{\omega}$$

相位差

$$\Delta\varphi = \Delta t\omega = 2\pi f \Delta t / T = 360° \times \Delta t / T \qquad (2\text{-}24\text{-}20)$$

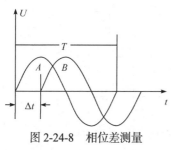

式中，T 为输入信号的周期，从图 2-24-8 看出，Δt 是两振动达到同一相角的时间差，测出 Δt 和振动周期 T，便可求出 $\Delta\varphi$. 由于示波器的水平扫描速率由"扫描选择"所置的位置确定，所以信号的一个周期在水平方向所占的格数可换算成相当的时间值，即

图 2-24-8　相位差测量

T＝扫描速率×一个周期所占格数

同样地，也可以测量两个振动达到同一相角的时间差 Δt.

【实验器材】

双踪示波器、音频信号发生器、电阻箱、标准电容箱、标准电感、电子管毫伏表、频率表、单刀双掷开关、导线等.

【实验内容】

1. 粗略观察 RC 串联电路的幅频、相频特性

(1) 按图 2-24-9(a)连接线路，取 $R = 600\Omega$，$C = 0.5\mu F$，音频信号发生器输出 1V，调节示波器使 y_A, y_B 通道的波形大小适当，波形稳定.

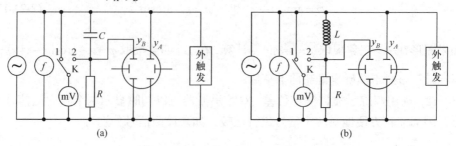

图 2-24-9　RC 串联电路的幅频、相频特性测试电路

(2) 音频信号发生器输出频率在 50Hz ～ 10kHz 变化，观察五个点，并保证

频率改变后，信号电压仍保持$1V$.

(3) 用电压表测定对应于各频率时的U_R值，并用示波器测量相对应的电源电压和电流的相位差. 列表比较U_R与f，φ与f的关系.

2. 粗略观察 RL 串联电路的辐频相频特性

按图 2-24-9(b)连接线路，取$R = 600\Omega$，$L = 0.01H$，观察方法与RC电路相同.

3. 测定 RLC 串联电路的相频特性

(1) 按图 2-24-10 连接电路，取$R = 600.0\Omega$，$L = 0.01H$，$C = 0.4085\mu F$，音频信号发生器输出电压为$1V$.

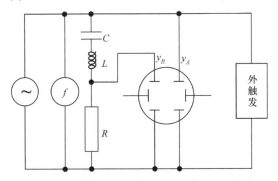

图 2-24-10　RL 串联电路的辐频、相频特性测试电路

(2) 输入信号频率在$100Hz \sim 10kHz$变化，利用双踪示波器测定相应的T，Δt，根据(2-24-20)式计算输入电压U和电流I的相位差. 自拟实验记录表格.

(3) 根据所测数据，以$\dfrac{\omega}{\omega_0} - \dfrac{\omega_0}{\omega}$为横坐标，$U$为纵坐标，作$RLC$串联电路的相频特性曲线.

【思考题】

(1) 在测量RC和RLC串联电路的辐频特性时，为什么要始终保持输入电压不变？

(2) 如何判断RLC串联电路电源电压与电流之间的相位差是超前还是落后？

(3) 由电容和电阻可组成移相电路，请画出原理图并加以说明.

2.25　*RLC* 串联电路的谐振现象

【实验目的】

(1) 研究 *RLC* 串联电路的谐振现象;

(2) 掌握测量谐振曲线的方法;

(3) 了解回路 Q 值的物理意义并掌握其测量方法.

【实验原理】

1. 谐振现象

如图 2-25-1 所示,在 *RLC* 串联电路两端加上正弦交流电压 $u = U_m \sin \omega t = \sqrt{2} U \sin \omega t$ 时,回路中的电流为

$$I = \frac{U}{\sqrt{R^2 + \left(\omega L - \dfrac{1}{\omega C}\right)^2}} \tag{2-25-1}$$

电压与电流之间的相位差

$$\varphi = \arctan \frac{\omega L - \dfrac{1}{\omega C}}{R} \tag{2-25-2}$$

(2-25-1)式和(2-25-2)式说明,当电源电压 U 、电阻 R 、电感 L 和电容 C 一定时,回路电流 I 是电源频率的函数, $I\text{-}\omega$ (或 $I\text{-}f$)曲线被称为幅频特性曲线. 当 $\omega L - \dfrac{1}{\omega C} = 0$ 时, $\varphi = 0$, I 取得最大值 $I_{\max} = \dfrac{U}{R}$,此时称电路谐振.电路谐振时的频率称为谐振频率,用 f_0 表示,相应的角频率用 ω_0 表示. 显然

$$\omega_0 = \frac{1}{\sqrt{LC}} \tag{2-25-3}$$

$$f_0 = \frac{1}{2\pi\sqrt{LC}} \tag{2-25-4}$$

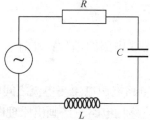

图 2-25-1　*RLC* 串联电路

2. Q 值的物理意义

谐振时，纯电感 L 两端的电压为

$$U_L = I_{max}\omega_0 L = \frac{U}{R}\omega_0 L = \frac{\omega_0 L}{R}U$$

理想电容器两端的电压为

$$U_C = I_{max}\frac{1}{\omega_0 C} = \frac{U}{R\omega_0 C} = \frac{\omega_0 L}{R}U$$

令

$$Q = \frac{\omega_0 L}{R} = \frac{1}{R\omega_0 C} = \frac{1}{R}\sqrt{\frac{L}{C}} \qquad\qquad (2\text{-}25\text{-}5)$$

得

$$U_L = U_C = QU \qquad\qquad (2\text{-}25\text{-}6)$$

从(2-25-6)式可以看出 Q 值的第一个物理意义，即 RLC 串联电路谐振时，纯电感和理想电容两端的电压都是电源电压的 Q 倍.

Q 值对回路电流的影响如图 2-25-2 所示. Q 值越大，曲线越尖锐，电路的频率选择性越好. 为了定量地说明电路的频率选择性的好坏程度，通常引用 "通频带宽度" 的概念.

在谐振峰两侧，与 $I = \dfrac{I_{max}}{\sqrt{2}} =$ $0.707I_{max}$ 相对应的两个频率 f_1 与 f_2 之间的宽度 Δf 称为 "通频带宽度"

$$\Delta f = f_2 - f_1 \qquad (2\text{-}25\text{-}7)$$

可以证明(参考本实验【附录】)

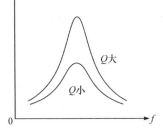

图 2-25-2　RLC 串联电路的 Q 值对回路电流的影响

$$Q = \frac{f_0}{\Delta f} \qquad\qquad (2\text{-}25\text{-}8)$$

Q 值越大，通频带宽度越小，谐振峰越尖锐，电路的频率选择性就越好. 这是 Q 值的第二个物理意义.

Q 值的第三个物理意义是：Q 值越大，电路的耗能越小. 因为电感和电容都是储能元件，电阻为耗能元件，电阻越小，回路的 Q 值越大，耗能就越小.

由于 Q 值是表征谐振电路特性的基本参数，所以，通常把它称为电路的品质因数.

3. Q 值的测量方法

从前面的讨论可以得到下面两种测量 RLC 串联电路的 Q 值的方法.

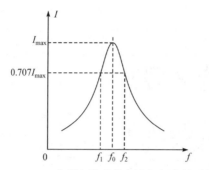

图 2-25-3　RLC 串联电路中的电流与频率关系曲线

(1) 谐振法：由(2-25-6)式，谐振时，只要测出 U, U_C 或 U_L，即可求出 Q.

(2) 通频带宽度法：根据图 2-25-3 求出通频带宽度 Δf，或保持电源的输出电压 U 不变，调整电源频率，分别测出谐振频率及通频带宽度 Δf，由(2-25-8)式即可算出 Q 值.

【实验器材】

音频信号发生器、晶体管毫伏表、交流电阻箱、标准电感线圈、电容箱、数字频率计、导线、开关等.

【实验内容】

(1) 测量 RLC 串联电路的幅频特性曲线.

① 按图 2-25-4 连接线路，用音频信号发生器作为电源，输出电压为 3V. 取 $L = 10\text{mH}, C = 1\mu\text{F}, R_s = 10\Omega$. K 为单刀双掷开关，合向"1"可测量 R_s 两端的电压 U_R. 合向"2"可测量音频信号发生器输出的正弦交流电压 U.

② 将 K 置于"1"，调整音频信号发生器的输出频率，粗略找出谐振频率.

③ 从 200 Hz 开始，每隔 100 Hz 测一次值 U_R，一直测至 3000 Hz，在谐振频率 f_0 附近应每隔 50 Hz 测一次.

注意：每次改变 f 的值后，都要将 K 置于"2"，并重新调整音频信号发生器的输出电压，使其保持 3V 不变.

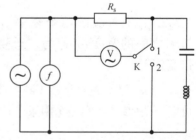

图 2-25-4　RLC 串联电路测量电路

④ 以 f 为横坐标，I 为纵坐标作出幅频特性曲线.

(2) 测量电路的 Q 值.

① 根据 I-f 曲线求出(或实际测量出)通频带宽度 Δf，并用(2-25-8)式计算电路的 Q 值.

② 将音频信号发生器的频率调至 f_0，测出 U 和 U_C，用(2-25-6)式计算电路的 Q 值.

③ 用(2-25-5)式计算电路的 Q 值(注意：式中 R 应为电阻箱读数 R_s 和电感线

圈直流电阻之和)，并与前面两种方法测得的结果进行比较.

(3) 将 R_s 换为 50Ω，重复上述步骤.

【思考题】

(1) 根据实验结果说明 Q 值对 I-f 曲线有什么影响.

(2) 如果用式 $Q = \dfrac{U_L}{U}$ 计算电路的 Q 值，应如何测量 U_L？

(3) 利用谐振原理可以测量电感和电容，简述其测量方法.

【附录】

$$Q = \frac{f_0}{\Delta f} = \frac{f_0}{f_2 - f_1}$$ 的证明

因为

$$I_1 = \frac{U}{y_1}, \quad I_1 = \frac{I_{\max}}{\sqrt{2}} = \frac{U}{\sqrt{2}} R$$

所以

$$\sqrt{2} R = \sqrt{R^2 + \left(\omega_1 L - \frac{1}{\omega_1 C}\right)^2}$$

因为 $\omega_1 < \omega_0$，所以

$$\omega_1 L - \frac{1}{\omega_1 C} = -R \tag{2-25-9}$$

同理，当电源的角频率为 $\omega_2 (> \omega_0)$ 时，可得

$$\omega_2 L - \frac{1}{\omega_2 C} = R \tag{2-25-10}$$

将(2-25-9)式和(2-25-10)式相加，整理后得

$$\frac{1}{\omega_1 \omega_2} = LC \tag{2-25-11}$$

将(2-25-10)式减去(2-25-9)式，整理后得

$$(\omega_2 - \omega_1)\left(L + \frac{1}{\omega_1 \omega_2 C}\right) = 2R$$

将(2-25-11)式代入上式，得

$$(\omega_2 - \omega_1) 2L = 2R$$

$$\omega_2 - \omega_1 = \frac{R}{L}$$

再将(2-25-5)式代入上式，得

$$\omega_2 - \omega_1 = \frac{\omega_0}{Q}$$

$$Q = \frac{\omega_0}{\omega_2 - \omega_1} = \frac{f_0}{f_2 - f_1} = \frac{f_0}{\Delta f}$$

2.26　薄透镜焦距测定

【实验目的】

(1) 学会测量透镜焦距的几种方法；

(2) 熟悉薄透镜物、像公式及其成像规律.

【实验原理】

光学仪器种类繁多，透镜是光学仪器中最基本的元件. 反映透镜特性的一个重要参量就是焦距. 测定凸透镜焦距常用的方法有平面镜法(自准直法)和位移法(两次成像法、大像法、小像法或贝塞尔法)；凹透镜焦距的测定用物距-像距法.

为了能正确地使用光学仪器，必须掌握透镜成像的规律.

透镜在近轴条件下的物像公式有

$$\frac{1}{s'} - \frac{1}{s} = \frac{1}{f'} \tag{2-26-1}$$

或

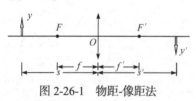

图 2-26-1　物距-像距法

$$f' = \frac{ss'}{s - s'} \tag{2-26-2}$$

式中 s' 为像距，s 为物距，f' 为第二焦距.

上述各量的原点为透镜的光心，如图 2-26-1 所示. 若已知 s、s'，则可用(2-26-2)式求得该透镜的焦距 f'.

1. 凸透镜焦距的测定

1) 自准直法(平面镜法)

如图 2-26-2 所示，在待测透镜 L 的一侧放置被光源照明的有孔物屏，在另一侧适当的距离处放一块平面镜 M．移动透镜的位置可改

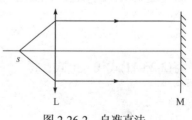

图 2-26-2　自准直法

变物距的大小，当物距正好是透镜的焦距时，物屏上任一点发出的光，经透镜折射后为一束平行光，然后被平面镜反射回来，在经透镜折射后必然会聚在它的焦平面上．即在原物屏面上经反射回来的像是一个与原物大小相等的倒立实像．在光具座上读出物屏与透镜间的距离，即为该透镜的焦距．

2) 位移法

如图 2-26-3 所示，物与屏之间的距离为 D ，大于 $4f'$（ f' 为待测透镜的焦距）．保持物屏与像屏位置不变，移动透镜 L，必在像屏上两次成像．透镜在位置(I)时，屏上将出现一个放大、倒立而清晰的实像；当透镜移到位置(Ⅱ)时，屏上又得到一倒立、缩小的清晰实像．设两次成像时透镜移动的距离为 l（绝对值），位置(Ⅱ)与像屏间的距离为 s_2' ，则对位置(I)而言， $s = -(D - l - s_2')$ 及 $s' = l + s_2'$ ，代入(2-26-2)式得

$$f' = \frac{(D - l - s_2')(l + s_2')}{D}$$

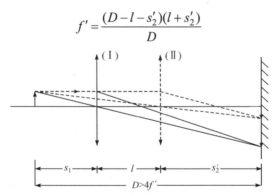

图 2-26-3　位移法测透镜焦距

对于位置(Ⅱ)而言，有 $s = -(D - s_2')$ 及 $s' = s_2'$ ，则

$$f' = \frac{(D - s_2') \cdot s_2'}{D}$$

由以上两式可解得

$$s_2' = \frac{D - l}{2}$$

从而可得

$$f' = \frac{D^2 - l^2}{4D} \tag{2-26-3}$$

由(2-26-3)式可知，只要测出 D 、 l ，就可算出 f' 之值．

2. 凹透镜焦距的测定

以上测量凸透镜焦距的方法不适用于凹透镜，因为它是一种发散透镜，不能

对实物成实像. 现介绍虚物成实像的方法，从而测得凹透镜的焦距. 如图 2-26-4 所示，先使物 AB 发出的光经凸透镜 L₁ 后形成实像 A′B′，然后在 A′B′ 和 L₁ 之间放入待测凹透镜 L₂. A′B′ 对凹透镜而言为虚物，凹透镜对虚物 A′B′ 成一实像 A″B″，移动白屏可以接收其像. 由公式

$$f' = \frac{ss'}{s - s'}$$

便可计算出凹透镜的焦距.

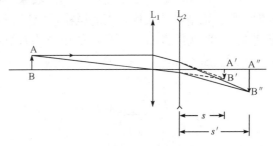

图 2-26-4　凹透镜焦距的测定

【实验仪器】

光具座、发散透镜、会聚透镜(两块)、狭缝光源、白屏、平面反射镜.

【实验内容】

(1) 光具座上各元件共轴的调节. 即把透镜及其他元件调节到有共同的光轴，并且光轴与光具座平行，调节如下. ① 粗调：把物屏(亮缝)、透镜、白屏等用夹具夹好后，先将它们靠拢，再调节高低、左右，使光源、物屏、透镜等元件的中心及屏幕中央大致在一条直线上，并和光具座平行. ② 细调：靠仪器或成像规律来判断. 例如，如图 2-26-3 的实验，如果物的中心偏离透镜的光轴，那么成的大像和小像的中心不重合，可根据像的偏移判断物的中心究竟是偏左还是偏右，偏上还是偏下，然后加以调整.

(2) 自准直法测凸透镜的焦距(平面镜法)：在凸透镜前放一带箭孔(或网格)的物屏，用光源将物屏照亮. 在凸透镜后放一平面反射镜，仔细调节物与透镜的距离，使经过透镜折射的光反射回物屏成一清晰，与物等大、倒立的实像. 物屏与透镜间的距离即为该透镜的焦距. 测三次取其平均值，并作出光路图.

(3) 用位移法(共轭法)测凸透镜的焦距. ①把物屏与像屏放在光具座上，使其间距 $D > 4f'$. ②把待测透镜放在物屏与像屏之间，移动透镜，在像屏上应看到两次成像. 记录透镜二次成像清晰时的位置和物屏、像屏间距 D. 由这两个位置算出距离 l，并由(2-26-2)式求 f'. 改变像屏的位置重复三次，求平均值.

(4) 测量凹透镜的焦距. ①将物屏 AB 放在凸透镜 L_1 2 倍焦距以外处，经凸透镜后在屏上得到一缩小倒立的实像 A′B′. 记下此像在光具座上的位置坐标 x_1. ② 将待测凹透镜 L_2 放在凸透镜 L_1 与 A′B′ 之间适当坐标 x_0 位置. 调节像屏的位置，重新得到清晰的、放大的实像 A′B′，记为 x_2. 将数据 $s = (x_1 - x_0)$、$s' = (x_2 - x_0)$ 代入(2-26-2)式计算出 f'. 测三次求平均值.

【思考题】

(1) 为什么要调节光学系统共轴，如何调节？

(2) 如何用自准直法调节平行光？

(3) 测凹透镜焦距时，在凸透镜和虚物之间插入凹透镜时，为什么要强调适当位置？试述移动像屏而找不到像 A′B′ 的原因.

(4) 测凹透镜焦距的另一种方法，其装置示意如图 2-26-5 所示. P 为成像物体(亮缝)，L 为凹透镜，M 为平面反射镜，Q 为指针. 此装置基于视差原理，用针 Q 来定 P 的像点. 试述其测量方法.

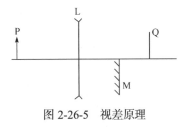

图 2-26-5 视差原理

2.27 分光计调节

【实验目的】

(1) 了解分光计的构造原理；

(2) 掌握分光计的调节方法；

(3) 学会角游标的读数.

【实验器材】

分光计、平面镜、光源.

【仪器结构】

分光计是一种常用的光学测角仪器，它的主要功能是产生平行光和精密测量角度. 用它可以做测定三棱镜顶角、折射率、光栅等实验. 由于分光计装置精密，结构复杂，调节过程涉及较多的光学原理，因而使用中具有一定难度. 学会对它的调节及其正确使用，有助于精确地测量和操作更复杂的光学仪器.

目前，实验室常用的分光计主要有 JJY 和 FGY-01 型两种，它们的结构大同小异，调节原理相同. 在此，仅以 FGY-01 型分光计为例进行讨论.

FGY-01 型分光计结构如图 2-27-1 所示.

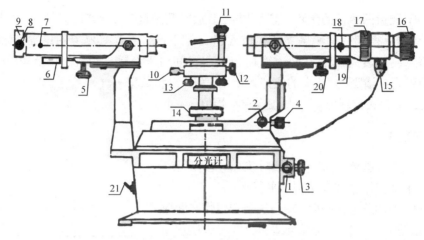

图 2-27-1　分光计

1. 主尺度盘微动螺钉；2. 游标度盘微动螺钉；3. 主尺度盘锁紧螺钉；4. 游标度盘(又即望远镜旋转支架)锁紧螺钉；5. 平行光管光轴倾斜度调节螺钉；6. 平行光管光轴倾斜度固定螺钉；7. 狭缝套筒锁紧螺钉；8. 狭缝宽度调节螺钉；9. 平行光管狭缝套筒；10. 载物台转轴固定螺钉；11. 元件压杆；12. 元件压杆紧缩螺钉；13. 载物台水平调节螺钉(三颗)；14. 载物台升降锁紧环；15. 分划板照明灯泡；16. 望远镜目镜调节环；17. 分划板及目镜套筒调节环；18. 分划板及目镜套筒锁紧螺钉；19. 望远镜光轴倾斜度固定螺钉；20. 望远镜光轴倾斜度调节螺钉；21. 照明系统电源开关

　　通常将分光计分为望远镜、平行光管、载物台、读数系统四大部分，现分别介绍如下.

　　(1) 望远镜：用于观察和确定光线的行进方向. 望远镜由物镜、目镜和分划板组成，分划板下有一照明小灯，如图 2-27-2 所示.

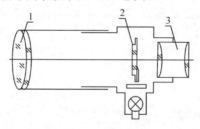

图 2-27-2　望远镜结构

1. 物镜；2. 分划板；3. 目镜

　　如图 2-27-1 所示，望远镜同读数系统的游标盘固定在一起，拧紧 3，松开 4，望远镜和游标盘同步绕仪器转轴自由转动；锁紧 4，可固定望远镜转架，也即固定了游标，此时，旋转 2，可微动望远镜(即游标)用以精确对准所需确定的方向；松开 19，调节 20，可使望远镜光轴的倾斜度改变；拧紧 10 和 4，同时松开 3，刻度盘和载物台可同步绕仪器转轴转动，可确定器件转过的角度. 若将望远镜正对载物台上的平面镜，点亮照明小灯后，透过十字小窗的光束经平面镜反射回来，成像于望远镜视场内，其视场如图 2-27-3 所示.

旋转 16，用以改变目镜与分划板间的距离；旋转 17，用以改变物镜相对于分划板和目镜组合间的距离，当分划板同时位于物镜的像方焦平面和目镜的物方焦平面时，称望远镜对无穷远聚焦，此时从望远镜中看到的分划板叉丝和反射十字像皆清晰且无视差. 当望远镜光轴与平面镜镜面垂直时，清晰的十字反射像与分划板上方十字线相重合，将平面镜旋转180°后仍然如此，见图 2-27-4，这一状态称为自准直状态.

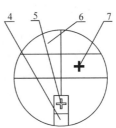

图 2-27-3　望远镜视场

4. 棱镜；5. 十字透光窗；6. 分划板；7. 反射像

(2) 平行光管：用于获得平行光束. 平行光管由物镜和一宽度可以调节的狭缝组成，见图 2-27-5. 它同分光计的底座固定在一起. 松开 6，调节 5，可以改变平行光管光轴的倾斜度. 转动 8，可使狭缝在 0.02~2 mm 范围内改变宽度. 松开 7，前后移动狭缝套筒 9，可改变狭缝和物镜间的距离. 当狭缝位于物镜的焦平面时，从狭缝入射的光束经物镜后成为平行光，见图 2-27-5 光路. 此时，从已调好的望远镜中看到的狭缝像与分划板叉丝皆清晰而无视差；当平行光管光轴与望远镜光轴重合时，从望远镜看到的狭缝像位于分划板中央位置，如图 2-27-6 所示.

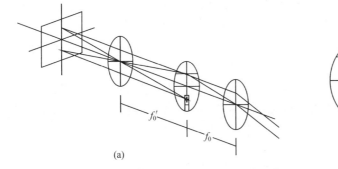

(a)

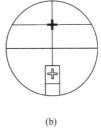

(b)

图 2-27-4　望远镜处于自准直状态

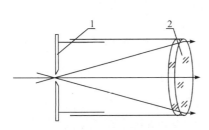

图 2-27-5　平行光管光路图

1. 狭缝；2. 物镜

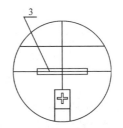

图 2-27-6　位于分划板中央的狭缝像

3. 狭缝像

(3) 载物台：用以放置光学元件，拧紧 3 和 4，松开 10，它能绕仪器转轴自由转动而不影响读数系统的数值. 拧紧 10 和 4，松开 3，它能随读数系统主尺度盘同步转动. 拧紧 3，松开 14，载物台可沿仪器转轴在 0～45 mm 范围内升降. 平台下有三个调节螺钉 a、b、c，用以改变平台对仪器转轴的倾斜度. 这三个螺钉的连线构成一等边三角形.

(4) 读数系统：用于确定望远镜光轴与载物台的相对方位. FGY-01 型分光计的读数系统采用光学度盘，带有角游标. 主尺最小刻度 20′，游标总格子数 40′，游标精度为 30″. 刻度盘上有两个相隔 180° 的读数窗口，并配有放大镜，如图 2-27-7 所示.

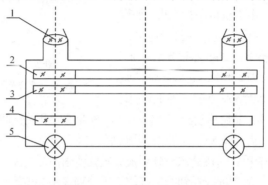

图 2-27-7　光学游标盘读数系统

1. 放大镜；2. 游标度盘；3. 主尺度盘；4. 毛玻璃；5. 照明灯

当主尺和副尺的刻度线对齐时，可以在主尺盘和副尺盘的间隙中看到一条亮线把对齐的刻度线连通. 读数的方法是：①以游标的零刻度线为标准，读取主尺上的整数部分，设该值为读数 A；②寻找主尺和副尺度盘间隙中的亮线，用亮线所对应的副尺格子数目乘以游标精度 30″，可得副尺读数 B. 实际测量 $\theta = A + B$，见图 2-27-8(a) 和 (b).

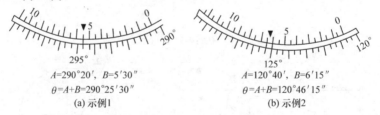

$A = 290°20′, \ B = 5′30″$
$\theta = A + B = 290°25′30″$
(a) 示例1

$A = 120°40′, \ B = 6′15″$
$\theta = A + B = 120°46′15″$
(b) 示例2

图 2-27-8　光学游标盘的读数

由于主尺和副尺的格值不等，是一个"渐变"的关系，所以，其重合亮线一般是一条或两条同时出现. 若仅一条出现，则以该条为准读数，见图 2-27-8(a)，若两条同时出现，则取其两条线读数的平均值，见图 2-27-8(b).

由于刻度盘刻画中心与其旋转中心不可能绝对重合，存在偏心误差，因此，测量中必须同时采用两个窗口读数. 可以证明：这两个读数的平均值可以消除这种偏心误差.

【仪器调节】

分光计只有经过严格准确的调整后，方可达到其应有的精度. 分光计的调节顺序应为：

(1) 望远镜聚焦于无穷远；

(2) 望远镜光轴与仪器转轴垂直；

(3) 平行光管产生平行光，其光轴与望远镜光轴重合.

当调节达到上述要求时，我们在望远镜中看到的视场如图 2-27-9 所示，并且各个像皆清晰而无视差；当平面镜随载物台旋转180°后仍然如此.

载物台的调节根据实验不同而不同，将在具体的实验中进行介绍.

在进行调节前，必须用眼睛目测或是用水平泡进行粗调，使望远镜和平行光管光轴大致垂直仪器转轴，载物台平面垂直仪器转轴. 此时，打开照明系统电源开关21，转动平面镜能使在望远镜中看到反射十字像.

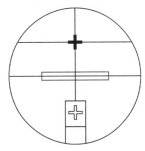

图 2-27-9　望远镜视场

【实验内容】

(1) 熟悉分光计各元件的功能.

(2) 调节分光计使其达到正常工作状态，即望远镜聚焦于无穷远；望远镜光轴与仪器转轴垂直；平行光管产生平行光，其光轴与望远镜光轴重合，如图 2-27-9 望远镜视场所示.

(3) 掌握角游标读数方法.

【思考题】

(1) 分光计的主要组成部件及其作用是什么？

(2) 分光计在使用时应达到怎样的状态才是合理的，如何调节才能达到这种状态？

(3) 分光计读数系统中主尺与游标的最小分度各是多少？如何读取数据？

(4) 实验观察到的现象是：

① AA' 面正对望远镜时，十字像在叉丝上方$3a$处，BB' 面正对望远镜时，十字像在叉丝下方a处.

② AA' 面正对望远镜时，十字像在叉丝上方$5a$处，BB' 面正对望远镜时，十字像在叉丝上方$3a$处.

试分别作图分析这两种现象，提出能迅速使十字像与叉丝重合的调节方法.

2.28　测定玻璃三棱镜的折射率

【实验目的】

(1) 分光计的调节和使用;

(2) 测量三棱镜的棱镜角;

(3) 用最小偏向角法测量三棱镜的折射率并绘制色散曲线.

2.28.1　测量三棱镜的棱镜角

【实验原理】

用分光计测量三棱镜的棱镜角 A 的方法通常有两种:应用自准直望远镜测量和应用平行光管、望远镜测量,其原理分别如图 2-28-1 和图 2-28-2 所示.

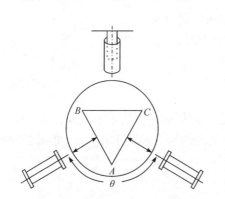

图 2-28-1　应用自准直望远镜测量

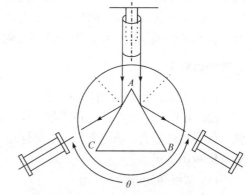

图 2-28-2　应用平行光管测量

应用自准直望远镜测量:三棱镜固定,转动望远镜,当望远镜分别于三棱镜的 AB 面和 AC 面处于自准状态(图 2-28-1)时,望远镜的光轴分别与 AB 面和 AC 面的法线重合. 由几何关系可以证明,望远镜光轴由 AB 面法线到 AC 面法线的转角 θ 与棱镜角 A 互为补角,即

$$A = 180° - \theta \tag{2-28-1}$$

用平行光管和望远镜测量:将三棱镜的棱镜角正对平行光管,如图 2-28-2 所示. 入射平行光经棱镜的面 AB 和 AC 反射后,将平行光管的狭缝成像于望远镜分划板上,为观察者所接收. 由几何关系可以证明,望远镜光轴由 AB 面法线到 AC 面的转角 θ 恰好是棱镜角 A 的两倍,即

$$A = \frac{\theta}{2} \tag{2-28-2}$$

据此可以测得棱镜角 A.

【实验器材】

分光计、三棱镜、白炽灯.

【实验内容】

(1) 按照实验 2.27 操作图调节分光计，使其达到正常工作状态. 此时，分光计的读数平面(由游标盘和刻度盘构成)和观察平面(望远镜光轴绕仪器转轴旋转时所形成的平面)平行，且与仪器转轴垂直.

(2) 调节待测光路平面(由入射平行光和经待测元件折射和反射后的光路所构成的平面)和观察平面平行.

三棱镜的放置方法如图 2-28-3 所示. 使三棱镜的光学面 AB 与载物台调节螺钉 a 和 b 的连线 ab 垂直，如果平台调节螺钉 a、b、c 构成三角形 $\triangle abc$ 和三棱镜的三条边所构成的三角形 $\triangle ABC$ 都是严格的等边三角形，则可以证明：$BC \perp bc$，$AC \perp ac$，$AB \perp ab$，$aO \perp bc$、$cO \perp ab$，$bO \perp ac$. 这时，AB 面的倾斜度只需调节 b，AC 面的倾斜度只需调节 c，且 b 的调节不影响 AC 面，c 的调节不影响 AB 面，从而减少了一个调节自由度. 此时，将望远镜正对 AB 面时调节 a，正对 AC 面时调节 c 使其都达到自准直状态(图 2-27-4)即可.

从实验原理上讲，经过这两步调节可以达到要求，但由于不可能严格达到放置要求和两个等边三角形的不严格性，实际上须经反复调节达到要求.

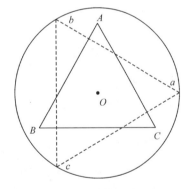

图 2-28-3　三棱镜的放置方法

(3) 用自准直望远镜测量棱角 A (图 2-28-1). 固定棱镜台，转动望远镜，记录望远镜分别于 AB 面和 AC 面处于自准直状态时两读数窗口的数值.

(4) 用平行光管和望远镜法测量棱镜角 A (图 2-28-2). 放置三棱镜使其顶角尽可能位于棱镜台中央且正对平行光管. 固定棱镜，转动望远镜. 分别在 AB 和 AC 面找到狭缝像，微调望远镜，使狭缝像与分划板竖直线重合，记录读数窗口的数值.

每种方法测量三次，求出测量结果的平均值.

【思考题】

(1) 推证(2-28-2)式.

(2) 为什么要把实验装置中的读数平面、待测光路平面和观察平面调节成相互平行? 实验中是怎样调节的?

(3) 分析实验过程中应注意的主要问题.

2.28.2　测定三棱镜的折射率

【实验原理】

如图 2-28-4 所示,光线 PO 经 AB 面折射后进入三棱镜,再经 AC 面折射沿 RQ

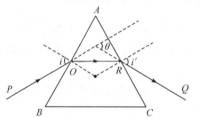

图 2-28-4　最小偏向角法测量三棱镜的折射率光路

方向射出. 入射光 PO 与出射光 RQ 之间的夹角 θ 称为偏向角. θ 的大小随入射角 i 而改变. 可以证明: 当 $i = i'$ 时, 偏向角 θ 具有极小值, 用 θ_0 表示. 此时, 光线 OR 与三棱镜底边 BC 平行, 入射光与出射光的光路对称, 棱镜的折射率 n,

棱镜角 A 和最小偏向角 θ_0 有如下关系:

$$n = \frac{\sin\dfrac{A+\theta_0}{2}}{\sin\dfrac{A}{2}} \tag{2-28-3}$$

用分光计测出 A 和 θ_0 的值, 就可由(2-28-3)式求得棱镜材料的折射率.

【实验器材】

分光计、三棱镜、高压汞灯.

【实验内容】

(1) 按实验 2.28.1 实验内容(1)和(2)调整分光计.

(2) 顶角 A 的数值引用实验 2.28.1 的结果.

(3) 用高压汞灯作光源,测量 10 条谱线的最小偏向角 θ_0,操作光路如图 2-28-5 所示.

(1) 三棱镜的放置如图 2-28-5 所示. 注意应使入射平行光尽可能多地照射到棱镜的折射面上. 转动望远镜和棱镜台, 直至望远镜和平行光管两光轴对称于棱镜的底边, 如位置 I (图 2-28-5). 此时可从望远镜中看到汞灯的光谱线, 即不同颜色的狭缝像.

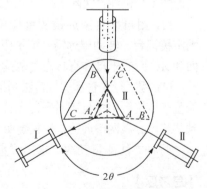

图 2-28-5　三棱镜的放置位置

(2) 拧紧 3(图 2-27-1)，固定主尺. 松开 10(图 2-27-1)，转动棱镜台，使待测谱线往入射光方向移动，此时偏向角减小. 转动望远镜跟踪谱线，直至棱镜台转到某一位置时，谱线开始向反方向回转，即偏向角开始增大. 这个转折点即为该谱线的最小偏向角位置.

(3) 反复转动棱镜台和望远镜，找到待测谱线开始反向回转的确切位置. 拧紧 4(图 2-27-1)，固定望远镜，旋转 2(图 2-27-1)微调望远镜，使分划板竖线对待测谱线的中间且无视差. 记下两个窗口的读数 α_1 和 β_1.

(4) 旋转棱镜台和望远镜至位置Ⅱ(图 2-28-5). 用相同方法找到该谱线的最小偏向角位置，记下两窗口读数 α_1 和 β_1. 此时，望远镜所转过的角度即为最小偏向角的两倍.

(5) 对黄色谱线 $\lambda = 577.0$nm 测量 10 次，测出棱镜角 A 和最小偏向角 θ_0 值，由 (2-28-3)式求得棱镜材料的折射率. 计算 $\lambda = 577.0$nm 谱线对应折射率的标准误差.

【思考题】

(1) 在分光计上进行三棱镜实验时，实验装置的调节要求是：望远镜_____ _____ ;平行光管_____ _____ ; 三棱镜棱镜_____. 当仪器调节达到要求时，从望远镜中看到的现象是：望远镜正对平行光管时_____和 _____清晰且与_____，_____和_____相重合; 当转动望远镜分别正对三棱镜的两个光学表面时，_____清晰且与_____ 无_____，_____与_____相重合.

(2) 用自准直望远镜测量三棱镜的顶角 A 时，三棱镜的_____位置应尽可能与分光计载物台的_____位置相重合. 操作中固定_____，转动_____， 分别测出 AB 面和 AC 面上_____与_____相重合时的角方位. 若这两个角方位之差用 θ 表示，则顶角 $A=$_____.

(3) 用平行光管、望远镜测量三棱镜顶角 A 时，三棱镜的_____位置应尽可能与分光计载物台的_____位置相重合. 操作中固定_____，转动_____， 分别测出 AB 面和 AC 面上_____与_____相重合时的角方位. 若这两个角方位之差用 θ 表示，则顶角 $A=$_____.

(4) 偏向角是____与____间的夹角，而最小偏向角是____与_____间的夹角. 本次实验测最小偏向角的方法是固定____与____的相对位置，首先转动____ 和_____，大致使____和_____对称于三棱镜的底边，并从望远镜中看到 _____; 然后转动____,让待测谱线往_____方向移动,用_____跟踪待测谱线直至该谱线往_____方向移动,记下望远镜分划板竖直线对准待测谱线往

_____方向移动的确切位置. 此位置即为该谱线的最小偏向角方位. 分别测出光线从三棱镜的 AB 面和 AC 面入射时谱线的最小偏向角方位. 若这两个角方位之差用 Q 表示, 则最小偏向角_____＝_____.

(5) 推导(2-28-3)式的误差传递公式. 若 $\delta_A = \delta_B = 1'$, 试估算 $\lambda = 546.1\text{nm}$ 谱线折射率的标准误差.

【附录】

1. 最小偏向角公式的推导

由图 2-28-6 和光的折射定律可以得到以下方程组:

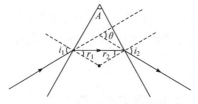

图 2-28-6　最小偏向角光路图

$$\begin{cases} \theta = i_1 + i_2 - A \\ r_1 + r_2 = A \\ \sin i_1 = n \sin r_1 \\ \sin i_2 = n \sin r_2 \end{cases} \quad (2\text{-}28\text{-}4)$$

根据微商求极值的方法, 先在上面第一式中对 i_1 求微商

$$\frac{\mathrm{d}\theta}{\mathrm{d}i_1} = 1 + \frac{\mathrm{d}i_2}{\mathrm{d}i_1} = 0$$

$$\frac{\mathrm{d}i_2}{\mathrm{d}i_1} = -1 \quad (2\text{-}28\text{-}5)$$

再对(2-28-4)式的其他各式对 i_1 求微商

$$\begin{cases} \dfrac{\mathrm{d}r_1}{\mathrm{d}i_1} + \dfrac{\mathrm{d}r_2}{\mathrm{d}i_1} = 0 \\[2mm] \cos i_1 = n \cos r_1 \dfrac{\mathrm{d}r_1}{\mathrm{d}i_1} \\[2mm] \cos i_2 \dfrac{\mathrm{d}i_2}{\mathrm{d}i_1} = n \cos r_2 \dfrac{\mathrm{d}r_2}{\mathrm{d}i_1} \end{cases} \quad (2\text{-}28\text{-}6)$$

由(2-28-6)式可以得出

$$\frac{\mathrm{d}i_2}{\mathrm{d}i_1} = -\frac{\cos r_2 \cos i_1}{\cos i_2 \cos r_1}$$

代入(2-28-5)式得到

$$\frac{\cos r_2 \cos i_1}{\cos i_2 \cos r_1} = 1$$

$$\frac{\cos i_1}{\cos r_1} = \frac{\cos i_2}{\cos r_2}$$

对两边平方

$$\frac{\cos^2 i_1}{\cos^2 r_1} = \frac{\cos^2 i_2}{\cos^2 r_2}$$

应用光的折射定律，上式可化为

$$\frac{1 - n^2 \sin^2 r_1}{\cos^2 r_1} = \frac{1 - n^2 \sin^2 r_2}{\cos^2 r_2} \tag{2-28-7}$$

利用三角恒等式 $\sin^2 r + \cos^2 r = 1$，(2-28-7)式可化为 $\cos^2 r_1 = \cos^2 r_2$，且 $\cos r_1 \neq 0$，$\cos r_2 \neq 0$，r_1、r_2 必小于 $90°$，则

$$\cos r_1 \neq -\cos r_2, \quad \cos r_1 = \cos r_2, \quad r_1 = \pm r_2$$

因为 $r_1 = -r_2$，代入(2-28-4)式，得到 $A = r_1 + r_2 = 0$，不符合实验条件；当 $r_1 = r_2$，即 $i_1 + i_2$ 时 D 处于极值，符合实验条件. 至于是极大还是极小，由式可知

$$\frac{\mathrm{d}D}{\mathrm{d}i_1} = 1 + \frac{\mathrm{d}i_2}{\mathrm{d}i_1}$$

将上式再对 i_1 求微商

$$\frac{\mathrm{d}^2 D}{\mathrm{d}i_1^2} = \frac{\mathrm{d}^2 i_2}{\mathrm{d}i_1^2} \tag{2-28-8}$$

利用

$$\frac{\mathrm{d}}{\mathrm{d}x}\left(\ln \frac{\mathrm{d}y}{\mathrm{d}x}\right) = \frac{1}{\dfrac{\mathrm{d}y}{\mathrm{d}x}} \frac{\mathrm{d}^2 y}{\mathrm{d}x^2}$$

$$\frac{\mathrm{d}^2 y}{\mathrm{d}x^2} = \frac{\mathrm{d}y}{\mathrm{d}x} \frac{\mathrm{d}}{\mathrm{d}x}\left(\ln \frac{\mathrm{d}y}{\mathrm{d}x}\right)$$

代入(2-28-8)式，得

$$\frac{\mathrm{d}^2 D}{\mathrm{d}i_1^2} = \frac{\mathrm{d}i_2}{\mathrm{d}i_1} \frac{\mathrm{d}}{\mathrm{d}i_1}\left(\ln \frac{\cos i_1 \cos r_2}{\cos r_1 \cos i_2}\right)$$

$$= \frac{\mathrm{d}i_2}{\mathrm{d}i_1}\left(-\tan i_1 - \tan r_2 \frac{\mathrm{d}r_2}{\mathrm{d}i_1} + \tan i_2 \frac{\mathrm{d}i_2}{\mathrm{d}i_1} + \tan r_1 \frac{\mathrm{d}r_1}{\mathrm{d}i_1}\right)$$

把 $\dfrac{\mathrm{d}r_1}{\mathrm{d}i_1} = -\dfrac{\mathrm{d}r_2}{\mathrm{d}i_1}$ 及极值条件 $i_1 = i_2, r_1 = r_2, \dfrac{\mathrm{d}i_2}{\mathrm{d}i_1} = -1$ 代入上式，得

$$\frac{\mathrm{d}^2 D}{\mathrm{d}i_1^2} = 2\tan i_1 - 2\tan r_1$$

$$\frac{\mathrm{d}r_1}{\mathrm{d}i_1}\sin i_1 = n\sin r_1$$

故

$$\frac{\mathrm{d}r_1}{\mathrm{d}i_1} = \frac{\tan r_1}{\tan i_1}$$

$$\frac{\mathrm{d}^2 D}{\mathrm{d}i_1^2} = 2\tan i_1\left(1 - \frac{\tan^2 r_1}{\tan^2 i_1}\right)$$

当 $n>1$, $i_1>r_1$, $\tan i_1>\tan r_1$，且 $\tan i_1>0$ 时

$$\frac{\mathrm{d}^2 D}{\mathrm{d}i_1^2} > 0 \tag{2-28-9}$$

这就证明：当 $r_1 = r_2$, $i_1 = i_2$ 时，D 处于极小值. 代入(2-28-4)式，$r_1 = \dfrac{A}{2}$, $i_1 = \dfrac{A+D_{\min}}{2}$,

$$n = \frac{\sin\dfrac{A+D_{\min}}{2}}{\sin\dfrac{A}{2}} \tag{2-28-10}$$

2. 最小偏向角法测量三棱镜的折射率的误差

棱角 A 为

$$A = \frac{1}{2}(\varphi_1'' - \varphi_1') + (\varphi_2'' - \varphi_2')$$

最小偏角为 D ，实验公式为 $n = \dfrac{\sin\dfrac{A+D}{2}}{\sin\dfrac{A}{2}}$ ，因为

$$\frac{\partial A}{\partial \varphi_1'} = \frac{\partial A}{\partial \varphi_2''} = \frac{1}{2}$$

$$\frac{\partial A}{\partial \varphi_1'} = \frac{\partial A}{\partial \varphi_2'} = -\frac{1}{2}$$

所以

$$S_A = \frac{1}{2}\sqrt{\delta_{\varphi_1''}^2 + \delta_{\varphi_2''}^2 + \delta_{\varphi_1'}^2 + \delta_{\varphi_2'}^2}$$

因为

$$D = \frac{1}{2}(\theta_1'' - \theta_1') + (\theta_2'' - \theta_2')$$

$$\frac{\partial D}{\partial \theta_1''} = \frac{\partial D}{\partial \theta_2''} = \frac{1}{2}$$

$$\frac{\partial P}{\partial \theta_1'} = \frac{\partial D}{\partial \theta_2'} = -\frac{1}{2}$$

$$S_D = \frac{1}{2}\sqrt{\delta_{\theta_1''}^2 + \delta_{\theta_2''}^2 + \delta_{\theta_1'}^2 + \delta_{\theta_2'}^2}$$

由于

$$n = \frac{\sin\dfrac{A+D}{2}}{\sin\dfrac{A}{2}}$$

$$\frac{\partial n}{\partial A} = \frac{\dfrac{1}{2}\cos\dfrac{A+D}{2}\sin\dfrac{A}{2} - \dfrac{1}{2}\sin\dfrac{A+D}{2}\cos\dfrac{A}{2}}{\sin^2\dfrac{A}{2}} = -\frac{\sin\dfrac{D}{2}}{2\sin^2\dfrac{A}{2}}$$

$$\frac{\partial n}{\partial D} = \frac{\cos\dfrac{A+D}{2}}{2\sin\dfrac{A}{2}}$$

所以

$$S_n = \sqrt{\frac{\sin^2\dfrac{D}{2}}{4\sin^2\dfrac{A}{2}}S_A^2 + \frac{\cos^2\dfrac{A+D}{2}}{4\sin^2\dfrac{A}{2}}S_D^2}$$

2.29　用读数显微镜测定折射率

【实验目的】

(1) 测量液体的折射率；

(2) 测量固体的折射率；

(3) 掌握几种测量折射率的方法.

【实验原理】

如图 2-29-1 所示，当光线由 P 点发出，经透明介质后，在 Q 点发生偏折，使得光线好像从 R 点发出一样. 通常称 P 点为真实位置，R 点为表观位置，N 点为

辅助位置，NP 为真实深度，NR 为表观深度. 可以证明

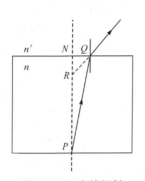

$$\frac{n}{n'} = \frac{NP}{NR} \qquad (2\text{-}29\text{-}1)$$

如果物体置于空气中，在常温(20℃)和一个标准大气压下，空气的折射率为 1.0002926，可以认为 $n'=1$，故有

$$n = NP / NR \qquad (2\text{-}29\text{-}2)$$

因此，只要测出 P、R、N 三个点的位置，就可由(2-29-2)式求出物质的折射率.

图 2-29-1　光的折射

【实验器材】

读数显微镜、待测液体、待测玻璃砖、烧杯、台灯.

【仪器描述】

本实验采用读数显微镜来测量 P、R、N 三个点的位置. 待测固体加工成平行平面玻砖，待测液体可装入烧杯内. 其实验装置分别如图 2-29-2 和图 2-29-3 所示. 其中 T 为立卧式移测读数显微镜，其刻度尺处于竖直方向，与显微镜筒的光轴平行. 在读数显微镜的正下方放置一张白纸，其用处在于标示 P 点的位置，并可使显微镜筒的视场更亮些.

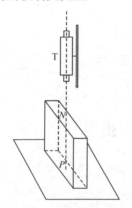

图 2-29-2　待测固体折射率装置

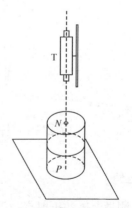

图 2-29-3　待测液体折射率装置

读数显微镜 T 的结构如图 2-29-4 所示，拉动镜筒 2 可使其上下移动. 松开螺钉 6. 拉动支架 8 可使显微镜筒及副尺同步上下移动. 固定 6，旋转 1，可使支架 8 上下微动. 使用中必须注意：当松开螺钉 6 后，应当用手扶好支架 8，以免显微镜筒下滑而损坏物镜.

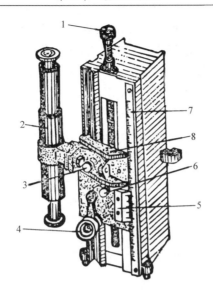

图 2-29-4 读数显微镜

1. 副尺微调螺钉；2. 显微镜筒；3. 显微镜筒固定螺钉；4. 读数放大镜；5. 副尺；6. 副尺固定螺钉；7. 主尺；
8. 显微镜支架

【实验内容】

1. 测量平行平面玻砖的折射率

(1) 在白纸上涂一黑点 P，把黑点放在镜筒 2 的正下方，调节镜筒的高低至能从显微镜中看清 P 点. 固定显微镜筒，调节 1 直至 P 点最清晰为止. 用游标 5 读取 P 点位置的坐标值.

(2) 松开 6，上移支架 8，将待测玻砖放在黑点上方. 移动 8，直至镜筒中 P 点的像再次清晰，旋紧 6. 微调 1 至 P 点最清晰为止. 此时游标的读数是 R 点的位置坐标值.

(3) 在玻砖的上表面，镜筒的正下方作一标记作为 N 点. 旋松 6，上移支架 8 直至从显微镜筒中看到的 N 点像最清晰为止，记录游标读数值.

(4) 各点测量 10 次，求出 $\bar{n}$ 和 $\sigma_{\bar{n}}$.

2. 测量液体的折射率

(1) 在烧杯的内底上作一标记 P，调节读数显微镜使 P 点最清晰，记录 P 的坐标值.

(2) 将待测液体倒入杯中，调节支架 8 和螺钉 1，直至 P 点再次最清晰，记下 R 坐标值.

(3) 用有标记的薄纸片(或细小漂浮物)漂在水面上作为 N 点，调节 8 和 1，使从显微镜筒中看到的 N 最清晰为止，记录 N 坐标值.

(4) 各测量 10 次，求出 $\bar{n}$ 和 $\sigma_{\bar{n}}$.

【思考题】

(1) 分析实验过程中应该注意的主要问题. 哪些因素对测量精度影响较大?

(2) 如果玻砖比较厚，无法从读数显微镜中测出 N 点的位置，应该怎样完成本实验?

(3) 导出(2-29-2)式.

【附录】

用阿贝折射仪测量物质的折射率.

【实验仪器】

阿贝折射仪、待测固体和液体.

【仪器描述】

阿贝折射仪是一种能测量透明、半透明液体或固体折射率、平均色散和糖溶液内含糖浓度的仪器. 其测量折射率的原理为通过测量临界角的入射光线所对应的出射极限角 φ，求出待测介质的折射率. 所不同的是，在设计上阿贝折射仪已将极限角 φ 所对应的折射率值刻在度盘上. 测量时，只需调节折射棱镜的位置，使明暗分界线处于望远镜视场中央，就可以从读数望远镜中直接读出待测介质的折射率，因此，使用非常方便.

阿贝折射仪的测量方法分透射法和反射法两种. n, A, φ, N 四者的关系皆遵从(2-29-3)式

$$n = \sin A\sqrt{N^2 - \sin^2\varphi} \mp \cos A\sin\varphi$$

其光路分别如图 2-29-5 和图 2-29-6 所示. 国产 WZS-1 型阿贝折射仪的测量范围是

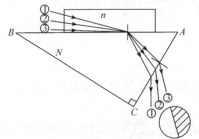

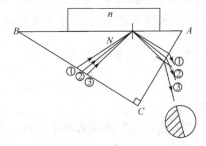

图 2-29-5　透射法光路图　　　　　　图 2-29-6　反射法光路图

1.300～1.700，精度为0.0003，望远镜的放大倍数为 2 倍，读数镜的放大倍数为22 倍；折射棱镜的参数是 $A=50°, N=1.7553$.

1. 阿贝折射仪的光学系统

阿贝折射仪的光学系统由两部分组成：望远系统和读数系统，如图 2-29-7 所示.

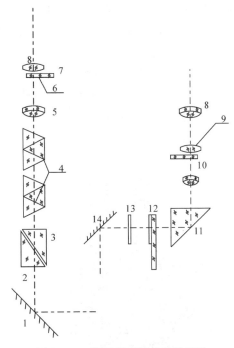

图 2-29-7　阿贝折射仪的光学系统

1. 反光镜；2. 进光棱镜；3. 折射棱镜；4. 阿米西棱镜；5. 物镜；6. 分划板；7、8. 目镜；9. 分划板；10. 物镜；11. 转向棱镜；12. 刻度盘；13. 毛玻璃；14. 反射镜

望远系统：(位于图 2-29-7 的左边)光线由反光镜 1 进入照明度盘的进光棱镜 2 及折射棱镜 3，被测液体放在 2、3 之间. 进光棱镜 2 的斜面为磨砂面，以提供漫反射，使液膜内有各种不同角度的入射光. 阿米西棱镜 4 的作用是抵消由折射棱镜及被测物体所产生的色散. 当用复色光作光源时，折射棱镜 3 和待测介质的色散作用会使半荫视场的分界线出现不同颜色的彩带而影响测量. 调节阿米西棱镜(补偿器)的相对位置，则能产生一个反向色散使视场中的明暗分界线黑白分明，所测得的数值近似于对钠黄光的折射率值. 由于折射棱镜材料的色散是已知的，故可根据阿米西棱镜的相对位置的刻度来推算待测介质的色散率. 5 是望远镜的物镜，它将明暗分界线成像于分划板 6 上，经目镜 7、8 放大后成像于无限远处.

读数系统：(位于图 2-29-7 右边)光线由反射镜 14 经毛玻璃 13、刻度盘 12，再经转向棱镜 11 及物镜 10 将刻度成像于分划板 9 上,经目镜 7、8 放大后成像于明视距离无穷远处. 在刻度盘 12 上有两行刻度,一行标明折射率,一行是糖溶液的百分浓度.

2. 阿贝折射仪的机械结构

图 2-29-8 是 WZS-1 型阿贝折射仪的结构图. 底座 1 是仪器的支撑座也是轴承座. 连接两镜筒的支架 5 上装有刻度盘 3 且能绕主轴 17 旋转,便于工作者选择适当的工作位置. 在无外力作用时,此支架是静止的. 圆盘 3 内有扇形齿轮板,玻璃度盘就固定在齿轮板上. 主轴 17 使齿轮与棱镜组 13 相连接. 当旋转棱镜转动手轮 2 时,扇形齿轮板与棱镜组 13 同步旋转,可使明暗分界线位于望远系统视场中央(图 2-29-9),折射率值位于读数镜视场中的测量线上(图 2-29-10).

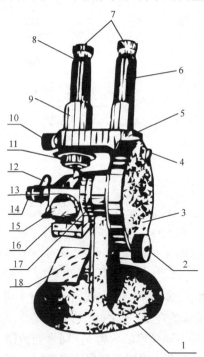

图 2-29-8　WZS-1 型阿贝折射仪的结构图

1. 底座、立柱;2. 棱镜转动手轮;3. 圆盘组(内有刻度盘);4. 小反光镜;5. 支架;6. 读数镜筒;7. 目镜;8. 望远镜筒;9. 示值调节螺钉;10. 阿米西棱镜手轮;11. 色散值刻度圈;12. 棱镜锁紧手柄;13. 棱镜组;14. 温度计座;15. 恒温器接头;16. 保护罩;17. 主轴;18. 反光镜

棱镜组 13 内设有恒温结构,用以精确测量不同温度时的折射率. 当待测介质是半透明固体时,可以用反射法测量. 此时取下保护罩 16 作为进光面即可. 操作方法与投射法相同.

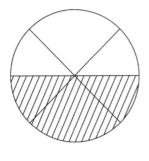

图 2-29-9 明暗分界线视场

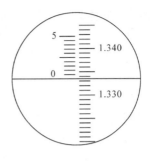

图 2-29-10 读数镜视场

【实验内容】

1. 准备工作

开始测量前，必须先用标准玻璃块校对读数，方法如下.

(1) 将有关工作面用酒精清洗，晾干(当测量不同介质时必须有这一步). 把标准玻璃块的抛光面加一滴溴代萘贴在折射棱镜的抛光面上.

(2) 旋转棱镜转动手轮 2，使标准玻璃块的折射率值正对读数镜内的测量线.

(3) 旋转阿米西棱镜手轮 10，使视场中明暗分界线除黑白两色外无其他颜色，同时观察分界线是否处在十字叉丝的交点上.

(4) 如果明暗分界线不通过叉丝的交叉点，则用一方孔调节扳手转动示值调节螺钉 9，使明暗分界线位于中央(图 2-29-9). 在以后的测量过程中示值调节螺钉 9 不允许再调动.

2. 测量液体(水、酒精)的折射率

(1) 将有关工作面清洗后把待测液体用滴管加 1～2 滴在进光棱镜的磨砂面上，旋转棱镜锁紧手柄 12 要求液体均匀无气泡并充满视场.

(2) 调节两反光镜 4 和 18，使两镜筒视场明亮.

(3) 旋转棱镜转动手轮 2 使棱镜组 13 转动，直至在望远镜视场中可观察到明暗分界线. 旋转阿米西手轮 10 使视场中除黑白二色外无其他颜色. 当视场中的黑白分界线过十字叉丝的交叉点时(图 2-29-9)，读数镜中所指示的刻度值即为所测介质的折射率. 图 2-29-10 所示折射率 $n = 1.3336$.

3. 测量固体(直角三棱镜)的折射率

用透射法测量固体时，固体上需有两个互相垂直的抛光面. 测量时，不用反光镜 18 及进光棱镜，将固体一抛光面用溴代萘粘在折射棱镜上. 另一抛光面面向进光方向，测量方法同上. 若被测物体的折射率大于 1.66，则需用二碘甲烷粘贴固体. 若被测固体只有一个抛光面, 则用反射法测量.

每种介质测量 10 次, 求其平均值和平均标准偏差.

阿贝折射仪的其余测量方法在这里不再一一叙述, 需要时可查阅有关说明书.

【思考题】

(1) 测量固体的折射率时, 为什么要用接触液? 为什么接触液的折射率要大于固体样品的折射率?

(2) 证明用反射法测量时(2-30-3)式仍然成立.

(3) 如果没有标准玻璃块, 能否校对仪器的读数?

2.30　用分光仪测量透明介质折射率

【实验目的】

(1) 学习掠入射方法测折射率;

(2) 了解用分光仪测量介质折射率的方法.

【实验原理】

用分光仪测量透明介质的折射率时采用了**掠入射**方法, 其原理如图 2-30-1 所示. 将折射率为 n 的物体放在顶角为 A, 折射率为 $N(n < N)$ 的三棱镜上. 用单色扩展光源(可加用毛玻璃获得)照射两种透明介质的分界面 AB, 在三棱镜的 AC 面进行观察. 根据光的折射定律和全反射原理, 当光线①、②、③在 AB 界面上的入射角依次增大时, 在 AC 界面上的出射角必然是依次减小的. 若光线③的入射角为 90°, 则称它为掠入射线. 它所对应的折射角 i_c 是**临界角**, 出射角 φ 称为极限角. 入射角小于 90° 的光线其出射角都大于 φ, 位于 φ 的左侧. 凡出射角小于 φ 的光线, 由于入射光非常弱, 因此, 在 AC 面所观察到的是左明右暗的半荫视场, 明暗分界线恰好是极限角 φ 的位置. 可以证明下述关系成立:

$$n = \sin A\sqrt{N^2 - \sin^2\varphi} \mp \cos A \sin\varphi \quad (2\text{-}30\text{-}1)$$

(2-30-1)式中, 当极限角的位置位于法线左侧(图 2-30-1)时取负号, 位于右侧时取正号.

(1) 若 $n = 1$, 即三棱镜放置于空气中, (2-30-1)式经整理后为

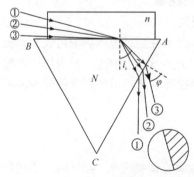

图 2-30-1　掠入射法测量介质的折射率

$$N = \sqrt{1 + \left(\frac{\cos A \pm \sin \varphi}{\sin A} \right)^2} \qquad (2\text{-}30\text{-}2)$$

式中，当极限角的位置位于法线左侧时取正号，位于右侧时取负号，只要测出极限角 φ 和三棱镜顶角 A ，可由(2-30-2)式求出三棱镜的折射率 N .

(2) 若 $A = 90°$ ， N 为已知量，(2-30-2)式经整理成为

$$n = \sqrt{N^2 - \sin^2 \varphi} \qquad (2\text{-}30\text{-}3)$$

只要测出极限角 φ ，可由(2-30-3)式求出待测物的折射率 n .

由此看出，测量折射率的问题变成了测量角度的问题. 本实验中我们使用分光计测量 φ 和 A 值.

【实验器材】

分光计、等边三棱镜、直角三棱镜、毛玻璃、待测液体、钠光灯.

【实验内容】

(1) 按实验 2.27 将分光计望远镜调节好；用实验 2.28 的方法将分光计载物台调节好，等边三棱镜顶角 A 的数值可由实验 2.28 的方法进行测量(也可直接引用实验 2.28 的结论).

(2) 测量等边三棱镜的折射率实验光路及操作示意图，如图 2-30-2(a)所示，①将三棱镜放在棱镜台中央，钠光灯大致放在 AB 边的延长线上，用毛玻璃获得扩展光源照射 AB 面. 用眼睛直接从 AC 面进行观察，找到明暗分界线；转动棱镜台以调整光源相对于棱镜的方位，直至明暗分界线最清楚为止. ②转动望远镜，从目镜中看到明暗分界线. 微调望远镜，使分划板的竖直线对准明暗分界线，如图 2-30-2(c)所示，记下两个读数窗口的读数 α 和 β . ③往 AC 面的法线方向转动望远镜，应用自准直方法测出 AC 面法线位置，两个窗口的读数值为 α' 和 β' .

重复测量五次，求出极限角 φ . 应用(2-30-3)式计算三棱镜的折射率(实验记录参考表 2-30-1). 计算测量结果的标准误差.

(3) 测量液体的折射率实验光路及操作示意图如图 2-30-2(b)所示.

将待测液体滴在折射三棱镜的 AB 面上，用等边三棱镜(或相同的另一块直角棱镜)的 $B'C'$ 面与 AB 面相合，使液体在两棱镜的接触面之间形成一均匀液膜(应排除空气，无气泡). 然后置于分光计载物台上，并尽可能使折射三棱镜 ABC 置于载物台的中央.

其余方法要求均同上.

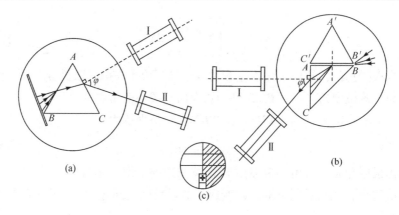

图 2-30-2　测量极限角 φ

【实验记录】

表 2-30-1　数据记录表　$\lambda =$ _____；单位：_____

待测物	次数	α	β	α'	β'	结论
三棱镜 $A =$	1					
	2					
	3					$\varphi = \pm$ _____
	4					
	5					$n = \pm$ _____
	平均值					
	标准误差					
液体 $N=$	1					
	2					
	3					$\varphi = \pm$ _____
	4					
	5					$n = \pm$ _____
	平均值					
	标准误差					

【思考题】

(1) 证明(2-30-1)～(2-30-3)式成立.

(2) 为什么实验中要用扩展光源?

(3) 能否用测量液体的方法测量固体的折射率, 怎样测量? 还可用什么方法测量三棱镜的折射率? 用(2-30-3)式测量液体的折射率时, 其测量范围受到了怎样的限制?

2.31 望远镜、显微镜放大率测定

【实验目的】

(1) 熟知望远镜、显微镜的构造及其放大原理，掌握其正确的使用方法；

(2) 掌握测定望远镜、显微镜放大率的方法.

【实验原理】

望远镜和显微镜是最常用的助视光学仪器，常被组合在其他光学仪器中. 了解和掌握它们的构造原理和调试方法，不仅有助于加深理解透镜成像规律，也有助于加强对光学仪器的调整和使用训练.

1. 望远镜及其放大率

望远镜是用于观察远处物体的光学仪器. 它的作用在于增大被观察物体对人眼的张角，起着视角放大的作用. 最简单的望远镜由物镜和目镜组成，如图 2-31-1 所示. 物镜 L_o 通常采用焦距 f_o 很长的凸透镜，其作用是将远处物体通过物镜的作用后，在物镜的后焦面上形成一个倒立缩小的实像(又称中间像) $A'B'$，长度为 y_2. 此实像虽然较原物体小，但与原物体相比，却大大接近了眼睛，因而增大了视角；然后通过目镜再放大. 目镜 L_e 通常采用焦距 f_e 较短的透镜，其作用是将中间像再次放大成虚像. 虚像的位置距目镜约等于明视距离(25cm). 因此，用眼睛贴近目镜可以观察到远方物体的放大像.

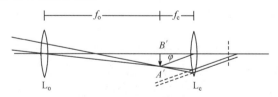

图 2-31-1 望远镜光路

设 ϕ 是远方物体对眼睛所张的视角，φ 是用望远镜观察物体时，通过目镜所看到的同一物体的像对眼睛所张视角. 望远镜的角放大率 M 定义为

$$M = \frac{\varphi(用仪器时虚像所张的视角)}{\phi(不用仪器时虚像所张的视角)} \qquad (2\text{-}31\text{-}1)$$

从图 2-31-1 中可推出望远镜的放大率

$$M = \frac{\tan\varphi}{\tan\phi} = \frac{-y_2/f_e}{-y_2/f_o} = \frac{f_o}{f_e} \qquad (2\text{-}31\text{-}2)$$

　　由此可见，望远镜的放大率 M 等于物镜和目镜焦距之比. 若要提高望远镜的放大率，可增大物镜的焦距或减小目镜的焦距.

　　在实验中，常用简便的目测法来确定望远镜的放大率，其方法是：在远处立一标尺，设标尺到望远镜的距离为 l，使望远镜对标准尺调焦，用一只眼睛直接注视标尺上的 a、b 目标(其间隔等于标尺上的 n 个分格)，另一只眼睛通过望远镜观看标尺上的相同目标 a、b，其像记为 a'、b'. 再调节望远镜目镜，使像与标尺在同一平面上，且无视差，如图 2-31-2 所示. 若 a'、b' 之间隔和标尺上的 N 个分格重合，则远处标尺的 N 个分格所张的视角为 φ(用仪器时虚像所张视角)，实际标尺上的 n 个分格所张的视角为 ϕ，于是有

$$M = \frac{\varphi}{\phi} = \frac{N/l}{n/l} = \frac{N}{n} \tag{2-31-3}$$

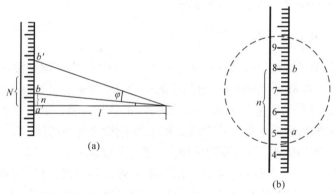

图 2-31-2　望远镜的放大率

2. 显微镜及其放大率

　　显微镜是用来观察微小物体的助视光学仪器，其作用是增大被观察物体对人眼的视角，最简单的显微镜是由两个凸透镜(物镜和目镜)组成的，物镜的焦距很短，而且目镜的焦距较长，其光路如图 2-31-3 所示. L_o 为物镜(焦点为 F_o、F_o')，其焦距为 f_o；L_e 为目镜(焦点为 F_e、F_e')，其焦距为 f_e，将长为 y_1 的被测物体 AB 放在 L_o 的焦点 F_o 附近，且稍大于焦距. 物体通过物镜成一放大的倒立实像 $A'B'$ (其长度为 y_2). 该实像在目镜的焦点 F_e 以内，再经目镜放大，结果在明视距离 D 处得到一个放大的虚像 $A''B''$ (其长度为 y_3). 虚像 $A''B''$ 对于被测物 AB 来说是倒立的. 由(2-31-4)式和图 2-31-3 可得到显微镜的放大率为

$$M = \frac{\varphi}{\phi} = \frac{y_3/D}{y_1/D} = \frac{y_3}{y_2}\frac{y_2}{y_1} \tag{2-31-4}$$

目镜的放大率为

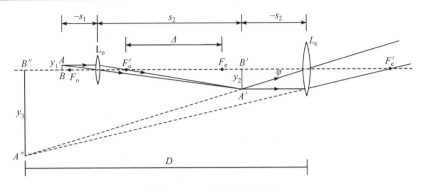

图 2-31-3　显微镜光路图

$$\frac{y_3}{y_2} = \frac{D}{s_2} = \frac{D}{f_e} = m_e$$

物镜的放大率为

$$\frac{y_2}{y_1} = \frac{s_2'}{s_1} = \frac{\Delta}{f_o} = m_o$$

Δ 为显微镜物镜后焦点 F_o' 到目镜前焦点 F_e 之间的距离(即 $\Delta = L - |f_o'| - |f_e|$，$L$ 为显微镜镜筒长)，称为物镜和目镜的光学间隔，因而(2-31-4)式可改写成

$$M = \frac{D}{f_e}\frac{\Delta}{f_o} = m_e \cdot m_o \tag{2-31-5}$$

由(2-31-5)式可知：显微镜的放大率等于物镜放大率和目镜放大率的乘积.

显微镜通常配有一套不同放大率的物镜和目镜可供选用. 例如，使用 $20\times$ 物镜和 $5\times$ 目镜的显微镜，它的放大率 $m = 20 \times 5 = 100$ 倍. 一般显微镜的放大率为几十倍到几百倍.

【实验器材】

望远镜、标尺、生物显微镜、待测微小物体等.

【实验描述】

1. 望远镜

如图 2-31-4 所示，望远镜由物镜和目镜两部分组成. 物镜装在外筒上，目镜装在内筒上，内外两筒可以相对移动. 由于不同距离的物体在物镜焦平面附近所成像的位置不同，而像又必须在焦距 f_e 的范围内，且靠近目镜的焦平面. 所以，观测不同距离的物体时，需调节物镜和目镜之间的距离，即改变镜筒长度，以满足上述要求.

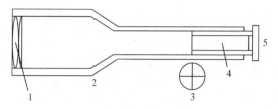

图 2-31-4　单筒望远镜

1. 物镜；2. 外筒；3. 叉丝；4. 内筒；5.目镜

2. 显微镜

常用的生物显微镜由光学和机械两大部分组成.

(1) 光学部分的成像系统由目镜和物镜组成，目镜由两块透镜安置在目镜筒中构成，镜筒上标有放大率. 物镜由多块透镜组成，装置在物镜转换器上，可用不同的目镜、物镜组合成多种不同的放大率. 光学部分的照明系统由聚光灯、可变光阑和反射镜组成. 反射镜将外来光线导入聚光镜，并由聚光镜聚焦以照亮被观察物. 可变光阑可改变孔径，以调节照明亮度，以便使用不同数值孔径的物镜观察时获得适当照明而清晰的像.

(2) 机械部分由镜筒、镜架、镜座等组成. 物镜转换器可装三个物镜. 调节器分粗调手轮和微调手轮两个，可对物精确调焦. 载物台在物镜下方，供放置实物和标本用. 载物台上装有载物移动手轮，用以前后左右改变载物、标本位置，移动距离可由游标卡尺读出.

【实验内容】

1. 望远镜的调焦

(1) 叉丝的调节：前后调节目镜镜筒，使叉丝的像最清晰为止，即使叉丝处于目镜的焦面上.

(2) 望远镜的调节：使望远镜对准标尺，前后移动内筒或外筒，改变目镜和物镜之间的距离，直到最清晰地看到标尺的像为止. 这表明望远镜已将远方物体发射来的光聚焦在叉丝平面上，即目镜的焦距附近.

2. 测量望远镜的放大率

(1) 选一个标尺作为被测物，并将它放在距物镜 2m 外某处. 用一只眼睛通过望远镜观看标尺的像，用另一只眼睛直接观看标尺. 同时调节目镜 L_e，当标尺和标尺的像重合，并清除视差时，记下物的格数 n 和其像在标尺上截取的格数 N.

(2) 改变标尺的位置重做三次.

(3) 根据(2-31-4)式计算望远镜的放大率 M，并求平均值 $\overline{M}$.

3. 显微镜的放大率

(1) 取带毫米标尺的分划板作为观测物 y_1，将它放在与显微镜光轴垂直的位置. 缓慢地调整显微镜镜筒，下降到物镜前端与分划板 y_1 像距为 1～2mm 处. 然后慢慢提升镜筒，直到从目镜中看到最清晰的放大像 y_2 为止. 这时，放大像 y_3 应在明视距离 D 的附近.

(2) 将另一毫米标尺 S 放在明视距离处，贴近显微镜筒. 用一只眼睛看显微镜中所得的虚像 y_3，另一只眼睛通过直筒观看标尺 S. 微调显微镜，直到两眼分别看到标尺 S 和虚像 y_3 重合且无视差为止. 分别读出 y_3 (n 格)在标尺上截取的格数 N.

(3) 根据公式 $M = \dfrac{N}{n}$ 计算显微镜的放大率.

(4) 根据前面内容(2)、(3)重复三次.

【思考题】

(1) 望远镜是怎样调焦的? 其放大率与什么有关?

(2) 试述显微镜的放大原理，怎样计算它的放大率?

(3) 试述生物显微镜的结构，怎样调节、使用显微镜? 调节时应注意什么?

2.32　双棱镜测光波长

【实验目的】

(1) 掌握用双棱镜获得双光束干涉条纹的方法，进一步理解产生干涉现象的必要条件;

(2) 学会用双棱镜测定光波波长.

【实验原理】

如果两列频率相同的光波在相遇处振动方向相同，并且在观察期间内两振动的相位差始终保持不变. 那么，它们叠加后产生的合振动可能在有些地方加强，有些地方减弱(甚至为零)，这一强度按空间周期性变化的现象称为光的干涉.

两个独立的光源发出的光波不能产生干涉现象. 要产生光的干涉现象必须具有相干光源，常用分波前和分振幅两种方法获得. 属于分割波前的装置有双面镜、双棱镜等. 本实验使用菲涅耳双棱镜分割波前获得双光束干涉.

如图 2-32-1 所示，菲涅耳双棱镜是一个主截面为等腰三角形的三棱镜，其顶角很大而底角很小. 单色光源 M (钠光灯)发出的光束经透镜 L 会聚于狭缝 S (与双棱镜的棱脊平行)，使 S 成为具有较大亮度的线状光源. 当由狭缝 S 发出的光束投射到双棱镜 B 上后，其波前分割为两部分，形成沿不同方向传播的两束光. 这就好像它们是由虚光源 S_1 和 S_2 发出的一样. 由于这两束光来自同一光源，满足相干条件，故在两束光相互交叠区域 P_1、P_2 内产生干涉，可在白屏 P 上观察到平行于狭缝的等间距干涉条纹. 为了提高干涉条纹的清晰度，要求狭缝 S 的宽度和两虚光源 S_1 和 S_2 的距离不能太大. 为此，实验所用双棱镜 B 的折射棱角 α 要小(一般小于1°).

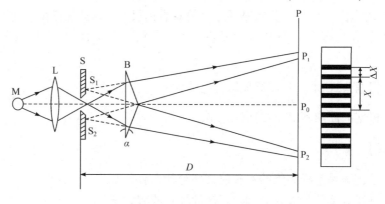

图 2-32-1　菲涅耳双棱镜

设 d 代表两虚光源 S_1 和 S_2 之间的距离，D 为虚光源所在的平面(近似地在光源狭缝 S 的平面内)至观察屏 P 的距离，且 $d \ll D$，干涉条纹宽度为 ΔX，则实验所用光波波长 λ 可由下式表示：

$$\lambda = \frac{d}{D}\Delta X \tag{2-32-1}$$

上式表明只要测出 d、D 和 ΔX，就可算出光波波长 λ.

由于干涉条纹宽度 ΔX 很小，必须使用测微目镜进行测量. 狭缝到测微目镜分划尺平面的距离 D 可用米尺测量. 两虚光源 S_1、S_2 之间间距为 d，用一已知焦距为 f' 的会聚透镜 L' 置于双棱镜与测微目镜之间，由透镜两次成像求得. 此时，只要保持狭缝与双棱镜之间的距离不变，并使测微目镜到狭缝的距离 $D' > 4f'$，前后移动透镜，就可以在两个不同位置上从测微目镜中看到两虚光源 S_1 和 S_2 经透镜所成的实像. 其中一个为放大的实像，另一个为缩小的实像. 如果分别测得放大像的间距 d_1 和缩小像的间距 d_2，则根据下式：

$$d = \sqrt{d_1 d_2} \tag{2-32-2}$$

即可求得两虚光源之间的距离 d.

将测得的 ΔX、D、d 等值代入(2-32-1)式可求得所测光波波长 λ.

此外，还可用透镜成像公式测两虚光源之间间距 d. 在双棱镜 B 和光屏 P 之间放一凸透镜 L'，并保持狭缝与双棱镜之间的距离不变(即保持测量干涉条纹时的间距 d 不变). 前后移动透镜或光屏(测微目镜)，使狭缝经双棱镜折射而成的虚光源通过透镜 L' 在屏上成一清晰的像. 分别测量透镜到狭缝和到光屏的距离，即物距 s 和像距 s'，再用测微目镜测出两个虚光源像之间间距 d'(重复多次取平均值)，按透镜成像公式及放大率公式计算 d.

由透镜放大率公式 $\beta = \dfrac{s'}{s} = \dfrac{d'}{d}$，有 $d = \dfrac{s}{s'}d'$，将此式代入(2-32-1)式可算出波长 λ.

【实验器材】

双棱镜、可调狭缝、辅助透镜(两片)、测微目镜、光具座、白屏、单色光源(钠光灯)、米尺、读数小灯(或电筒).

【实验内容】

(1) 安装及调整光路. 将钠光灯 M 、会聚透镜 L 、狭缝 S 、双棱镜 B 与测微目镜 P 等按原理图次序放置在光具座上. 用目视法粗略地调整它们中心等高，并使它们在平行于光具座的同一直线上.

(2) 点亮光源 M ，使它发出的光束经透镜 L 后照亮狭缝 S ，并使双棱镜的底面与光束垂直. 调节光源或狭缝，使狭缝射出的光束能对称地照射在双棱镜钝角棱脊的两侧.

(3) 调节测微目镜，使从目镜中能观察到清晰的干涉条纹. 最初可能看不到干涉条纹，或只能看到一个模糊的亮带. 继续调节可从以下三方面进行.

① 检查一下从狭缝射出的光束是否进入目镜. 为此，可用白屏在双棱镜后面截取光束，并将其逐渐移向测微目镜，以判断相干光束的交叠区是否在测微目镜均视场内.

② 绕水平轴旋转狭缝或双棱镜，使双棱镜的棱脊与狭缝严格平行, 这时可看到干涉条纹或清晰的亮带.

③ 调节狭缝宽度，使视场中干涉条纹足够清晰.

(4) 看到干涉条纹后，将双棱镜或测微目镜前后移动，使干涉条纹宽度适当、条纹数目在 10 条以上，以便测量. 如果条纹不够清晰，条纹数目不够，可按上述步骤重复调节，直到符合要求为止.

(5) 用测微目镜测量干涉条纹的宽度 ΔX 时，先使目镜叉丝对准某亮纹的中心(如条纹较宽，中心不易对准，亦可每次将叉丝对准条纹的同侧)，然后旋转测微鼓轮，使叉丝移过几个条纹，读出两次读数之差，除以条纹数，即为条纹宽度 ΔX.

重复测量五次,求其平均值. 也可测量和记录各级明(或暗)干涉条纹所在位置对应读数 $X_1, X_2, X_3, \cdots, X_n$,用逐差法处理数据.

(6) 用米尺量出狭缝到测微目镜分划尺平面间的距离 D,测量三次取平均值.

(7) 用透镜两次成像法测两虚光源之间距 d,保持狭缝与双棱镜原来的位置不变(即保持测量干涉条纹时的间距 d 值不变),在双棱镜和测微目镜之间放置一已知焦距为 f' 的会聚透镜,移动测微目镜使它到狭缝的距离 D' 大于 $4f'$. 固定好测微目镜后,前后移动透镜,分别测得两次清晰成像时实像的间距 d_1、d_2,各测五次,取其平均值,代入(2-32-2)式求出 d.

应特别注意调节各光学元件的位置(垂直于光轴横向移动,或改变元件的光轴取向),以保证各光学元件共轴,从而减少两虚光源成像的像差,以提高测量 d_1、d_2 的精度.

(8) 将所测得的 ΔX、d、D 代入(2-32-1)式求出光波波长,并进行误差计算.

【思考题】

(1) 是否在空间的任何位置都能观察到双棱镜产生的干涉条纹?

(2) 如果单缝和棱脊不平行,能观察到干涉条纹吗? 为什么?

(3) 条纹间距和哪些因素有关? 狭缝和棱镜的距离变化时,条纹间距如何变化?

(4) 试证明公式

$$d = \sqrt{d_1 d_2}$$

(5) 分析本实验中产生误差的原因.

(6) 安装光源、会聚透镜、狭缝、双棱镜与测微目镜等时它们必须_____.

(7) 光源发出的光束经透镜、狭缝、双棱镜后必须在_____才能看到干涉条纹或模糊的亮带.

(8) 狭缝与双棱镜棱脊_____时才能看到清晰的干涉条纹.

(9) 从测微目镜中看到的干涉条纹的多少与_____之间的距离有关,距离越小,条纹数目____,距离越大,条纹数____. 条纹的宽度与_____之间的距离有关. 距离大条纹____,反之条纹____.

(10) 干涉条纹的宽度 ΔX 怎样测量?

(11) 两虚光源之间的距离 d 用_____两种方法测量. 怎样测量?

2.33　用迈克耳孙干涉仪测波长

【实验目的】

(1) 了解迈克耳孙干涉仪的构造并掌握其调节方法;

(2) 用迈克耳孙干涉仪测量钠光或氦氖激光波长；

(3) 通过实验考察等倾干涉、等厚干涉、非定域干涉的形成条件、干涉条纹特点.

【实验器材】

迈克耳孙干涉仪实验装置(图 2-33-1).

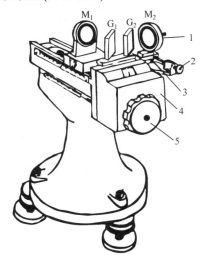

图 2-33-1　迈克耳孙干涉仪

1. 镜 M_2 的倾度调节螺丝；2、3. 镜 M_2 的微调螺钉；4. 微动手轮；5. 粗动手轮

【实验原理】

迈克耳孙干涉仪是凭借干涉条纹来极精确地测定长度或长度变化所用的精密光学仪器. 迈克耳孙干涉仪的特点是用分振幅的方法产生双光束而实现干涉的，迈克耳孙干涉仪光路如图 2-33-2 所示. 图中 M_1，M_2 是在相互垂直的两臂上放置的两个平面反射镜，在它们的后面分别有三个调节螺旋用来调节镜面的方位. 其中 M_2 镜是固定的；M_1 镜由精密丝杆控制，可沿臂轴方向前后移动. M_1 移动的距离可由读数系统(即标尺、粗动手轮、微动手轮)读出. 在两臂的相交处，放着一个与两臂轴各成 45° 角的平行平面玻璃板 G_1，且在 G_1 的第二面上镀以半透(半反射)膜，以便将入射光分成振幅近乎相等的反射光 1 和透射光 2，故 G_1 又称为**分光板**. G_2 也是一平行平面玻璃板，与 G_1 平行放置，厚度和折射率均与 G_1 相同. 由于它补偿了反射光 1 和透射光 2 之间的附加光程差，故 G_2 称为**补偿板**.

从扩展光源 S 射来的光到达分光板 G_1 后被分成两部分：反射光 1 在 G_1 处反射后向着 M_1 前进；透射光 2 透过 G_1 后向着 M_2 前进. 这两列光波分别在 M_1，M_2

上反射后逆着各自的入射方向返回，最后到达 E 处. 既然这两列光波来自光源的同一点，因而是相干光，在 E 处的观察者能看到干涉图样.

由于分光板 G_1 的第二个面是半反射(半透射)膜，使得 M_2 在 M_1 附近形成一虚像 M_2'. 因而光自 M_1 和 M_2 的反射，相当于自 M_1 和 M_2' 的反射. 由此可见，光在迈克耳孙干涉仪中所产生的干涉与厚度为 d 的空气膜所产生的干涉是等效的.

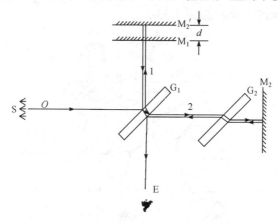

图 2-33-2　迈克耳孙干涉仪光路图

当 M_1 和 M_2' 平行时(也即 $M_1 \perp M_2$)，相当于平行平面空气膜产生的等倾干涉，观察到的是一组同心圆环干涉条纹；当 M_1 和 M_2' 交角很小时，相当于楔形空气膜产生的等厚干涉，所观察到的是一列直线干涉条纹.

当 M_1 和 M_2' 完全平行时，对倾角为 θ_k 的各光束从 M_1，M_2' 反射回来所产生的光程差为

$$\Delta = 2d\cos\theta_k \tag{2-33-1}$$

根据薄膜干涉原理：$\Delta = 2d\sqrt{n_2^2 - n_1^2\sin^2\theta_k} + \dfrac{\lambda}{2}$，当介质为空气时，$n_1 = n_2 = 1$，且无半波损失，于是有

$$\Delta = 2d\sqrt{1 - \sin^2\theta_k} = 2d\cos\theta_k$$

式中，θ_k 为反射光 1 在平面镜 M_1 上的入射角，d 为 M_1 和 M_2' 间空气薄膜的厚度. 当 $\Delta = 2d\cos\theta_k = 2k\dfrac{\lambda}{2}$ 时，为相长干涉，形成亮条纹；当 $\Delta = 2d\cos\theta_k = (2k+1)\dfrac{\lambda}{2}$ 时，为相消干涉，形成暗条纹.

当 M_1 垂直于 M_2(即 M_1 平行于 M_2')时，为等倾干涉，同一条纹是由具有相同入射角的光形成的，条纹形状取决于具有相同入射角的光在垂直于观察方向的平面上的交点的轨迹.

当 M_1 不垂直 M_2(即 M_1 不平行于 M_2)时, 为等厚干涉, 同一条纹是由劈形膜上光学厚度相同的地方的反射光形成的, 条纹形状由膜上具有相同光学厚度的地方的轨迹决定.

现对干涉条纹变化的情况分析如下.

1. 等倾干涉条纹

(1) 亮条纹. 由(2-33-1)式得亮条纹公式

$$2\,d\cos\theta_k = k\lambda \tag{2-33-2}$$

① 当 M_1 和 M_2' 的间距 d 逐渐增大时, 对于任一级干涉条纹(如第 k 级)必定以减少其 $\cos\theta_k$ 的值来满足 $2d\cos\theta_k = \lambda k$, 也即必使 θ_k 增加, 故干涉条纹向 θ_k 增加的方向移动(即向外扩展). 这时观察者将看到条纹好像从中心向外"涌出", 且每当间距 d 增加 $\dfrac{\lambda}{2}$ 时, 就有一个条纹"涌出".

② 当 M_1 和 M_2' 的间距逐渐减小时, 对于任一级干涉条纹, 必定以增大其 $\cos\theta_k$ 的值来满足 $2d\cos\theta_k = k\lambda$, 即使 θ_k 减小, 故干涉条纹向 θ_k 减小的方向移动(即向中心收缩). 此时观察者将看到最靠近中心的条纹将一个一个地"陷入"中心, 且每陷入一个条纹, 间距的变化亦为 $\dfrac{\lambda}{2}$.

(2) 角位移.

$$\Delta\theta_k \frac{\lambda}{2} = -\frac{\lambda}{2d\overline{\theta}_k} \tag{2-33-3}$$

式中 $\Delta\theta_k = \theta_{k+1} - \theta_k, \overline{\theta}_k = (\theta_{k+1} + \theta_k)/2$. 此式表明相邻两条纹的角距离 $\Delta\theta_k$ 正比于波长 λ , 而反比于 M_1 和 M_2' 之间的间隔 d .

当 d 增加时, $\Delta\theta_k$ 减小, 条纹间距变小(即条纹密集). 当 d 减小时, $\Delta\theta_k$ 增加, 条纹间距变大(即条纹稀疏).

2. 等厚干涉条纹

(1) 线距离. 当 x 较小时, $\sin\alpha \approx \alpha$. 由 $l\sin\alpha = \dfrac{\lambda}{2}$ 有

$$l = \frac{\lambda}{2\alpha} \tag{2-33-4}$$

l 表示明暗条纹间的线距离. 当 α 增大时, l 减小, 条纹间距变小(即条纹密集); 当 α 减小时, l 增大, 条纹间距变大(即条纹稀疏).

(2) 条纹形状. 等厚干涉条纹是平行于劈尖的一组明暗相间的直线(夹角较小时).

$\Delta d = N \dfrac{\lambda}{2}$，因此对于等倾条纹，只要数出"涌出"或"陷入"的条纹数，即可得到平面镜 M_1 以波长为单位移动的距离. 显然，若有 N 个条纹中心"涌出"，则表明 M_1 相对于 M_2' 移远了 Δd 的距离. 反之，若有 N 个条纹"陷入"中心，则表明 M_1 向 M_2' 移近了同样的距离. 如果精确地测出 M_1 移动的距离 Δd，则可由

$\Delta d = N \cdot \dfrac{\lambda}{2}$ 计算出入射光波的波长.

【实验器材】

迈克耳孙干涉仪、钠光灯、氦氖激光器、短焦距凸透镜.

【仪器描述】

如图 2-33-1 所示，一个机械台面固定在较重的铸铁底座上，底座上有三个调节螺钉，用来调节台面的水平位置. 在台面上装有螺距为 1mm 的精密丝杆，丝杆一端与齿轮系统连接，转动粗动手轮或微动手轮都可以使丝杆转动，从而使骑在丝杆上的反射镜 M_1 沿着导轨移动. 从台面左侧的标尺上读出 M_1 移动的整毫米数；从正面的粗动手轮与台面右侧的微动手轮上读出小数部分. 粗动手轮上分 100 个等分格，每转一格，M_1 镜平移 0.01mm. 微动手轮也分为 100 个等分格，每转一格，M_1 镜就在导轨上平移 10^{-4}mm(因微动手轮旋转一周相当于粗动手轮旋转一格)，所以最小读数可估读到 10^{-5}mm.

【实验内容】

1. 利用等倾干涉条纹测钠光波长

(1) 使 M_1，M_2 镜与 G_1 板的距离大致相等，使钠光灯发出的光射于 G_1 板上. 取去钠光灯罩窗口上的毛玻璃片，在图 2-33-2 所示的 E 处观察 M_1 镜内钠光灯灯芯的几个虚像.

(2) 调整 M_2 镜后的三个螺钉，使钠光灯灯芯的几个虚像两两重合(为了减少调整时的困难，一般将 M_2 镜固定，即 M_1 镜后的三个螺钉不轻易乱动. 若调整 M_2 镜后的三个螺钉不能使钠光灯灯芯的几个虚像两两重合，再仔细调整 M_1 镜后的螺钉. 只要 M_1，M_2 镜后的六个螺钉互相配合，一般是能够调整好的). 若干涉条纹已出现，再继续微调 M_2 镜下方的水平与竖直微调螺钉，可使条纹中心按需要移到视场中央.

(3) 将钠光灯罩窗口插上毛玻璃片，此时在 E 处向 M_1 镜内观察将会看到较为清楚的明暗相间的圆形条纹. 若观察者眼睛上下左右移动. 各圆条纹的大小不变，

仅圆心随着眼睛的移动而移动，即为定域干涉现象.

(4) 当圆形条纹调节完成后，再慢慢转动微动手轮，可以观察到视场中条纹向外一个一个地"涌出"或向内一个一个地"陷入"中心. 究竟是"涌出"或"陷入"，主要由 M_1 镜是"远离"，还是"靠近" M_2' 来决定. 在数中心条纹"涌出"(或"陷入")的个数的时候，需记录 M_1 镜的初始位置(仪器左侧标尺和粗动手轮及微动手轮上的读数) X_1，当数到 100 个时，停止转动微动手轮，记录此时 M_1 镜的位置 X_2，则 M_1 镜移动的距离 $\Delta d = |X_2 - X_1|$，代入 $\Delta d = N\dfrac{\lambda}{2}$ 即可算出所测钠光的波长 λ.

(5) 重复上述步骤三次取其平均值，并计算测量误差. 最后将测得的波长表示为 $\Delta = \overline{\lambda} \pm \Delta\lambda$，并与公认值比较，计算其相对误差.

注意：在调节和测量过程中，一定要仔细耐心，转盘的转动要缓慢、均匀；为了防止引进螺距差，每次测量必须沿同一方向旋转微动手轮，不得中途倒退.

2. 测量氦氖激光波长，观察非定域干涉现象

点亮氦氖激光器，使激光束大致垂直于 M_2，在 E 处放一块毛玻璃屏，即可看到两排激光光斑，每排都有几个光点. 调节 M_2 镜背面的三只螺钉，使两排光点中最亮的两个光点大致重合，则 M_2' 与 M_1 平行. 此后用短焦距凸透镜扩展激光束，即能在毛玻璃屏上看到弧形条纹. 再调节 M_2 镜座下的水平与竖直微调螺钉使 M_2' 与 M_1 趋于严格平行，弧形条纹逐渐变为圆形条纹. 在弧形条纹变为圆形条纹的调节过程中，应仔细观察条纹的变化情况. 改变 M_2' 与 M_1 之间的距离，根据条纹形状，宽度的变化情况，判断 d 是变大还是变小，并记录条纹变化情况.

具体测量方法：接通 1 mW 氦氖激光器电源，待有激光输出后将激光束对准 M_2 镜. 在 E 处放置一毛玻璃屏，此时即能在屏上看到两排激光光斑. 调节 M_2 镜后的三只螺钉，使两排中两个最亮的光斑大致重合. 将短焦距扩束透镜置于激光器与迈克耳孙干涉仪间适当位置，使扩束后的激光束投射到分光镜 G_1 上. 此时若 M_1, M_2' 间的距离恰当，即可在毛玻璃上观察到明暗相间的同心圆环状干涉条纹. 若条纹太细太密，则转动微动手轮使 M_2 靠近 M_2'；若条纹太粗太稀疏(条纹间距太大)，则转动微动手轮使 M_1, M_2' 之间距离增大，可得到清晰的、疏密适度的同心圆环状明暗相间的干涉图样. 若圆环中心条纹有上下或左右的偏移，可调整 M_2 镜的微调螺钉，使条纹中心位于视场正中.

转动干涉仪右侧的微动手轮，使 M_1 镜移近(或远离) M_2'，当圆形条纹开始收缩(或向外"涌出")时，记下此时 M_1 镜的位置坐标. 为了减小测量的偶然误差，可测到第 350 个条纹，每变化 50 个环纹记录一次 M_1 镜的位置坐标. 用逐差法算出 $\Delta k = 200$ 时 Δd 的平均值

$$\Delta d = \frac{(d_1 - d_5) + (d_2 - d_6) + (d_3 - d_7) + (d_4 - d_8)}{4}$$

则

$$\lambda = \frac{2\Delta d}{\Delta k} = \frac{\Delta d}{100}(\text{mm})$$

【思考题】

(1) 迈克耳孙干涉仪的工作原理是怎样的？应该怎样调节和使用？

(2) 如何利用干涉条纹的"涌出"和"陷入"测定光波的波长？

(3) 观察等厚干涉条纹时，能否用点光源？

(4) 分析扩束激光和钠光产生的圆形干涉条纹的差别.

(5) 调节钠光干涉条纹时，如已经使钠光灯灯芯的虚像两两重合，但条纹并未出现，试分析可能产生的原因.

2.34　用分光计测定透射光栅常数

【实验目的】

(1) 观察光波通过光栅后的衍射现象；

(2) 学习在分光计上进行光栅衍射实验的方法；

(3) 学习测量光栅常数的简易方法.

【实验原理】

衍射光栅结构如图 2-34-1 所示，它相当于一组平行、等距、匀排的狭缝. 若用 b 表示透光狭缝的宽度，a 表示相邻狭缝间不透光部分的宽度，则 $d = a + b$ 称为**光栅常数**. 它表示相邻狭缝间的距离，是描述光栅特性的重要参数.

根据夫琅禾费衍射理论，当平行光垂直照射到光栅平面上时，光波从各条狭缝透过并产生衍射. 各条狭缝的衍射光又彼此发生干涉，这种干涉和衍射的总效果便产生了光栅衍射图样. 即在凸透镜后焦平面黑暗背景中出现明晰锐利的亮条纹，称为谱线. 可以证明，亮条纹的位置符合光栅方程

$$d \sin\theta_j = j\lambda , \quad j = 0, \pm 1, \pm 2, \cdots \tag{2-34-1}$$

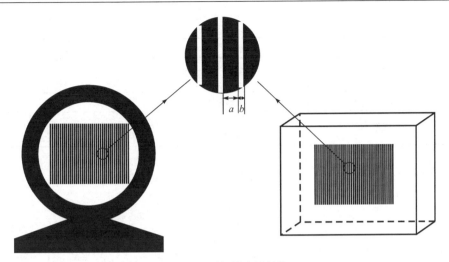

图 2-34-1 衍射光栅结构

式中 j 表示谱线的级次；λ 表示入射光的波长；θ_j 表示衍射角，它表示第 j 级谱

线与入射光方向的夹角. 在 $\theta_0 = 0$ 的方向上可以观察到中央主极大，称为**零级**谱线. 其他级次的谱线对称分布在零级谱线的两侧，如图 2-34-2 所示.

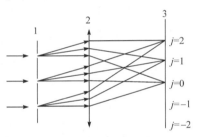

图 2-34-2 衍射光谱线
1. 光栅；2. 凸透镜；3. 屏

由(2-34-1)式看出，当含有不同波长的复色光照射到光栅上时，在同级谱线中，若波长不同，衍射角 $\theta_{j\lambda}$ 也不相同，衍射谱线从短波向长波散开，称为**光栅光谱**. 实验室中常用的复色光源是汞灯，它的主要特征谱线见表 2-34-1.

表 2-34-1 汞灯主要光谱线波长

颜色	波长/nm	强度
紫色	404.66	强
	407.78	中
	410.81	弱
	433.92	弱
	434.75	中
	435.84	强
蓝绿色	491.60	强
	496.03	中
绿色	546.07	强
黄色	576.96	强
	579.07	强

续表

颜色	波长/nm	强度
橙色	607.26 612.33	弱 弱
红色	623.44	中
深红色	671.62 690.72	中 中

分辨率和角色散率是描述光栅特性的另外两个重要参数.

分辨率 R 定义为

$$R = \frac{\lambda}{\Delta\lambda} \tag{2-34-2}$$

其中 $\Delta\lambda$ 为两条刚能被分辨的谱线的波长差;λ 为这两条谱线的平均波长. 按照瑞利判据可以证明

$$R = jN \tag{2-34-3}$$

N 是光栅上受到光波照射的光缝总数目. $N = L/d$, L 表示光栅上受到光波照射部分的宽度(若用 FGY-01 型分光计, $L = 22\text{mm}$, 即是平行光管的通光孔径), d 为光栅常数.

角色散率 D 定义为

$$D = \frac{\Delta\theta}{\Delta\lambda} \tag{2-34-4}$$

$\Delta\theta$ 表示两条谱线衍射角之差, $\Delta\lambda$ 是这两条谱线的波长差. 若对(2-34-1)式两边求微分可得

$$D = \frac{j}{d\cos\theta_{j\lambda}} \tag{2-34-5}$$

应用(2-34-5)式我们可以求出位于第 j 级, 波长为 λ 的谱线附近的角色散率.

【实验器材】

分光计、衍射光栅、汞灯.

【仪器调节】

(1) 调节分光计, 使分光计达到工作状态.

(2) 用汞灯将平行光管狭缝照亮. 光栅的放置要求是:

① 光栅平面垂直平分载物台上任意两个调节螺钉(如 a,b)的连线, 如图 2-34-3 所示.

② 光栅刻痕面正对望远镜.

(3) 调节入射平行光与光栅刻痕面垂直. 调好后的望远镜视场如图 2-34-4 所示. 调节步骤为：

① 旋转望远镜，使平行光管狭缝像位于望远镜视场中，如图 2-27-1,拧紧 4，微调 2，使平行光管狭缝像位于分划板十字叉丝中央. 此时(忽略光栅基板的不平行)望远镜光轴与平行光管光轴重合.

② 旋转分光计载物台,使从望远镜中看到的反射十字像与分划板上方十字叉丝重合. 此时望远镜与光栅平面处于自准直状态,并且入射光垂直于光栅表面. 旋紧螺钉 10，固定好载物台.

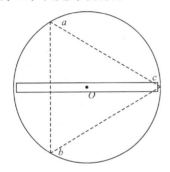

图 2-34-3　光栅的放置位置

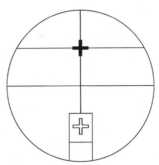

图 2-34-4　望远镜视场

(4) 调节光栅刻痕与仪器转轴平行. 松开螺钉 4 转动望远镜,观察汞灯的衍射光谱. 如果各条谱线的中心都与分划板十字叉丝的中心重合，即谱线等高，则光栅刻痕与仪器转轴平行. 否则可以通过调节螺钉 c (图 2-34-3)来实现.

【实验内容】

(1) 按照前文所述的仪器调节方法和图 2-34-5 调节仪器,使仪器达到工作状态. 测量 $\lambda = 546.07$nm 绿色谱线的衍射角，测量五次，求光栅常数 d 及标准误差 σ_d.

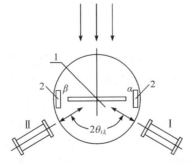

图 2-34-5　光栅测定光波长实验装置

1. 光栅；2. α,β 读数窗口；I,II. 望远镜位置($+j,-j$ 位)

(2) 测量汞灯的黄色($\lambda_1 = 576.96\text{nm}$ 和 $\lambda_2 = 579.07\text{nm}$)、蓝紫色($\lambda = 435.84\text{nm}$)和紫色($\lambda = 404.66\text{nm}$)四条谱线的衍射角 θ. 用所测得的 d 值计算其波长,并求出所测谱线的百分误差.

(3) 计算各条谱线附近的角色散率 D.

(4) 观察不同光栅的衍射光谱.

【思考题】

(1) 当入射光方向与光栅平面法线夹角为 φ 时,若仍采用(2-34-1)式进行实验,将引入怎样的系统误差,应如何操作才能得到正确的结果?

(2) 如果光栅基板不平行,【仪器调节】第(3)步还成立吗? 请作图加以说明.

(3) 为什么防止光栅倾斜放置时要用光栅上具有刻痕的表面正对望远镜?

(4) 如果光栅刻痕与仪器转轴不平行,将出现什么现象? 对测量结果有何影响?

(5) 当入射平行光与光栅平面法线的夹角不为零时,可采用最小偏向角法在分光计上进行光栅实验,请导出测量公式,叙述测量方法.

(6) 当用氦氖激光垂直射到 $d_1 = 100$ 条 / mm 和 $d_2 = 600$ 条 / mm 衍射光栅上时,最多能看到几级光谱? 实际能看到几级光谱? 为什么? 请分别加以说明.

(7) 光栅光谱的特点是什么? 与棱镜光谱有什么不同?

2.35　旋光现象与旋光仪

【实验目的】

(1) 观察旋光现象;

(2) 了解旋光仪的工作原理,用旋光仪测定糖溶液的旋光率和浓度.

【实验原理】

单色自然光不能透过两个偏振化方向正交的偏振片. 但在这两个偏振片之间放入某种透明的物质时,可以在检偏振片后面看到一部分光透过后的明亮视场. 如果将检偏振片转过一定的角度,视场又将回到最暗,这种物质称为旋光物质. 这说明该物质使平面偏振光的振动面产生了旋转,这种现象称之为"旋光现象".

旋光物质有左旋、右旋之分. 当观察者迎着光线观看时,使振动面沿顺时针方向旋转的物质称为右旋物质,反之称为左旋物质. 旋光物质有固体(石英、云母等)和液体(糖溶液、石油等). 对于液体而言,光振动方向转动的角度和液体长度 L、溶液浓度 C 成正比,即为

$$\phi = aCL$$

式中 L 的单位是 cm，C 的单位为 g/cm^3，a 是该物质在温度为 t 时用波长为 λ 的光测得的"旋光率"。实验中测出长度 L 和旋转角 ϕ，根据已知溶液的浓度，能测出未知的 a。反之，根据已知的旋光率 a，能测出未知溶液的浓度 C。

【实验器材】

旋光仪、物理天平、待测旋光物质。

【仪器描述】

因为人眼不能精确地判定完全黑暗的视场位置，故在实验中使用了旋光仪。该仪器用三分视界法来确定光学零位，提高了人眼判断的精确性。仪器的光学结构如图 2-35-1 所示。

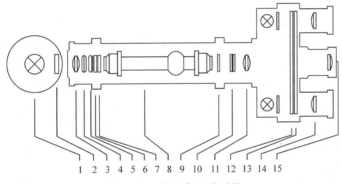

图 2-35-1　旋光仪光学系统

1. 钠光灯；2. 毛玻璃；3. 聚光镜；4. 滤色镜；5. 起偏振片；6. 半波片；7. 保护玻片；8. 试管；9. 保护玻片；10. 检偏振片；11. 物镜；12. 度盘；13. 游标；14. 放大镜；15. 目镜

从光源 1 射出的光线，经毛玻璃 2、聚光镜 3、滤色镜 4 到起偏振片 5 成为平面偏振光在半波片 6 处产生三分视场，通过检偏振片 10 及物镜 11、15 可以观察到如图 2-35-2 所示的三种情况。这是由于半波片 6 两侧是透明的玻璃目镜，中间是对钠黄光的半波片，三块粘在一起形成平面圆片。当自然光线透过起偏振片 5 后，得到沿某平面 P_1 振动的偏振光。

此光束的中间部分(视场 2)通过半波片 6 后其振动面 P_1 将转动一定角度 ϕ，设此振动面为 P_2，如图 2-35-3 所示；这两束光线都投向检偏振片 10。由马吕斯定律，检偏振片的偏振化方向 AA' 与 P_1 垂直，视场 1 的光线将被挡住而变为黑暗；视场 2 的光线能部分地通过而视场明亮，如图 2-35-2(a)所示。若检偏振片的偏振化方向 AA' 与 P_2 垂直，则亮区与暗区和图 2-35-2(a)相反，如图 2-35-2(b)所示。若检偏振片的偏振化方向 $AA' \parallel OB$，或 $AA' \perp OB$，三分视场 1、2 的亮度均匀相等，如

图 2-35-2(c)所示. 但在 $AA' \perp OB$ 和 $AA' /\!/ OB$ 的位置，两均匀视场(图 2-35-2(c))的亮度并不相等. 在 $AA' \perp OB$ 的位置，视场亮度比 $AA' /\!/ OB$ 的位置视场亮度弱. 因人眼对微弱亮度(在一定范围内)的变化比较敏感，在实验中，应选择 $AA' \perp OB$ 的弱均匀视场为标准.

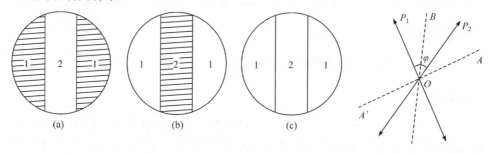

图 2-35-2　三分视场　　　　　　图 2-35-3　振动面的偏转

　　当试管 8 未放入旋光物质时，我们可以旋转刻度盘手动转轮，将检偏振片的偏振化方向 AA' 非常准确地放置在 $AA' \perp OB$ 的位置上，此时可以看到亮度均匀的视场，如图 2-35-2(c)所示.

　　在试管 8 中装入旋光物质，由于溶液具有旋光性，平面偏振光旋转了一个角度，检偏振片的偏振化方向 AA' 不再与 OB 垂直，视场 1 和 2 区域亮度不相等. 此时沿振动面旋转的方向转动检偏振片，再次出现亮度均匀的弱视场，检偏振片转过的角度 ϕ 就是旋光物质造成的旋光角. 它的数值可以通过放大镜 14，从度盘 12、游标 13 上读出.

【实验内容】

　　(1) 接通电源，开启开关约 5min 后钠光灯发光正常，可开始工作.

　　(2) 调节目镜 15 使能清晰地看到三分视场的分界线. 转动刻度盘手轮，使视场中的阴影消失，亮度相等(注意选择弱的均匀视场). 记下此时刻度盘的读数 ϕ_0. 重复十次，其平均值作为检偏振片在刻度盘上的零点位置.

　　(3) 用物理天平配置溶液得到已知浓度的溶液.

　　(4) 选取适当长度试管，注满已知浓度的被测溶液，使其不漏无气泡. 注意不宜将螺丝旋得太紧，以免引起保护片玻璃的应力，影响读数的正确性. 擦干试管外面的溶液，并放入仪器光路中. 转动度盘，再次观察到亮度均匀相等的弱视场. 从读数盘读出此时的数值 ϕ_1，重复五次，取平均读数值. 由此得出被测溶液的旋转角 $\phi = \phi_1 - \phi_0$.

　　(5) 自拟表格记录测量数据，并计算出溶液的旋光率及未知溶液的浓度、标准误差.

(6) 旋转角和温度有关,实验中应尽可能保证试管的温度不变. 对要求高的测定工作, 最好在(20 ± 2)℃的条件下进行.

【思考题】

(1) 如何区分旋光物质和波片?

(2) 在实验中, 如何确定被测物质的左、右旋?

(3) 试证明偏振面间的夹角ϕ对测量误差有直接影响; ϕ角越小, 亮度判断越精确, 测量误差也就越小. 并解释为何在实验中所用仪器的ϕ角不能无限小.

(4) 实验中, 你是如何判断检偏振片的偏振化方向AA'是处在$AA'\perp OB$的位置, 还是$AA'/\!/OB$的位置?

(5) 测量液体旋光率的公式为_____. 式中____表示____; ____表示____; ____表示____; ____表示____.

(6) 本实验的关键是测量_____, 其方法为: 先测出旋光仪视场中_____的角位置, 然后____(右旋物质)旋转旋光仪检偏器, 再测出_____的角位置. 这两个角位置之差为ϕ.

(7) 你所使用的旋光仪主尺最小刻度为____; 游标的总格子数目为___, 游标精确度为____.

(8) 以一台三荫旋光计为例, 视场分为三部分, 如图 2-35-4 所示, 在 1 和 2 中, 光波在P_1平面内振动, 在 3 中则在P_2面内振动, ϕ表示P_1和P_2的夹角, AA'表示检偏振片偏振化方向. 请在下列四种情况下将光线较暗的区域用笔涂黑表示出来.

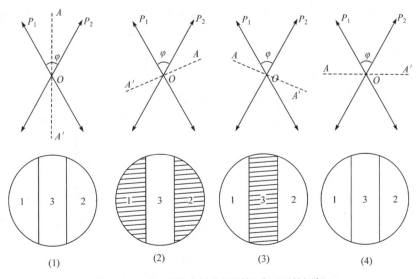

图 2-35-4　三荫旋光计在不同振动面下的视场

2.36　偏振光分析研究

【实验目的】

(1) 观察光的偏振现象，加深与偏振光有关的概念的理解；

(2) 测定布儒斯特角并验证马吕斯定律；

(3) 研究半波片和四分之一波片的作用.

【实验原理】

1. 基本概念

光波是一定波长范围内的电磁波，其电矢量(光矢量)的振动方向和光的传播方向垂直. 一般光源所发出的光，其电矢量的振动方向可以取与传播方向垂直的任何方向，且各个方向的振幅都是相等的(即对称分布)，如图 2-36-1(a)所示. 这种振动对称分布的光称为**自然光**.

自然光经过介质的反射、折射或吸收后，能改变其振动状态，如在某一方向光振动有了相对的优势. 光的这种振动取向作用称为**偏振**. 偏振是光的横波性的有力证明. 若电矢量的振动在光的传播过程中只限于某一确定的平面内，这种光称为**平面偏振光**. 由于它的电矢量末端的轨迹为一直线，又称为**直线偏振光**或**完全偏振光**，如图 2-36-1(b)所示. 若电矢量的振动只是在某一确定的方向上占有相对的优势，则称为**部分偏振光**，如图 2-36-1(c)所示.

此外，还有一种偏振光，它在垂直于传播方向的平面内，电矢量端点的轨迹呈**圆形**或**椭圆形**. 这样的偏振光称为**圆偏振光**或**椭圆偏振光**.

对于任何一种光振动，都可以分解为两个分振动：一个与入射面垂直(设与纸面垂直)，用**粗点子**表示；另一个与入射面平行(即在纸面内)，用**短线**表示，而且以粗点子和短线的多少分别表示两个**分振动**的**强弱**，也有在图中标注一个正交的双箭矢，以箭矢的长短来表示两个分振动的强弱的，如图 2-36-2 所示.

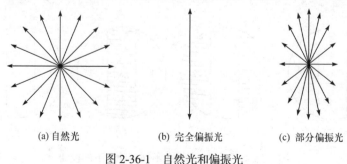

(a) 自然光　　　　　　　　(b) 完全偏振光　　　　　　(c) 部分偏振光

图 2-36-1　自然光和偏振光

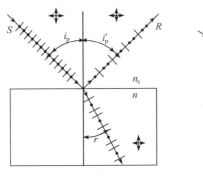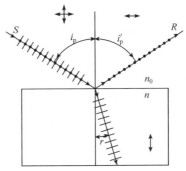

(a) 入射角不等于布儒斯特角　　　　　(b) 入射角等于布儒斯特角

图 2-36-2　偏振光和两个分振动的强弱及方向

将自然光变为偏振光，有下面几种常用的方法.

(1) 反射起偏和折射起偏：使自然光以某一入射角 i_p 射至某一介质表面，而入射角满足下列方程：

$$\tan i_p = n / n_0 \tag{2-36-1}$$

时，在反射光中，只有与入射面(纸面)垂直的振动；而在折射光中，垂直于入射面的振动分量小于平行于入射面的振动分量，如图 2-36-2(b)所示. 即此时的反射光为**完全偏振光**，折射光为**部分偏振光**，式中 $i_p = 90° - r$，称为**偏振角**或**布儒斯特角**. 此定律是布儒斯特从实验中总结出来的，他是"万花筒"的发明者. 对于折射率为 1.52 的玻璃而言，若 $n_0 = 1$，则 $i_p = 56.7°$. 若以 i_p 角入射在波片堆上，不仅发射光为完全偏振光，而且折射光也会因多次反射滤掉垂直分量，而得到近于完全偏振的光. 当入射角不为 i_p 时，反射光和折射光都是部分偏振光. 但在反射光中垂直分量大于平行分量，而在折射光中则相反，如图 2-36-2(a)所示.

(2) 偏振膜片起偏：偏振片一般是在两块塑料片或玻璃片间，夹一层含有二**色性**晶体(如硫酸碘奎宁)的薄膜. 用这种晶体拉制的薄膜，具有对某一方向振动的光吸收很少，而对其他方向的光振动吸收特别强烈的特性. 因此，自然光通过它后，可得到近乎完全偏振的光. 此种偏振片容易制作，成本低廉，有广泛用途. 如摄影中可用它消除耀眼的反光，突出物体表面细部结构. 其缺点是光能的吸收损失较大(>50%)，且吸收率随波长而变. 会造成某些波长的光未被完全吸收，使偏振不纯(如对紫光吸收较少).

(3) 尼科耳棱镜起偏：利用自然光通过某些晶体发生**双折射**也可获得偏振光.

自然光通过某些晶体时会分解为**寻常光**(o 光，遵循光的折射定律)和**非常光**(e 光). 这两束光都是**完全偏振光**，若设法使它们分开或遮去其中的一束，则可得到完全直线偏振光. 尼科耳棱镜就是苏格兰物理学家尼科耳在 1828 年, 利用这一思想制成的, 其剖面如图 2-36-3 所示.

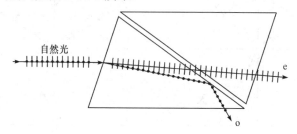

图 2-36-3　尼科耳棱镜起偏

它是利用两块**方解石**按一定的方向切割、研磨、胶合而成的. 自然光从一端入射, 在棱镜中分解为 o 光、e 光. e 光透过胶合层从另一端射出, 而 o 光则在胶合层内**全反射**. 因而由棱镜射出的是**完全偏振光**.

以上介绍的几种起偏器件和方法, 也用作检偏器件和检验偏振光的方法.

(4) 马吕斯定律: 强度为 I_0 的偏振光透过检偏器后, 其强度(不考虑吸收损失)为

$$I = I_0 \cos^2 \theta \tag{2-36-2}$$

式中 θ 为起偏器与检偏器**主截面**(或**偏振化方向**)间的夹角. 此规律是**马吕斯**于 1809 年从实验中发现的. 显然, 可用此定律来判断某一器件是否为**线偏振器**.

2. 圆偏振光、椭圆偏振光的产生及波片的作用

使直线偏振光射在一个平行于晶体光轴切割的单轴晶片 L 上, 如图 2-36-4 所示. 设偏振光的振动方向与晶体光轴方向的夹角为 θ, 如图 2-36-5 所示. 此时, 可将光振动分解为平行于光轴 y 的振动 y_e 和垂直于光轴 y 的振动 x_o. 在这两个方向振动的光的传播速度是不同的, 因为折射率也不同. 前者为 e 光, 折射率为 n_e, 后者为 o 光, 折射率为 n_o. 此两种光通过厚度为 l 的晶片之后, 将有一个 $(n_o - n_e)l$ 的光程差 Δ, 因而相位差(o 光落后为负晶体)

$$\phi = \frac{2\pi}{\lambda_0} \Delta = \frac{2\pi}{\lambda_0} (n_o - n_e)l \tag{2-36-3}$$

式中 λ_0 为光在真空中的波长. 因此, 平面偏振光通过厚度为 l 的晶片后, 可视为两个**同频率**、具有不同振幅、**有一个固定相位差**, **沿同一方向传播且振动方向互相垂直**的两束平面偏振光的叠加. 其合振动矢量端点的轨迹一般是**椭圆**. 决定椭圆形状的主要因素是角度 θ 和厚度 l.

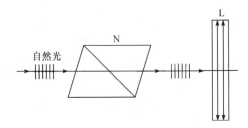

图 2-36-4 圆偏振光和椭圆偏振光的产生

若入射偏振光的振幅 $CM = A$，则 e 光、o 光的振幅如图 2-36-5 所示，分别为

$$\begin{cases} y_e = A\cos\theta \\ x_o = A\sin\theta \end{cases} \qquad (2\text{-}36\text{-}4)$$

设两垂直振动的方程为

$$\begin{cases} y = y_e\cos\omega t \\ x = x_o\sin(\omega t - \phi) \end{cases} \qquad (2\text{-}36\text{-}5)$$

或

$$\begin{cases} \cos\omega t = y/y_e \\ x = x_o(\cos\omega t\cos\phi + \sin\omega t\sin\phi) \end{cases} \qquad (2\text{-}36\text{-}6)$$

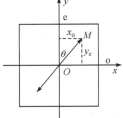

图 2-36-5 e 光和 o 光的振幅

或

$$\sin\omega t\sin\phi = x/x_o - \cos\phi\left(y/y_e\right) \qquad (2\text{-}36\text{-}7)$$

用 $\sin\phi$ 乘以(2-36-6)式中第一式两端后，两端再平方

$$(\sin\phi\cos\omega t)^2 = y^2\sin^2\phi/y_e^2 \qquad (2\text{-}36\text{-}8)$$

将(2-36-7)式两端平方后再与(2-36-8)式相加可得

$$\frac{y^2}{y_e^2} + \frac{x^2}{x_o^2} - \frac{2xy}{x_o y_e}\cos\phi = \sin^2\phi \qquad (2\text{-}36\text{-}9)$$

显然，这是熟知的**椭圆方程**. 这样的光振动叫**椭圆偏振光**.

上式表明：一平面偏振光，通过厚度为 l、光轴平行于晶体表面，振动方向与晶片光轴夹角为 θ 的晶片后，得到的是椭圆偏振光.

下面研究几种特殊情况：

(1) 使 o 光与 e 光的光程差等于 1/4 波长的晶片叫四分之一波片，其厚度为

$$l = \lambda_0/4(n_o - n_e) \qquad (2\text{-}36\text{-}10)$$

在这种情况下，相位差 $\phi = \dfrac{2\pi}{\lambda_0}\dfrac{\lambda_0}{4} = \dfrac{\pi}{2}$，代入(2-36-9)式得到

$$\frac{y^2}{y_e^2} + \frac{x^2}{x_o^2} = 1 \tag{2-36-11}$$

即为沿主轴方向的**正椭圆**. y_e 与 x_o 两轴之比随夹角 θ 的数值而变.

当 $\theta = 45°$ 时, 因 $y_e = x_o = 0$, 其方程变为

$$x^2 + y^2 = a^2 \tag{2-36-12}$$

即在此情况下, 得到的是**圆偏振光**. 换言之, 四分之一波片可使平面偏振光变成椭圆偏振光或圆偏振光. 此过程也是可逆的.

(2) 使 o 光与 e 光的光程差等于 1/2 波长的晶片叫半波片, 其厚度为

$$l = \lambda_0 / 2(n_o - n_e) \tag{2-36-13}$$

在这种情况下, 相位差 $\phi = \frac{2\pi}{\lambda_0} \frac{\lambda_0}{2} = \pi$, 代入(2-36-9)式得到

$$\frac{y}{y_e} + \frac{x}{x_o} = 0 \tag{2-36-14}$$

此为一**直线方程**. 它说明平面偏振光通过半波片后, 仍为一平面(直线)偏振光.

当 $\phi = 0$ 时, 代入(2-36-9)式有

$$\frac{y}{y_e} - \frac{x}{x_o} = 0 \tag{2-36-15}$$

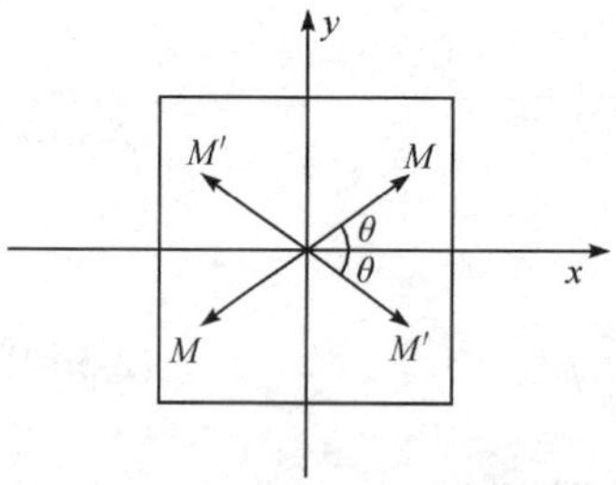

图 2-36-6　偏振光的几种特殊状态

仍为一直线方程. 因 $\phi = 0$, 它就是入射时的平面偏振光. 由 $y = \frac{y_e}{x_o} x$, 它应在如图 2-36-6 所示的平面内, 与 x 轴成 θ 角(Ⅰ、Ⅲ象限). 而由(2-36-14)式, $y = -\frac{y_e}{x_o} x$, 它与 x 轴成 $-\theta$ 角, 直线落在Ⅱ、Ⅳ象限. 这说明平面偏振光通过半波片后, 仍为平面偏振光, 但振动方向转过了 2θ 的角度.

【实验内容】

(1) 波片反射起偏、反射检偏观察.

(2) 波片折射起偏、反射检偏观察.

(3) 偏振片起偏、反射检偏观察.

(4) 波片反射起偏、偏振片检偏观察.

(5) 布儒斯特角测定.

(6) 偏振片起偏，偏振片检偏观察.

(7) 偏振片透光方向的确定.

(8) 马吕斯定律验证.

(9) 测偏振光的透过率 $P = i / i_0$，式中 i 为出射光强值，i_0 为入射光强值.

(10) 测偏振光的偏振度 $P = (I_M - I_m) / (I_M + I_m)$．式中 I_M 与 I_m 分别为光强的极大值和极小值.

(11) 四分之一波片和半波片 x 光轴方向的确定.

(12) 椭圆偏振光的观察及其长、短轴与入射角 θ 之间的关系分析.

(13) 圆偏振光的观察.

(14) 半波片使偏振面改变位置的观察.

【实验仪器】

PG-2 偏光实验仪、钠光灯、光点检流计.

注意：四分之一波片、半波片多用白色薄云母片制成. 光在晶片中分解的 o 光振动垂直于光轴，e 光振动平行于光轴.

【思考题】

(1) 什么光是偏振光，分哪几类，如何获得？

(2) 什么是椭圆偏振光和圆偏振光，如何获得这两种偏振光？这两种偏振光的实验现象是什么？

(3) 自然光与圆偏振光的实验现象有无区别，如何鉴别它们？

(4) 部分偏振光与椭圆偏振光的实验现象有无区别，如何鉴别它们？

2.37　菲涅耳反射公式

【实验目的】

(1) 测定玻璃表面的反射系数；

(2) 研究反射系数随入射角变化的规律.

【实验原理】

光波通过两种均匀透明的介质分界面时会发生反射和折射. 在任何时刻，入射波和反射波的电矢量都能分成两个分量，一个平行于入射面(用指标 P 表示)、一个垂直于入射面(用指标 S 表示). 所以 i_1、i_1' 和 i_2 分别表示入射角、反射角和折射角. n_1 和 n_2 表示两种透明介质的折射率，以 A_1、A_1' 和 A_2 来依次表示入射波、反射波和折射波电矢量的振幅，它们的分量相应为 A_{P1}、A_{P1}'、A_{P2} 和 A_{S1}、A_{S1}'、

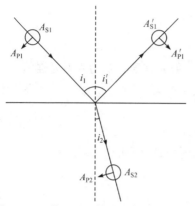

图 2-37-1　菲涅耳反射公式中各量的关系

A_{S2}，如图 2-37-1 所示. 根据光的电磁理论可得菲涅耳反射公式

$$\frac{A'_{P1}}{A_{P1}} = \frac{\tan(i_1 - i_2)}{\tan(i_1 + i_2)} \tag{2-37-1}$$

$$\frac{A'_{S1}}{A_{S1}} = \frac{\sin(i_1 - i_2)}{\sin(i_1 + i_2)} \tag{2-37-2}$$

由于光强 I 正比于电矢量的振幅 A^2，则反射光强和入射光强之比为

$$R_P = \frac{I'_{P1}}{I_{P1}} = \left[\frac{A'_{P1}}{A_{P1}}\right]^2 = \left[\frac{\tan(i_1 - i_2)}{\tan(i_1 + i_2)}\right]^2 \tag{2-37-3}$$

$$R_S = \frac{I'_{S1}}{I_{S1}} = \left[\frac{A'_{S1}}{A_{S1}}\right]^2 = \left[\frac{\sin(i_1 - i_2)}{\sin(i_1 + i_2)}\right]^2 \tag{2-37-4}$$

式中 I_{P1}、I_{S1} 和 I'_{P1}、I'_{S1} 依次表示入射光平行分量的光强和垂直分量的光强、反射光平行分量的光强和垂直分量的光强，R_P 和 R_S 分别为介质对光的平行分量的反射系数和垂直分量的反射系数.

确定偏振片的偏振化方向及反射玻璃的折射率可以采用布儒斯特定律. 假定我们将平行于入射平面的线偏振光称之为 P 光，则 P 光的入射角为布儒斯特角 i_{P1} 时，P 光的反射光强为零(即 $I'_{P1} = 0$)，i_{P1} 满足下式：

$$\tan i_{P1} = n_2 \tag{2-37-5}$$

由实验测出 i_{P1}，利用(2-37-5)式计算出 n_2. 根据(2-37-3)式和(2-37-4)式作 R_P - i_1 和 R_S - i_1 的理论曲线时，可以用(2-37-5)式计算出折射率 n_2，由折射定律得出折射角 i_2，即

$$i_2 = \arcsin\left(\frac{n_1 \sin i_1}{n_2}\right) \tag{2-37-6}$$

在确定 P 光入射角为布儒斯特角 i_P 的同时，也就确定了偏振光的偏振化方向.

菲涅耳反射公式研究实验装置如图 2-37-2 所示，玻璃片反射面抛光、后表面磨毛放置在已经调好的分光仪平台上. 注意使反射面过平台的圆心. 点燃钠灯，光线通过凸透镜，会聚到分光计平行光管缝上. 通过平行光管、偏振片的光射到玻璃反射面上，在望远镜内观察反射光. 固定望远镜位置，用配在分光计上的附件——硅光电池筒换下望远镜目镜叉丝系统，从而测出入射角为 i_1 时的反射光电流(光电流与光强成正比). 当望远镜直接对准平行光管时，由平行光管直射到望远镜内硅光电池产生的光电流即为入射光电流. 由此得到反射系数.

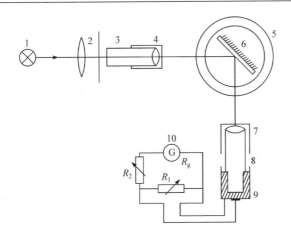

图 2-37-2　菲涅耳反射公式研究实验装置

1. 钠光灯；2. 凸透镜；3. 分光计平行光管；4. 偏振片；5. 分光计平台；6. 反射玻璃片；7. 偏振片；8. 望远镜
筒；9. 硅光电池；10. 检流计和电阻箱

当测量的光电流变化范围较大时，必须改变电流表的量程. 在改变量程时要
保持光电池的外接电阻总值不变，可以采用如图 2-37-2 所示的电路连接. 其硅光
电池的外接总电阻值正好等于灵敏电流计内阻 R_g 的数值，有

$$R_1 = \frac{n}{n-1} R_g, \quad R_2 = (n-1) R_g$$

式中 n 为电流计量程扩大的倍数，如当 $n=3$ 时，量程增加 3 倍，由上式可以得出

$R_1 = \frac{3}{2} R_g$，$R_2 = 2R_g$. 这时电流计的示值应乘 3 后才能代表光电流. 由此类推，
可以通过改变不同的阻值来满足测量要求.

【实验器材】

分光计、待测玻璃片、硅光电池、电阻箱、光点检流计.

【实验内容】

(1) 按图 2-37-2 放置各器材，并使分光计处于调节好的工作状态.

(2) 调节光路. 仔细判定当 P 光反射光强为零时入射角 i_{P1} 的位置. 重复多次，
得出布儒斯特角 i_{P1} 的平均值，由(2-37-5)式计算出反射玻璃的折射率.

(3) 根据布儒斯特角 i_{P1} 的位置，确定偏振片的偏振化方向. 调节偏振片，使
照射到反射面的偏振光透光方向平行于入射面的 P 光.

(4) 取下望远镜目镜叉丝系统，将硅光电池筒套在望远镜筒目镜端. 选择好灵
敏电流计的量程，调节零点. 在测量过程中，不能改变平行光管的缝宽和光源的

位置, 并注意保持灯泡两端的电压不变.

(5) 自选一种确定入射角 i_1 的方法, 每隔 5° 依次测量出入射角 i_1 和所对应的反射光电流. 每次改变入射角后都应该先套上目镜, 使反射光全部进入望远镜内, 且狭缝像在叉丝的中间. 随后取下目镜, 换上硅光电池筒, 把它套在望远镜筒上测电流.

(6) 把反射玻璃取掉, 让望远镜正对着入射光. 取下目镜换上硅光电池, 读出入射光强对应的光电流.

(7) 由测量得到的光电流计算出 P 光不同入射角所对应的反射系数 R_P.

(8) 用类似的方法, 测量透光方向垂直于入射面的 S 光的反射系数 R_S 随入射角 i_1 的变化规律.

【数据处理】

(1) 计算出布儒斯特角 i_{P1} 的平均值和绝对误差, 由 i_{P1} 求出折射率值 n_2.

(2) 用测量结果画出 R_P - i_1 和 R_S - i_1 的实验曲线.

(3) 根据理论公式(2-37-3)和(2-37-4), 在同一张坐标纸上画出 R_P - i_1 和 R_S - i_1 的理论曲线, 与实验曲线相比较, 试分析产生误差的原因.

【思考题】

(1) 由光的电磁理论, 利用边界条件导出菲涅耳反射公式, 根据公式简述绘制理论曲线 R_P - i_1 和 R_S - i_1 的方法.

(2) 简述由布儒斯特定律确定玻璃片的折射率, 无标记的偏振片偏振化方向的实验方法、步骤.

(3) 在实验中要求精确地测定 S 光和 P 光的入射角 i_1, 试设想两种在分光计上测量入射角 i_1 的方法(简述原理、步骤, 并估计误差).

(4) 实验过程中为什么要保持小灯两端的电压不变? 为什么不能调节平行光管狭缝宽度?

(5) 为什么实验所选用的偏振片的有效波长范围应大于(或等于)滤色片及硅光电池的共同有效波长范围?

2.38 单 色 仪

【实验目的】

(1) 了解棱镜单色仪的构造和使用方法;

(2) 以高压汞灯的主要谱线为基础, 对单色仪在可见光区进行定标;

(3) 学会使用单色仪测定滤光片的光谱透射率;

(4) 用作图法处理数据.

【实验原理】

单色仪是一种利用色散元件将复色光分解为准单色光的光谱仪器,可用于各种光谱特性的研究. 例如,测量介质的光谱透射率,分析光源的光谱能量分布,探究光电探测器的光谱响应等.

实验室中常用的单色仪,根据所采用的色散元件的不同,可分为棱镜单色仪和光栅单色仪两类. 单色仪可运用的光谱区域很广,可从紫外、可见、近红外一直到远红外. 对于不同的光谱区域,一般需换用不同的棱镜或光栅. 例如,应用石英棱镜作色散元件,则主要用于紫外光谱区,需用光电倍增管作探测器;用 NaCl (氯化钠), LiF (氟化锂)或 KBr (溴化钾)等作棱镜,则可运用于广阔的红外光谱区,可用真空热电偶等作为光探测器. 本实验用 WDF 型反射式棱镜单色仪,棱镜材料为重火石玻璃,仅适用于可见光区.

光学结构用人眼或光电池作探测器.

WDF 型反射式棱镜单色仪的外形像一只圆盘,故又名圆盘单色仪,其光学结构如图 2-38-1 所示.

该仪器主要由三部分组成:①入射准直系统. 由入射狭缝 S_1 和凹面镜 M_1 组成,且 S_1 固定在 M_1 的焦面上,以使入射到棱镜的光为平行光束. ②色散系统.由棱镜 P 和平面镜 M 组成. 因棱镜对不同波长的光的折射率不同,各种波长的光通过棱镜后将向不同的方向散开. 平面镜 M 和棱镜 P 可一起绕通过棱镜底边中点的 O 轴转动. ③出射聚光系统.由出射狭缝 S_2 和聚焦物镜 M_2 组成. M_2 的作用是将棱镜分

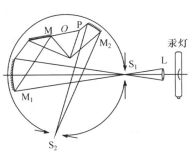

图 2-38-1 单色仪

出的不同方向的单色平行光会聚到狭缝 S_2 的平面上,形成光谱.

上述结构可使入射到 M 的光束与从棱镜出射的光束平行,且随着棱镜绕 O 轴转动,以最小偏向角通过棱镜的光束的波长也跟着改变,但它们总是恰好成像在出射狭缝 S_2 上. 这样,在 S_2 处便可获得不同波长的、单色性较好的单色光.

棱镜系统与仪器下部转动轴杆的鼓轮相连,鼓轮上刻有均匀的分度线. 鼓轮上每一读数(T)对应一个出射光的波长(λ)值. T-λ 的关系曲线称为单色仪的**定标曲线**(即色散曲线).

单色仪在出厂时,一般都附有定标曲线数据或图表. 由于长期使用后或运输的振动,定标值会有漂移,其数据有所改变. 这就需要重新调校,测定色散曲线

进行定标, 以对原数据进行修正.

2.38.1　单色仪定标

它是借助已知**线光谱**光源来进行的. 为了获得较多的点, 必须需要一组光源, 通常用汞灯、氢灯、钠灯、氖灯以及用铜、锌、铁做电极的弧光光源. 本实验选用汞灯作为已知线光谱光源, 它在可见区的主要谱线的相对强度和波长如图 2-38-2 及表 2-38-1 所示.

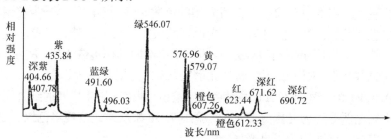

图 2-38-2　汞灯光源光谱

表 2-38-1　汞灯主要光谱线波长

颜色	波长/nm	强度
紫色	404.66	强
	407.78	中
	410.81	弱
	433.92	弱
	434.75	中
	435.84	强
蓝绿色	491.60	强
	496.03	中
绿色	546.07	强
黄色	576.96	强
	579.07	强
橙色	607.26	弱
	612.33	弱
红色	623.44	中
深红色	671.62	中
	690.72	中

【实验仪器】

单色仪、汞灯、低倍显微镜、会聚透镜等.

【实验内容】

1. 调整光路

见图 2-38-3，调节单色仪支脚上的螺丝 A 使仪器水平. 将光源放置在入射准直系统的光轴上，并在光源与入射缝之间放上会聚透镜. 使光源的像准确成在入射狭缝 S_1 上. 为了验证其共轴性，可再将会聚透镜拿开，用眼在出射缝 S_2 处看仪器内聚焦物镜 M_2. 若光源的像不在 M_2 的中央，可左右或上下移动光源的位置，使像居中. 再放回会聚透镜，使光源准确成像在 S_1 上. 这时，由 S_2 向内看，M_2 应被均匀照明(S_1 缝宽宜小). 若左右还不均匀，可适当调节透镜的左右位置，直至 M_2 被均匀照明为止. 最后再用半透明纸靠近 S_2，观察 S_1 的像，它应处在 S_2 的正中.

图 2-38-3　单色仪调整光路

2. 色散曲线的标定

(1) 置低倍显微镜于 S_2 处，对 S_2 的刀口进行调焦，使谱线最清晰. 调节缝宽使谱线细锐，并参照图 2-38-2 和表 2-38-1 辨认汞灯的光谱线.

(2) 显微镜的十字叉丝对准 S_2 的中心. 缓慢转动鼓轮 B(从光谱的紫端或红端开始，向一个方向转动，中途不可反向)，使各谱线中心依次对准叉丝. 分别记录鼓轮读数(T)与其对应的波长(λ). 各测三次取其平均值.

(3) 以谱线波长(λ)为横坐标，鼓轮读数(T)为纵坐标画出定标曲线.

2.38.2　测滤光片的光谱透射率

滤光片对各种波长的单色光的透射能力是不同的. 当一束波长为 λ 的单色光正入射到滤光片上时，设入射光强为 $I_0(\lambda)$，透射光强为 $I(\lambda)$，则滤光片的透射率 $T(\lambda)$ 定义为

$$T(\lambda) = \frac{I(\lambda)}{I_0(\lambda)} \tag{2-38-1}$$

只要测出不同波长的单色光的透射率，即可作出该滤光片的光谱透射率曲线.

常用光电探测器件(硒或硅光电池)测量入射光强和透射光强，以光电流值代表其光强值. 若光电器件的光谱响应是线性的，即光电流 $i(\lambda)$ 正比于受照射光强 $I(\lambda)$，又设照射到光电池上的入射光束与透射光束的垂直截面相同，则有

$$T(\lambda) = \frac{i(\lambda)}{i_0(\lambda)} \tag{2-38-2}$$

式中的 $i_0(\lambda)$ 与 $i(\lambda)$ 分别为光束通过滤光片前、后的光电流值.

【实验仪器】

单色仪、溴钨灯、滤光片、光电池、光点检流计、会聚透镜.

【实验内容】

(1) 按图 2-38-4 安排实验仪器. 待测滤光片 P 装在可左右滑动的座架上，座架上开有左右两个直径相等的圆孔. 将滤光片放入其中一个圆孔上，测量时使这两圆孔轮流地处于同一位置. 用透镜 L_1 使溴钨灯 M 发出的平行光垂直地照明位于上述位置的圆孔. 用透镜 L_2 将光束会聚在单色仪入射狭缝 S_1 上. 光路的调整与单色仪定标实验相同.

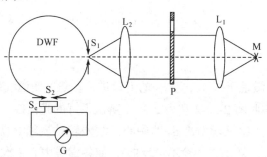

图 2-38-4　实验光路图

(2) 光电池 S_e 应紧贴出射狭缝 S_2，并盖上黑布或黑纸套，以遮去室内杂散光. 光电池两电极与光点检流计 G 相接.

(3) 在 $0.10 \sim 0.25\text{mm}$ 适当选取入射狭缝和出射狭缝的宽度.

(4) 测量从光谱的紫端或红端开始，每转动一定距离鼓轮，记录一次鼓轮读数和有、无滤光片时检流计的偏转格值 $i(\lambda)$ 和 $i_0(\lambda)$，直到光谱的另一端为止. 各读数所对应的波长值可从定标曲线上查到.

(5) 根据所测数据，以波长 λ 为横坐标，透射率 $T(\lambda)$ 为纵坐标作图，可得滤光片在可见区的光谱透射率曲线.

【思考题】

(1) 单色仪定标测量时,鼓轮的旋转方向应如何考虑? 为什么?

(2) 用单色仪测量时,入射缝宽、出射缝宽如何选取?

(3) 怎样利用单色仪测未知光源的波长?

(4) 为什么当光束以最小偏向角通过棱镜时,入射到平面镜 M 的光束与从棱镜出射的光束平行?

(5) 为什么要用平行光束照射光片?

2.39　法布里-珀罗干涉仪

【实验目的】

(1) 了解法布里-珀罗(F-P)干涉仪的结构、特点、调节和使用方法;

(2) 了解法布里-珀罗干涉仪的原理,观察法布里-珀罗干涉现象.

【实验原理】

法布里-珀罗干涉仪是利用多光束干涉产生十分细锐条纹的较为精密的仪器,图 2-39-1 为这种干涉仪的示意图. 它的核心部分是两块略带楔角,内表面平行并镀有高反射膜的玻璃或石英板,由它们构成一个具有高反射率表面的空气或介质平行平板,要求镀膜的表面与标准板之间的偏差不超过 $1/50 \sim 1/20$ 个波长. F-P 外表面的倾斜是为了使反射光偏离透射光的视场,从而避免杂散光干扰,在实际仪器中,两块楔形板分别安装在可微调的镜框内,通过方位调节,以保证两平板内表面严格平行. 此外,靠近光源 S 的一块平板可在精密导轨上平移,以改变两板间介质的厚度 d_0. 在有些应用中,使用固定隔圈把两板间的距离固定(通常采用石英或铟钢作间隔),则称为法布里-珀罗标准具;若两平行的镀银表面的间隔可以改变,则称为法布里-珀罗干涉仪. 光源 S 放在透镜 L_1 的焦平面上,使许多方向不同的平行光束入射到干涉仪上,在 G,G′ 间作来回多次的反射. 最后透射出来的平行光束在第二透镜 L_2 的焦平面上形成同心圆形等倾干涉条纹.

图 2-39-2 表示一入射角 i_1 (折射角为 i_2)光束的多次反射和透射. 设镀银面的反射率为 $\rho = \left(\dfrac{A'}{A_0} \right)^2$,其中 A_0 为入射光第一次射到前表面 G 时的振幅, A' 为反射光的振幅,则透射光的振幅为 $\sqrt{1-\rho}\, A_0$,第一次在后表面 G′ 反射的振幅为 $\sqrt{\rho(1-\rho)}\, A_0$. 从后表面 G′ 相继透射出来的各光束的振幅依次为 $(1-\rho)A_0$, $\rho(1-\rho)A_0$, $\rho^2(1-\rho)A_0$, $\rho^3(1-\rho)A_0$, $\cdots$,这些透射光束都是相互平行的,如果一起通过透镜 L_2,则在焦

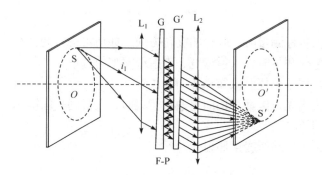

图 2-39-1　法布里-珀罗干涉仪示意图

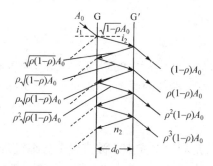

图 2-39-2　法布里-珀罗干涉仪原理图

平面上形成薄膜干涉条纹. 每两束相邻光在到达透镜 L_2 的焦平面上的同一点时,彼此的光程差都相等, 其值为 $\delta = 2n_2 d_0 \cos i_2$. 由此引起的相位差为 $\varphi = \dfrac{2\pi}{\lambda}\delta = \dfrac{4\pi}{\lambda}n_2 d_0 \cos i_2$; 若第一束透射光的初相位为零, 则各光束的相位依次为: $0, \varphi, 2\varphi, 3\varphi, \cdots$ 振幅以等比级数(公比为 ρ)依次递减(因 $\rho < 1$), 相位则以等差级数(公差为 φ)依次递增. 多束透射光叠加的合振幅 A 的平方由下式表示:

$$A^2 = \frac{A_0{}^2}{\left[1 + \dfrac{4\rho}{(1-\rho)^2}\sin^2\left(\dfrac{\varphi}{2}\right)\right]} \tag{2-39-1}$$

式中, $1\Big/\left[1 + \dfrac{4\rho}{(1-\rho)^2}\sin^2\left(\dfrac{\varphi}{2}\right)\right]$ 称为艾里函数, 其中 $F = \dfrac{4\rho}{(1-\rho)^2}$ 称为精细度, 它反映了干涉条纹的细锐程度. 由上式可知, 对于给定的 ρ 值, A^2 随 φ 而变. 当 $\varphi = 0, 2\pi, 4\pi, \cdots$ 时, 振幅为最大值 A_0; 当 $\varphi = \pi, 3\pi, 5\pi, \cdots$ 时, 振幅为最小值 $\left(\dfrac{1-\rho}{1+\rho}\right)A_0$; 透射光束光强的最小值与最大值的比为 $\left(\dfrac{1-\rho}{1+\rho}\right)^2$. 因此, 反射率 ρ 越

大，可见度越显著，由(2-39-1)式还可看到 A 与 ρ 的关系：当 $\rho \to 0$ 时，不论 φ 值的大小如何，A 几乎不变，即分不清楚最大值与最小值. 当 $\rho \to 1$ 时，只有 $\varphi = 0, 2\pi, 4\pi, \cdots$ 时才出现最大值；φ 如与上值稍有不同，则 $\sin^2 \dfrac{\varphi}{2} \neq 0$，$A$ 即接近于零. 以 A^2 / A_0^2 为纵坐标，相位差 φ 为横坐标，则艾里函数可绘成如图 2-39-3 所示的曲线. 实线反映的是反射率接近于 1 的情况，此时透射光干涉图样由几乎全黑的背景下一组很细的亮条纹构成，随着反射率的增大，透射光暗条纹的强度降低，亮条纹的宽度变窄，因此条纹的锐度和可见度增大. 两条虚线反映的是反射率很小的情况，极大到极小的变化十分缓慢，透射光条纹的可见度很差.

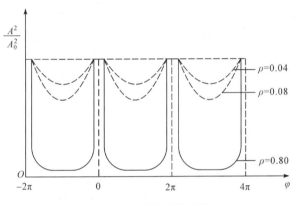

图 2-39-3　艾里函数曲线

由相位差 $\varphi = \dfrac{4\pi}{\lambda} n_2 d_0 \cos i_2$，如把单色面光源放在透镜 L_1 的焦平面上(图 2-39-1)，光源上不同点处所发出的光通过 L_1 后形成一系列方向不同的平行光束，以不同的入射角 i_1 射到 G 面上. 由于 λ 和 d_0 都是给定的，φ 就唯一地取决于 i_2 (因而也就取决于 i_1). 入射角相同的入射光经过法布里-珀罗干涉仪的透镜 L_2 后，都会聚于 L_2 的焦平面的同一个圆周上，以不同入射角入射的光，就形成同心圆形等倾干涉条纹. 镀银面 G 和 G′ 的反射率 ρ 越大，干涉条纹越清晰明锐，这是法布里-珀罗干涉仪相比迈克耳孙干涉仪所具有的最大优点. 此外，法布里-珀罗干涉仪的两相邻透射光的光程差表达式和迈克耳孙干涉仪的完全相同，这决定了这两种圆条纹的间距、径向分布等很相似. 只不过前者是振幅急剧递减的多光束干涉，后者是等振幅的双光束干涉. 这一差别导致前者的亮条纹极其细锐. 如用复色面光源，则 φ 还随 λ 而变，即不同波长的最大值出现在不同的方向，复色光就展开成彩色光谱. ρ 越大，条纹越细锐. 法布里-珀罗干涉仪和标准具所产生的干涉条纹具有十分清晰明锐的特点，使它成为研究光谱线超精细结构的强有力的工具. 激光谐振腔就是应用了法布里-珀罗干涉仪和标准具的原理.

还应指出，当 G、G′ 面的反射率很大时(实际上可达90％，甚至98％以上)，由 G′ 透射出来的各光束的振幅基本相等，这接近于等振幅的多光束干涉. 计算这些光束的叠加结果，合振幅 A 可表示为 $A^2 = A_0^2 \dfrac{\sin^2(N\varphi/2)}{\sin^2(\varphi/2)}$，式中 A_0、N、φ 分别为每束光的振幅、光束的总数和各相邻光束之间的相位差. 由上式可知，当

$$\varphi = 2i\pi(i = 0, \pm 1, \pm 2, \pm 3, \cdots)\ \text{时，得到主最大值：}\ A_{\max}^2 = \lim_{\varphi \to 2i\pi} A_0^2 \frac{\sin^2(N\varphi/2)}{\sin^2(\varphi/2)} = N^2 A_0^2.$$

当 $\varphi = 2i'\dfrac{\pi}{N}[i' = \pm 1, \pm 2, \cdots, \pm(N-1), \pm(N+1), \cdots, \pm(2N-1), \pm(2N+1), \cdots]$ 时，得到最小值：$A^2 = 0$. 注意 $A^2 = 0, i' \neq 0, \pm N, \pm 2N, \cdots$，这时已变为主最大值的条件. 则在两个相邻主最大值之间分布着 $(N-1)$ 个最小值，又因为相邻最小值之间必有一最大值，故在两个相邻的主最大之间分布着 $(N-2)$ 个较弱的最大光强，称为次最大. 可以证明，当 N 很大时，最强的次最大值不超过主最大值的 $1/23$.

【实验仪器】

实验仪器实物图见图 2-39-4.

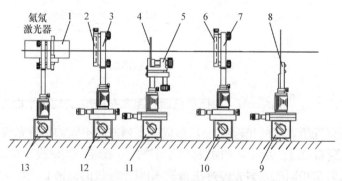

图 2-39-4　实验仪器实物图

1. 氦氖激光器；2. 扩束镜：$f = 6.2\text{mm}$；3. 二维调整架：SZ-07；4. 法布里-珀罗标准具；5. 二维调整台：SZ-11；6. 透镜 $f = 190\text{mm}$；7. 二维调整架：$f = 190\text{mm}$；8. 白屏 H：SZ-13；9~13. 公用底座：SZ-04

【实验内容】

(1) 把所有仪器按实物图的顺序摆放在平台上，靠拢后目测调至共轴. 调节激光器的倾角，使其发出的光束平行于平台面.

(2) 调节 $f = 190\text{mm}$ 的透镜直到白屏上出现清晰的干涉条纹. 这就是法布里-珀罗干涉条纹.

(3) 试设计用法布里-珀罗干涉仪测定钠黄双线的波长差.

【思考题】

(1) 当人眼自上而下运动时，若发现有条纹从视场中心不断"涌出"，试分析标准具中空气膜层厚度的分布情况，怎样调节才能使条纹稳定不变？

(2) 如果读数显微镜视场里的干涉条纹不能同时清晰，这是什么原因？为什么有时候会出现一套条纹较粗，另一套条纹较细的现象？

(3) 用读数显微镜测量干涉圆环直径时，应注意哪些问题？

(4) 试比较法布里-珀罗干涉仪所产生的干涉条纹与迈克耳孙干涉仪所产生的干涉条纹异同之处？

(5) 在分析法布里-珀罗腔的选频作用时，为什么不考虑入射光相干长度的限制？试设计用法布里-珀罗干涉仪如何测定钠黄双线的波长差？

(6) 设法布里-珀罗腔长为 5cm，用扩展激光光源实验，波长为 600nm.

① 求中心干涉条纹；

② 设反射率为 $R = 0.98$，求光线倾角为 1°附近时干涉环的角半径；

③ 求该法布里-珀罗腔的色分辨本领和可分辨的最小波长间隔；

④ 如用此法布里-珀罗腔对白光选频，透射最强的谱线有几条，每条谱线宽度为多少？

⑤ 若热胀冷缩致腔长变化为 10^{-5}（相对值），谱线漂移量为多少？

(7) 设反射率 $R = 0.95$，有两个波长 λ_1 和 λ_2，在 6000Å 附近相差 0.001Å，要用法布里-珀罗干涉仪把它们分辨开来，间隔 h 要多大？

(8) 在 500nm 附近有波长差为 10^{-4}nm 的两条谱线，若要用腔镜的反射率为 0.98 的法布里-珀罗干涉仪分辨这两条谱线，求法布里-珀罗腔的最小腔长.

2.40　小型棱镜摄谱仪

【实验目的】

(1) 了解棱镜摄谱仪的基本结构和调整方法；
(2) 掌握用比较光谱法测定待测光波波长值的一般原理和摄谱方法.

【实验原理】

早在 1666 年，伟大的英国物理学家艾萨克·牛顿首先发现，玻璃棱镜对光波具有色散的性质，能将复色光中各种不同的波长成分按一定规律展开，形成光谱. 利用棱镜的这种性质，人们制造了许多分光仪器用以研究各种光源的光谱. 小型棱镜摄谱仪就是其中较为常用的一种.

1. 仪器的基本结构

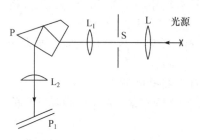

图 2-40-1　小型棱镜摄谱仪基本结构

小型棱镜摄谱仪的基本结构如图 2-40-1 所示. 它由三个部分组成: ①准直系统. 它包括入射狭缝 S 和准直透镜 L_1, S 正好处于 L_1 的焦平面上. ②棱镜色散系统. 它由一个恒偏向棱镜 P 和一个圆形平台组成, 棱镜置于平台之上. 平台可通过旋转外接鼓轮而旋转, 以改变入射光相对于棱镜的入射角. ③照相系统. 它包括成像透镜 L_2 和照相暗盒 P_1. L_2 的位置可前后移动(调焦); P_1 的倾斜度及在竖直方向的位置均可调节. 这些调节装置是为了保证在 P_1 上得到最为清晰的光谱图. 在特殊情况下, 可将 P_1 卸下, 换上看谱管, 则该仪器可当作单色仪使用. 也可用看谱管观察光谱.

2. 仪器的工作原理

由光源发出的复色光经由会聚透镜 L 会聚后进入摄谱仪狭缝 S, 再经由准直透镜 L_1 的作用变成平行光入射到棱镜 P 上; 由于棱镜的色散作用, 入射光中不同波长的成分将被分开, 以不同的出射角由棱镜射出, 再经过透镜 L_2 的作用成像于 P_1 上不同的位置, 形成**光谱**. 其中, 凡符合最小偏向角条件的那个波长的光谱线, 将处在 P_1 的中央. 若在暗盒中装入感光胶片, 选择一定的曝光时间使其感光, 再经过暗室处理后便得到了一张光谱照片.

3. 谱线测量原理

所谓谱线测量, 是指利用已知波长的谱线推算待测谱线的波长. 一般的做法是: 先拍摄已知谱线和待测谱线的**比较光谱**, 然后测量它们各自在光谱照片中的相对位置, 再利用**线性内插法**或最小二乘法计算出待测谱线的波长.

比较光谱是指已知波长的谱线与待测波长的谱线拍摄在同一张照相胶片上, 并用上下错开的摄谱方法制成. 为此, 摄谱仪入射狭缝前均配有**哈特曼光阑**. 该光阑上开有三个斜列的矩形孔, 上一孔的底线位于下一孔的顶线延长线上. 在光阑的右边刻有三条竖线, 若第一孔对准狭缝, 则第一条竖线恰与光缝保护盖相切, 其余以此类推. 通常, 人们总是利用第二孔拍摄未知谱线, 利用一、三孔拍摄已知谱线. 这样, 拍出的光谱照片上就形成两排已知谱线之间夹着一排待测谱线的光谱形式. 哈特曼光阑的外形和所拍比较光谱的简图如图 2-40-2 和图 2-40-3 所示.

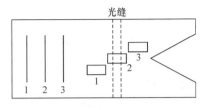

图 2-40-2　哈特曼光阑

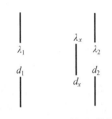

图 2-40-3　比较光谱简

一般说来，棱镜的色散是非均匀的，但在一个较小的波长范围内，可以认为色散是均匀的，即谱线在底片上的位置与波长之间呈线性关系. 根据图 2-40-3 所示的比较光谱简图，设已知谱线的波长为 λ_1、λ_2，待测谱线的波长为 λ_x；它们在底片上的位置可由读数显微镜或比长仪读出，分别记为 d_1、d_2 和 d_x. 根据这些数据和均匀色散的假定，待测谱线和已知谱线的波长值与它们的位置关系为

$$\frac{\lambda_x - \lambda_1}{\lambda_2 - \lambda_1} = \frac{d_x - d_1}{d_2 - d_1}$$

若 λ_1、λ_2 已知，相应的位置坐标 d_1、d_2 和待测谱线的位置坐标 d_x 由实验测得，则 λ_x 即可由下式确定：

$$\lambda_x = \lambda_1 + \frac{d_x - d_1}{d_2 - d_1}(\lambda_2 - \lambda_1)$$

这种测量谱线波长的方法称为"线性内插法". 该种方法对测量线状光谱甚为有效，是科研和生产部门分析物质成分、含量和原子、分子结构的常用方法之一.

【实验器材】

小型棱镜摄谱仪、汞灯、钠光灯、读数显微镜(最小分度值 $0.01\mathrm{mm}$)、照相感光片、显影药液、定影药液.

【实验内容】

1. 调整摄谱仪

摄谱仪的调整主要包括平行光管的调整、仪器中心谱线位置的调整、透镜 L_2 的位置及暗盒倾斜度的调整.

平行光管的调整是将狭缝 S 调在准直透镜 L_2 的焦面上，并使狭缝竖直，出射平行光. 可用成像无限远的望远镜来校验. 中心谱线位置的调整是指调整棱镜 P 的位置，使仪器所预置的中心谱线(即波长满足最小偏向角的谱线)落在暗盒的中央. 而 L_2 和暗盒倾斜度的调整是为了使所摄光谱具有最佳的清晰度.

2. 拍摄汞灯和钠光灯的比较光谱

(1) 调整光路合理安排光源和会聚透镜 L 的放置位置，使其与准直透镜 L₁ 共轴. 并沿光轴方向前后移动 L，使光源所发出的光聚焦于狭缝 S 上. L 的位置固定后，就不要再动. 若因光源变换引起聚焦不准，则应调整光源位置.

(2) 安装胶片最好采用与暗盒内仓大小相同的玻璃硬片. 若无，可采用照相馆所用的普通全色硬片或 120 全色胶卷，按一定大小裁剪后装入暗盒. 装入胶片的过程应在全黑条件下完成.

(3) 利用哈特曼光阑拍摄比较光谱. 本实验中选用汞光谱作已知光谱，钠光谱双线作待测光谱. 先用汞灯作光源，利用暗盒框架旁的标尺选择两个暗盒所处的位置. 在每个位置上，用哈特曼光阑的一、三孔各拍摄两次汞灯光谱. 选择暗盒位置的原则是保证每次所拍光谱不致重叠. 然后换下汞灯，用钠灯作光源. 仍将暗盒分别置于上述两个位置上，利用哈特曼光阑的中间孔各拍摄一次钠灯光谱. 各组的曝光时间、狭缝宽度由实验室给定. 摄谱工作完成后，取出胶片，显影、定影、水洗、吹干，就得到一张有两组比较光谱的照相底片.

3. 测定钠双线的波长

将拍好的比较光谱底片放在读数显微镜或比长仪下，选择拍得最好的一组测定钠双线及其附近的汞光谱线的位置坐标. 重复 5 次测量，利用线性内插法公式计算钠双线的波长值.

注意：该实验若用高压电源激发的铁弧作光源来拍摄比较光谱，比用比长仪测谱线实验结果会更好.

【思考题】

(1) 为什么摄谱时要用全色胶片？
(2) 为什么照相暗盒须有一定的倾斜度才能使所拍光谱的所有谱线清晰？
(3) 影响测量结果精确度的因素有哪些，为什么？

参 考 文 献

饭田修一，大野和郎，泽田正三，等. 1987. 物理学常用数表[M]. 曲长芝译. 北京: 科学出版社.

龚镇雄. 1985. 普通物理实验中的数据处理[M]. 西安: 西北电讯工程学院出版社.

贾玉润，王公治，凌佩玲. 1987. 大学物理实验[M]. 上海: 复旦大学出版社.

李惕培. 1981. 实验的数学处理[M]. 北京: 科学出版社.

林杼，龚镇雄. 1981. 普通物理实验[M]. 北京: 高等教育出版社.

沈元华，陆申龙. 2003. 基础物理实验[M]. 北京: 高等教育出版社.

泰勒 F. 1990. 物理实验手册[M]. 张雄，等译. 昆明: 云南科技出版社.

王国华. 1987. 大学物理实验[M]. 贵阳: 贵州人民出版社.

杨述武. 1983. 普通物理实验[M]. 北京: 高等教育出版社.

杨述武. 2000. 普通物理实验(一、力学及热学部分)[M]. 北京: 高等教育出版社.

云南师范大学. 1989. 大学物理实验[M]. 重庆: 西南师范大学出版社.

张皓晶. 2019. 普通物理实验教程[M]. 昆明: 云南人民出版社.

张雄, 王黎智, 马力, 等. 2001. 物理实验设计与实验研究[M]. 北京: 科学出版社.

曾贻伟, 龚德纯, 王书颖, 等. 1990. 普通物理实验教程[M]. 北京: 北京师范大学出版社.

(第 2 章由云南师范大学物理实验教学示范中心供稿，张雄、王黎智、郑永刚编)

第3章 提高性实验

3.1 用光电计时法测定重力加速度

【实验目的】

(1) 掌握用光电计时法测定重力加速度的方法;

(2) 学会用数字毫秒计测量微小时间间隔.

【实验原理】

重力加速度测定仪如图 3-1-1 所示.

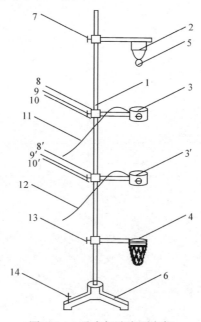

图 3-1-1 重力加速度测定仪

1. 立柱；2. 电磁铁；3、3′. 光电门；4. 接球网；5. 钢球；6. 三脚架；7. 紧固螺钉；8、8′. 弹簧片；9、9′. 调整条；10、10′. 调整螺钉；11.G$_1$ 引线(接毫秒计)；12.G$_2$ 引线(接毫秒计)；13. 紧固螺钉；14. 调平螺杆

立柱固定在三脚架上, 上端有一个电磁铁. 当电磁铁的线圈接通低压电源时, 电磁铁可以吸住小钢球；切断电源时, 小钢球下落, 做自由落体运动. 为了精确测定小钢球的下落时间, 在立柱上装有两个可以上下移动的光电门分别用导线与

数字毫秒计的相应部分连接. 当小钢球依次通过两光电门时, 将对两光电门上的光敏管分别挡光一次. 此挡光信号, 经光敏管转换为电信号去控制毫秒计开始计时(或停止计时), 数字毫秒计所显示的就是小钢球通过两光电门时两次挡光之间的时间.

在重力作用下, 物体自由落体运动是匀加速直线运动. 物体受重力作用产生的加速度叫重力加速度. 在地球上同一地点, 对于任何物体, 重力加速度是相同的. 因此, 当物体垂直下落时, 其运动可用下列方程来描述:

$$s = v_0 t + \frac{1}{2} g t^2 \tag{3-1-1}$$

式中, v_0 为初速度, s 是在时间 t 内物体下落的距离, g 是重力加速度. 如果物体下落的初速度为零, 即 $v_0 = 0$, 则 $s = \frac{1}{2} g t^2$. 只要测得物体下落最初 t 时间内通过的距离 s, 就可以算出 g 值.

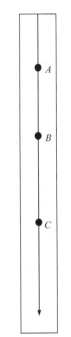

为了解决测定 s 的困难, 同时消除剩磁的影响, 还可以采用下面的方法, 如图 3-1-2 所示, 让小钢球从 O 点开始沿 O_y 自由下落, 设它到达 A 的速度是 v_1, 从 A 点起, 经过时间 t_1 后, 小钢球到达 B 点. 令 A、B 两点间的距离是 s_1, 则

$$s_1 = v_1 t_1 + \frac{1}{2} g t_1^2 \tag{3-1-2}$$

如果保持速度 v_1 不变, 从 A 点起, 经过时间 t_2 后, 小钢球到达 C 点, 令 A、C 两点之间的距离为 s_2, 则

$$s_2 = v_1 t_2 + \frac{1}{2} g t_2^2 \tag{3-1-3}$$

由(3-1-2)式和(3-1-3)式消去 v_1, 可得

$$g = \frac{2(s_2 / t_2 - s_1 / t_1)}{t_2 - t_1} \tag{3-1-4}$$

式中 s_1、s_2 是先后两次两光电门之间的距离, 可以直接从立柱上的刻度尺读出. t_1、t_2 是对应小钢球经 s_1、s_2 的时间, 可从数字毫秒计上读出. 将所得数据代入(3-1-4)式即可测得重力加速度 g 值.

图 3-1-2　重力加速度的测定

【实验器材】

QDZT-2 重力加速度测定仪、SSM-5C 数字毫秒计、低压电源.

【实验内容】

(1) 将重锤装在立柱上端, 调节座上的调平螺丝, 使立柱处于铅直状态后,取下重锤(注意不使立柱发生移动)，换上电磁铁，接好连接线.

(2) 调节数字毫秒计面板上的有关旋钮，使其能正常显示数字. 接通电磁铁电源(6V)，使它吸住小钢球. 移动上光电门到紧靠小钢球的下端，使小钢球处于对光敏管要挡光又不挡光的临界状态.

(3) 临界状态调好后，上光电门位置保持不动，将下光电门移到适当位置，使毫秒计复零. 切断电磁铁电源，小钢球自由下落. 记下毫秒计显示的时间 t 和两光电门中心位置之间的距离 s. 让小钢球再重复下落三次，求出 t 的平均值. 根据(3-1-1)式计算 g 值.

(4) 改变光电门的位置，重复步骤三次，根据(3-1-1)式计算 g 值. 求出 g 的平均值，进行误差计算.

(5) 将上光电门向下移动一定位置，如图 3-1-2 所示，下光电门放在适当位置. 切断电磁铁电源，小钢球自由下落. 读出两光电门中心位置间的距离 s_1，记下毫秒计显示的时间 t_1，再重复三次，求出 t_1 的平均值.

(6) 保持上光电门的位置不变，改变下光电门的位置，按步骤(5)读出两光电门中心位置间的距离 s_2 和时间 t_2. 重复三次，求出 t_2 的平均值.

(7) 将所得的 t_1，t_2，s_1，s_2，代入(3-1-4)式可测得重力加速度 g 值，进行误差计算(本地区重力加速度的标准值由实验室给出).

注意：实验操作时动作要轻，不能在立柱晃动的状态下进行实验.

【思考题】

(1) 如果用体积相同而质量不同的小木球来代替小钢球，试问实验所得到的 g 值是否相同？

(2) 试比较一下，按(3-1-1)式和(3-1-4)式测得的重力加速度各有哪些优缺点？

(3) 本实验能否用作图法求 g 值？如果可以，请你用作图法求出 g 值.

3.2　用分析天平测量空气密度

【实验目的】

(1) 学习精密称衡；

(2) 测量空气的密度.

【实验原理】

1. 精密称衡

进行精密称衡时，必须首先明确所选用的天平能使待测质量取值到哪一位？

用什么方法来获取这样的取值？本实验所使用的摆动式分析天平(图 3-2-1)可以使质量读数的末位精确取值到十分之几毫克. 为达到此目的，须测天平的停点、零点和灵敏度，然后用这些参量来求出毫克为单位的下一位数值，即 0.1 毫克，加上直读砝码就是称衡结果. 必要时，还需用复称法(高斯法)来修正因天平不等臂而引入的误差，使测量结果更为可靠.

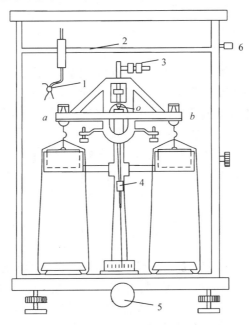

图 3-2-1　分析天平

1. 游码；2. 游码杆；3. 平衡螺丝；4. 重心螺丝；5. 止动旋钮；6. 游码拉动栓

(1) 天平的停点、零点和灵敏度. 天平处于平衡状态时，指针在刻度尺上所指的位置称为停点. 如图 3-2-2(a)所示，指针的三个位置 e_0，e_1 及 e_2 都叫停点. 天平无负载时的停点称为天平的零点. 在调整天平时，要利用图 3-2-1 中的平衡螺丝 3 将指针调整在刻度尺的中心位置附近，使所测零点约相当于图中 e_0 的位置，一般不能超过 1～2 个刻度. 天平的停点和零点是在动态情况下测量的，让天平正常摆动之后，取连续五次或三次振幅的平均值为停点，即

$$e_1 = \frac{1}{2}\left[\frac{1}{3}(a_1 + a_3 + a_5) + \frac{1}{2}(a_2 + a_4)\right] \tag{3-2-1}$$

由于指针摆动的振幅逐渐衰减，因此各 a 值一定要取左右连续摆动的振幅，且总数为奇数. 读数要求估读到 1/10 格. 如图 3-2-2(b)所示，自右开始读取指针尖端的位置读数为：$a_1 = 3.6$，$a_2 = 17.7$，$a_3 = 4.1$，$a_4 = 17.1$，$a_5 = 4.9$，由(3-2-1)式得 $e_1 = 10.8$. 若无负载，则 $e_1 = e_0$ 为天平的零点.

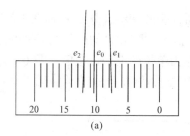 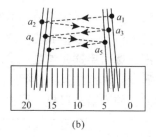

图 3-2-2　测量方法

当有负载或无负载的天平平衡时，再加单位微量砝码而引起指针的偏移量叫做天平的灵敏度. 由于在分析天平上常取得微量是 1mg，所以把灵敏度定义为 1mg 砝码所引起的指针的偏移量，其单位是格/mg. 或者，使指针偏移 1 个刻度所需要增加的砝码量称为天平的感量. 很明显，灵敏度与感量互为倒数. 在天平出厂的标牌上，常用感量来表征天平的精度. 感量越小的天平，其灵敏度越高.

设某一负载下的停点为 e，增加 1mg 的砝码时，其停点变为 e'，则该负载下的灵敏度为

$$S = \frac{|e' - e|}{1} = |e' - e| \quad (格/mg) \tag{3-2-2}$$

天平的灵敏度随负载的增加而降低，也就是与重心的位置有关，当重心螺丝靠近中心支点即刀口 O 时，灵敏度最高. 此外，灵敏度还与横梁的重量有关.

(2) 用单称法测质量. 一次称衡确定待测质量叫单称法. 在测出天平的零点 e_0 后，将被测物置于左盘，如果在右方所加的砝码(包括游码)能使天平平衡且指针的停点恰好等于零点，那么砝码的总读数就是被测物的质量. 但问题并非这样简单，所测出的停点与零点 e_0 并不相等，在这种情况下，就不能用砝码的总读数 m 去充当被测物的质量 M. 两者之间必相差一个微小量 Δm，精密称衡的重要任务就是通过测灵敏度去确定 Δm 这一微小量.

设称衡某物时，砝码总读数为 m，此时天平的停点 e_1 位于 e_0 的右方，即 $e_1 < e_0$，如图 3-2-2 所示，这说明待测质量 $M > m$. 当再加 1mg 砝码时，则停点 e_2 位于 e_0 的左方，这说明 $M < m + 0.001\,g$. 于是有 $m < M < m + 0.001\,g$. 可见，只要增加一个小于 1mg 的量 Δm，就能使天平的停点与零点趋于等值. 由于指针的实际偏角很小，可以认为 Δm 与指针相对于零点的增量 Δe 成正比，因此有

$$\Delta m = \frac{e_1 - e_0}{S} \, (mg) \tag{3-2-3}$$

式中 $S = |e_2 - e_1|$，即 1mg 砝码引起指针的绝对偏移量. 于是被测物的质量

$$M = m + \Delta m = m + \frac{e_1 - e_0}{S} \tag{3-2-4}$$

从天平指针标牌上刻度的具体情况出发，可在上式的 Δm 前冠一个负号，这就得到一个普适公式

$$M = m - \frac{e_1 - e_0}{S} \tag{3-2-5}$$

我们常把上述称衡法叫做单称法. 有时需要称两次，且需要将被测物置于右盘，砝码加在左盘进行称衡. 若在此情况下测得的停点为 e_3，砝码质量仍为 m，则可以证明

$$M = m + \frac{e_3 - e_0}{S} \tag{3-2-6}$$

在同一负载下，(3-2-6)式和(3-2-5)式中的灵敏度应取同一值，即 $S = |e_2 - e_1|$.

(3) 复称法. 天平的两臂相等是相对的，两臂不等是绝对的. 因此，不等臂性(也称正确性)是天平的主要特性之一. 在精密称衡中，常常需要修正不等臂所导致的误差. 而常用的修正是复称法，也称高斯法. 此法就是分别把被测物放在左右盘中各称一次，取两次测量值的算术平均值作为测量结果. 设左、右臂的长度分别为 L_1 和 L_2，将实际质量为 M 的被测物置于左、右盘中，分别称衡的结果为 m_1 和 m_2，根据杠杆原理有 $ML_1 = m_1 L_2$ 及 $m_2 L_1 = ML_2$. 由这两式得

$$M = (m_1 \cdot m_2)^{\frac{1}{2}} \tag{3-2-7}$$

由于 m_1 和 m_2 相差甚小，所以可将上式变形、展开并取一次项得

$$M = \frac{1}{2}(m_1 + m_2) \tag{3-2-8}$$

(3-2-8)式的证明详见本实验【附录】.

根据测 m_1 和 m_2 时的停点和灵敏度，由(3-2-5)式、(3-2-6)式、(3-2-8)式得复称结果的最终表达式

$$M = \frac{1}{2}\left(m_1 + m_2 + \frac{e_3 - e_1}{S}\right) \tag{3-2-9}$$

由上式可见，若采用复称法，则可以不测天平的零点.

2. 测量空气密度

若将体积为 V 的定容瓶(图 3-2-3)抽空，测其质量为 m_1，充入空气后测其质量为 m_2，则空气密度为

$$\rho = \frac{m_2 - m_1}{V} \tag{3-2-10}$$

式中 ρ 是实验条件下的空气密度，需用下式换算成标准状

图 3-2-3　定容瓶

态(0℃, 760mmHg^{①})下干燥空气的密度

$$\rho_0 = \rho\left(1 - 0.623\frac{p_水}{p - p_水}\right)\frac{760}{p - p_水}(1 + 0.00366t) \tag{3-2-11}$$

式中 p 为大气压强, 以 mmHg 为单位. $p_水$ 为测量时空气中的水蒸气的分压强, 它等于室温 t 时水的饱和蒸汽压乘以当时的相对湿度. 关于(3-2-11)式的推证见本实验【附录】.

【实验器材】

分析天平、定容瓶、真空泵、火花检漏器、气压计和干湿泡温度计等.

【实验内容】

(1) 调整天平, 测定零点. 按操作程序调整天平, 使之处于待测状态. 将游码拨在横梁标尺的零位, 测定天平的零点 e_0. 要求 e_0 值在指针刻度尺的中心线附近, 不得偏离 1 分格以上, 否则需用平衡螺丝 3 进行调整. 记录零点测量数据.

(2) 用真空泵(机械泵)抽出定容瓶内的空气. 要求瓶中残留气体的压强在 0.1mmHg 以下, 可用火花检漏器探查.

(3) 用单称法测量定容瓶的质量 m_1; 在取得各项必要的数据之后, 旋开瓶塞, 引空气入瓶, 测量充气后的瓶的质量 m_2, 记录各项数据.

(4) 读取大气压强 p 值; 由湿度计读取干湿两球的温度 t 和 t'; 查出相对湿度值; 查出与 t 对应的饱和蒸汽压. 求出分压强 $p_水$ 之值. 按式(3-2-10)计算空气密度 ρ, 并由式(3-2-11)计算标准状态下干燥空气的密度 ρ_0. 用 ρ_0 与公认值 $1.293\times10^{-3}\text{g/cm}^3$ 比较, 计算百分误差.

【思考题】

(1) 天平的操作规程主要有哪些?

(2) 为何要测天平的灵敏度? 在精密称衡中, 可否将游码跨在标尺上相邻的两个毫克分格之间去估读 Δm 之值? 试述精密称衡的步骤.

(3) 怎样判断抽气后的定容瓶是否漏气?

(4) 什么叫复称法? 为何要进行复称? 怎样求出天平两臂之比值? 若两臂比值为已知, 那又怎样判定你在称衡时是否需要复称?

(5) 在称衡中, 如果考虑空气浮力对被测物和砝码的影响, 试写出表达式.

(6) 有一分析天平, 其指针刻度标牌的零位不是在标牌的右端而是在其中间,

---

① 1mmHg=1.333×10^2Pa.

在此情况下，(3-2-5)式、(3-2-6)式、(3-2-9)式是否适用？若不适用，应该怎么样改写这三个公式？

【附录】

1. 关于(3-2-8)式的证明

将(3-2-7)式 $M=(m_1 m_2)^{\frac{1}{2}}$ 改写成 $M=m_2\left(1+\dfrac{m_1-m_2}{m_2}\right)^{\frac{1}{2}}$，再按牛顿二项式展开得

$$M=m_2\left[1+\frac{1}{2}\frac{m_1-m_2}{m_2}-\frac{1}{8}\left(\frac{m_1-m_2}{m_2}\right)^2+\cdots\right]$$

因 $(m_1-m_2)\ll m_2$，故可略去高次项，于是得

$$M=m_2\left(1+\frac{1}{2}\frac{m_1-m_2}{m_2}\right)=\frac{1}{2}(m_1+m_2)$$

2. 关于求臂比及其他

由复称的两式 $ML_1=m_1 L_2$ 及 $m_2 L_1=ML_2$ 中消去 M 使得天平两臂长之比

$$\frac{L_1}{L_2}=\sqrt{\frac{m_1}{m_2}}=\frac{1}{m_2}(m_1\cdot m_2)^{\frac{1}{2}}$$

或者略去高次项得

$$\frac{L_1}{L_2}=\frac{1}{2m_2}(m_1+m_2)$$

只要复称一次，得到两砝码读数 m_1 和 m_2，就可按上式计算臂比. 若一台天平的臂比为已知，只需取一单称值代入上式，即可估算该天平不等臂引起的误差. 进而确定测量是否需要复称.

3. 关于(3-2-11)式的推证

设被测空气中的空气和水蒸气的密度、分压强、摩尔质量分别为 $\rho_空$ 和 $\rho_水$、$p_空$ 和 $p_水$、$\mu_空$ 和 $\mu_水$，根据理想气体状态方程有

$$\rho_空=\frac{p_空\mu_空}{RT}\quad 及 \quad \rho_水=\frac{p_水\mu_水}{RT}$$

而所测得密度 $\rho=\rho_空+\rho_水$，将此式变形并引入上两式之后得

$$\rho=\rho_空\left(1+\frac{\rho_水}{\rho_空}\right)=\rho_空\left(1+\frac{p_水\mu_水}{p_空\mu_空}\right)$$

又根据理想气体状态方程得出 0℃和760mmHg 时的空气密度

$$\rho_0 = \rho\left(1 - \frac{p_{水}\mu_{水}}{p_{空}\mu_{空}}\right)\frac{760}{p_{空}}(1+0.00366t)$$

再将 $\frac{\mu_{水}}{\mu_{空}}$=0.623 及 $p_{空}=p-p_{水}$ 代入上式即得(3-2-11)式:

$$\rho_0 = \rho\left(1 - 0.623\frac{p_{水}}{p-p_{水}}\right)\frac{760}{p-p_{水}}(1+0.00366t)$$

3.3　在气垫导轨上测定速度和加速度

【实验目的】

(1) 观察在气垫导轨上滑块的匀速直线运动和匀加速直线运动;

(2) 用光电计时法测定滑块的平均速度、瞬时速度和加速度;

(3) 学习使用气垫导轨装置和光电计时系统.

【实验原理】

当物体(质点)所受合外力为零时,物体保持静止或做匀速直线运动,一个自由地漂浮在水平导轨上的滑块,当所受合外力为零时,滑块在气垫导轨上静止或以一定速度做匀速直线运动.

(1) 速度的测定,设滑块在导轨上经过距离为 Δs 的时间是 Δt ,则滑块的平均速度为 $\bar{v}=\Delta s/\Delta t$,当 Δs 或 Δt 足够小时,平均速度将趋近于瞬时速度,此时瞬时速度 $v=\lim\limits_{\Delta t\to0}\Delta s/\Delta t$,只要测出 Δs 和 Δt 即可求出瞬时速度.

测定滑块的瞬时速度,在滑块上装上 U 形挡光板(或有缝的挡光板),如图 3-3-1 所示,挡光板上 a 、b 、c 、d 是四条平行线,光电数字计时仪选用光控,且置于 s_2 挡,当滑块通过光电门时,a(或 d)边第一次挡光,计时开始,通过 c(或 b)边第二次挡光,计时停止. 数字计时显示数据为滑块经过 a 、c(或 d 、b)边距离为 Δs 的时间间隔 Δt . 显然,如果滑块做匀速直线运动,则瞬时速度即为平均速度.

(2) 加速度测定,在已调水平的气垫导轨一端的底座螺丝下垫一垫块,使导轨倾斜角度为 α ,滑块沿斜面下滑的运动是匀加速直线运动,其加速度 a 为常数,因此,滑块的速度、加速度、路程应满足下列方程:

$$v^2 - v_0^2 = 2as$$

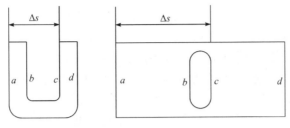

图 3-3-1　挡光板

即

$$a = \left(v^2 - v_0^2\right)/2s \tag{3-3-1}$$

应用(3-3-1)式测定加速度. 只要测出 s (两光电门之间的距离), 速度 v、v_0 (经过这段路程的末速度和初速度), 即可求出物体的加速度 a. 此外, 根据重力加速度和导轨倾角 α 可推算出物体沿斜面运动的加速度, 如图 3-3-2 所示.

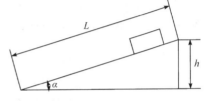

图 3-3-2　物体沿斜面向下的加速度

设垫块的高度为 h, 两支架螺丝的距离为已知 $L = 1400\text{mm}$ (出厂说明告之), 物体的加速度为

$$\begin{cases} a = g\sin\alpha \\ \sin\alpha = h/L \\ a = gh/L \end{cases} \tag{3-3-2}$$

【实验器材】

气垫导轨(QG150-79 型和 QG-5 型)、气源、滑块(带挡光板)、光电数字计时系统(光电门)、游标卡尺、垫块等.

【实验内容】

(1) 接通电源, 置计时仪各开关于正确位置. 调整光电计时系统使其正常工作.

(2) 打开气源, 调节气垫导轨水平(横向、纵向水平). 检查水平时, 轻轻地把滑块置于导轨上, 观察滑块是否静止不动. 如将滑块放置于导轨任意位置, 均可保持静止(或略有微小游动), 可视为导轨水平; 或将两光电门置导轨上相距 60~80cm 处, 让滑块在其导轨上来回滑动, 若滑块单向分别通过两个光电门的时间相等或相差1ms 左右, 则导轨视为水平.

(3) 用游标卡尺测量挡光板二次挡光的间隔距离 Δs.

(4) 观察滑块在导轨上的匀速直线运动,测定滑块的瞬时速度. ①让滑块以一初速度运动. 记下滑块同向分别经过两光电门挡光的时间 Δt_1、Δt_2，并求出速度 v_1，v_2. ②以不同初速度的滑块重复①内容 3 次，以作分析. 且计算速度，求出相对误差(以每次测量数据的前一个作为标准值).

(5) 测定滑块加速度. ①将已调水平的导轨一端的底座调平螺丝下面垫入垫块($h=1\,\mathrm{cm}$、$2\,\mathrm{cm}$、$3\mathrm{cm}$ 左右). 使导轨倾斜，两光电门之间距离为 $50\sim80\mathrm{cm}$. ②让滑块从导轨上端任意位置开始下滑，测量滑块分别通过两光电门二次挡光的时间 Δt_1，Δt_2，两光电门之间的距离为 s，分别计算初速度 v_0，末速度 v，按(3-3-1)式求加速度 a. ③改变垫块的高度三次，重复步骤②测量，求垫块高度不同时，滑块的加速度 a. ④用 a-h 测得的对应值在直角坐标纸上作图(以 h 为横坐标，a 为纵坐标)，观察图线是否是一条直线.

(6) 按(3-3-2)式测定加速度.

用游标卡尺测量垫块的高度 h，查出底座螺丝之间的距离 L，由(3-3-2)式计算 $a_{\dag}$ 值并用测量值 a 与计算值 $a_{\dag}$ 比较，且计算它们的百分误差.

【注意事项】

使用导轨时注意以下几点.

(1) 轨面与滑块必须保持平直、光洁. 在使用、搬动和存放时应防止碰伤轨面. 要避免在导轨上加压重物，以免引起导轨变形.

(2) 使用导轨前，用棉纱蘸酒精擦拭轨面和滑块的滑动工作面，并要求气孔安全畅通.

(3) 切忌在气轨不通气，滑块与轨面直接接触的情况下来回推动，这样会使轨面和滑块损坏，影响气膜的形成，滑块与导轨要配套使用，不得任意换用.

(4) 实验完毕，先将滑块从导轨上取下，再关气源、电源. 整理轨面，并用塑料套把气垫导轨盖好，以免沾染灰尘.

【思考题】

(1) 如何调整气垫导轨的水平？

(2) 结合本实验测定瞬时速度的方法,体会瞬时速度是平均速度 $t\to0$ 的极限值.

(3) 为什么导轨水平时，滑块通过两光电门的速度是不同的，通过实验你能否找到一个二者速度差别极小的速度区间？

3.4　用气垫导轨验证动量守恒定律

【实验目的】

(1) 了解完全弹性碰撞和完全非弹性碰撞的特点；

(2) 验证完全弹性碰撞和完全非弹性碰撞情况下的动量守恒定律.

【实验原理】

如果一个力学系统所受的外力的合力为零, 则系统的总动量保持不变, 这就是动量守恒定理. 即若 $\sum F_i = 0$, 则

$$\sum m_i v_i = 恒矢量 \tag{3-4-1}$$

如果物体所受的合外力不为零, 但合外力在某一方向的分量为零, 则物体系统的动量在该方向的分量保持不变, 即该方向动量守恒, 即若 $\sum F_{ix} = 0$, 则

$$\sum m_i v_{ix} = 恒量 \tag{3-4-2}$$

设有 A, B 两个滑块在水平的气垫导轨上运动, 并发生碰撞, 如图 3-4-1 所示, 则在碰撞前后将遵从动量守恒定律, 若滑块 A 和 B 的质量分别为 m_1 和 m_2 , 碰撞前后的速度分别为 v_{10} 、 v_{20} 、 v_1 、 v_2 , 则由动量守恒定律可得

$$m_1 v_{10} + m_2 v_{20} = m_1 v_1 + m_2 v_2 \tag{3-4-3}$$

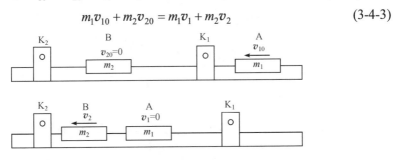

图 3-4-1　滑块碰撞示意图

若碰撞前在同一直线上, 且 $v_{20} = v_1 = 0$, 则

$$\pm m_1 v_{10} = \pm m_2 v_2 \tag{3-4-4}$$

式中各速度量的正负号取决于它们的方向和选定的坐标轴 x 的方向是否一致, 方向相同取正, 方向相反取负. 因此, 在气垫上验证动量守恒定律主要是测量两个滑块的质量以及它们碰撞前、后的速度, 检验它们是否满足(3-4-4)式.

碰撞分为三类: ①完全弹性碰撞; ②完全非弹性碰撞; ③非完全弹性碰撞. 本实验用完全弹性碰撞和完全非弹性碰撞来验证动量守恒定律.

1. 完全弹性碰撞

完全弹性碰撞的特点是碰撞前、后系统的动量守恒, 机械能也守恒. 在滑块相碰处装上弹性甚佳又较软的簧片, 它们的碰撞过程可以近似地看成没有机械能损耗, 即两滑块碰撞前、后的动量守恒, 机械能守恒. 则有

$$\begin{cases} m_1 v_{10} + m_2 v_{20} = m_1 v_1 + m_2 v_2 \\ \dfrac{1}{2} m_1 v_{10}^2 + \dfrac{1}{2} m_2 v_{20}^2 = \dfrac{1}{2} m_1 v_1^2 + \dfrac{1}{2} m_2 v_2^2 \end{cases} \tag{3-4-5}$$

由(3-4-5)式可解出碰撞后的速度

$$\begin{cases} v_1 = \dfrac{(m_1 - m_2) v_{10} + 2 m_2 v_{20}}{m_1 + m_2} \\ v_2 = \dfrac{(m_2 - m_1) v_{20} + 2 m_1 v_{10}}{m_1 + m_2} \end{cases} \tag{3-4-6}$$

由(3-4-6)式可知：

(1) 当 $m_1 = m_2$，且 $v_{20} = 0$ 时，有

$$\begin{cases} v_1 = 0 \\ v_2 = v_{10} \end{cases} \tag{3-4-7}$$

由(3-4-7)式说明：物体在碰撞后，它们的速度发生交换.

(2) 当 $m_1 \neq m_2$，且 $v_{20} = 0$ 时，有

$$\begin{cases} v_1 = \dfrac{(m_1 - m_2) v_{10}}{m_1 + m_2} \\ v_2 = \dfrac{2 m_1 v_{10}}{m_1 + m_2} \end{cases} \tag{3-4-8}$$

当 $m_1 < m_2$ 时，$v_1 < 0$，表示 v_1 的方向和所选取的坐标轴 x 相反，即物体碰撞后弹回.

2. 完全非弹性碰撞

在滑块 A 和滑块 B 的相碰面上贴上橡皮泥或尼龙粘胶带，在碰撞后两个滑块粘在一起以同一速度运动，即可实现完全非弹性碰撞. 即 $v_1 = v_2 = v$，这时动量守恒，机械能不守恒，则有 $m_1 v_{10} + m_2 v_{20} = (m_1 + m_2) v$，即

$$v = \frac{m_1 v_{10} + m_2 v_{20}}{m_1 + m_2} \tag{3-4-9}$$

当 $m_1 = m_2$，且 $v_{20} = 0$ 时，有

$$v = \frac{1}{2} v_{10} \tag{3-4-10}$$

A、B 两滑块合起来运动的速度 v 为碰撞前滑块 A 运动速度 v_{10} 的一半.

当 $m_1 \neq m_2$，且 $v_{20} = 0$ 时，有

$$v = \frac{m_1}{m_1 + m_2} v_{10} \tag{3-4-11}$$

3. 恢复系数 e

相互碰撞的两个物体，碰撞后的相对速度和碰撞前的相对速度之比，称为恢复系数，用符号 e 表示，若两滑块碰撞前、后的速度分别为 v_{10} 、 v_{20} 、 v_1 、 v_2 ，则恢复系数为

$$e = \frac{v_2 - v_1}{v_{10} - v_{20}} \tag{3-4-12}$$

通常可以根据恢复系数对碰撞进行分类：① $e = 0$ ，即 $v_1 = v_2$ 是完全非弹性碰撞；② $e = 1$ ，即 $v_{10} - v_{20} = v_2 - v_1$ ，是完全弹性碰撞；③ $0 < e < 1$ ，是一般的非完全弹性碰撞.

在本实验中，若 $v_{20} = 0$ ，则

$$e = \frac{v_2 - v_1}{v_{10}} \tag{3-4-13}$$

4. 碰撞时功能的损耗

设碰撞后和碰撞前功能之比为 R ，则在 $v_{20} = 0$ 时

$$R = \frac{\frac{1}{2}m_1 v_1^2 + \frac{1}{2}m_2 v_2^2}{\frac{1}{2}m_1 v_{10}^2}$$

若 $m_1 \neq m_2$ ，则

$$R = \frac{m_1 + e^2 m_2}{m_1 + m_2} \tag{3-4-14}$$

若 $m_1 = m_2$ ，则

$$R = \frac{1}{2}(1 + e^2) \tag{3-4-15}$$

而对于完全非弹性碰撞，因为 $e = 0$ ，所以当 $m_1 \neq m_2$ 时

$$R = \frac{m_1}{m_1 + m_2}$$

当 $m_1 = m_2$ 时

$$R = \frac{1}{2}$$

【实验器材】

气垫导轨、气源、滑块、光电数字计时系统、物理天平、砝码、游码、游标

卡尺、橡皮泥(尼龙挂钩)等.

【实验内容】

(1) 用纱布蘸少量无水酒精擦拭导轨表面和滑块内侧,打开气源,调整气垫导轨水平.

(2) 调节光电计时系统,使其正常工作.

(3) 调节物理天平水平,配取质量相等的两个滑块和另一质量较小的滑块,并分别称出它们的质量.

(4) 验证完全弹性碰撞.

① 将质量相等的滑块 1、2 分别放于两光电门之外和两光电门之间,弹射滑块 1 使其与滑块 2 相碰,用双通道计时仪测出滑块 1 通过第一个光电门 K_1 的时间 Δt_1,碰撞后滑块 2 通过第二个光电门 K_2 的时间 Δt_2,重复三次.

② 将滑块 1 取下,换一质量较小的滑块 3 放于两光电门之外,按照内容①,分别测出 Δt_1、Δt_2,$\Delta t_1'$;但应该注意:用数字毫秒计测量时,碰撞后不仅要测量滑块 2 通过第二个光电门 K_2 的时间 Δt_2,还要测出滑块 3 弹回第一个光电门 K_1 的时间 $\Delta t_1'$. 注意:使用一个数字毫秒计,要避免两个滑块同时通过两个光电门,否则不能测出要测的数据.

(5) 验证完全非弹性碰撞. 将质量相等的滑块 1、2 端面上的缓冲弹簧片移动,并在端面上加配平衡的橡皮泥(或尼龙挂钩),两光电门应尽量靠近,滑块 1、2 置于光电门 K_1 外侧,滑块 3 置于两光电门之间,应使碰撞发生在滑块 1 刚通过第一个光电门 K_1,而又未到第二个光电门 K_2 处,分别测量滑块 1 通过第一个光电门 K_1 的时间 Δt_1 和碰撞后滑块 1、2 同时通过第二个光电门 K_2 的时间 Δt.

(6) 恢复系数 e、动能的损耗 R. 对质量相同和质量不同的完全弹性碰撞,利用有关测量值,根据(3-4-12)式计算恢复系数 e,并与理论值比较,计算相对误差.

对质量相同的完全弹性碰撞的滑块,计算测量值 R 并与理论值比较,计算相对误差.

【思考题】

(1) 实验中如何保证动量守恒?

(2) 当 $m_1 \neq m_2$ 时,一个滑块的初速度为零,两滑块做完全弹性碰撞,具有初速度的滑块在什么条件下碰撞后按原来方向运动?什么情况下反向运动?

(3) 实验得出碰撞后的总动量小于碰撞前的总动量的原因是什么?碰撞后的总动量大于碰撞前的总动量的原因又是什么?

3.5　气垫导轨上简谐振动的研究

【实验目的】

(1) 观察气垫导轨上弹簧振子的简谐振动；

(2) 在气垫导轨上研究振动周期与振幅、质量和劲度系数的关系.

【实验原理】

在物体的周期运动中，最简单、最基本、最具有代表性的振动形式是简谐振动，简谐振动可以作为表示其他周期运动的一些重要特性的理想模型.

如图 3-5-1 所示，在水平气垫导轨上的滑块 M(质量为 m)两端连接两根弹簧，两根弹簧的另一端分别固定在气垫导轨的两端. 当滑块处于平衡时，所受合外力为零，若劲度系数分别为 k_1, k_2 的两个弹簧伸长量为 x_1, x_2，则 $k_1 x_1 = k_2 x_2$，略去黏滞阻力，当滑块 M 距平衡点位移 x 时，滑块在水平方向只受弹性恢复力 $-k_1(x+x_1)$ 和 $-k_2(x-x_2)$ 的作用，其所受两个弹簧的弹性合力为

$$F = -k_1(x + x_1) - k_2(x - x_2) = -(k_1 + k_2)x$$

令 $k = k_1 + k_2$，根据牛顿第二定律，其运动的微分方程为 $m\dfrac{\mathrm{d}^2 x}{\mathrm{d}t^2} = -kx$，即

$$\frac{\mathrm{d}^2 x}{\mathrm{d}t^2} + \frac{k}{m}x = 0 \tag{3-5-1}$$

这个二阶常系数线性齐次方程的解为

$$x = A\cos(\omega t + \alpha) \tag{3-5-2}$$

即系统做简谐振动. 式中 A 为振幅，$\omega = \sqrt{\dfrac{k}{m}}$ 是振动的圆频率，m 应是振子系统的有效质量(滑块与弹簧的质量)，当弹簧质量比滑块质量小得多时，即可看成滑块的质量(本实验忽略弹簧质量). α 为初相位.

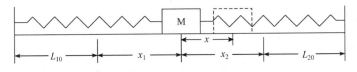

图 3-5-1　气垫导轨实验装置示意图

振子的振动周期为

$$T = 2\pi\sqrt{\frac{m}{k}} \tag{3-5-3}$$

由(3-5-3)式可知，周期 T 取决于振动系统本身的性质，与振子质量 m 和弹簧的劲度系数 k 有关，而与振动的初始状态无关，即 k 和 m 变化，则周期 T 也必会改变，且有 $T^2 \propto m$ 和 $T^2 \propto \dfrac{1}{k}$ 的关系.

【实验器材】

气垫导轨、气源、光电计时系统、弹簧、滑块、物理天平等.

【实验内容】

1. 直接测定振子滑块的振动周期 T

(1) 将气垫导轨调成水平，并使光电计时系统正常工作.

(2) 如图 3-5-1 所示，把振动系统安放在气垫导轨上，给滑块一个初位移，使其振动，观察滑块速度的变化情况，分析滑块的动能和势能的变化.

(3) 把一个光电门放在滑块平衡位置，将光电计时仪的计时开关拨至 S_2，滑块上装一窄挡光板，将滑块拉至某一位置(即选一定振幅)，放手让其振动，测出往返通过平衡位置的时间(即振动的半个周期)，分别测出左半周期 $\left(\dfrac{T}{2}\right)_左$，右半周期 $\left(\dfrac{T}{2}\right)_右$，则振动周期为 $T=\left(\dfrac{T}{2}\right)_左+\left(\dfrac{T}{2}\right)_右$，将计时开关拨至周期挡(或 S_3 挡)，则可直接测出周期 T 的数值.

(4) 分别改变振子滑块的振幅大小五次，重复内容(3)，求出不同振幅对应的周期，然后计算周期的平均值及其误差.

2. 观察滑块振动周期随 m 和 k 的变化

(1) 在滑块上附加砝码三次，改变滑块的质量 m，用内容 1.中(3)的方法测定周期，并在坐标纸上作出 T^2-m 曲线，验证 $T^2 \propto m$ 是否成立.

(2) 去掉附加质量，改变弹簧的劲度系数，重测周期，与内容 2.中(1)比较所测周期，说明结果.

3. 弹簧劲度系数 k 的测定

(1) 把弹簧的一端挂在气垫导轨一端，另一端用细线(或轻带)跨过滑轮(或气垫滑轮)和砝码盘连接.

(2) 弹簧静止后，记下自由端在标尺上的位置读数 x_0，然后在盘中加砝码 m_1，再记下自由端在标尺上的位置读数 x_1. 按胡克定律 $f=k\Delta x$ 可求出 $k=\dfrac{m_1 g}{x_1-x_0}$ 的值.

(3) 改变砝码质量三次, 重复内容 3.中(2), 求出弹簧的劲度系数 k 及误差.

4. 间接测定滑块的振动周期

(1) 用内容 3.中的方法测定 k 值.

(2) 用物理天平称出滑块的质量 m, 其绝对误差可取所用物理天平精度的一半.

(3) 用公式 $T = 2\pi\sqrt{\dfrac{m}{k_1 + k_2}}$ 算出周期 T 的数值, 相对误差 $E = \dfrac{\Delta m}{2m} + \dfrac{\Delta k}{2(k_1 + k_2)}$.

绝对误差 $\Delta T = ET$.

【思考题】

(1) 试比较两种测量周期的方法有何异同, 不同方法所得的周期是否相等, 为什么?

(2) 测量周期时, 挡光板的宽度对结果有无影响?

(3) 你能写出弹簧的实际运动方程吗? (以滑块过平衡位置为计时起点, 其运动方向为正.)

3.6 气垫导轨上阻尼振动的研究

【实验目的】

(1) 在气垫导轨上观察空气黏滞阻力作用下的阻尼振动和磁阻力作用下的阻尼振动;

(2) 验证阻尼力与速度的一次方成正比, 阻尼振动随时间作指数衰减;

(3) 测定阻力系数 γ、阻尼因数 β 和品质因数 Q.

【实验原理】

实验 3.5 中研究了气垫导轨上的弹簧振子在弹性回复力作用下的简谐振动, 事实上, 振动系统总要受到阻力做振幅衰减的运动, 这种运动叫阻尼振动.

气垫导轨上的滑块和弹簧组成的振动系统(图 3-6-1)主要是受到滑块和导轨面间的空气黏滞阻力作用, 可以证明黏滞阻力与物体运动的速度成正比, 方向与速度方向相反.

阻尼力 f 可表示为

$$f = -\gamma v = -\gamma \frac{\mathrm{d}x}{\mathrm{d}t} \tag{3-6-1}$$

滑块的运动方程为

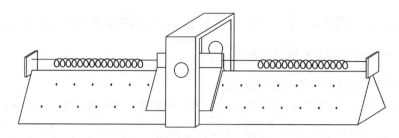

图 3-6-1　气垫导轨上的滑块和振动系统

$$m\frac{\mathrm{d}^2x}{\mathrm{d}t^2} = -kx - \gamma\frac{\mathrm{d}x}{\mathrm{d}t} \tag{3-6-2}$$

$$\frac{\mathrm{d}^2x}{\mathrm{d}t^2} = -\frac{k}{m}x - \frac{\gamma}{m}\frac{\mathrm{d}x}{\mathrm{d}t}$$

令

$$\omega_0^2 = \frac{k}{m}, \quad \beta = \frac{\gamma}{2m} \tag{3-6-3}$$

其中，ω_0 为振动系统的固有圆频率；β 为阻尼因数.

方程可写为

$$\frac{\mathrm{d}^2x}{\mathrm{d}t^2} + 2\beta\frac{\mathrm{d}x}{\mathrm{d}t} + \omega_0^2x = 0 \tag{3-6-4}$$

根据微分方程理论，由于阻尼因数 β 大小不同，此方程的解有三种可能的运动状态.

1. 弱阻尼状态

当阻力 f 较小，$\beta < \omega_0$ 时，方程(3-6-4)的解是

$$x = A_0\mathrm{e}^{-\beta t}\cos(\omega't + \alpha) \tag{3-6-5}$$

式中

$$\omega' = \sqrt{\omega_0^2 - \beta^2}$$

阻尼振动周期 T' 为

$$T' = \frac{2\pi}{\omega'} = \frac{2\pi}{\sqrt{\omega_0^2 - \beta^2}} \tag{3-6-6}$$

令阻尼振动的振幅为 A_0，则

$$A = A_0\mathrm{e}^{-\beta t} \tag{3-6-7}$$

上式取对数

$$\ln A = \ln A_0 - \beta t \tag{3-6-8}$$

(3-6-8)式说明 $\ln A$-t 图是直线，截距是 $\ln A_0$，斜率是 $-\beta$.

从(3-6-5)式～(3-6-7)式可以看出，$\beta < \omega_0$ 时的阻尼振动具有下面特点：①振动的振幅 A 随时间按指数规律衰减. 阻尼越小，β 越小，振幅随时间按指数规律衰减越慢；阻尼越大，β 越大，振幅随时间衰减越快. ②弱阻尼振动的周期 T' 大于无阻尼振动的周期 T，即 $T' > T$. 弱阻尼振动的位移-时间曲线如图 3-6-2 所示.

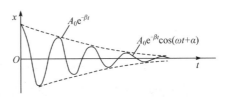

图 3-6-2 弱阻尼振动的位移-时间曲线

2. 过阻尼状态

当阻力很大时，$\beta > \omega_0$，微分方程(3-6-4)的解为

$$x = c_1 e^{-(\beta - \sqrt{\beta^2 - \omega_0^2})t} + c_2 e^{-(\beta + \sqrt{\beta^2 - \omega_0^2})t} \tag{3-6-9}$$

式中 c_1 和 c_2 是由初始条件决定的常数.

上式表明，随着时间的增加，位移单调地趋于零，物体的运动不是周期性的，更不是往复的，这种运动叫过阻尼状态. 位移-时间曲线如图 3-6-3 所示.

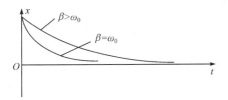

图 3-6-3 过阻尼 $(\beta > \omega_0)$、临界阻尼 $(\beta = \omega_0)$

振动的位移-时间曲线

3. 临界阻尼状态

如果阻力大小介于弱阻尼状态和过阻尼状态两种状态之间，$\beta = \omega_0$，方程(3-6-4)的解为

$$x = (c_1 + c_2 t) e^{-\beta t} \tag{3-6-10}$$

c_1、c_2 为初始条件决定的常数，(3-6-10)式也不是往复运动，由于阻力较前者小，将物体移开平衡位置释放后，物体很快地回到平衡位置停止运动. 这种运动状态叫做临界阻尼状态，位移时间曲线如图 3-6-3 所示.

本实验条件只满足第一种情况，因此我们只讨论第一种状态. 这种阻尼振动经常用半衰期 $T_{1/2}$ 和品质因数 Q 两个量来反映振动系统的振幅及能量衰减的快慢.

半衰期 $T_{1/2}$ 是阻尼振动的振幅从初值 A_0 衰减为 $\frac{A_0}{2}$ 时所经过的时间，有

$$\frac{A_0}{2} = A_0 e^{-\beta T_{1/2}}$$

$$T_{1/2} = \frac{\ln 2}{\beta}$$

将 $\beta = \dfrac{\gamma}{2m}$ 代入上式，得

$$\gamma = \frac{2m \ln 2}{T_{1/2}} \qquad (3\text{-}6\text{-}11)$$

由上可知，只要用实验方法测出半衰期 $T_{1/2}$，就可求出振动系统的阻力系数 γ.

品质因数 Q 是振动系统的总能量 E 与在一个周期中所消耗的能量 ΔE 之比的 2π 倍，表示为

$$Q = 2\pi \frac{E}{\Delta E} \qquad (3\text{-}6\text{-}12)$$

可以证明

$$Q = \frac{\pi T_{1/2}}{T' \ln 2} \qquad (3\text{-}6\text{-}13)$$

由此可知，只要测出阻尼振动的周期 T' 和半衰期 $T_{1/2}$. 就可求出振动系统的品质因数，品质因数在交流电系统、无线电电子学中都是一个重要的概念.

【实验器材】

气垫导轨、光电计时装置、小型永磁铁、气源、物理天平.

【实验内容】

(1) 调好光电计时装置，将工作选择旋钮置于周期位置.

(2) 用酒精擦拭导轨和滑块内侧，接通气源，调平气轨.

(3) 挂好弹簧(用一组弹性系数较小的弹簧)，记下平衡位置 x_0，将滑块移开平衡位置30cm 左右($A_0 = x - x_0 = 30\text{cm}$)，测出振动周期 T_1'.

(4) 将滑块移开平衡位置30cm 左右，每一个周期记录一次滑块位置 x. 计算出相应振幅 A ($A_0 = |x - x_0|$)，直到振幅 A 小于 $\dfrac{A_0}{2}$ 时为止.

(5) 用物理天平称滑块质量 m.

(6) 换上弹性系数较大的一组弹簧，在滑块上装好磁铁，测出振动周期 T_2'.

(7) 记下滑块平衡位置 x_0，将滑块移开平衡位置30cm 左右，每一个周期记录一次滑块位置 x，计算出相应振幅 A ($A = |x - x_0|$)，连续测 15～20 个周期，直至振幅 A 小于 $\dfrac{A_0}{2}$.

【数据处理】

(1) 用内容(3)、(4)中的数据求出在空气黏滞阻力作用下的低阻尼振动的半衰期 $T_{1/2}$、阻力系数 γ 和品质因数 Q_1.

(2) 用内容(3)、(4)中的数据作 $\ln A\text{-}t$ 图. 时间以周期为单位，证明：

① 该振动的振幅作指数衰减.

② 阻尼力与速度的一次方成正比.

(3) 用内容(6)、(7)中的数据求出在磁阻尼和空气阻尼共同作用下的阻尼振动的半衰期 $T'_{1/2}$、阻力系数 γ 和品质因数 Q_2.

(4) 用内容(6)、(7)中的数据作 $\ln A\text{-}t$ 图. 时间以周期为单位，证明：

① 该振动的振幅随时间作指数衰减.

② 阻尼力与速度的一次方成正比.

【思考题】

(1) 实验 3.5 把滑块的运动看作简谐振动，本实验又把它看作弱阻尼振动，两者矛盾吗？

(2) Q_1 是只有黏滞阻力的品质因数，Q_2 是有黏滞阻力和磁阻力的品质因数，Q 是只有磁阻力作用时的品质因数. 能否由 Q_1、Q_2 求出 Q？

(3) 改变弹簧的弹性系数对振动系统的阻尼因数有无影响，对系数的品质因数有无影响，为什么？

3.7　刚体转动实验

【实验目的】

(1) 用刚体转动实验仪验证刚体的转动规律；

(2) 观测刚体的转动惯量随刚体质量和质量分布不同而改变的关系；

(3) 学习用作图法处理数据.

【实验原理】

刚体是指在外力作用下，形状和大小都不改变的物体，它是研究力学的一种理想化模型.

转动惯量是刚体转动惯性大小的量度，转动惯量的大小与刚体总质量、形状大小、转轴位置有关. 或者说，转动惯量与刚体的质量、质量分布、转轴位置有关. 对于规则形状的刚体和可划分为规则形状的刚体, 它们的转动惯量可用数学方法进行计算. 对形状复杂的刚体, 常用实验方法确定转动惯量.

转动定律: 定轴转动刚体对某轴转动惯量 I 与角加速度 β 的乘积等于外力对同一轴的合力矩 M

$$M = I \cdot \beta \tag{3-7-1}$$

式中 $\beta = \dfrac{\mathrm{d}\omega}{\mathrm{d}t}$ (ω 为角速度), 在定轴转动中, M 和 β 都沿轴线方向, 所以(3-7-1)式可以用代数式表示为

$$M = I\beta \tag{3-7-2}$$

本实验所用装置如图 3-7-1 所示. 砝码 m 受力为: mg (竖直向下), 绳子张力 T (竖直向上). 塔轮等物体组成的刚体系受绳子施加的张力矩 $T'r$ (与 ω 同向)和摩擦力矩 M_μ (与 ω 反向)作用, r 为塔轮的绕线半径. 略去滑轮及绳子质量和滑轮轴上的摩擦力, 并认为绳子是不可伸长的, 则有 $T = T'$. 因此, 转动刚体系受张力矩大小为 Tr , m 在恒力 $(mg - T)$ 的作用下匀加速下落.

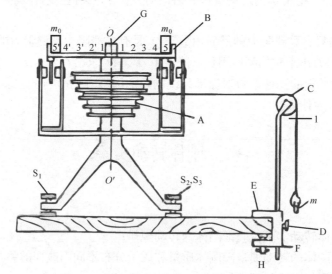

图 3-7-1　刚体转动实验仪

让砝码由静止开始下落, 有

$$ma = mg - T \tag{3-7-3}$$

$$h = \frac{1}{2}at^2 \tag{3-7-4}$$

对塔轮等物体组成的刚体系, 有

$$Tr - M_\mu = I\beta \tag{3-7-5}$$

$$a = r\beta \tag{3-7-6}$$

由(3-7-3)式～(3-7-6)式联立解得

$$m(g-a)r - M_\mu = \frac{2hI}{rt^2}$$

在实验过程中保持 $a \ll g$，则有

$$mgr - M_\mu = \frac{2hI}{rt^2} \tag{3-7-7}$$

$$m = \frac{2hI}{gr^2} \frac{1}{t^2} + \frac{M_\mu}{gr} \tag{3-7-8}$$

由上式可知，如果保持 r、h 和细杆上可移动圆柱 m_0 的位置不变，则 m 与 $\frac{1}{t^2}$ 成反比.

设

$$k = \frac{2hI}{gr^2}, \quad c = \frac{M_\mu}{gr}$$

有

$$m = k\frac{1}{t^2} + c \tag{3-7-9}$$

保持 r、h 和 m_0 位置不变. 增减砝码个数改变 m 大小. 测出它下落 h 高度所用的时间 t，在直角坐标中作 m-$\frac{1}{t^2}$ 图线，如为一直线，则说明(3-7-9)式成立，也就说明推出(3-7-9)式的(3-7-2)式也成立，这就验证了转动定律.

由斜率 k 求出转动惯量

$$I = \frac{kgr^2}{2h} \tag{3-7-10}$$

由截距 c 求出摩擦力矩

$$M_\mu = cgr \tag{3-7-11}$$

【实验器材】

刚体转动实验仪一套(图 3-7-1)、停表、砝码、钢卷尺、游标卡尺.

【仪器描述】

刚体转动仪如图 3-7-1 所示，A 是一个具有不同半径的塔轮，两边对称地伸出两根有等分刻度的均匀细杆 B 和 B′，细杆上各有一个可移动的圆柱形重物 m_0，它们一起组成一个可以绕固定轴 OO' 转动的刚体系. m_0 可分别放置在

$1', 2', 3', 4', 5'$ 的位置，另一个 m_0 可分别放在 $1, 2, 3, 4, 5$ 的位置. 塔轮上绕一细线，通过滑轮 C 与一砝码 m 相连. 当 m 下落时，通过细线对刚体系施加外力矩. 滑轮 C 的支架可以由固定螺丝 D 升降，以保证当细线绕塔轮的不同半径时都可以保持与转动轴垂直. 滑轮台架 E 上有一个标记 F，用来判断砝码的起始位置，H 是固定台架的螺丝扳手. 取下塔轮，换上铅直准钉，通过底脚螺丝 S_1、S_2、S_3 将 OO' 轴调竖直，调好 OO' 轴后，再换上塔轮，用固定螺丝 G 固定.

【实验内容】

(1) 取下塔轮，换上铅直准钉，旋动调平螺丝 S_1、S_2、S_3，使 OO' 轴调竖直.

(2) 装上塔轮，用固定螺丝固定. 注意要尽量减小摩擦，在实验过程中保持轴和轴承间的情况不变.

(3) 取下 m_0 (即 $m_0 = 0$)，保持 r、h 不变，作 $m\text{-}\dfrac{1}{t^2}$ 图线验证转动定律，求出 I_0.

将细线绕在 $r = 3\text{cm}$ 的轮上，让 m 从指针 F 所示高度由静止下落，测出 m 落到地面所用时间，测三次，取其平均值 t，改变 m (每次增加 5g，先后为 $10\text{g}, 15\text{g}, \cdots,$ 35g)，测其相应下落时间 t.

(4) 把两个 m_0 分别置于 2，$2'$ 的位置，保持 r、h 不变，按内容(3)中方法测出各砝码质量所对应的 t 值.

【数据处理】

(1) 用【实验内容】(3)中所得数据作 $m\text{-}\dfrac{1}{t^2}$ 图线，验证转动定律，求出该刚体的转动惯量 I_0.

(2) 用【实验内容】(3)中所得一组数据对 m，$\dfrac{1}{t^2}$ 进行线性回归，求相关系数、斜率、截距. 验证转动定律，求转动惯量 I_0.

(3) 用【实验内容】(4)中所得数据作 $m\text{-}\dfrac{1}{t^2}$ 图线，验证转动定律，求出两个 m_0 分别置于 2，$2'$ 位置时整个刚体系统的转动惯量 I_1. 比较 I_0、I_1 说明转动惯量和质量的关系.

(4) 由【实验内容】(4)所得的一组数据，对 m、$\dfrac{1}{t^2}$ 进行线性回归，求相关系数、斜率、截距，验证转动定律，求 I_1，比较 I_0、I_1，说明转动惯量和质量的关系.

【思考题】

(1) 怎样用本实验的仪器观察刚体的转动惯量随质量分布的不同而改变的

关系?

(2) 怎样用本实验的仪器验证平行轴定理?

(3) 用刚体转动仪还能通过测定其他量来验证转动定律吗?

3.8 用共鸣管测空气中的声速

【实验目的】

(1) 了解共鸣管共鸣时管中的纵驻波;

(2) 用共鸣管测空气中的声速;

(3) 研究闭管和开管的共鸣管,引起共鸣的频率成分.

【实验原理】

1. 纵波

空气中的声波是纵波,纵波的特点是:质点振动位移与波传播方向一致. 因此,在纵波传播的介质内,密度发生稠密(压缩)与稀疏(膨胀)的变化,波的传播过程是密部与疏部的移动,又称疏密波. 密度大的地方声压也大. 密部或疏部在一周期内移动的距离,称为波长. 用 λ 表示波长,设声波频率为 ν,传播速度为 v,则

$$v = \nu\lambda \tag{3-8-1}$$

其中,声波频率 ν 和波长 λ 都是可测量的. 因此,由上式可计算声速.

2. 纵驻波

纵波和横波一样,叠加可产生干涉现象. 如果有两列频率和振幅相同的平面简谐纵波相向传播,沿 x 轴正方向传播时,波的表达式为

$$x_1' = A\cos 2\pi\left(vt - \frac{x}{\lambda}\right) \tag{3-8-2}$$

沿 x 轴负方向传播时,波的表达式为

$$x_2' = A\cos 2\pi\left(vt + \frac{x}{\lambda}\right) \tag{3-8-3}$$

式中 x_1' 与 x_2' 分别为两波对坐标为 x 的平面上的质点所激起的振动,在 t 时刻离开平衡位置的位移;A 为平面波的振幅. 两波相遇叠加后,合成波为

$$x' = x_1' + x_2' = \left(2A\cos 2\pi\frac{x}{\lambda}\right)\cos 2\pi\nu t \tag{3-8-4}$$

(3-8-4)式由两个因子的乘积组成,x 和 t 分别出现在两个因子中. 由因子 $\cos 2\pi\nu t$ 可知,合成波的所有质点都以频率 ν 做简谐振动,振幅为 $\left|2A\cos(2\pi x/\lambda)\right|$ 是位置 x

的余弦函数. 对应于 $|\cos(2\pi x / \lambda)| = 1$ 的平面上的质点，振幅最大，为分振幅的两倍，称为波腹，波腹位置 $x = n\lambda / 2$ $(n = 0, \pm1, \pm2, \cdots)$；对应于 $|\cos(2\pi x / \lambda)| = 0$ 平面上的质点，振幅为零，质点静止不动，称为波节. 波节位置 $x = (2n+1)\lambda / 4$ $(n = 0, \pm1, \pm2, \cdots)$. 在两波节之间，$\cos(2\pi x / \lambda)$ 随 x 的变化符号相同，表示相邻波节之间的质点同相位振动，即在振动过程中，各质点振动的位移同时增大，同时达到最大值，又同时减小，并同时通过平衡位置. 但在波节两边，$\cos(2\pi x / \lambda)$ 符号相反，表示波节两边的质点振动相位反相，在波节处相位发生 π 的突变，因此，合成波在叠加区域内，以波节分段，各段内的质点同相，相邻段的质点反相，各质点有固定的振幅，均以频率 ν 同时进行简谐振动. 这种仅在叠加区域内形成，并不引起振动状态或相位的逐点传播，所形成的波动称为"驻波". 图 3-8-1 表示相隔半周期的两个时刻的纵驻波与横驻波各振动质点的位置. 相邻两波节或两波腹之间的距离等于 $\lambda / 2$，相邻波节至波腹的距离等于 $\lambda / 4$. 在纵驻波中，对于波节处的质点，时而从波节两边同时趋近波节，时而从波节两边同时离开波节，即在波节处，介质的密度和声压的变化有最大值.

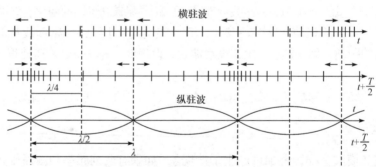

图 3-8-1　相隔半周期的两个时刻的纵驻波与横驻波各振动质点的位置

　　产生驻波的方法最简单且最常用的，是由一入射波与垂直于入射波传播方向的两介质交界面反射时产生的垂直反射波叠加干涉形成的. 这时，在反射面出现波节还是波腹要根据两介质的密度 ρ 和波速 v 的乘积而定. ρv 大的介质，称为波密介质，ρv 小的介质，称为波疏介质. 如果反射是从波密介质反射回波疏介质，则在反射面因有"半波损失"而得到波节；如果是从波疏介质反射回波密介质，则在反射面因无"半波损失"得到波腹.

　　3. 用共鸣管测空气中的声速

　　(1) 最简单的共鸣装置是由声源与空管(称共鸣管)或空箱(称共鸣箱)组成的，如图 3-8-2 所示，是空管共鸣装置，图 3-8-3 是 1 喇叭(声源)，由低频信号发生器 3 供给音频正弦振荡电流，辐射固定频率的平面声波. 2 是频率计，测量低频信号源输出信号的频率，即声波频率. 5 是共鸣管，被立柱 4 竖直固定，管的下部被水封闭，称为闭管. 管的下端通过橡皮管 7 与蓄水筒 8 连通，上下移动蓄水筒，可调节管中水位改变上端空气柱的长度 L. 6 是橡皮管(或听诊器)，一端固定在共鸣管的管口处，另一端塞入耳内(这种设计可使喇叭的音量尽可能小，使室内保持安静)，调节蓄水筒高度，使共鸣管中的水位由管口慢慢往下降，当下降到空气柱为某一长度 L_1 时，出现共鸣. 水位继续下降共鸣消失. 当空气柱长度增加到 L_2 时，出现第二次共鸣，如果声波波长不太长，还可出现第三次，第四次，…，共鸣.

(2) 共鸣管中的纵驻波. 上述产生共鸣的原因是喇叭辐射的平面波进入管后，在空气柱中传播，当传播到水面时产生垂直反射波，入射波与反射波叠加形成纵驻波(声驻波)，管口(开端)是一波腹(实际位置应在管上部约 $0.6r$ 处，r 为管的半径)，管底(闭端)是一波节，如图 3-8-3 所示(图中采用横驻波表示). 因此，当管长 L 为 $\lambda/4$ 的奇数倍时，空气柱产生共振驻波，波腹有最大值，管口处声波振幅大于入射声波振幅(放大)，故出现共鸣. 用 L_n 表示第 n 次共鸣时管中空气柱的长度，由图可得 $L_n = (2n-1)\dfrac{\lambda}{4}$ $(n=1,2,\cdots)$ 为共鸣次数，也为管中驻波波节数. 由此可得相隔 k 次共鸣时，两空气柱长度之差

$$L_{k+i} - L_i = k\frac{\lambda}{2} \quad (i=1,2,\cdots) \tag{3-8-5}$$

$$\lambda = \frac{2(L_{k+i} - L_i)}{k}$$

将上式测出的波长 λ 和由频率计测出声源的频率 ν 代入(3-8-1)式即可求出声速 v.

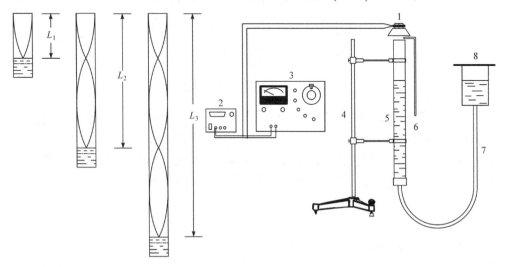

图 3-8-2　空管共鸣装置　　　　　　　　图 3-8-3　共鸣管中的纵驻波

4. 管长一定的闭管和开管引起共鸣的频率成分

(1) 闭管共鸣的频率成分，如果将闭管的长度 L 保持不变，改变声波频率 ν，也会出现多次共鸣现象. 闭管共鸣时，管中形成驻波，开端是波腹，闭端是波节，如图 3-8-4 所示. 声波波长 λ_n 与共鸣次数 n 的关系符合 $L_n = (2n-1)\dfrac{\lambda}{4}(n=1,2,\cdots)$，但这时 L 为定值，可得

$$\lambda = \frac{4L}{2n-1} \quad (n=1,2,\cdots)$$

将上式代入(3-8-1)式，即得到第 n 次共鸣的频率

$$\nu_n = \frac{(2n-1)\nu}{4L} \quad (n=1,2,\cdots) \tag{3-8-6}$$

当 $n=1$ 时，即得第一次共鸣的频率

$$\nu_1 = \frac{\nu}{4L}$$

由上式可得

$$\nu_n : \nu_1 = 2n-1 \quad (n=1,2,\cdots) \tag{3-8-7}$$

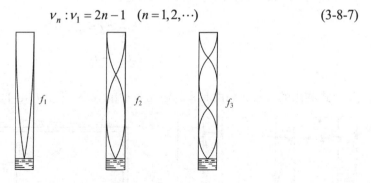

图 3-8-4　闭管共鸣的频率成分

(2) 开管共鸣的频率成分，当共鸣管的两端均为开端时，称为开管. 将开管长度 L 保持一定，改变声波频率，也同样出现多次共鸣现象，开管共鸣时，管中形成驻波，两开端均为波腹，如图 3-8-5 所示. 因此，当管长 L 为 $\lambda/2$ 的整数倍时，空气柱共振出现共鸣，由图不难得到第 n 次共鸣的频率

$$\nu_n = \frac{n\nu}{2L} \tag{3-8-8}$$

由此可得第 n 次共鸣与第一次共鸣的频率之比为

$$\nu_n : \nu_1 = n \tag{3-8-9}$$

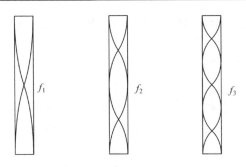

图 3-8-5　开管共鸣的频率成分

(3-8-8)式与(3-8-9)式各代表一谐波系，分别表示长度一定的闭管和开管发生一系列共鸣的频率，或当空气柱受迫振动而发出复音(如管乐器)时的频率成分. ν_1 为最低共鸣频率，称为基频. ν_n 称为倍频，或第 $n-1$ 次谐波，又称第 $n-1$ 泛音. 由此可知：对于闭管，引起共鸣的倍频频率，为基频频率的奇数倍；对于开管，引起共鸣的倍频频率，为基频频率的整数倍. 这一关系可在实验中验证. 各种管乐器(如笛、箫、风琴管等)发出复音的声谱即频率成分，都符合这一关系. 乐器的音调由基频频率决定，音品(音色)由泛音的成分和强度决定，当泛声谐和时，乐器发出悦耳的声音.

5. 声速与温度的关系

声速与介质的性质和温度有关，在不考虑介质性质的情况下，理论证明，对于理想气体(空气近似为理想气体)与热力学温度 T 的平方根成正比. 设温度为 $0℃$ 与 t 时的声速分别为 v_0 和 v_t，则

$$v_t = v_0 \sqrt{\frac{T_0 + t}{T_0}} \tag{3-8-10}$$

式中 $T_0 = 273.15\mathrm{K}$ 为 $0℃$ 时的热力学温度. 在 $0℃$ 时，干燥空气中声速 $v_0 = 331.45\mathrm{m/s}$.

【实验器材】

共鸣管装置、喇叭、低频信号发生器(XFD-6 或 XFD-7A 型)，频率计(SSM-5C 计时-计数-计频仪)、橡皮管或听诊器.

【实验内容】

(1) 调节立柱上的夹具方位和三角座的底脚螺丝钉，使共鸣管竖直.

(2) 按图 3-8-3 所示将喇叭、低频信号发生器和频率计的连线连接好(频率计采用衰减电缆线连接)，经教师检查线路后接通电源开关，预热 30min 后调节信号

源的频率为1000Hz. 然后，将橡皮管 6 的一端塞入耳内，调节信号源的输出，使声音刚能听到即可.

(3) 调节蓄水筒高度，使水位从管口慢慢往下降，分别记录共鸣时的 L_n $(n = 1, 2, \cdots, 6)$，反复调整，准确判断最响的共鸣位置，分别测五次取平均值.

(4) 将信号源的频率调到100Hz，按照内容(3)找到第一次共鸣时的 L，并将 L 保持不变，然后将信号源的频率慢慢增加，记录共鸣时的频率 v_n $(n = 1, 2, \cdots, 5)$，分别测五次取平均值，记下 L.

(5) 将闭管换成开管，信号源的频率从 20Hz 开始慢慢升高，记录共鸣时的频率 v_n $(n = 1, 2, \cdots, 5)$，分别测五次取平均值，记下 L.

(6) 记录室温 t，气压 P 和相对湿度 H.

【数据处理】

(1) 用逐差法求 $\bar{\lambda}$，由(3-8-1)式计算声速，并计算误差及实验结果.

(2) 将实验值与由(3-8-10)式计算的理论值比较，计算相对误差.

(3) 对管长一定的闭管和开管，分别求比值 $v_n : v_1$ $(n = 1, 2, \cdots, 5)$，并作出结论.

【思考题】

(1) 试绘图说明反射波在反射面有半波损失时，合成波在反射面是波节；无半波损失时，则为波腹.

(2) (3-8-6)式是否正确? 是否考虑到 $0.6r$ 的修正量?

(3) 试分析笛或箫在吹奏中改变音调的原理? 音调(基音频率)怎样从管乐器上确定?

(4) 共鸣管中的驻波波腹和波节是否能进行探测? 怎样设计?

3.9　用冷却法测固体的比热

【实验目的】

(1) 用冷却法测小块金属样品的比热；

(2) 用作图法测定物体的冷却速率；

(3) 了解、应用热学实验中常用的测温方法.

【实验原理】

一个物体表面温度 t_1 高于环境温度 t_0 时，将自然冷却下来. 热损失速率 $\dfrac{\partial q}{\partial \tau}$ 与

温差 $(t_1 - t_0)$ 、物体表面积 S_1 、物体的表面状况(光洁度、颜色等)有关,可表为

$$\frac{\partial q}{\partial \tau} = \alpha_1 S_1 (t_1 - t_0)^n \tag{3-9-1}$$

其中系数 α_1 与表面状况有关,n 是由实验条件决定的参数.

根据比热的定义,有

$$c_1 = \frac{\partial q}{m_1 \partial t_1}$$

$$\partial q = c_1 m_1 \partial t_1 \tag{3-9-2}$$

式中 c_1 、m_1 分别为物体的比热和质量,∂t_1 是物体的温度改变量.

对于小块金属,可以认为各部分温度相等,并且等于物体的表面温度,将(3-9-2)式代入(3-9-1)式,有

$$c_1 m_1 \frac{\partial t_1}{\partial \tau} = \alpha_1 S_1 (t_1 - t_0)^n \tag{3-9-3}$$

同理,对于另一种小块金属样品有

$$c_2 m_2 \frac{\partial t_2}{\partial \tau} = \alpha_2 S_2 (t_2 - t_0')^n \tag{3-9-4}$$

如果在实验中保持环境温度不变 $(t_0 = t_0')$,与样品表面温度一样,为 75W,并使两个样品表面积一样 $(S_1 = S_2)$,表面状况一样 $(\alpha_1 = \alpha_2)$,则有

$$c_1 m_1 \frac{\partial t_1}{\partial \tau} = c_2 m_2 \frac{\partial t_2}{\partial \tau} \tag{3-9-5}$$

$$c_2 = \frac{c_1 m_1 \dfrac{\partial t_1}{\partial \tau}}{m_2 \dfrac{\partial t_2}{\partial \tau}} \tag{3-9-6}$$

当一个样品的比热 c_1 已知时,由实验求出两个样品的冷却速率 $\dfrac{\partial t_1}{\partial \tau}$ 、$\dfrac{\partial t_2}{\partial \tau}$,称出两个样品的质量 m_1 、m_2,则待测样品的比热 c_2 可由上式求出.

【实验器材】

加热器、待测样品、标准样品、物理天平、停表、测温装置(铂电阻及自动平衡电桥和热电偶及电子电势差计(或电势差计)).

【仪器描述】

仪器装置如图 3-9-1 和图 3-9-2 所示,1 是加热器(用 75W 电烙铁抽去烙铁头做成);2 是小块金属样品,直径 10~15mm,长 30~45mm,样品底部有一直通

中心的小孔插入热电偶 3 或热电阻 3′，3 的冷端放在装有冰水混合物的杜瓦瓶(或烧杯)4 中；5 是电势差计，测量温差电动势，从而测出温度；5 也可以是电子电势差计，直接测出温度；5′是自动平衡电桥可直接测量温度.

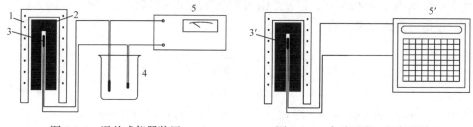

图 3-9-1　温差式仪器装置　　　　　　图 3-9-2　自动平衡电桥仪器装置

【实验内容】

(1) 把标准样品(铜)放在加热器中，如图 3-9-1 和图 3-9-2 所示，加热到 350℃，然后切断加热器电源，移开加热器(远离样品以免影响环境温度).

(2) 让样品自然冷却，每隔 10s 记录一次温度，一直降到 50℃ 左右，作冷却曲线(t_1-τ 曲线).

(3) 测待测样品的冷却曲线. 方法按照内容(1)、(2)，要注意保证实验条件一样，作 t_2-τ 曲线.

(4) 用物理天平称质量 m_1、m_2.

(5) 在 t_1-τ 图和 t_2-τ 图上求出 $\dfrac{\partial t_1}{\partial \tau}$、$\dfrac{\partial t_2}{\partial \tau}$. 然后用(3-9-6)式分别求出待测样品在130℃、230℃、330℃ 时的比热. 几种物质在不同温度时的比热见附表 F.

【思考题】

(1) 用冷却法测比热必须满足哪些实验条件？

(2) 本实验用了哪几种测温手段？除实验中所用的方法外还有什么方法可以测温度？

3.10　焦耳实验

【实验目的】

(1) 用电热法验证能量转化与守恒定律；

(2) 掌握修正终温的方法.

【实验原理】

1. 概述

如图 3-10-1 所示，当加在电阻 R 两端上的电压为 U，通过的电流为 I，通电时间为 τ 时，电功

$$A = IU\tau \qquad (3\text{-}10\text{-}1)$$

系统吸收的热量为

$$Q = (cm + c_1 m_1 + 1.92 \times 10^6 \Delta V)(t_n - t_0) \quad (3\text{-}10\text{-}2)$$

式中 t_n、t_0 分别为系统的终温和初温，m 和 c 分别是水的质量和比热；m_1 是包括量热器内筒、搅拌器、接有电阻丝的导入电极的总质量，通常用铜制成，c_1 是铜的比热；ΔV 为温度计浸没在水中的体积.

由于散热影响，实际测得的终温 t_n 比应该达到的温度 t' 低 Δt_n，即

$$t' = t_n + \Delta t_n \qquad (3\text{-}10\text{-}3)$$

所以系统实际吸收的热量为

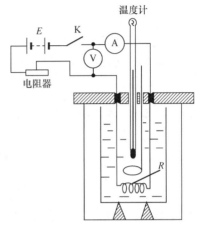

图 3-10-1　实验装置示意图

$$Q' = (cm + c_1 m_1 + 1.92 \times 10^6 \Delta V)(t' - t_0) \qquad (3\text{-}10\text{-}4)$$

如果 A 与 Q' 二者之差小于测量误差，即可认为 $A = Q'$，这就说明能量转化与守恒定律是正确的.

2. 修正终温

在加热过程中，由于系统温度高于环境温度而向外散热. 根据牛顿冷却定律，当系统的温度与环境温度 θ 相差不大(一般在 15°C 以下)时，系统自然冷却的速率为

$$\frac{\mathrm{d}t}{\mathrm{d}\tau} = K(t - \theta) \qquad (3\text{-}10\text{-}5)$$

式中 t 为系统表面的温度，τ 为时间，K 为比例常数，它取决于系统表面的性质(如颜色、光洁度等).

首先求 K. 由于室温可视为常数，(3-10-5)式可写成

$$\frac{\mathrm{d}(T - \theta)}{\mathrm{d}\tau} = K(t - \theta)$$

初始条件取 $\tau = 0$，$t = t'$，上式的解为

$$\ln \frac{t - \theta}{t' - \theta} = K\tau \tag{3-10-6}$$

在实验时，使系统自然冷却，温度为 t' 时开始计时，经过时间 τ 后，系统的温度为 t''，便可求出

$$K = \frac{1}{\tau} \ln \frac{t'' - \theta}{t' - \theta} \tag{3-10-7}$$

K 为负表示该系统降温.

由(3-10-5)式可知，只要时间间隔 $d\tau_i$ 够短，系统的温度降可表示为

$$d\tau_i = |K|(t_i - \theta)d\tau_i$$

为方便起见，在实验时取 $d\tau_i$ 相同，都取 $d\tau_i = 1$ min，在第 i 分钟内由于散热降低的温度

$$d\tau_i = |K|(\overline{t_i} - \theta)d\tau_i = |K|(\overline{t_i} - \theta) \tag{3-10-8}$$

$\overline{t_i}$ 的求法是：在加热过程中，每隔 1min 记录一次温度 t_0，t_1，t_2，t_3,…，以 $\frac{1}{2}(t_0 + t_1)$，$\frac{1}{2}(t_1 + t_2)$，$\frac{1}{2}(t_2 + t_3)$,…作为第 1min, 2min, 3min, …内系统的平均温度，则第 i 分钟的平均温度为 $\overline{t_i} = \frac{1}{2}(t_{i-1} + t_i)$.

在整个加热过程中，若加热的时间为 n 分钟，系统由散热而导致的温度降

$$\Delta t_n = |K| \sum_{i=1}^{n}(\overline{t_i} - \theta) \tag{3-10-9}$$

把上式代入(3-10-3)式，便可求出修正后的终温 t'.

【实验器材】

量热器、温度计(精度为 0.1℃)两支、导入电极、电阻丝、直流稳压电源、安培计、伏特计、变阻器、物理天平、量筒、停表等.

【实验内容】

(1) 称出量热器内筒、搅拌器和接有电阻丝的导入电极的总质量 m_1，测出环境温度 θ.

(2) 将蒸馏水装入量热器中(达容量的 2/3 为宜)，称出水的质量.

(3) 将量热器内筒放入外筒内，盖好盖子，插入温度计(温度计球部比电阻丝高 1cm)，取下盖子，求出温度计浸没在水中的体积 ΔV (把温度计浸没部分插入装有水的量筒内，量筒水上升的体积即为 ΔV).

(4) 按图 3-10-1 接好线路，将电流调至 0.8~1.5 A 某一数值.

(5) 测出水的初温 t_0，接通电源，同时按动停表，保持电流恒定并轻轻搅拌(注意搅拌器、电阻丝、量热器内筒之间不要短路)，每隔 1min 记录一次温度，记录 15min.

(6) 切断电源，并连续计温，当系统温度下降时，开动停表，同时记录冷却开始时的温度 t'，冷却数分钟后，记下时间 τ 和终温 t''.

【思考题】

(1) 在实验时，若电流表和电压表的精度都为 2.5 级，温度计的精度为 0.1℃，问
① 产生误差的主要因素有哪些?
② 若 ΔV 的误差为 100%，对结果有多大影响?
③ 如果 θ 偏离 1℃，对结果影响有多大?
④ 如果不考虑散热修正，对结果有多大影响?

(2) 电压表与电流表的精度为多大级别与精度为 0.1℃ 的温度计配套使用才恰当? 从实验中得出一组数据，说明散热修正的必要.

(3) 如何把 K 值测得准确些?

(4) 如果要进一步提高测量精度，你将如何改进实验装置?

3.11　金属线胀系数的测定

【实验目的】

(1) 观察物体的线膨胀;
(2) 用线胀系数测定仪测量金属材料的线胀系数.

【实验原理】

固体的线胀系数:许多物体都具有热胀冷缩特性,称为物体的热膨胀现象. 这是温度升高,原子间的平均距离增加,其体积增大所致. 固体在一维空间的膨胀,称为线膨胀. 设固体长度为 L，当温度改变 Δt 时，长度改变 ΔL. 实验证明:当 Δt 不大时，长度的相对改变 $\Delta L / L$ 与温度的改变 Δt 成正比，即

$$\frac{\Delta L}{L} = \alpha \Delta t \tag{3-11-1}$$

式中 α 是比例系数，与材料的性质无关，在数值上等于温度升高 1K 时，固体长度的相对伸长量，称为固体材料的线胀系数，单位是 K^{-1}.

若将固体的原长定为 0℃ 时的长度 L_0，在 t 时的长度为 L_t，由(3-11-1)式有

$$L_t - L_0 = L_0 \alpha t$$

由此可得

$$L_t = L_0(1 + \alpha t) \tag{3-11-2}$$

上式称为固体的线膨胀方程. 当 α 为常数时是线性方程，表示固体的长度 L_t 随温度升高线性地增加. 由实验指出，α 与温度有关，(3-11-2)式是曲线方程. 用实验方法作 $\alpha\text{-}t$ 曲线，可总结 α 与 t 的关系，一般 α 随 t 的变化不大，当温度变化不太大时，将(3-11-1)式所求的 α 值作为在此温度范围内物体的平均线胀系数.

【实验装置】

固体的线胀系数较小，为提高测量精度，实验装置采用光杠杆测量系统，如图 3-11-1 所示. 图中 1 是底座，2 是圆筒蒸汽套管，待测金属棒 4 被两端木塞竖立在管中央，温度计 3 与金属棒的中部接触，测量棒的平均温度. 蒸汽从管口 7 进入套管，凝结水从管口 6 流出. 测量系统由光杠杆 8、望远镜(或光学投影仪)11 及标尺 10 组成. 光杠杆放置在平台 5 上，前两脚 A、B 立于平台小槽内，后脚 C 放在待测金属棒顶端，当蒸汽进入套管金属棒加热伸长 ΔL 时，光杠杆后脚 C 向上位移 ΔL，平面镜 9 向右倾斜 φ 角，从望远镜中看到标尺的读数改变(或由平面镜反射的光标线在标尺上移动) Δy. 因 φ 角很小，根据光的反射近似可得

$$\Delta L = \frac{l}{2D} \Delta y \tag{3-11-3}$$

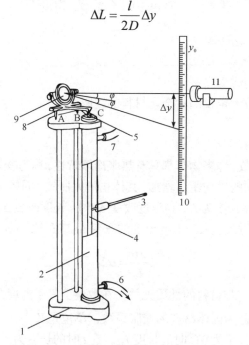

图 3-11-1　光杠杆测量系统实验装置示意图

式中 D 是平面镜 9 到标尺 10 的距离，l 为光杠杆后脚 C 到前两脚 A、B 连线的距离，称为光杠杆的臂长.

设在室温 t_a(初温)时，金属棒的长度为 L_a，当金属棒加热温度上升到 t_b(末温)时，金属棒伸长 ΔL，由(3-11-1)和(3-11-3)两式可得

$$\alpha = \frac{l}{2DL_a} \frac{\Delta y}{t_b - t_a} \qquad (3\text{-}11\text{-}4)$$

【实验器材】

蒸汽立式线胀系数测定仪、光杠杆、带标尺的望远镜、蒸汽发生器、温度计、米尺、游标卡尺及待测金属棒.

【实验内容】

(1) 用米尺测量待测金属棒的长度 L_a.

(2) 照图 3-11-1 所示将仪器放置好，光杠杆的两前脚放在平台小槽内，后脚放在金属棒上端，D 约 1m，记下初温 t_a.

(3) 调节平面镜 9 成竖直. 标尺和望远镜的高度适中，对望远镜目镜进行聚焦，使能清晰地看到镜中的十字准线. 然后用眼水平地从平面镜中观察标尺的像. 观察时适当调节标尺的高度和平面镜的竖直方向，使看到标尺的读数适中，再调节望远镜的高度和方向，让视线正好通过镜筒. 这时，调节望远镜镜筒进行焦距，即可从望远镜中看到标尺清晰的像，并从十字准线(或从标尺上的光标线)记下标尺读数为 y_0.

(4) 将蒸汽发生器加热，水沸腾后，蒸汽进入套管加热金属棒. 观察温度计水银柱的变化，待管中稳定 10min 后，从望远镜中(或标尺上的光标线)记下标尺读数为 y，则 $\Delta y = |y - y_0|$，记下末温 t_b.

(5) 测量 D 和 l. 测 l 时，可将光杠杆放在纸上压出脚痕进行测量.

【注意事项】

金属棒下端与底座接触紧密，上端木塞不宜太紧，以不漏气为宜. 光杠杆取放小心，防止落地损坏. 测初温和末温时，一定待温度至少稳定 10min.

【思考题】

(1) 将测量值代入(3-11-4)式计算 α，并计算误差及测量结果.

(2) 实验指出，α 与温度有关，(3-11-2)式是一曲线. 用实验方法作 α-t 曲线，总结 α 与 t 的关系.

3.12　冰的比熔化热的测定

【实验目的】

(1) 用混合法测定冰的比熔化热；

(2) 了解散热修正的方法；

(3) 学习实验参量的选择.

【实验原理】

固态晶体转变为液态的过程称为熔化. 在一定压强下，晶体总在一确定温度下熔化，这一确定的温度称为晶体的熔点. 熔点除了与压强有关外，还与晶体的纯度有关. 单位质量的某种晶体熔化成同温度的液体所吸收的热量叫做该晶体的比熔化热. 对晶体来说，熔化是粒子由规则排列转向不规则排列，实质上是由远程有序转向远程无序的过程. 比熔化热是破坏点阵结构所需要的能量，因此比熔化热可以用来衡量晶体中结合能的大小.

用混合法来测定冰的比熔化热. 冰的比熔化热为 L，比热为 c_e，在实验室环境下的熔点为 t_e，水的比热为 c_w；量热器内筒和搅拌器的质量分别为 m_1 和 m_2，比热分别为 c_1 和 c_2，将质量为 m_e、温度为 t_0 的冰放入量热器内质量为 m_w、温度为 t_1 的水中，冰全部熔化后的平衡温度为 t_2. 如果实验系统(冰、量热器内筒、搅拌器和温度计浸入水中的部分)是一个与外界无热交换的孤立系统，则有

$$m_e c_e (t_e - t_0) + m_e c_w (t_2 - t_e) = C(t_1 - t_2) \tag{3-12-1}$$

式中 C 是除冰以外量热器内各物的热容，即

$$C = m_w c_w + m_1 c_1 + m_2 c_2 + \Delta C \tag{3-12-2}$$

其中 ΔC 是冰放入后温度计浸入水中部分(设其体积为 ΔV)的热容. 对于常用的水银温度计，由于玻璃单位体积的热容 $\rho_g c_g$ 和水银单位体积的热容 $\rho_h c_h$ 相差不大，因此可以近似地取它们的算术平均值作为温度计单位体积的热容，于是

$$\Delta C = \frac{\rho_g c_g + \rho_h c_h}{2} \Delta V \tag{3-12-3}$$

式中 ρ_g 和 ρ_h 分别为玻璃和水银的密度，c_g 和 c_h 分别是玻璃和水银的比热. $(\rho_g c_g + \rho_h c_h)/2$ 的值为 $1.9 \times 10^6 \, \text{J}/(\text{m}^3 \cdot \text{K})$ (或 $0.46 \text{cal}/(\text{cm}^3 \cdot \text{℃})$).

在一般的实验室环境下，冰的温度 t_0 及熔点 t_e 均认为是 $0℃$，于是由(3-12-1)式可得

$$L = \frac{C}{m_e}(t_1 - t_2) - c_w t_2 \qquad (3\text{-}12\text{-}4)$$

【散热修正】

实际上，尽管我们采取了许多绝热措施，但不可能使实验系统完全孤立，因此必须进行散热修正. 本实验中，我们将从两个方面进行散热修正，以使实验误差尽可能小.

1. 热量补偿法

我们可以选择适当的实验参量，也就是选择适当的水的初温、水和冰的用量，使系统的初温 t_1 和末温 t_2 位于室温(恒温) θ 的两侧，让系统在前后两个阶段放出和吸收的热量相互补偿.

就本实验而言，冰刚放入时，水温高，冰的有效面积大，熔化快，系统温度(内筒中水温)下降较快；随后，冰块渐小，水温渐低，熔化渐慢，系统温度下降也渐慢. 系统温度 t 随时间 τ 变化的图线如图 3-12-1 所示. 根据牛顿冷却定律，系统由初温 t_1 变为末温 t_2 的过程中散失的热量

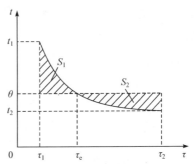

图 3-12-1　系统温度 t 随时间 τ 变化的图线

$$q = \int_{\tau_1}^{\tau_2} K(t - \theta)\mathrm{d}\tau = K\int_{\tau_1}^{\theta}(t - \theta)\mathrm{d}\tau - K\int_{\theta}^{\tau_2}(\theta - t)\mathrm{d}\tau$$

式中 K 是散热常数. 上式右边第一项，$t > \theta$，是系统在前一阶段(系统温度降至室温以前)放出的热量 q_1；第二项，$t < \theta$，是系统在后一阶段(系统温度至室温以后)吸收的热量 q_2. 注意到

$$\int_{\tau_1}^{\theta}(t - \theta)\mathrm{d}\tau = S_1, \qquad \int_{\theta}^{\tau_2}(\theta - t)\mathrm{d}\tau = S_2$$

则有

$$q_1 = kS_1, \qquad q_2 = kS_2$$

由此可见，只要我们选择适当的参量，使 $S_1 \approx S_2$，系统与外界的热交换就可以相互补偿. 由图 3-12-1 可知，要使 $S_1 \approx S_2$，系统的初温与室温之差应大于室温与系统的末温之差，即 $t_1 - \theta > \theta - t_2$.

2. 温度修正法

根据牛顿冷却定律所作的散热修正是粗略的，很难使系统与外界的热交换完

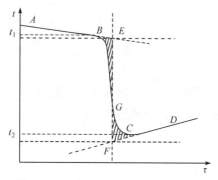

图 3-12-2　水温 t 随时间 τ 变化的图线

全补偿, 因此有必要进行温度修正. 为了求出热交换进行得无限快(因而也就没有热量损失)时的初温 t_1 和末温 t_2, 在冰放入之前, 先每隔一定时间(如 0.5min)测一次内筒中水温, 时间 5min 左右, 然后很快放入冰, 并继续测量水温 5～10min. 作出水温变化图线, 如果过图线上点 G 作一平行于 t 轴的直线分别与 AB 和 DC 的延长线交于 E 和 F, 使 t 随时间 τ 变化的图线, 如图 3-12-2 所示. 如果面积 BEG 等于 CFG, 则 E 和 F 两点所对应的温度就是热交换进行得无限快时的初温 t_1 和末温 t_2. 直线 EF 通常根据目测来画即可.

【实验器材】

量热器、物理天平、水银温度计、量筒、烧杯、冰、秒表、吸水纸等.

【实验内容】

1. 确定实验参量

(1) 用物理天平分别称出内筒和搅拌器的质量 m_1 和 m_2 (通常内筒和搅拌器是同种材料制成的, 这时称出它们的总质量 m_1+m_2).

(2) 将温度比室温高10～15℃、体积约为内筒的 1/2 的纯净水注入内筒, 并称出水、内筒及搅拌器的总质量 $m_w + m_1 + m_2$.

(3) 取透明、清洁、气孔和裂缝均少的, 体积约为内筒中水的体积的 1/2 的冰, 用吸水纸仔细擦干后, 小心快速地将其放入水中, 用搅拌器轻轻地旋转着搅拌, 同时测出初温并开始计时, 每隔一定时间(如 0.5min)读一次温度, 直到系统内部的热交换达到平衡时为止.

(4) 取出温度计, 用量筒测出温度计浸入水中的体积 ΔV. 称出水(包括冰熔化成的水)、内筒及搅拌器的总质量 $m_e + m_w + m_1 + m_2$.

(5) 作 t-τ 图, 在冰水的用量基本不变的情况下, 定出恰当的初温 t_1 (末温 t_2 由 m_e、 m_w 及 t_1 决定), 使系统与外界的热交换基本补偿.

(6) 粗略地求出冰的比熔化热.

2. 测定冰的比熔化热

(1) 根据定出的 t_1 重做一次实验. 水温的测量要从冰放入前一段时间(如 5min)

开始，直到冰全部熔化后一段时间(如 5min)为止.

(2) 作 $t\text{-}\tau$ 图，用外推法求出热交换进行得无限快时的 t_1 和 t_2.

(3) 求出冰的比熔化热，并将两次求出的值与冰的比熔化热的最近真值 $3.32 \times 10^5 \text{J/kg}$ (或 79.5cal/g)进行比较.

【思考题】

(1) 冰用一整块好还是用碎的好？

(2) 在确定实验参量时，为什么要让冰和水的用量基本不变？

(3) 怎样根据测量结果来判断冰的温度是否为 0℃？

(4) 如果冰中含有水，测量结果将怎样变化？

3.13　气体温度计

【实验目的】

(1) 学习温度测量与气体温度计的原理；

(2) 掌握气体温度计的分度方法及校准液体温度计的方法；

(3) 测定空气的压强温度系数.

【实验原理】

(1) 从温度测量原理中容易发现，自然界中存在着许多因温度变化而发生相应改变的、能够测定的物理量. 比如，随温度而变的固体与液体的长度与体积；随温度而变的纯金属与半导体的热电阻；随温度而变的互相接触的两种金属或合金的热电势；随温度而变的灯丝的亮度与颜色；当体积恒定(定容)时，随温度而变的气体的压强；当压强恒定(定压)时，随温度而变的气体的体积等.

借助于以上各种测量物质及其本身固有的随温度而变的测温性质，已经研制出获得广泛应用的相应的温度计：玻璃液体温度计、纯金属电阻温度计与半导体热敏电阻温度计、贵贱金属(合金)热电高温度计、隐丝式光学高温计与光电比色温度计、定容气体温度计与定压气体温度计等.

为了测量与计算温度，还必须找出各种温度计的测温性质随温度而变的内在函数关系(又称为内插公式)，只有该函数呈连续而又单值对应的变换关系才具有实用价值. 比如，研究发现，玻璃液体温度计的测温性质(液柱长 l)与温度 t 之间的关系为

$$l(t) = \frac{t-b}{a} \tag{3-13-1}$$

铜电阻温度计的测温性质(热电阻 R)与温度 t 之间的关系为

$$R(t) = R_0(1 + \alpha t) \tag{3-13-2}$$

这类函数式中的常数 a ， b 或 α 等，称为温度计的分度常数，由温度计在各自规定的固定点上测定其本身的测温性质的数值，再代入各相应函数式中算出. 而各固定点数值的规定，与常用的各种温标(温度的数值表示法)紧密关联.

(2) 常用温标概述.

① 摄氏温度. 摄氏温度由摄尔修斯(Celsius)提出，摄氏温度的单位是摄氏度，符号是℃.

摄氏温标有两个固定点：规定0℃时水的冰点(即 1 个大气压下，纯冰与有空气溶解在内并且达到饱和的纯水处于平衡时的温度)，与规定为100℃的水的汽点(即 1 个大气压下，水蒸气与纯水处于平衡的温度)；并且，将此区间等分为 100 等份，规定每等份为1℃.

摄氏温标最初是就玻璃液体温度计的分度与使用而提出的一种经验温标. 设在水的冰点和汽点时，液柱长分别为 l_0 和 l_{100} ，由(3-13-1)式有

$$\begin{cases} 0 = al_0 + b \\ 100 = al_{100} + b \end{cases}$$

联立解出 a 与 b ，再代入(3-13-1)式，得

$$t = \frac{l - l_0}{l_{100} - l_0} \times 100 \tag{3-13-3}$$

对于一支已经分度好了的玻璃液体温度计(即 l_0 和 l_{100} 为已知)，只要用它测出了任何温度 t 时的液柱长 l ，即可根据此式算出或标出该温度 t 的数值(℃).

② 华氏温标. 华氏温标由华伦海特(Fahrenheit)提出. 华氏温度的单位是华氏度，符号°F.

华氏温标也有两个固定点：规定32°F的水的冰点，与规定212°F的水的汽点；并将此区间等分为 180 等份，也规定每等份为1°F.

华氏温标最初也是就玻璃液体温度计的分度与使用而提出的一种经验温标. 较古老的玻璃液体温度计，既标有摄氏度，也标有华氏度.

摄氏度转换为华氏度的公式为

$$t'\left(°\mathrm{F}\right) = \frac{9}{5}t(℃) + 32 \tag{3-13-4}$$

华氏度转换为摄氏度的公式为

$$t(℃) = \frac{5}{9}t'\left(°\mathrm{F}\right) - \frac{160}{9} \tag{3-13-5}$$

华氏温度流行于讲英语的国家，英国决定从 1964 年起商业与民用均改为摄氏温标，但华氏温标仍未绝迹.

③ 理想气体温标. 由理想气体温度计建立的温标称为理想气体温标. 实验证明, 在用分别充以不同气体的定容气体温度计, 测量水的三相点(水、水蒸气与冰三相平衡共存点)温度时, 所得到的温度读数随充以气体的不同而不同, 但是, 彼此间的读数差异(分歧)均随冲入气体量的减少(即压强减少)而减小, 如果气体愈来愈稀薄(即充入气体量愈来愈少), 以致压强接近于 0 时, 尽管所充气体不同, 但是温度读数却均为273.16K (图 3-13-1). 也即是说, 借助于上述外推法所得到的温度读数, 只取决于气体的共同性质(理想气体性质)而与任何气体的实际性质无关.

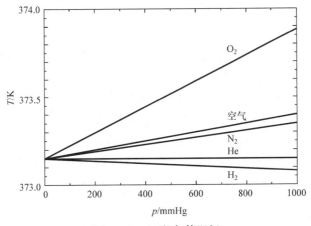

图 3-13-1　理想气体温标

理想气体仅是一种理想模型. 常温常压下, 任何气体均可近似为理想气体. 利用任何气体温度计所能得到的最低温度约为1K.

在气体温度计可以使用的温度范围内, 理想气体温标与热力学温标是等值的, 单位与符号也完全相同.

④ 热力学温标. 热力学温标由开尔文(Kelvin)提出, 故也可称为开氏温标. 热力学温度的单位是开, 符号是 K. 热力学温度必须大写为 T.

热力学温标仅有一个标准定点: 其值被规定为273.16K 的水的三相点. 开氏一度等于水三相点热力学温度的 1/273.16. 热力学温标以绝对零度为计算起点, 只有正值, 没有负值.

热力学温标借助于可循环的卡诺热机作为"温度计". 虽然卡诺热机与测温物质毫无关系, 热力学温标所表示的热力学温度是最理想、最科学的温度数值. 可惜的是, 由于摩擦阻力不可避免, 这种理想的可逆热机在自然界中无法找到. 用实验方法实现热力学温标的有效途径是, 借助于常温常压下可当作理想气体的实际气体作为测温物质而建立的理想气体温标. 由此可见, 理想气体温标与热力学温标是完全一致的.

热力学温标是基本温标, 热力学温度是基本温度. 摄氏温标与华氏温标均可用热力学温标来确定. 事实上, $1℃＝1K$.

⑤ 国际实用温标-1968(IPTS-68). IPTS-68, 是现在国际上通用的热力学温标的具体体现. IPTS-68, 是对 IPTS-48 作了七处变更(使之变更为热力学温标)后, 而制订出来的第二个国际间协议性的温度数值表示法.

IPTS-68 的温度符号为 T_{68} 与 t_{68}, 两者之间的关系为

$$t_{68} = T_{68} - 273.16K \tag{3-13-6}$$

t_{68} 与 T_{68} 的区别在于计算温度的起点不同, 前者以冰点为起点, 后者以绝对零度为起点.

IPTS-68 的固定点分为两类共 27 个, 其中第一类固定点 11 个(包括水的三相点), 复现精度相对较高, 造价相对昂贵; 其余为第二类固定点, 复现精度相对较低, 造价相对便宜. 这 27 个固定点的热力学温度数值, 均由 IPTS-68 代表当代科技发展水平的最佳已知值分别给定.

IPTS-68 分为四段, 以在 27 个点中的某些固定点上分度的标准低温铂电阻温度计, 标准中温铂电阻温度计, 标准铂铑$_{10}$-铂热电偶(1975 年起 IPTS 将用标准高温铂电阻温度计取代)与标准光学高温计作为标准温度计, 并用四个不同的内插公式, 将以上四种标准温度计的示值, 与 IPTS-68 给定的 27 个固定点的温度数值联系起来, 使借助于它们精密测量与准确计算出来的温度数值, 与相应的热力学温度数值非常接近.

(3) 气体温度计: 常说的气体温度计, 是指定容空气温度计, 最简单的定容空气温度计如图 3-13-2 所示, 主要由充有低压空气的气泡与毛细管(玻璃), 以及

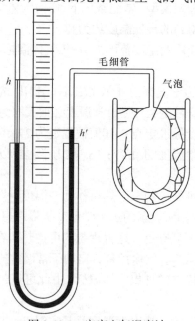

图 3-13-2　定容空气温度计

灌有水银的 U 形气压计(橡皮管)两部分构成. 升高或降低气压计的动管，可使另一边定管中的水银面也随之升高或降低. 每次测量时，升高或降低动管，使定管中的水银面恰好在规定的刻线上(即定管中水银柱高准确地为 h')，以至于严格地保持住了气泡中空气容积不变(故名定容).

由流体静力学知，气压计动、定两管中水银柱的高差，表征出两管中水银面上空气的压强差. 因为动管通大气，于是，气泡中空气的压强

$$p = p_{at} + (h - h') \tag{3-13-7}$$

式中 p_{at} 为测量时实验室的大气压强，由挂在室中的福廷式气压计读出；h 与 h' 各为气压计动、定两管中的水银柱的高.

① 气体温度计的分度. 由实验知，随着气泡中空气温度改变，气体温度计的测温性质——气泡中空气的压强将随之呈比例而变化

$$T = ap \tag{3-13-8}$$

为了确定比例系数 a ，在一般实验室中，可将整个气泡浸入复现水的冰点(属第二类固定点)的冰点瓶[如实验室有条件，可改用复现水的三相点(属第一类固定点)的三相点瓶]中，有 $273.15 = ap_0$ ，于是

$$a = \frac{273.15}{p_0} \tag{3-13-9}$$

式中 p_0 为冰点时气泡中空气的压强.

将(3-13-7)式与(3-13-9)式代入(3-13-8)式，得

$$T = 273.15 \frac{p_{at} + (h - h')}{p_{at} + (h_0 - h')} \tag{3-13-10}$$

式中 h_0 为冰点时动管中水银柱的高.

如果用的是三相点瓶，有

$$T = 273.16 \frac{p_{at} + (h - h')}{p_{at} + (h_{tr} - h')} \tag{3-13-10'}$$

式中 h_{tr} 为三相点时动管中水银柱的高.

可见，如果某支气体温度计的 p_0 (即 p_{at} 与 h_0)已知，那么，只要用该温度计测出任一温度 T 时的压强 p (即 p_{at} 与 h)，便可按照(3-13-10)式或(3-13-10')式计算出该温度 T . 因此 p_0 称为气体温度计的分度常数. 测出某支气体温度计的 p_0 ，这支气体温度计便分度好了.

② 用气体温度计校准液体温度计. 限于设备条件与实验时间，下述的仅是用气体温度计校准液体温度计的一般方法，至于液体温度计的零点位移与露出液柱的影响等均未考虑.

用气体温度计校准液体温度计的总原则是，将气体温度计(标准)的气泡与液

体温度计(被测)的温泡，完全沉没于同一温场中，即同一温度时用气体温度计与液体温度计来测量，但以气体温度计按(3-13-10)式或(3-13-10′)式算出的读数作为标准值，液体温度计的读数作为被测值，则可给出液体温度计的修正值=标准值-被测值.

③ 空气的压强温度系数的计算. 根据定义，空气的压强温度系数

$$a_p = \frac{p_{100} - p_0}{100 \, p_0} \tag{3-13-11}$$

然而，对于高出海平面的广大地区来说，水的汽点 T_b 均低于 375.15K (即100℃)，因此， p_{100} 的数值是借助于下列实验加计算的办法得到的.

将气体温度计的气泡整个地沉没于沸水中，类比(3-31-10)式，有

$$T_b = 273.15 \, p_b / p_0 \tag{3-13-12}$$

测出动管中水银柱的高 h_b ，可算出 $p_h = p_{at} + (h_b - h')$ ，代入上式即可算出当地水的汽点 T_b 的数值.

然后，类比(3-13-8)式，有

$$\frac{T_{100}}{T_b} = \frac{p_{100}}{P_b}$$

因此

$$p_{100} = \frac{373.15}{T_b} p_b \tag{3-13-13}$$

【实验器材】

气体温度计、被校液体温度计、冰瓶、烧杯、电炉等.

【实验内容】

(1) 将气体温度计与被校液体温度计插入盛有冰、水混合物(温度为0℃，事先由实验调配好，并经Ⅱ等标准水银温度计测量过)的杜瓦瓶中.

注意：一定要让液体温度计的温泡，与气体温度计的气泡整个地浸没在温水(图3-13-2)中，否则将引起较大误差.

升高或降低U形气压计的动管，使定管中水银柱高为 h' ，记下动管中水银柱高 h_0 ；记下福廷式气压计的读数 p_{at} ；

(2) 将气体温度计的气泡，与液体温度计的温泡整个地没入温水中，点燃酒精灯加热，或加入热水，使烧杯中的水温分别为(20±2)℃、(40±2)℃、(60±2)℃、(80±2)℃(液体温度计读数)与 T_b (汽点).

每次均升高或降低U形气压计的动管，使定管中水银柱高为 h' ，分别记下动

管中水银柱高 $h_{20\pm2}$、$h_{40\pm2}$、$h_{60\pm2}$、$h_{80\pm2}$ 与 h_b；

注意：实验完毕后，一定要将气压计的动管降低！否则，温度下降气压降低后，水银将倒灌进气泡中.

【思考题】

(1) 能否将耐高温的金属或合金作为测温物质，将随温度升高而伸长的金属或合金的长度作为测温性质，设计成测高温的温度计？试分析高温下测其伸长有何难处？如何克服？(提示：测电容，即电容高温计.)

(2) 玻璃液体温度计仅用水的三相点(不用冰点与汽点，精简一点)分度行吗？

(3) 自己推导(3-13-4)式与(3-13-5)式.

(4) 只能将气体温度计的整个气泡浸入温水中，然而作为感温元件一部分的毛细管，却无法使之完全浸入. 这对气体温度计的示值有何影响？怎样改进？

(5) 在海拔较低处已经分度好的气体温度计，搬到海拔较高处去使用必须重新分度，为什么？即使在同一地点使用的气体温度计，这次使用后，下次使用也应重新分度，又是为什么？

3.14 气体体胀系数的测定

【实验目的】

掌握用烧瓶测定空气体胀系数的方法.

【实验原理】

一定质量的气体，在压强不变时，它的体积与热力学温度成正比. 如果气体在 $0℃$ 时的体积为 V_0，而在 $t(℃)$ 时的体积为 V，则有

$$V = V_0(1 + \alpha_V t) \tag{3-14-1}$$

式中，α_V 叫做气体的体胀系数. 对于理想气体，α_V 的值均相等，即 $\alpha_V = 0.366℃^{-1}$ (对于实际气体，只有气体的温度不太低和压强不太大时才近似等于上述数值).

当我们测定 α_V 的值时，如果保持气体的压强不变，测得温度 $t_1(℃)$ 时的体积 V_1，温度为 $t_2(℃)$ 时的体积 V_2，由(3-14-1)式有

$$V_1 = V_0(1 + \alpha_V t_1) \tag{3-14-2}$$

$$V_2 = V_0(1 + \alpha_V t_2) \tag{3-14-3}$$

解(3-14-2)式和(3-14-3)式得

$$\alpha_V = \frac{V_2 - V_1}{V_0(t_2 - t_1)} \tag{3-14-4}$$

将 V_1、V_2、t_1、t_2 的值测出代入(3-14-4)式即可算出 α_V 值.

【实验器材】

烧瓶、橡皮塞、玻璃管、橡皮管、管子夹、沸水槽、冷水槽、温度计、天平及砝码(或台秤)、烘干器等.

【仪器描述】

气体体胀系数测定实验装置如图 3-14-1 所示. 将烧瓶放入沸水槽中, 启开管子夹使烧瓶内的空气与大气相通, 保持烧瓶内空气的压强不变.

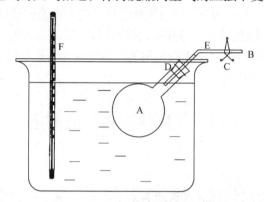

图 3-14-1　气体体胀系数测定实验装置
A. 烧瓶；B. 橡皮管；C. 管子夹；D. 橡皮塞；E. 玻璃管；F. 温度计

【实验内容】

(1) 把烧瓶内部烘干, 用天平称出连同其上的橡皮塞、玻璃管、橡皮管以及管子夹的质量 M_1.

(2) 将烧瓶放入沸水槽内, 启开管子夹使烧瓶沉至底部. 用电炉加热使热水沸腾, 读出其温度 t_2.

(3) 烧瓶在沸水中沉浸 3~4min 后, 再用管子夹将橡皮管夹紧, 不再让空气出入. 将烧瓶立即倒置(瓶口向下)放入冷水槽内. 当烧瓶颈部沉在水面下以后, 启开管子夹, 让水进入烧瓶内部, 并让整个瓶在冷水槽中沉浸几分钟.

(4) 将烧瓶底部提起, 使瓶内的水面恰好和水槽中的水面处在同一水平面上. 此时用管子夹在原处把橡皮管夹紧, 同时读出水的温度 t_1. 然后, 把烧瓶连同其中的水从冷水槽中取出, 正放在桌上, 擦干瓶外水滴, 在天平或台秤上称出其质

量 M_2.

(5) 用烧杯注水入瓶, 直至充满玻璃管的上端为止. 再用管子夹夹在原处, 把橡皮管夹紧. 除去管子夹上段的橡皮管中的水, 擦干瓶外水滴, 称出其质量 M_3.

(6) 水的密度为 $1g/cm^3$ (水的密度随温度的变化很小, 可以忽略不计), 因此从 M_1、M_2 和 M_3 可计算出空气在 t_2 和 t_1 时, 在烧瓶内所占有的体积

$$V_2 = \frac{M_3 - M_1}{\rho_{水}} \quad 和 \quad V_1 = \frac{M_3 - M_2}{\rho_{水}}$$

又因烧瓶内空气的压强两次都是保持和大气压强相等, 所以由 V_1、V_2、t_1、t_2 的值即可计算出空气的体胀系数 α_V 的数值.

(7) 按照上述内容, 重复测试 3～5 次, 将每次实验测试数据填入自己设计的记录表格中.

(8) 将实验测试数据代入(3-14-4)式中计算 α_V 值, 取平均值, 并与公认值相比较, 计算百分差.

【思考题】

(1) 在实验过程中怎样满足压强不变这一条件?

(2) 实验操作过程中应注意哪些问题?

3.15　用碰撞仪验证动量守恒定律

【实验目的】

(1) 用碰撞仪验证动量守恒定律;

(2) 测量在完全弹性碰撞和完全非弹性碰撞下的恢复系数以及机械能的损耗.

【实验原理】

动量守恒定律指出: 在某一时间间隔内, 若物体所受外力矢量和始终为零, 则在该时间间隔内物体系的动量守恒, 即 $\sum F_i = 0$, 则

$$\sum_{i=1}^{n} \boldsymbol{K} = \sum_{i=1}^{n} m_i v_i = 恒矢量 \tag{3-15-1}$$

式中 m_i、v_i 分别为物体系中第 i 个物体的质量和速度, n 是物体系中物体的数目, 物体所受合外力虽不为零, 但只要合外力在某一方向的分量为零, 则该物体系的动量在该方向的分量守恒, 即若 $\sum F_{ix} = 0$, 则

$$\sum_{i=1}^{n} k_{ix} = \sum_{i=1}^{n} m_i v_{ix} = 恒量 \tag{3-15-2}$$

在(3-15-2)式中取 $n = 2$ 就得到两个物体沿一直线碰撞的简单特例. (3-15-2)式变为

$$m_A v_A + m_B v_B = m_A v_A' + m_B v_B' \tag{3-15-3}$$

式中 v_A、v_B 与 v_A'、v_B' 分别为 A、B 两个物体碰撞前后沿同一方向的瞬时速度，在实验中若令 $v_B = 0$，这样就有

$$m_A v_A = m_A v_A' + m_B v_B' \tag{3-15-4}$$

于是，可以通过对(3-15-4)式的验证来确认动量守恒定律. 在实验中测出 $k = m_A v_A$ 与 $k = m_A v_A' + m_B v_B'$，如果二者之差小于测量误差，就可以认为 $K = K'$，说明动量守恒定律是正确的. 对于弹性碰撞或非弹性碰撞，动量守恒定律都成立. 在碰撞过程中机械能是否守恒除了与碰撞过程中合外力是否做功有关之外，还与表征碰撞性质的碰撞系数 e 有关. 实验证明，对于材料一定的球体，碰撞后分开的相对速度与碰撞前接近的相对速度成正比. 即

$$e = \frac{v_B' - v_A'}{v_B - v_A} \tag{3-15-5}$$

e 由两物体材料的弹性决定，因此通常根据恢复系数对碰撞进行分类：①当 $e = 1$ 即 $v_A - v_B = v_B' - v_A'$ 时，为完全弹性碰撞，此时机械能守恒；②当 $e = 0$ 即 $v_B' = v_A'$ 时，为完全非弹性碰撞，此时，机械能损失最大；③当 $0 < e < 1$ 时，为一般非完全弹性碰撞.

另外，物体碰撞前后的动能比也是区分物体碰撞性质的一个物理量. 若以 R 表示，则有

$$R = \frac{\frac{1}{2}(m_A v_A'^2) + \frac{1}{2}(m_B v_B'^2)}{\frac{1}{2}(m_A v_A^2) + \frac{1}{2}(m_B v_B^2)} \tag{3-15-6}$$

若 $v_B = 0$，根据(3-15-4)式、(3-15-5)式可将(3-15-6)式改写成

$$R = \frac{m_A + m_B e^2}{m_A + m_B} \tag{3-15-7}$$

当 $m_A = m_B$ 时，$R = (1 + e^2)/2$，由此可见，物体做完全弹性碰撞时，$e = 1$ 则 $R = 1$，即物体碰撞前后没有动能损失；当物体做完全非弹性碰撞时，$e = 0$，$R = 1/2$，即物体在碰撞过程中动能损失一半；当 $0 < e < 1$ 时，$1/2 < R < 1$，这时为一般的非完全弹性碰撞.

不管两物体的碰撞性质如何，只要在碰撞过程中系统不受外力的作用，其总

量总是守恒的，因此系统前后的动量比应为 1.

通过对物体碰撞前后速度的测量，以及恢复系数 e、动能比 R 和动量比的计算，可以判别物体的碰撞性质.

【实验器材】

碰撞实验仪一套、天平及砝码一套、水平尺、米尺(卷尺)、凡士林等.

【仪器描述】

仪器装置如图 3-15-1 所示，底座 1 上面固定有两个可拆装的立柱 2，立柱支持两个可水平位移的挂线框 3，挂线框在横柱 4 上，框上悬挂两个圆柱形碰撞体 5，碰撞体共三个，两大一小，小的质量为大的质量的一半，每个碰撞体用四根细线系在框架上可调节的插销上，底座上装有可垂直、水平调节的标尺 7. 另附有供调节垂直位置用的铅锤 6 两个，夹线用的活动夹 8 一个，游码 9 两个.

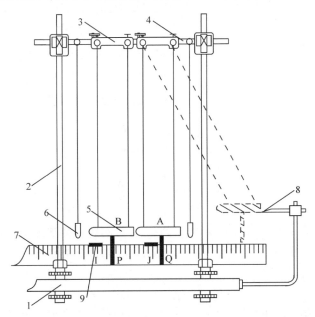

图 3-15-1　碰撞实验仪

实验中用于碰撞的两个圆铁环，其质量 $m_A > m_B$. 在碰撞过程中要满足合外力为零，且为直线碰撞的条件. 为此，需调节用四根细线悬挂起来的圆柱体，使其静止时两圆柱体的中心轴线保持水平共轴，且恰好接触. 同时 A、B 两圆柱体还必须在同一个铅直平面内运动.

【测量方法】

1. 瞬时加速度的测量

一根长度为 R 的细线悬一质量为 m 的质点，由某处 A 以初速度为零开始下摆，

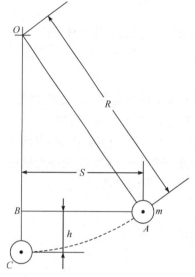

在忽略阻力的条件下，其到达平衡位置 C 的瞬时速度 v 可根据 $mgh = \frac{1}{2}mv^2$ 求出．$h = BC$ 为 A、C 两点高度差，如图 3-15-2 所示，由于 $v = \sqrt{2gh}$，所以测出 h 就可以求出 v．但是 h 很小，不易测准．为减少测量误差，可利用 S 与 h 的关系 $h = OC - OB = R - \sqrt{R^2 - S^2}$，得

$$v = \sqrt{2gh} = \sqrt{2g(R - \sqrt{R^2 - S^2})} \quad (3\text{-}15\text{-}8)$$

其中 S 可以较精确地测出来．这样，通过 R、S 的测量，可间接地求出 v．

图 3-15-2　瞬时速度的测量示意图

因为(3-15-8)式计算比较繁琐，可利用二项式定理将(3-15-8)式展开．当 $R \gg S$ 时，略去高次项，最后得到 v、S 关系式如下：

$$v = \sqrt{\frac{R}{g}} S \left[1 + \frac{1}{8}\left(\frac{S}{R}\right)^2 \right]$$

$$v^2 = \frac{R}{g} S^2 \left[1 + \frac{1}{4}\left(\frac{S}{R}\right)^2 \right] \quad (3\text{-}15\text{-}9)$$

以上讨论是假定运动的物体为一质点．若将两圆柱体视为刚体，则由 A 到 C 的运动必须是单纯的平动(没有转动)，否则，以上讨论不适用．

2. S 的测量方法

测量 S 的方法是在圆柱下面安装两个垂直的指针 P 和 Q，如图 3-15-1 所示．在指针的后面水平地架设一个标尺 7．标尺上跨有可以移动的游码 9(I 和 J)．当指针 P、Q 随柱体 A、B 摆动时，将分别带动游码 I、J 作相应的移动，根据两个游码的位移可分别确定对应的 S．

【实验内容】

(1) 按图 3-15-1 安装好碰撞实验仪．调节底座前两足,使底座上表面成水平,

再轻轻放下后面两旁支撑用的调节螺钉，以防实验中撞倒.

(2) 在横柱 4 的两端挂上两个铅锤 6，先在水平方向调节标尺 M 的位置，使标尺与两铅锤的连线平行.

(3) 调节圆柱体上的八根悬线，使两个圆柱体的公共轴心线呈水平状态，并通过由两铅锤线构成的平面. 再调节标尺 7 的高低位置，使指针在摆动全过程中始终能接触游码，然后取掉铅锤.

(4) 将碰撞体 A 上的一根细线夹于活动夹上，并使夹紧的细线与碰撞体轴线处于同一垂直平面内. 调节好后用手按夹子，松开夹线，试作自由碰撞，看是否还有侧向摆动现象. 若使 S 为 10cm 或 15cm，计算更为方便.

(5) 调节两圆柱体的静止位置，使其恰好相接触，不要过紧也不要使之有缝隙. 注意碰撞前 B 是否保持静止.

(6) 在弹性碰撞时，利用两个游码同时测定两个指针所能到达的最远位置，共测三次(每次 B 摆回时必须用手挡住，以免碰回游码)，取平均值. 为了消除游码摩擦的影响，可采取将游码逐渐向左移动的方法，使碰撞体指针刚好接触游码，以测出最远位置.

(7) 做完全非弹性碰撞时，可在两圆柱体接触面上涂一薄层凡士林，不宜涂得过多，能使 A、B 碰撞后粘在一起运动即可，这时只需要一个游码做实验.

(8) 称出 A、B 碰撞体的质量 m_A、m_B，并用卷尺或米尺测量 A、B 摆动的半径(即 A 或 B 钩的挂线处到线框底平面的垂直距离).

(9) 将所测数据取平均值，代入(3-15-9)式以及(3-15-4)式、(3-15-5)式、(3-15-6)式或(3-15-7)式进行计算. 根据计算结果得出实验结论.

【思考题】

(1) 本实验通过(3-15-4)式来验证动量守恒定律，这需要满足哪些实验条件? 这些条件是怎么提出来的? 如何在实验装置和测量上予以满足?

(2) 本实验用四根细线悬一柱体，这样有什么优点? 为什么不用一根线悬一个球? 这样做有什么缺点?

(3) 为什么柱体 A 的碰撞端是圆的，B 是平的? 换过来怎样? 都是平的又怎样? 试一下.

3.16　用超声波测空气中的声速

【实验目的】

(1) 学习声压的测量方法;

(2) 用驻波法和相位法测空气中的声速.

3.16.1　驻波法

【实验原理】

实验装置如图 3-16-1 所示，图中 7 是发射换能器，9 是接收换能器，分别固定在游标卡尺的两测量爪上. 11 是低频信号发生器，输出超声信号供给发射换能器辐射平面超声波. 10 是频率计，测量信号源的输出频率. 12 是示波器(或采用真空管毫伏计 13)测量接收换能器输出电压的大小. 3 是游标卡尺微动调节机构，5 是螺杆，6 是微动调节螺母，2 和 4 是固定螺钉，8 是换能器谐振指示灯.

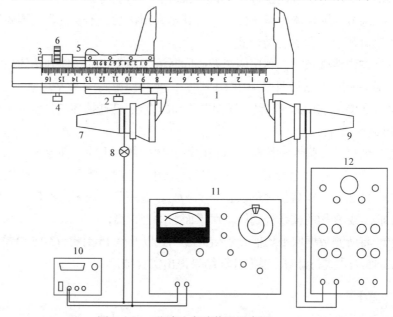

图 3-16-1　驻波法实验装置示意图

将两换能器的头部端面相对切平行，当发射换能器辐射平面超声波经空气传播到接收换能器的端面时，产生垂直反射波，入射波与反射波在两端面空气柱中叠加形成纵驻波，两换能器的端面均为驻波波节. 因此当两端面的距离为半波长的整数倍时，两端面间的空气柱共振，驻波波腹有最大值. 在波节处，振幅为零，声压的变化有最大值. 调节游标卡尺改变换能器的位置，当示波器连续两次指示电压最大时，接收换能器所改变的距离即等于 $\lambda / 2$. 由频率计测量信号源的频率 ν，由 $v = \lambda \nu$ 可计算声速. 驻波法又称共振干涉法.

【实验器材】

超声声速测定仪(SBZ-A 型)，低频信号发生器(XFD-6 或 XFD-7A 型)，频率计(SSM-5C 计时-计数-计频仪)，示波器(SB-10 型)或真空毫伏计(GB-9E 型).

【实验内容】

(1) 测量换能器的谐振频率.

① 将线路按照图 3-16-1 接好(频率计采用衰减电缆连接，接收换能器的输出电压也可采用真空管毫伏计 13 测量. 低频信号发生器和频率计也可采用SBZ-A信号源代替，因该仪器是SBZ-A 型超声声速测定仪配套的超声波信号发生器，输出频率由数字显示)，请教师检查后，移动游标卡尺使两换能器接近，调节两端面平行，并用卡环上紧固螺钉固定，然后将两换能器分开相距约5cm.

② 将信号源输出阻抗调整到150Ω，衰减为零，示波器 x 轴的衰减旋钮调到扫描，x 轴增幅调到零. 接通各仪器电源开关，预热约 30min，调节信号源输出电压为12V，然后将信号源的频率在 30~40kHz 范围内缓慢调整，观察信号源输出电压表的指示和示波器(或毫伏计)的指示，适当调整换能器的位置，使示波器(或毫伏计)指示值最大(对示波器选择适当的 y 轴衰减和增幅，对真空管毫伏计选择适当的量程)及信号源输出电压表的指示突然下跌到最小，这时换能器处于最佳谐振工作状态，阻抗急剧下降，激励电流增大，指示灯燃亮，则信号源的输出频率即为换能器的谐振频率. 换能器工作在谐振频率时，效率最高，能辐射或接收较强的超声波，仪器的使用参考相应的仪器使用说明书.

(2) 将信号源输出电压调整在 6V 左右，让换能器工作在谐振频率辐射超声波. 用微调机构精确测量驻波波节位置，当示波器(或毫伏计)指示值最大时，记下游标读数 L_i' 及频率计读数 ν_i，移动游标卡尺增大两换能器之间的距离，连续测量 10 个 L_i' 及 ν_i 值 $(i = 1, 2, \cdots, 10)$.

(3) 记录室温 t、气压 p 及相对湿度 H.

【注意事项】

信号源的输出电压以不超过15V 为限，以免损坏频率计. 所用仪器的接地端与换能器的接地端为同电势，换能器的接地端为黑色插座，不能接反.

【数据处理】

(1) 对超声波频率取平均值 $\bar{\nu}$，对波长采用逐差法求 $\bar{\lambda}$，代入 $\upsilon = \bar{\lambda} \cdot \bar{\nu}$ 求声速，并计算误差表示测量结果.

(2) 将测量值与由(3-8-10)式计算的理论值比较，计算相对误差.

3.16.2　相位法

【实验原理】

相位法即行波法，当介质中有平面声波传播时，沿 x 传播的正方向，各质点

的振动可用方程 $x' = A\cos 2\pi(\nu t - x/\lambda)$ 来描述. 式中 $2\pi(\nu t - x/\lambda)$ 称为距坐标原点为 x 的平面上的质点的振动相位，比坐标原点的质点的振动相位落后 $2\pi x/\lambda$，并与时间有关. 而 $2\pi x/\lambda$ 称为 x 平面上的质点的振动初相. 如果声源在坐标原点，则声源与 x 平面上的质点的相位差为

$$\varphi = 2\pi\frac{x}{\lambda} \qquad\qquad (3\text{-}16\text{-}1)$$

仅与 x 有关. 对于确定的 x，φ 是恒量.

相位法实验装置如图 3-16-2 所示，两换能器的端面不能平行，应倾斜一个很小的角度，使反射波不至于在两换能器的端面间与入射波叠加形成驻波. 这时接收器的输出电压变化，与行波传播到端面的声压变化同相，而与发射换能器输入信号的相位差则满足(3-16-1)式. 将此两信号电压分别接到示波器的 y 轴输入与 x 轴输入，在示波器的荧光屏上就会出现互相垂直、同频率的两简谐振动的合成图像. 这是一种简单的李萨如图形，一般为椭圆. 从图形的形状可确定两信号电压的相位差(0～2π 的值). 改变换能接收器的位置，φ 即改变，示波器荧光屏上就会出现相位差从 0 到 2π 之间的各种李萨如图形，如图 3-16-3 所示. 设两换能端面之间的距离为 L，即 $L = x$. 由(3-16-1)式，当 $L = n\lambda$ 时 $\varphi = 2n\pi$ $(n = 1, 2, \cdots)$，图形是斜率为正的直线，表示发射换能器的输入信号电压与接收换能器的输出信号电压同

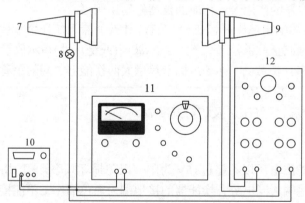

图 3-16-2　相位法实验装置示意图

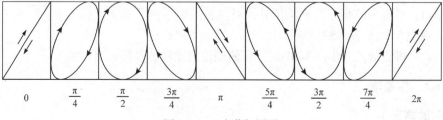

| 0 | $\dfrac{\pi}{4}$ | $\dfrac{\pi}{2}$ | $\dfrac{3\pi}{4}$ | π | $\dfrac{5\pi}{4}$ | $\dfrac{3\pi}{2}$ | $\dfrac{7\pi}{4}$ | 2π |

图 3-16-3　李萨如图形

相；当 $L = n\lambda / 2$ 时，$\varphi = n\pi\ (n = 1, 2, \cdots)$，图形是斜率为负的直线，表示两信号电压反相. 显然，L 改变一个波长的距离，图形重复出现一次，直线是最易判断的图形，可选择斜率为正的或为负的直线作为测量起点，调节接收换能器的位置，当图形重复出现一次时，接收换能器移动的距离为一个波长 λ. 再由频率计测出信号源的频率 ν，由 $v = \lambda\nu$ 可计算声速.

【实验器材】

除真空毫伏计不用外，其他仪器同驻波法.

【实验内容】

(1) 按照图 3-16-2 连接电路.

(2) 将两换能器的端面先调节平行，然后再将接收换能器稍微偏移一小角度.

(3) 将示波器 x 轴衰减旋钮调到 1 的位置，接通各仪器电源开关，约 2min 后荧光屏上出现椭圆或直线，预热 30min 后，按照驻波法调节接收换能器的位置，以斜率为正或为负的直线为准，图形每重复出现一次，记录一次游标卡尺的读数 L_i' 和频率计的读数 ν_i，连续测量 10 个值 $(i = 1, 2, \cdots, 10)$.

(4) 记录室温 t、气压 p 及相对湿度 H.

【数据处理】

与驻波法相同.

【思考题】

(1) 在驻波法中，质点的位移、介质的密度和声压之间有什么关系？

(2) 在实验中，驻波法为什么要求两换能器的端面平行？相位法为什么要求两换能器端面倾斜很小角度？

(3) 在驻波法中，是否能用示波器观察到李萨如图形？

(4) 用本实验仪器是否能测量液体中的声速？怎样设计实验装置.

3.17　用泊肃叶公式测定液体的黏滞系数

【实验目的】

用泊肃叶公式测定液体的黏滞系数.

【实验原理】

1. 泊肃叶公式的导出

实际液体作稳定层流时，相对运动的两相邻流层之间存在相互作用力，快层对慢层的作用力与流速同向；慢层对快层的作用力与流速反向. 这种相互作用力叫做黏滞力或内摩擦力.

实验表明，内摩擦力 F 与两流层间的接触面积 S 及该处的速度梯度 $\mathrm{d}v/\mathrm{d}r$ 成正比，即

$$F = \eta S \frac{\mathrm{d}v}{\mathrm{d}r} \tag{3-17-1}$$

式中 η 是与液体的性质和温度有关的比例系数，叫做液体的黏滞系数.

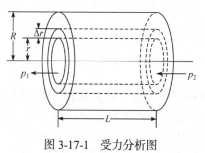

图 3-17-1　受力分析图

如图 3-17-1 所示，设黏滞系数为 η 的液体在长为 L、半径为 R，水平放置的毛细管中作稳定的层流，管两端的压强分别为 p_1 和 p_2. 对于与管同轴、半径为 $r(0 \leqslant r \leqslant R)$，该处流速为 v 的液体圆柱，它与外层液体的接触面积为 $2\pi rL$，由(3-17-1)式，它受到的内摩擦力为 $2\pi\eta Lr \dfrac{\mathrm{d}v}{\mathrm{d}r}$. 此力必与它受到的压力 $\pi r^2 \Delta p$ 相平衡，即

$$\pi r^2 \Delta p + 2\pi\eta Lr \frac{\mathrm{d}v}{\mathrm{d}r} = 0$$

式中 Δp 为与内摩擦力相平衡的有效压强差，而不是管两端的实验压强差 $p_1 - p_2$. 将上式积分，并注意到 $r = R$ 时，$v = 0$，$r \neq R$ 时，有

$$v = \frac{\Delta p}{4\eta L}\left(R^2 - r^2\right) \tag{3-17-2}$$

单位时间内流过管的横截面积的液体体积，即流量

$$Q = \int_0^R 2\pi v r \mathrm{d}r$$

将(3-17-2)式代入上式，积分后可得

$$Q = \frac{\pi R^4 \Delta p}{8\eta L} \tag{3-17-3}$$

上式即为泊肃叶公式. 由上式可得

$$\eta = \frac{\pi R^4 \Delta p}{8LQ} \tag{3-17-4}$$

实验中，我们只能测 $p_1 - p_2$，而无法测量 Δp. 因此必须找出 Δp 与 $p_1 - p_2$ 的关系.

单位时间内，在 $p_1 - p_2$ 的作用下，被压入管中的液体体积为 Q，$p_1 - p_2$ 所做的功为 $(p_1 - p_2)Q$. 在管的入口处，由于液体的连续性，液体所获得的动能可

以保持到从管口流出. 对于半径为 r、厚为 dr 的流层图 3-17-1，单位时间内被压入的液体所获得的动能为

$$dE_k = \frac{1}{2}\rho(2\pi vr dr)v^2 = \pi\rho v^3 r dr$$

式中 ρ 为液体密度. 将(3-17-2)式代入上式并积分，则得单位时间内被压入管中的液体所获得的总动能

$$E_k = \frac{\pi\rho R^8}{8}\left(\frac{\Delta p}{4\eta L}\right)^3$$

由(3-17-3)式可得

$$E_k = \frac{\rho Q^3}{\pi^2 R^4} \tag{3-17-5}$$

单位时间内实际压强差所做的功 $(p_1 - p_2)Q$ 应该等于克服内摩擦力所做的功 ΔpQ 与进入管中的液体所获得的总动能 E_k 之和，即

$$(p_1 - p_2)Q = \Delta pQ + \frac{\rho Q^3}{\pi^2 R^4}$$

或

$$\Delta p = p_1 - p_2 - \frac{\rho Q^2}{\pi^2 R^4}$$

将上式代入(3-17-4)式，则有

$$\eta = \frac{\pi R^4}{8LQ}\left(p_1 - p_2 - \frac{\rho Q^2}{\pi^2 R^4}\right) \tag{3-17-6}$$

本实验的装置如图 3-17-2 所示，马里奥特容器 1 中盛有水，水可以通过固定在容器侧面底部的毛细管 6 流出. 利用马里奥特容器能使毛细管两端的压强差 $p_1 - p_2$ 保持恒定. 就本实验的装置而言，$Q = \dfrac{m}{\rho t}$，$p_1 - p_2 = (h - \Delta h)\rho g$，因此(3-17-6)式可变为

$$\eta = \frac{\pi\rho^2 gR^4 t}{8Lm}\left(h - \Delta h - \frac{m^2}{\pi^2\rho^2 gR^4 t^2}\right) \tag{3-17-7}$$

式中 m 为 t 时间内流过毛细管的液体质量，h 为竖直玻璃管 3 的底端液面与毛细管轴线间的高度差，Δh 为平衡表面张力所需的高度差，g 为重力加速度. 上式右边含有乘积因子 R^4，这说明误差主要来自 R 的测量，因此本实验对毛细管半径 R 的测量要求甚高.

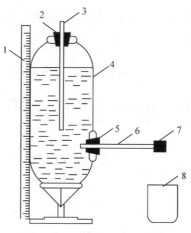

图 3-17-2　实验装置示意图

2. 毛细管半径的测定

将毛细管洗净干燥后，吸入一段纯净水银，视水银柱的半径为 R_1，用读数显微镜测出水银柱长 L_1 (测量水银柱两端凸出部分的距离)，而后用分析天平测出水银的质量 m_1. 如果把水银柱视为圆柱体，则有

$$\pi R_1^2 L_1 \rho_1 = m_1 \tag{3-17-8}$$

由上式可得毛细管的半径

$$R = \sqrt{\frac{m_1}{\pi L_1 \rho_1}} \tag{3-17-9}$$

式中 ρ_1 为水银的密度. 实际上清洁毛细管中的水银柱两端是半球形，所以水银柱的体积应修正为 $\pi R^2 \left(L_1 - 2R\right) + \dfrac{4}{3}\pi R^3 = \pi R^2 L_1 - \dfrac{2}{3}\pi R^3$. 为了便于计算，我们可以用 R_1 代替修正项 $\dfrac{2}{3}\pi R^3$ 中的 R，于是(3-17-8)式可以修正为

$$\left(\pi R^2 L_1 - \frac{2}{3}\pi R_1^3\right)\rho_1 = m_1$$

由此可导出毛细管的半径

$$R = R_1 \sqrt{1 + \frac{2R_1}{3L_1}} \tag{3-17-10}$$

【实验器材】

马里奥特容器、毛细管(长约 40cm，内径约 1mm)、贴有直尺的平面镜、测高仪、读数显微镜、量杯、秒表、物理天平、分析天平、纯净水银、蒸馏水等.

【实验内容】

(1) 测出毛细管的长度 L 及半径 R.

(2) 将毛细管插入马里奥特容器的侧孔中，塞紧橡皮塞 5，在毛细管的另一端套上管塞 7. 灌蒸馏水入容器中，并插入管 3，塞紧橡皮塞 2. 取下管塞 7，水开始流入量杯 8 中，等到管 3 底端不出现空气泡、容器中的压强分布固定后方可进行测量.

(3) 测出流过毛细管的水为 $20\sim30\mathrm{cm}^3$ 时所需要的时间 t. 重复测量，等到 t 与容器中的液面无关，而只取决于管 3 浸入的深度时，套上管塞 7.

(4) 逐渐降低管 3. 直到水不再从毛细管流出时，用贴有直尺的平面镜及装在支架上的显微镜或测高仪测出管 3 底端与毛细管轴线间的高度差 Δh，这就是平衡管 3 底端的表面张力所需要的高度差.

(5) 升高管 3，使其底端与毛细管轴线间的高度差 h 为 Δh 的 $3\sim4$ 倍. 测出流过毛细管的水为 $20\sim30\mathrm{cm}^3$ 时所需要的时间 t，并用物理天平称出水的质量 m. 测量 h 五次，求出其平均值. 记下室温.

(6) 求出室温下水的黏滞系数.

【思考题】

(1) 用灌水银法测定毛细管的半径时，毛细管中的水银柱是长些好？还是短些好？

(2) 怎样判断毛细管中的水流是否为层流？如何实现层流？

(3) 根据图 3-17-1，从功的定义证明：在稳定流的情况下，单位时间内摩擦力所做功的大小为 ΔpQ.

3.18　复　　摆

【实验目的】

(1) 研究复摆周期与回转轴到重心距离的关系；

(2) 测量重力加速度.

【实验原理】

将一个刚体支持在水平的定轴 O 上，使它能在重力的力矩作用下绕轴 O 自由摆动，就得到一个复摆 (图 3-18-1). 设 G 为复摆的重心，m 为摆的质量，h 为回转轴到重心的距离，I 为复摆对回转轴的转动惯量，则当摆角很小时，复摆振动周期 T 等于

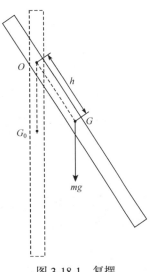

图 3-18-1　复摆

$$T = 2\pi\sqrt{\frac{I}{mgh}} \tag{3-18-1}$$

式中 g 为当地重力加速度，若以 I_G 表示通过重心 G 的水平轴的转动惯量，由平行轴定理有 $I = I_G + mh^2$，又设对此轴摆的回转半径为 k，则 $I_G = mk^2$，即 $I = mk^2 + mh^2$，将此式代入(3-18-1)式得到

$$T = 2\pi\sqrt{\frac{k^2 + h^2}{gh}} \tag{3-18-2}$$

由上式可以看出，改变回转轴的位置使 h 变化时，摆动周期 T 也将随着变化，并且当 $h \to 0$ 时，$T \to \infty$；当 $h \to \infty$ 时，$T \to 0$，因此当 h 从 0 变到 ∞ 时，T 应当有极小值，极小值的条件是 $\mathrm{d}T/\mathrm{d}h = 0$，即

$$\frac{\mathrm{d}T}{\mathrm{d}h} = 2\pi \frac{1}{2}\left(\frac{k^2 + h^2}{gh}\right)^{-\frac{1}{2}}\left(\frac{2}{g} - \frac{k^2 + h^2}{gh^2}\right) = 0$$

上式的解是 $h = k$．即当 h 等于 k 值时周期 T 极小．将此条件代入(3-18-2)式可得最小的周期值 $T_{\min}$

$$T_{\min} = 2\pi\sqrt{\frac{2k}{g}} \tag{3-18-3}$$

以 h 为横轴，T 为纵轴将(3-18-2)式用图线表示出来，将得到如图 3-18-2 所示的图形，如果制作复摆的棒的宽窄、厚度及质量分布均匀，摆上的孔也是对称的，则摆的振动周期相对于摆的重心两侧的变化规律也将是对称的，平行于 h 轴作两条曲线的公切线，切点 E、F 之间的距离应等于 $2k$．

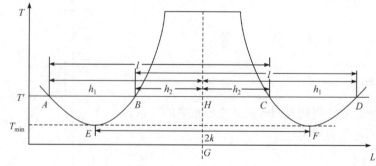

图 3-18-2 T 与 h 关系图

如果一个单摆和某复摆的振动周期相同，则此单摆的摆长称为该复摆的等值摆长，即

$$2\pi\sqrt{\frac{l}{g}} = 2\pi\sqrt{\frac{I}{mgh}} = 2\pi\sqrt{\frac{k^2 + h^2}{gh}}$$

由此可得该复摆的等值摆长为

$$l = \frac{k^2 + h^2}{h} \qquad (3\text{-}18\text{-}4)$$

从图 3-18-2 可以看出，对应复摆某一周期 T 的 h 值有两个，现分别以 h_1 和 h_2 表示．显然，二者均应满足(3-18-4)式，即

$$\frac{k^2 + h_1{}^2}{h_1} = \frac{k^2 + h_2{}^2}{h_2}$$

整理后得

$$k^2 = h_1 \cdot h_2 \qquad (3\text{-}18\text{-}5)$$

将上式代入(3-18-4)式，得到

$$l = \frac{h_1 h_2 + h_1{}^2}{h_1} = \frac{h_1 h_2 + h_2{}^2}{h_2} = h_1 + h_2 \qquad (3\text{-}18\text{-}6)$$

由此

$$T = 2\pi \sqrt{\frac{h_1 + h_2}{g}} \qquad (3\text{-}18\text{-}7)$$

由此可见，只要求出某一周期下的等值摆长，即可由上式求出当地的重力加速度 g 之值．

在图 3-18-2 中，通过 T 轴上的某一周期 T 之一点，作 h 轴的平行线，与两条曲线分别交于 A、B、C、D 四点，与通过重心的垂线交于 H，必有 $AH = HD = h_1$，$BH = HC = h_2$，即与周期 T 对应的复摆的等值摆长 $l = h_1 + h_2 = AC = BD$．

【实验器材】

复摆、停表(百分之一秒)或数字毫秒计、米尺．

【仪器描述】

复摆可用长约 1m，宽 3~4cm、厚 0.5cm 的金属棒制作．在棒上从中心向两端对称地开一些圆孔，中间部分孔距 2~3cm，两端为 4~5cm．测量时用某一个孔将摆挂在刀刃上，如图 3-18-3 所示．

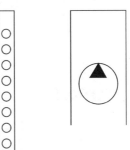

图 3-18-3　复摆的悬挂方法

【实验内容】

(1) 用米尺测出从摆的一端到各悬挂点的距离 d .

(2) 用每个悬挂点测 50 个连续周期的总时间,而后求周期 T(如用数字毫秒计只测一个周期即可).

(3) 用直角坐标纸绘制周期 T 对距离 d 的图线(要用足够大面幅的坐标纸).

(4) 从图线上求出 4 个不同周期对应的等值摆长、复摆的回转半径 k 及周期的极小值 $T_{\min}$.

(5) 用 $T_{\min}$ 和另外 4 个 T 值的等值摆长分别计算出重力加速度 g 之值. 取其平均值并与当地的重力加速度之值比较，求出百分误差.

【思考题】

(1) 何谓回转半径? 何谓等值摆长? 等值摆长的极小值等于多少?

(2) 怎样知道复摆振动周期是否存在一极小值? 存在极小值的条件是什么?

(3) 为什么说图 3-18-2 上的公切线的两切点 E、F 间的距离等于 $2k$?

(4) 所用复摆的 I_G 等于多少? 由实验图线如何计算复摆对任一回转轴的转动惯量?

(5) 如果所用复摆不是均匀的棒，或所开圆孔对中心不对称，对实验有无影响?

3.19　用电磁法研究弦的振动

【实验目的】

(1) 观察弦线上形成的驻波;

(2) 研究弦振动的基频与张力以及弦长的关系;

(3) 测量弦线上横波的传播速度.

【实验原理】

实验装置如图 3-19-1 所示. 通以音频信号电流的金属线,在电磁铁的作用下,产生电磁策动力,此力的频率等于音频信号电流的频率. 弦线在周期性策动力的作用下做受迫振动, 此振动在两端固定的弦上传播, 经反射和叠加形成驻波. 可以证明, 两端固定的弦做自由振动的频率为

$$\nu = \frac{n}{2L}\sqrt{\frac{T}{\rho}} \qquad\qquad (3\text{-}19\text{-}1)$$

式中 L 为弦长，即图中的 AB 段，$n = 1, 2, 3, \cdots$ 为半波长的个数，T 为弦的张力(由

跨过滑轮的砝码决定), ρ 为弦的线密度(即弦线单位长度的质量).

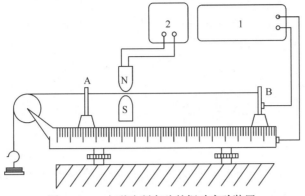

图 3-19-1　电磁法研究弦的振动实验装置

当电磁策动力的频率等于弦线固有的基频或泛频时，弦线(与强迫力)发生共振，在 $n = 1,2,3,4$ 的情况下，形成如图 3-19-2 所示的驻波图样.

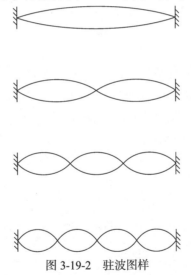

图 3-19-2　驻波图样

在实验中，当固定 L 改变 T(或固定 T 改变 L)时，只要调整音频信号发生器的输出频率，就能使弦发生共振，呈现如图 3-19-2 所示驻波，L 值由米尺量度，相应的频率示数依次为基频、第一泛频、第二泛频、第三泛频等.

当固定 L，改变一组 T_i 值时，可测出一组对应的基频 ν_i 值. 将这些一一对应的数据分别取对数作图，或者直接作 ν-$\sqrt{T}$ 图线. 只要所作图线是一条直线，就证明频率 ν 与张力 T 的平方根成正比. 同理，固定 T 改变 L，测出一组 ρ_i 所对应的 ν_i 值，验证 ρ 与 ν 的关系. 若保持 L、T、ρ 三值不变，则可测定弦线固有的基频及各泛频之值.

【实验器材】

音频信号发生器、直流电源及电磁铁(图 3-19-1 中之 1、2)、金属弦线、分析天平、米尺、砝码、滑轮等.

【实验内容】

根据目的，自己拟定测量内容.

【实验要求】

(1) 分别对频率与波长以及张力的关系作定量测量研究. 认真观察、分析驻波的特点和产生的条件.

(2) 固定弦长和张力为某一值(例如，取 $L=1.200$m, $T=1.176$N 即 120.0 g)测定长为 L 的弦的基频和第一泛频、第二泛频、第三泛频. 并测它们相应的波长，确定横波在弦线中传播的速度.

【注意事项】

(1) 金属弦线较细，在使用时，应当心弦线被折断. 在测线密度时可另取一根规格与试件相同的弦，用米尺和分析天平测量.

(2) 电磁铁线圈的两引出线接直流电源的正、负极，音频信号发生器的功率输出端可以接在弦柱 A、B 的端头.

【思考题】

(1) 利用本实验装置，再加上一组线密度不同的金属细弦，则可由实验结果总结出反映弦振动规律的经验公式. 试简述实验方案(包括简要步骤).

(2) 用量纲分析法推出(3-19-1)式.

3.20　用电热法测定水的汽化热

【实验目的】

学习测定水的汽化热的一种方法.

【实验原理】

本实验中采用电热器直接对水加热，设电热器两端的电压为 U，通过的电流强度

为 I ，经过时间 t 后水沸腾，使质量为 m 的水汽化，水的汽化热为 L ．此时电流所做的功 $A = IUt$ ，一部分用于汽化所需的热量 mL ，另一部分为散失的热量 q ，即

$$IUt = mL + q \qquad (3\text{-}20\text{-}1)$$

若改变电流电压，使两次测定的电流、电压不同，而时间相等，把相等时间内散失的热量 q_1 和 q_2 近似看成相等，则有以下两式：

$$I_1 U_1 t = m_1 L + q \qquad (3\text{-}20\text{-}2)$$

$$I_2 U_2 t = m_2 L + q \qquad (3\text{-}20\text{-}3)$$

由以上两式得

$$L = \frac{\left(I_1 U_1 - I_2 U_2\right) t}{m_1 - m_2} \qquad (3\text{-}20\text{-}4)$$

只要测出 I_1 、 U_1 、 I_2 、 U_2 、 t 、 m_1 和 m_2 ，就可确定汽化热 L ，其单位为 J/kg ．

【仪器描述】

仪器装置如图 3-20-1 所示，经电热水器 2 加热而汽化的水，自汽化器 1 通过玻璃管 3、经冷凝管 4 冷却后，进入烧杯 5 中，图中 7、8 分别为冷凝管的入水口和出水口，6 是稳压电源．

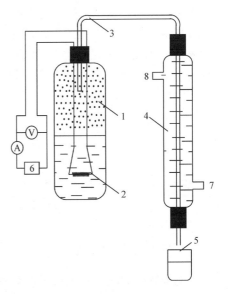

【实验器材】

汽化器、冷凝管、物理天平、稳压电源、电压表、电流表、停表．

图 3-20-1　汽化热实验仪器装置示意图

【实验内容】

学生自己拟定．求出汽化热 L 及其标准不确定度．

【思考题】

(1) 液体的汽化热跟液体表面的压强有什么关系？
(2) 试从分子运动论的观点来说明液体的汽化热与液体表面的压强的关系．

3.21　用毛细管法测量液体表面张力系数

【实验目的】

用毛细管法测量室温下水的表面张力系数.

【实验原理】

液体表面内存在一种张力，使液面在性质上与张紧的弹性薄膜相似. 因此，当液面为曲面时，它有变平的趋势，即液面为凹(凸)面时，弯曲的液面对于下层液体施于负(正)压力如图 3-21-1 所示.

把半径为 r 的玻璃毛细管插入水中，毛细管中的水面将是凹面，这个凹水面对下层的水施以负压，使管内水面下方 B 点的压强比水面上方的大气压小，而在管外与 B 在同一水平面的 C 点的压强仍与水面上方的大气压相等，同一水平面上的 B、C 两点的压强差使水不能平衡，水将从管外流向管内使管内水面升高，直到 B、C 两点的压强相等为止，如图 3-21-2 所示.

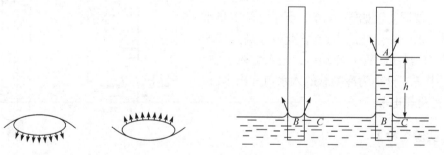

图 3-21-1　液体表面张力　　　　　　图 3-21-2　测量原理图

毛细管内的凹形水面可近似看成半径为 r 的半球面，设大气压与管内水面下 A 点的压强差为 Δp，当管内外水平衡时，有

$$\Delta p \pi r^2 = 2\pi r \alpha \cos \theta \tag{3-21-1}$$

其中 α 为表面张力系数，θ 为接触角，若盛水烧杯的半径比毛细管半径大很多，毛细管又置于烧杯中心轴处，则水相对于毛细管来说可近似看成无限广延的，当水在管内上升 h 时，有

$$\Delta p = \rho g h \tag{3-21-2}$$

其中 ρ 为水的密度，将(3-21-2)式代入(3-21-1)式，得

$$\rho g h \pi r^2 = 2\pi r \alpha \cos \theta$$

即

$$\alpha = \frac{\rho ghr}{2\cos\theta} \tag{3-21-3}$$

在毛细管及水非常清洁的情况下，θ 可近似为零，即

$$\alpha = \frac{\rho ghr}{2} \tag{3-21-4}$$

其中 h 是管内凹面最低点 A 到管外平液面 C 的距离. 在 A 点高度以上凹面以下还

有少量的水，其体积为 $\left[(\pi r^2) \times r - \frac{4\pi r^3}{3} \times \frac{1}{2} \right] = \pi r^2 \times \frac{r}{3}$，相当于管内高为 $\frac{r}{3}$ 的水柱

的体积. 因此，(3-21-4)式应修正为

$$\alpha = \frac{\rho g r}{2} \times \left(h + \frac{r}{3} \right) \tag{3-21-5}$$

【实验器材】

毛细管、烧杯、蒸馏水、玻璃标尺、铁夹台、读数显微镜、温度计.

【实验内容】

(1) 用铁夹台上的铁夹将毛细管与玻璃标尺夹在一起，标尺零刻线在毛细管下部大约为毛细管 1/3 长的地方.

(2) 把盛蒸馏水的烧杯置于铁夹台上使毛细垂直于水面位于烧杯中心轴处，标尺零刻线位于水面偏下方.

(3) 上下升降烧杯，使毛细管内壁充分浸润.

(4) 调节铁夹，使毛细管、标尺同时慢慢上升，直至从水面下方观察到标尺的零刻线恰巧在水里消失为止，读出毛细管内液面 A 点到烧杯液面长度，即为 h，重复测量 5 次.

(5) 测量水温.

(6) 用读数显微镜测量毛细管半径.

(7) 计算室温下水的表面张力系数.

【思考题】

(1) 实验中，毛细管为何要垂直水面插入? 否则会有什么影响?

(2) 本实验所用器材简单，对测量结果的精确度是否有影响?

(3) 能否用毛细管法测量任何一种液体的表面张力系数?

3.22　用干涉法测量液体表面张力系数

【实验目的】

(1) 观察表面张力波的干涉观象；
(2) 用表面张力波的干涉测定液体的表面张力系数.

【实验原理】

宁静的液体表面是一平面. 如果有某种外来扰动的作用，立即可以观察到因表面张力和重力的作用而形成的表面波. 根据流体力学的理论，在液体的深度远大于波长，而波长又远大于振幅的条件下，表面波的频率 f 与波长 λ 之间的关系为

$$f = \sqrt{\frac{2\pi\alpha}{\rho\lambda^3} \cdot \frac{g}{2\pi\lambda}} \tag{3-22-1}$$

式中 α 为液体的表面张力系数，ρ 为液体的密度，g 为重力加速度.

可以看出，(3-22-1)式右边根号中的第一项与表面张力有关，第二项与重力有关. 在波长很短的情况下，重力的作用可以略去不计，于是

$$f = \sqrt{\frac{2\pi\alpha}{\rho\lambda^3}}$$

或

$$\lambda^3 = \frac{2\pi\alpha}{\rho} f^{-2} \tag{3-22-2}$$

这样的波叫做表面张力波或涟波，本实验就是用涟波的干涉来测定液体的表面张力系数的.

实验装置如图 3-22-1 所示，将两个相同的耳机分别与两个相同的带有空心针的圆柱形空腔密封起来，并将两耳机并联后接到音频信号发生器 2 上，音频信号发生器输出的音频信号使耳机的纸盆发生振动，纸盆的振动又使空心针出口的空气发生振动，形成了两个完全同步的、与音频信号同频率的点波源 1 和 3. 利用读数显微镜 4 可以测出干涉条纹的间隔，进而测出涟波的波长.

如图 3-22-2 所示，当波面上有两个完全同步(频率、振幅及初相均相同)的点波源 S_1 和 S_2 时，它们各自激发出的以波源为圆心的同心圆涟波将相互叠加，形成稳定清晰的干涉条纹. 液面上任意 P 点的振动强弱取决于波程差，即 P 点到两波源的距离之差 $r_1 - r_2$.

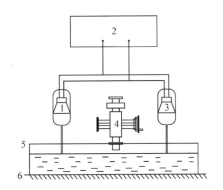
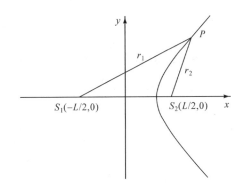

图 3-22-1　实验装置示意图　　　　　图 3-22-2　干涉法测液体表面张力系数

当波程差为波长的整数倍，即

$$r_1 - r_2 = \pm n\lambda, \quad n = 0, 1, 2, \cdots \tag{3-22-3}$$

时，P 点的振动最强.

当波程差为半波长的奇数倍，即

$$r_1 - r_2 = \pm(2n+1)\frac{\lambda}{2}, \quad n = 0, 1, 2, \cdots \tag{3-22-4}$$

时，P 点的振动最弱(在理想情况下，P 点将不振动).

不难看出，当波长(或频率)一定时，对于每一个干涉级(即 n 取定值)，(3-22-3)式和(3-22-4)式都给出以两波源为焦点的双曲线，因此干涉条纹是一系列以两波源为焦点的双曲线. 对于(3-22-3)式描述的条纹，因其上各点的振动最强，称它们为强条纹；而(3-22-4)式描述的条纹，因其上各点的振动最弱，称它们为弱条纹. 强弱条纹是相间的. 干涉最大的零级($n=0$)正好在两波源连线的中垂线即 y 轴上.

设 S_1 和 S_2 的坐标分别为 $(-L/2, 0)$ 和 $(L/2, 0)$，S_1 和 S_2 的连线即 x 轴上某点的坐标为 $(x, 0)$，则该点到 S_1 和 S_2 的距离分别为

$$r_1 = \frac{L}{2} + x, \quad r_2 = \frac{L}{2} - x$$

将 r_1 和 r_2 分别代入(3-22-3)式和(3-22-4)式，可得振动最强和振动最弱的点的横坐标分别为

$$x = \pm n\frac{\lambda}{2}, \quad n = 0, 1, 2, \cdots$$

$$x = \pm(2n+1)\frac{\lambda}{4}, \quad n = 0, 1, 2, \cdots$$

所以相邻两强(或弱)条纹之间的距离为

$$\Delta x = \frac{\lambda}{2} \tag{3-22-5}$$

如果我们用读数显微镜在两波源的连线上测出连续($N+1$)条强(或弱)条纹之间的宽度d，则$d = N\frac{\lambda}{2}$，即

$$\lambda = \frac{2d}{N} \tag{3-22-6}$$

另一种测量波长的方法是用显微镜来监视条纹的变动. 这时将其中一波源固定在螺旋测微器的测杆上，慢慢地转动测杆以改变两源之间的距离，当此距离改变一个波长时，显微镜中监视的强(或弱)条纹将由强(或弱)到弱(强)，再由弱(或强)到强(或弱)变动一次. 视场中看到的是邻近的强(或弱)条纹移动到被监视的强(弱)条纹的位置上，如果移动的强(或弱)条纹数目是N，测杆移动的距离是d，则$d = N\lambda$，即

$$\lambda = \frac{d}{N} \tag{3-22-7}$$

现在讨论波长在何值以下(或频率在何值以上)时，重力的影响方可略去不计. 由(3-22-1)式可得

$$\alpha = \frac{\rho\lambda^3 f^2}{2\pi}\left(1 - \frac{g}{2\chi\lambda f^2}\right) \tag{3-22-8}$$

可见因不考虑重力的作用而产生的相对误差为$\frac{g}{2\chi\lambda f^2}$. 在我们的实验中，只要此误差小于2%，即当$\frac{g}{2\chi\lambda f^2} < 0.02$时，重力的作用就可略去不计. 以18.5℃的水为例，当波源频率$f = 200.0$Hz时，测得波长$\lambda = 2.256$mm，计算可得$\frac{g}{2\chi\lambda f^2} \approx 0.017$. 所以，如果待测液体是水，则只要$\lambda \leqslant 2.3$mm (或$f \geqslant 200.0$Hz)即可. 对于其他液体，亦可根据误差要求，先通过实验来确定λ的上限(或f的下限).

【实验器材】

液体表面波干涉装置、音频信号发生器、读数显微镜、直流稳压电源、水等.

【实验内容】

(1) 将液体表面波干涉装置放在水泥平台或其他不易振动的平台上，调整底脚螺母使其水平.

(2) 将音频信号发生器的输出端与两波源的并联输入端相接，直接稳压电源

的输出端与照明电珠的输入端相接，打开照明电珠的开关.

(3) 降低托板 6，将装上清水的盘子 5 置于托板上，升高托板使液面接近两针尖，但不要让两针尖触水(图 3-22-1).

(4) 调整读数显微镜直到能清晰地观察到两波源附近的区域为止.

(5) 打开音频信号发生器的输出开关，将频率调至 200Hz，调整其输出阻抗使之与两耳机并联后的阻抗基本匹配. 反复调整输出电压以便能观察到稳定清晰的干涉条纹.

(6) 频率每增加 10Hz 测一次，测 6~8 组数据.

(7) 测出水的密度，记下室温.

(8) 根据(3-22-2)式，λ^3 与 f^{-2} 成正比，λ^3-f^{-2} 图线是一条过原点的斜率为 $2\pi\alpha/\rho$ 的直线，用作图法(或一元线性回归的方法)求出 λ^3-f^{-2} 图线的斜率，进而求出室温下水的表面张力系数.

【思考题】

(1) 重力的作用使测量结果怎样变化？由此产生的误差是哪种误差？

(2) 根据(3-22-1)式，在波长很长的情况下，表面张力的作用可略去不计，于是

$$f = \sqrt{\frac{g}{2\pi\lambda}}$$

这样的波叫做重力波. 以室温下的水为例，波长大于何值时，由上式求出的频率，其误差小于 1%？

(3) 能否用本实验的装置来观察重力波的干涉进而求出重力加速度？

(4) 试证明：对于温度恒定的同种液体，表面波的最小波速为

$$v_{\min} = \sqrt{2\left(\frac{\alpha g}{\rho}\right)^{1/2}}$$

3.23　气体黏滞系数的测定

【实验目的】

测定空气的黏滞系数.

【实验原理】

流体在圆柱形毛细管中做层流流动时，由泊肃叶公式

$$Q = \frac{\pi R^4 \Delta p}{8L\eta} \tag{3-23-1}$$

描述. 式中 Q 是流量, $\Delta p = p_1 - p_2$ 是管两端的压强差, R 为管的半径, L 为管长, η 是流体的黏滞系数. 只要测出 R、Δp、Q、L, 就可由(3-23-1)式确定气体的黏滞系数

$$\eta = \frac{\pi R^4 \Delta p}{8QL} \tag{3-23-2}$$

在图 3-23-1 所示的装置中, AB 为毛细管, P 为压强计, C、D 为两个阀门, E 为盛水容器, F 为量杯. 实验时, 将 C、D 阀门打开, 水由 E 流出, 待水流稳定后开始测量. 利用压强计测出 A、B 两处的压强差 Δp, 同时记下时间 T 内流至量杯 F 中的水的体积 V, 这也就是在时间 T 内流过毛细管的空气的体积. 因此流量 $Q = V/T$. 测出 L 和 R, 由(3-23-2)式即可确定室温下空气的黏滞系数.

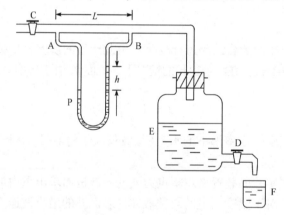

图 3-23-1　气体黏滞系数测定装置

【实验器材】

气体黏滞系数测定装置、停表、量杯等.

【实验内容】

(1) 用米尺测管长 L.

(2) 测出毛细管半径 R.

(3) 调整好仪器, 打开阀门 C 和 D, 待水流稳定后, 测量压强, 记下压强差 Δp, 用停表记下时间 T, 并测出 T 时间内水的体积.

(4) 重复以上内容 5 次, 记下室温和湿度, 求出空气的黏滞系数 η.

【思考题】

(1) 在什么条件下才能保证泊肃叶公式在本实验中成立？

(2) 用分子运动论的观点说明气体的黏滞系数与哪些物理量有关？

(3) 要保证实验条件，雷诺数 Re 应为多大？查阅相应资料，讨论其与黏滞系数间的关系.

(4) 由表查出空气的黏滞系数 η ，并与本实验测量值比较，分析讨论实验误差.

3.24 用双臂电桥测量低电阻

【实验目的】

(1) 掌握用双臂电桥测低电阻的原理和方法；

(2) 学会用成品双臂电桥测定低电阻；

(3) 自组双臂电桥测低电阻.

【实验原理】

1. 四端电阻

待测电阻接入测试电路时，都要受导线电阻和接触电阻(总称附加电阻)的影响. 一般而言，导线电阻为 $10^{-4} \sim 10^{-2}\ \Omega$ ，接触电阻为 $10^{-5} \sim 10^{-3}\ \Omega$. 待测电阻的阻值在 $1\ \Omega$ 以上时，附加电阻可以忽略，但若待测电阻的阻值在 $1\ \Omega$ 以下(称低电阻)时，附加电阻就不能忽略了，待测电阻越小，附加电阻的影响越大，例如，当待测电阻为 $0.01\ \Omega$ 时，附加电阻的影响可达10%，当待测电阻为 $10^{-4}\ \Omega$ 以下时，附加电阻可能比待测电阻还要大，若不消除其影响，就无法进行测量. 为了消除或减小附加电阻的影响，可将低电阻改用四端接法，即"电流接头"和"电压接头"分开. 如图 3-24-1 所示，C_1、C_2 是电流接头，称电流端，P_1、P_2 是电压接头，称电压端. 采用四端接法后，其等效电路如图 3-24-2 所示，此时虽然附加电阻 r_1、r_2、r_3、r_4 仍然存在，但由于电压表的内阻远大于 r_3、r_4 和 R_x ，所以电压表和电流表的读数仍然可以相当准确地反映待测电阻 R_x 上的电压降和通过它的电流. 也就是说，采用四端接法后，可以大大减小附加电阻对测量结果的影响. 高级别的标准电阻一般都采用四端接法.

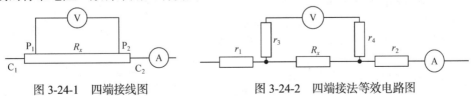

图 3-24-1 四端接线图　　　　图 3-24-2 四端接法等效电路图

2. 双臂电桥

惠斯通电桥，如图 3-24-3 所示是精确测量中值电阻($1\sim10^6\,\Omega$)的常用仪器，但如果用来测量低电阻，由于附加电阻的影响，会产生很大的测量误差，为了减少附加电阻的影响，可以将 R_1 和 R_2 取得比较大，使绝大部分的电流从 R_3 和 R_4 流过，同时，将 R_3 和 R_4 改为四端接法，并在接检流计的支路上连接了两个比较大的电阻 R_3 与 R_4 构成双臂电桥，如图 3-24-4 所示. 由于 R_1、R_2、R_3、R_4 都比较大(数十欧姆以上)，P_1 到 R_1、P_2 到 R_3，B_1 到 R_4，B_2 到 R_2 之间的附加电阻都可以忽略，从而只需考虑 C_2 到 A_1 之间的附加电阻 r.

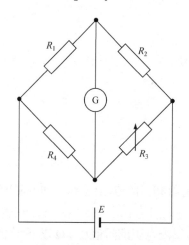

图 3-24-3　惠斯通电桥

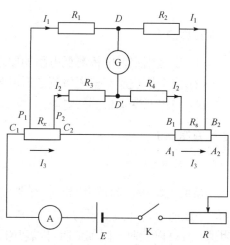

图 3-24-4　双臂电桥

当电桥达到平衡，即检流计支路的 I_g 为零时，D、D' 两点的电势相等，故有

$$\begin{cases} I_1R_1 = I_3R_x + I_2R_3 \\ I_1R_2 = I_3R_s + I_2R_4 \\ I_2(R_3 + R_4) = (I_3 - I_2)r \end{cases}$$

将三式联立求解得

$$R_x = \frac{R_1}{R_2}R_4 + \frac{rR_4}{R_3 + R_4 + r}\left(\frac{R_1}{R_2} - \frac{R_3}{R_4}\right) \tag{3-24-1}$$

上式右边的第二项为校正项，如果使

$$\frac{R_1}{R_2} = \frac{R_3}{R_4} \tag{3-24-2}$$

则有

$$R_x = \frac{R_1}{R_2}R_4 \qquad\qquad (3\text{-}24\text{-}3)$$

式(3-24-3)式中，已不再含有附加电阻 r ，即在测量中消除了 r 的影响.

为了保证在电桥使用过程中(3-24-2)式始终成立，常采用双十进电阻箱. 在这种电阻箱中，两个相同的十进电阻的转臂连接在同一转轴上，从而使得在转臂的任一位置上都有 $R_1 = R_3, R_2 = R_4$.

应该注意的是，由于 R_1 和 R_3 ，R_2 和 R_4 不可能完全相等，它们之间还会存在偏差，为使校正项尽可能小，就应尽量减小 r 的值，所以，C_2 和 A_1 之间的连接线应采用短而粗的紫铜线. 由于 R_3 和 R_4 比较小，双桥的工作电流比较大. 如果工作时间过长，就会使电流热效应的影响增加.

【实验器材】

QJ44 型直流双臂电桥、直流稳压电源、米尺、待测铜棒、螺旋测微器、电阻箱、标准电阻(0.1Ω)、复射式检统计.

【仪器描述】

双臂电桥的型号各有不同，但它们的线路原理都是相同的，图 3-24-5 为 QJ44 型直流双臂电桥的线路. 该电桥的基本量限为 $10^{-4} \sim 11\Omega$ ，准确度等级为 0.2 级. 图 3-24-6 为其面板图.

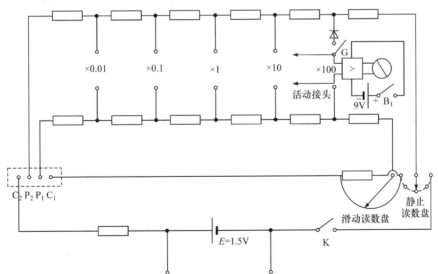

图 3-24-5　QJ44 型直流双臂电桥的线路

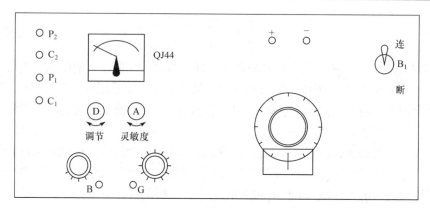

图 3-24-6　　QJ44 型直流双臂电桥面板图

图中 C_1，C_2 和 P_1，P_2 接待测电阻 R_x，滑线盘读数和步进读数相当于图 3-24-4 中的已知电阻 R_2，只不过在这里 R_3 被分成连续可变和步进可变的两个部分. 倍率读数有 100、10、1、0.1、0.01 五挡，即为图 3-24-4 中 R_1 / R_2、R_3 / R_4 的比值(比率臂). B 为电源按钮开关，G 为检流计按钮开关，旋钮"D"为检流计的零点调节旋钮，旋钮"A"用来调节检流计的灵敏度，QJ44 型直流双臂电桥的使用方法：

(1) 接通 B_1 开关，待放大器稳定后，调节检流计指针指零点.

(2) 将待测电阻以四端接线接入电桥 C_1、P_1、P_2、C_2 的接线柱上.

(3) 被测量电阻值选择适当倍率，调节检流计灵敏度至最低位置. 按下"B"和"G"按钮，调节步进读数开关和滑线盘，并在适当的灵敏度下使得电桥平衡. 步进读数和滑线盘读数之和乘上使用的倍率，就等于被测量的电阻值.

【注意事项】

(1) 对带有电感绕组电阻进行直流电阻值测量时，应先按下"B"按钮，后按下"G"按钮，断开时，应先断开"G"按钮，后断开"B"按钮.

(2) 避免长时间通过大电流，"B"按钮应间歇使用.

(3) 仪器长期搁置不用，应取出电池和松开按钮.

(4) 如发现检流计灵敏度低，更换 B_1 电池(9V 层叠电池二节并联)或 B 电池(1.5V，1 号电池，4~6 节并联).

(5) 连接被测电阻的导线电阻小于 $0.01\,\Omega$.

(6) 测量完毕，将 B_1 开关扳向"断"位置，"B"和"G"按钮松开.

【实验内容】

1. 用电阻箱组装双臂电桥测量铜棒的电阻率

(1) 按图 3-24-4 连接线路，测量铜棒的电阻. 图中 R_x 作为被测铜棒，R_s 为

0.01 级 0.1Ω 标准电阻，R_1、R_2、R_3、R_4 为 0.1 级旋转式电阻箱，取 $R_1 = R_3$，$R_2 = R_4$，R 为限流电阻，与检流计串联，G 为复射式检流计. 电桥平衡前，工作电流应小一些，以便于调整，接近平衡时，在各载流电阻允许的条件下，工作电流应尽量取得大一些.

(2) 为了消除由电阻箱的阻值不准确造成的系统误差，可将四个电阻箱互相替代，每一种替代都得到一个 R_x 的值. 由(3-24-3)式算出 R_x 的值，并求平均值 $\overline{R_x}$.

(3) 用螺旋测微器测量铜棒的有效直径 D，在不用的部位测量 8 次，取平均值.

(4) 用米尺测量铜棒的有效长度 L，测三次取得平均值.

(5) 由公式 $\rho = R_x \dfrac{S}{L} = R_x \dfrac{\pi D^2}{4L}$ 计算铜棒的电阻率及其相对误差.

注意：电阻率的相对误差为 $\dfrac{\Delta \rho}{\rho} = \dfrac{\Delta R_x}{R_x} + 2\dfrac{\Delta D}{D} + \dfrac{\Delta L}{L}$，式中 ΔR_x、ΔD、ΔL 分别为 R_x、D、L 的平均绝对误差.

2. 用箱式双臂电桥测铜棒的电阻率

(1) 用箱式电桥测量铜棒的电阻三次(长度不变)，取平均值.

(2) 由【实验内容】第 1. 部分(3)、(4)、(5)测出铜棒长度和直径，计算铜棒的电阻率和相对误差.

【附录】

QJ19 型直流单双臂电桥

QJ19 型直流单双臂电桥的面板示意如图 3-24-7 所示. 其中 R_1，R_2 是转换开关式电阻，R，$R_内$(在桥内)是同轴旋转的转换开关式比较臂电阻. "粗"、"细"和

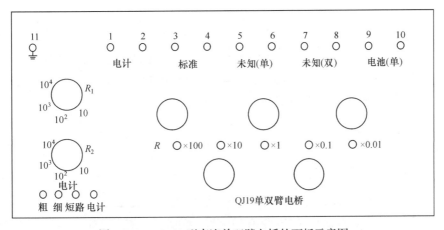

图 3-24-7　QJ19 型直流单双臂电桥的面板示意图

"短路"为检流计的按钮开关，"电池"是作为单桥用的电源开关，按其线端钮，"1、2"接检流计；"3、4"为双桥用时，用以接标准电阻的电压端钮；"5、6"为单桥用时，用以接未知电阻；"7、8"为双桥用时，用以接未知电阻的电压端钮；"9、10"为单桥用时接电源；"11"为静电屏蔽端钮. 使用方法如下.

(1) 作单桥使用，可测量$10^2 \sim 10^6 \Omega$的电阻. 外部连接线路如图 3-24-8 所示，电桥平衡时

$$R_x = \frac{R_1}{R_2} R$$

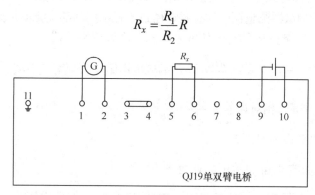

图 3-24-8　QJ19 型直流单双臂电桥的接线图

(2) 作双臂电桥使用，可测量$10^{-5} \sim 10^2 \Omega$的电阻，外部连接线路如图 3-24-9 所示，注意标准电阻R_s与被测电阻R_x电流端之间的连接导线电阻应小于0.001Ω. 测量时根据R_x的大概量值，按表 3-24-1 选择R_s和$R_1 = R_2$的数值，调节比较臂R，使电桥平衡时有

$$R_x = \frac{R}{R_1} R_s$$

或

$$R_x = \frac{R}{R_2} R_s$$

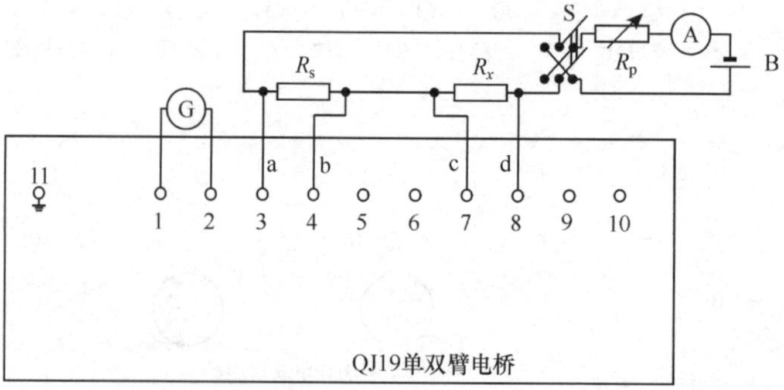

图 3-24-9　QJ19 型直流单双臂电桥的外部连接示意图

注意：先按下"粗"按钮开关，检流计指零时，才能按"细"按钮开关，粗细调节 R ，使检流计准确指零.

表 3-24-1　依据 R_x 估计值选择 R_s ， R_x ， R_2 的参数表

R_x / Ω	R_s / Ω	$R_1 = R_2$
10～100	10	100
1～10	1	100
0.1～1	0.1	100
0.01～0.1	0.01	100
0.001～0.01	0.001	100
0.0001～0.001	0.001	1000
0.00001～0.0001	0.001	1000

3.25　用补偿法测电动势

【实验目的】

(1) 掌握用补偿法测量电动势的原理；

(2) 学会使用十一线式电势差计(或用电阻箱自组电势差计)测量电池的电动势和内阻.

【实验原理】

当我们用普通电压表测量电源电动势 E_x 时，电压表与电源便构成了一个闭合回路. 由于电源总有内阻 r ，且电压表的内阻 R_V 不是无穷大，在电源内部不可避免地存在电压降 Ir . 因此电压表的读数仅是电源的端电压 $U(=E_x - Ir)$ ，而不是电动势 E_x ，只有当电压表的内阻无穷大 $(R_r \gg r)$ ，使回路中 $I = 0$ 时，电源的端电压 U 才等于电动势 E_x . 若按图 3-25-1 安装电路，图中 E_0 是可调而且电动势数值已知的标准电源. 待测电动势为 E_x 的电源和标准电源通过

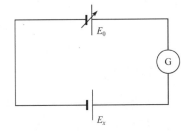

图 3-25-1　补偿法原理图

检流计 G 反接在一起，适当调节 E_0 ，使回路中无电流(G 指零)时，必有 $E_x = E_0$ ，这时电路达到平衡. 这种借助于检流计的判断，由已知电动势来测量未知电动势，而且在测量过程中两个电动势大小相等，方向相反，互不吸取对方能量的测量方法称为补偿法.

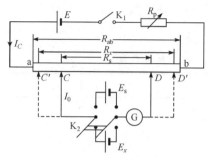

图 3-25-2　补偿法测量电路图

根据补偿法原理制成的电势差计是专门用来精确测量未知电动势和电压的仪器, 配以适当电路还可以精确测量电流、电阻等. 为了得到准确、稳定、便于调节的 E_0, 实际中采用图 3-25-2 的电路. 图中 E 为工作电源, E_s 为标准电池, E_x 为待测电动势, R_p 为限流电阻, 用以调节电势差计的工作电流, R_{ab} 为标准电阻. E, R_p 和 R_{ab} 串联成一闭合回路, 其回路电流为 I_C, 改变 R_{ab} 上的滑动端 C, D 的位置, 就能改变 C, D 间电势差 $U_{CD}(=I_0 R_{CD})$ 的大小, 利用双刀双掷开关, 可使标准电池 E_s(或待测电动势 E_s)与 U_{CD} 相比较. 若测量中保持 I_0 不变, K_2 向上接通 E_s, U_{CD} 与 E_s 相补偿时有

$$E_s = U_{CD} = I_0 R_s \tag{3-25-1}$$

K_2 向下接通 E_x, $U_{C'D'}$ 与 E_x 相补偿时有

$$E_x = U_{C'D'} = I_0 R_x \tag{3-25-2}$$

(3-25-1)式除(3-25-2)式得

$$E_x = \frac{R_x}{R_s} E_s \tag{3-25-3}$$

可见, 电势差计测量电动势(或电压)的实质是通过电阻的比较, 把待测电动势(或电压)与标准电池的电动势进行比较.

与电桥类似, 当电势差计达到平衡时, 补偿电压达到 ΔE, 检流计指针相应地偏转 $\Delta\alpha$ 格, 则定义电势差计的灵敏度为

$$S = \frac{\Delta\alpha}{\Delta E} \tag{3-25-4}$$

【实验器材】

直流稳压电源、十一线电势差计、检流计、标准电池、滑线变阻器、待测电池、双刀双掷开关、单刀开关、导线等.

【仪器描述】

十一线电势差计结构线路如图 3-25-3 所示. 图中 ab 是一根长 11m、截面积相当均匀的电阻丝(相当于图 3-25-2 中的标准电阻 R_{ab})分成十一段, 往复绕在木板的十一个接线插孔上. 每两个插孔间电阻丝长为 1m, 与 C 端相连接的插头可按需要选择插在插孔 0, 1, 2, …, 10 中的任意一个位置. "D" 端是微调滑块的引

出端, 滑块的滑动范围为 $0 \sim 1.0000\text{m}$, 滑块与电阻丝的接触位置可由 "bo" 段电阻丝旁边的米尺读出. 改变插头和滑块位置, C、D 端之间电阻丝的长度可在 $0 \sim 11\text{m}$ 内连续变化. 考虑到电阻丝截面均匀, (3-25-3)式变为

$$E_x = \frac{L_x}{L_\text{s}} E_\text{s} \tag{3-25-5}$$

上式表明, 待测电动势 E_x(或电压)可用标准电池电动势 E_x 和在同一工作电流下电势差计处于补偿状态时测得的 L_x 和 L_s 来确定.

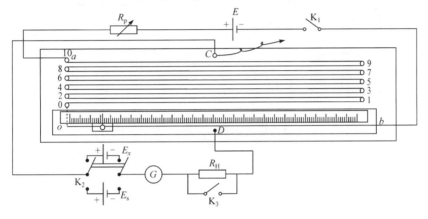

图 3-25-3　十一线电势差计结构线路图

【实验内容】

按图 3-25-3 接线, 注意 E、E_s、E_x 极性不能接错. 开始应使所有开关断开.

1. 测量干电池的电动势

(1) 校准电势差计: 即固定 L_s, 调节工作电流 I_O 的大小, 使 E_s 和 U_{CD} 相补偿: 本实验规定电阻丝单位长度的电压降为 0.20000V/m, 根据室温算出 $E_\text{s}(t)$ 值, 调节插头和滑块位置, 使 C、D 间的电阻丝长度为

$$L_\text{s} = \frac{E_\text{s}(x)}{0.20000}(\text{m})$$

然后接通 K_1, 将 K_2 合向 E_s, 调节 R_p, 同时按下滑块触头, 直至 G 指零, 再将 K_3 闭合(使保护电阻 $R_\text{H} = 0$, 精细调节 R_p, 使 G 准确指零, 此时电阻丝每米上的压降为 0.20000V/m.

(2) 测量, 即固定 I_0 不变, 调节 I_x, 使 E_x 和 $U_{C'D'}$ 相补偿: 校准完毕, 保持 R_p 不变, 断开 K_3, 将 K_2 合向 E_x. 根据 E_x 的大概数值, 估算 L_x 的长度, 然后调节插头和滑块位置, 使 G 指零. 闭合开关 K_3, 精细调节滑块位置, 使 G 准确指零. 记

下此时 L_x 的值, 则

$$E_x = 0.20000L_n(\text{V})$$

(3) 重复上述内容五次, 求 $\bar{E}_x$ 值.

2. 观察电势差计灵敏度

K_2 合向 E_x, 当电势差计平衡时, 将滑块位置改变 ΔL_x, 读出相应的检流计指针的偏转格数 $\Delta\alpha$, 根据(3-25-4)式计算电势差计灵敏度 $S(\Delta E = 0.20000\Delta L_x)$, 并估计因 S 限制带来的测量误差.

3. 测量干电池内阻

要求自拟实验方案, 测出电池内阻值.

3.26 用箱式电势差计校准电表

【实验目的】

(1) 了解箱式电势差计的结构和原理;
(2) 熟练地掌握箱式电势差计的使用方法;
(3) 学会用箱式电势差计校准电表.

【实验原理】

直流电势差计是用补偿法测量电动势(或电势差)的精密仪器, 其原理参阅实验 3.25.

箱式电势差计内部原理结构如图 3-26-1 所示, 当 K_1 置 "1" 时, 调节 R_p 可建立标准化的工作电流, 使用标准电池电动势 E_s 与 R_s 两端的电势差进行比较, 当调节电阻 R' 的滑动头 C 使检流计指针指零时, R_s 两端的电势差与 E_s 相补偿, 则 $IR_s = E_s$, $I = \dfrac{E_s}{R_s}$. 当 K_1 置 "2" 时, 可使 R_k 两端的电势差与未知电动势(或电势差)进行比较, 当调节滑动头 B, 检流计指针再次指零时可得

$$E_x = IR_k \frac{E_s}{R_s} \cdot R_k \tag{3-26-1}$$

若以步进和连续标度的形式在 R 的刻度盘上按标准化的电流值标定出电势差值, 则 E_x 值能很方便地从 R 的刻度盘上读出.

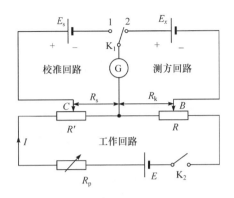

图 3-26-1 箱式电势差计内部原理结构图

1. 用电势差计校准毫伏表

用电势差计可精确地校准毫伏表,其线路如图 3-26-2(a)所示,图中 E、R_1、R_2 组成分压器,其分压 U_{AB} 可由被校毫伏表直接读出,同时又由电势差计测定,由于后者测得的精确度大大高于前者,因此上述毫伏表可用电势差计来校准. 若所用的电势差计的量程比被校准的电压表量程小,可改用图 3-26-2(b)的线路,图中 R_3、R_4、R_5 和 R_6 是标准电阻,其中 R_5 和 R_6 构成分压器,从电阻 R_6 上取出分压再接入电势差计,则电势差计的读数乘上 R_5、R_6 分压比的倒数即为被测值.

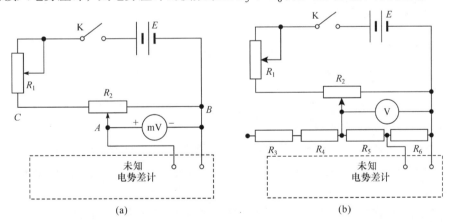

(a)   (b)

图 3-26-2 用电势差计校准毫伏表

2. 用电势差计校准电流表

校准电流表的线路如图 3-26-3 所示,图中 A 为被校电流表,R_s 为标准电阻,R 为限流电阻. 因电流表与标准电阻串联,用电势差计测量出 R_s 两端的电势差 U_s 即可算出电流的实际值(标准值)

$$I_s = \frac{U_s}{R_s} \tag{3-26-2}$$

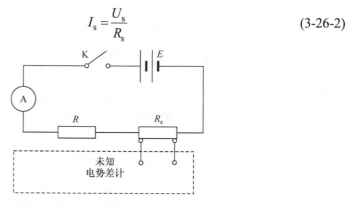

图 3-26-3　用电势差计校准电流表

本实验是用标准电池来校准工作电流的, 在整个实验过程中都应保持 I 不变, 由于电势差计灵敏度较高, 工作电源的不稳定会引起检流计的慢漂移, 因而应选用稳压和稳流特性好的电源作为工作电源, 而且为了避免在测量过程中, 由工作电源 E 不稳定所造成的影响, 每次测量前都必须校准工作电流.

【实验器材】

箱式电势差计、标准电池、检流计、滑线变阻器、分压箱、待校准电表、直流电源、开关、导线等.

【实验内容】

1. 用电势差计校准电流表

(1) 按图 3-26-3 连接线路, 检查无误后, 首先校准电势差计的工作电流, 而后将被测回路的开关 K 闭合.

(2) 对电流表上每一处标有数字的刻度值进行校正. 调节 R, 使电流表指示从小到大校准一次, 又从大到小校准一次, 取两次 I_s 的平均值作为被测电流的实际值.

注意: 每次测量电势差前, 都要重新校准电势差计的工作电流.

(3) 确定被校表的级别(参阅实验 2.15).

(4) 以电流表的读数 I_x 为横坐标, $\delta I_s (= I_x - I_s)$ 为纵坐标作校电流表的校正曲线.

2. 用电势差计校准毫伏表

自拟实验步骤, 用类似校准电流表的方法校准毫伏表, 定出被测表的级别,并作出校正曲线.

【思考题】

(1) 电势差计为什么要校准工作电流？怎样校准？

(2) 怎样确定被校准表的级别？

3.27　用电阻箱自组电势差计测电池的电动势和内阻

【实验器材】

直流稳压电源、电阻箱、标准电池、检流计、滑线变阻器、单刀双掷开关、单刀开关、导线等.

【仪器描述】

电阻箱自组电势差计可使学生深入了解电势差计的工作原理，从而能看懂箱式电势差计线路图，有助于正确使用各种电势差计.

本实验规定工作电流 $I_0 = 1.0000\text{mA}$ ，电势差计 $0.0000 \sim 1.6000\text{V}$. 按图 3-27-1 组装电势差计. 图中 R_s 为标准电池 E_s 的补偿电阻，R_1 和 R_2 组成待测电动势的补偿电阻，调节 R_1 和 R_2 的阻值(一个增加，另一个便减小，保持 $R_1 + R_2$ 的值不变)，就相当于移动滑动端 D ，调节限流电阻 R_p ，可使流过 R_s ，R_1 和 R_2 的工作电流 I_0 调到规定数值. 若标准电池 $E_s = 1.0186\text{V}$ (室温为 20℃)，R_s 可根据(3-25-1)式取值：

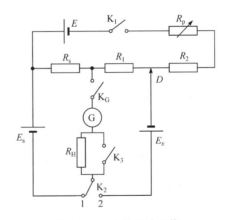

图 3-27-1　电势差计组装

$$R_s = \frac{E_s}{I_0} = \frac{1.0186\text{V}}{1.0000\text{mA}} = 1018.6\Omega \quad (3\text{-}27\text{-}1)$$

$R_1 + R_2$ 的阻值根据电势差计的量限和工作电流决定

$$R_1 + R_2 = \frac{1.6000\text{V}}{1.0000\text{mA}} = 1600.0\Omega$$

保持 I_0 不变，调节 R_1 和 R_2 使 G 指零，电势差计达到了平衡，即 E_x 和 R_1 上的压降相补偿，于是有

$$E_x = I_0 R_1 \tag{3-27-2}$$

与(3-25-2)式比较知，R_1 即为(3-25-2)式中的 R_x.

【实验内容】

按图 3-27-1 接线，注意 E，E_s 和 E_x 的极性不能接错，开始应将所有开关断开.

1. 测量干电池的电动势

(1) 校准电势差计：取 $R_1 + R_2 = 1600.0\Omega$，$R_s = 1018.6\Omega$，R_p 先预置估计值 $\left(R_p = \dfrac{E}{I_0} - (R_1 + R_2) - R_s\right)$，$K_2$ 置位置 "1". 调节 R_p，同时跃接 K_G 直至 G 指零，再将 K_3 闭合(使保护电阻 $R_H = 0$)，精细调节 R_p，使 G 准确指零. 此时 R_s，R_1 和 R_2 上的电流已校准为 $I_0 = 1.00000\text{mA}$.

(2) 测量：校准完毕，保持 R_p 不变(I_0 不变)，将 K_3，K_2 置位置 "2". 根据 E_x 的大概数值，由(3-27-1)式计算 R_1 的初值，则 $R_2 = 1600.0 - R_1(\Omega)$，调节 R_1 和 R_2 (注意始终保持 $R_1 + R_2 = 1600.0\Omega$，考虑为什么)，同时跃接 K_G，使 G 指零. 闭合 K_3 精确调节 R_1 和 R_2，使 G 准确指零. 记下 R_1 值，根据(3-27-1)式计算 E_x.

(3) 重复上述步骤五次，求 $\bar{E}_x$ 值.

2. 观察电势差计灵敏度

将 K_2 置位置 "2"，当电势差计测 E_x 达到平衡时，将 R_1 改变 ΔR_1，读出相应的检流计指针偏转格数 $\Delta\alpha$，根据式(3-25-4)计算 $S(\Delta E = I_0\Delta R_1)$，并估计 S 带来的测量误差.

3. 测量干电池内阻

自拟实验方案，测量干电池内阻值.

【注意事项】

(1) E，E_s 和 E_x 的极性不能接错，否则电势差计不能平衡；
(2) 使用标准电池必须严格遵循其注意事项.
(3) 电势差计应勤校准、快测量.

【思考题】

(1) 使用电势差计测量电动势有何优缺点？
(2) 图 3-27-1 中，R_p 和 R_H 各有什么作用？实验中能否省去？
(3) 实验中如果发现检流计总往一旁偏，无论如何调节也不能达到平衡，试分析可能产生的原因.

3.28　用电流补偿法测定电压源的电动势、内阻及短路电流

【实验目的】

(1) 了解电流补偿的原理;

(2) 用电流补偿法测定实际电压源的电动势、内阻及短路电流.

【实验原理】

(1) 电流补偿原理. 一个有源闭合电路通常在电路中串联一电流表就可对电流进行测量, 如图 3-28-1 所示. 由于电流表总有一定内阻, 因此当电流流过电表内阻时必然要产生一个电压降, 这样就使得加在负载两端的电压减少, 即此时的电流将比未接入电流表时的数值偏小, 电流表内阻越高, 测量结果的偏差越大, 因此可以得出这样一个结论: 要准确测定电路中电流的真实值, 应使所串联的电流表内阻为零, 这时所测得的才是电路中的真实电流值, 因而可采用电流补偿的方法来进行测量, 其原理如图 3-28-2 所示. 电路中 E_s 为待测回路的电源, R_L 为负载电阻, E 为工作电源, R' 为可调电阻, G 为平衡指示器. 当调节 R' 时, 随着 R' 的改变, A、A' 两点间的电势差也随之改变, 在 A、A' 两点等电势时, 流经检流计 G 的电流 I_L 和 I' 大小相等, 方向相反, 即

$$I_G = I_L + I' = 0$$

A、A' 相当于接于一点. 此时电流表所指示的值就是被测回路的电流值. 而图中虚线所画部分, 从 A、A' 两点看进去可以等效为一个内电阻为零的电流表, 从而能够真实地测出被测电路中的电流数值. 这种电路的优点是测量电流时电流表不会从被测电路中分压, 从而可以消除被测电流流经电流表内阻产生压降而引起的系统误差.

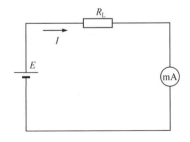

图 3-28-1　有源电路电源测量

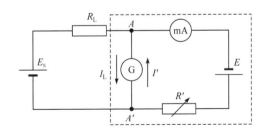

图 3-28-2　电源补偿原理

(2) 能保持其端电压为恒定值的电压源称为理想电压源, 理想电压源具有如

下的性质:

① 其端电压与流过它的电流大小无关;

② 流过理想电压源的电流不由电源本身决定,而是由与之相连接的外电路所确定. 理想电压源的U-I特性曲线如图 3-28-3(a)所示,但是理想电压源实际上是不存在的. 实际的电压源总是具有一定的内阻,因而实际的电压源可以用一个电动势为U_s的电压源和一个电阻为R_s的串联电路来表示,当有电流流过电压源时必然会在电阻上产生电压降,因此实际电压源的端电压可以表示为

$$U = U_s - IR_s \tag{3-28-1}$$

式中I表示流过实际电压源的电流,U_s为电压源的电动势,R_s为电压源内阻. 实际电压源的U-I特性曲线如图 3-28-3(b)所示.

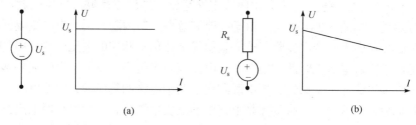

图 3-28-3　电压源的伏安特性曲线

【实验器材】

直流稳压电源、电流表、检流计、电阻箱、滑线变阻器、单刀单掷开关、导线等.

【实验内容】

1. 用补偿法测定实际电压源的U-I曲线和内阻及电动势

(1) 按图 3-28-4 连接电路,取$E' > U_s$,图中滑线变阻器R_1作为粗调,R_2作为细调,R_L为负载电阻(用电阻箱代替),R_H为限流电阻,左边虚线内的部分为实际电压源.

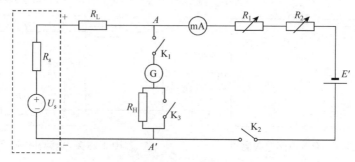

图 3-28-4　补偿法测量电压源伏安特性曲线测试电路

(2) 开始操作时，为防止 A 、A' 两点不等电势有较大的电流通过检流计，应将 R_H 调至最大，随着电流的减少逐渐减少为零. 接通开关 K_1、K_2，反复调节 R_1，R_2 使检流计的指示为零. 为了更好地判断检流计电流是否为零，应反复跃接 K_1，细心观察检流计指针是否有摆动.

(3) 记下检流计指示为零时电流表的读数，此时实际电压源的端电压 $U = IR_L$. (为什么？)

(4) 多次改变 R_L，重复内容(2)、(3).

(5) 以 I 为横坐标，U 为纵坐标作实际电压源的 U-I 曲线.

(6) 根据所测数据，用回归法求实际电压源的内阻、电动势和短路电流.

2. 测定实际电压源的短路电流

(1) 首先使 R_L 调为零，然后调节 R_1 和 R_2 使检流计的指示为零(操作同【实验内容】1. 中(2)).

(2) 记下检流计指示为零时的电流表读数. 并与回归法求出的短路电流值进行比较.

【思考题】

(1) 在图 3-28-3 中为什么要取 $E' > U_s$？不这样取值行吗？

(2) 图 3-28-4 中虚线内的电路为什么在 A 、A' 两点电势相等时能等效为内电阻为零的一只电流表？

(3) 电流补偿的原理是什么？它和电压补偿有何区别？

3.29　测定灵敏电流计常数和内阻

【实验目的】

(1) 了解电流计的工作原理，学会其正确的使用方法；

(2) 观察电流计的运动状态与外电阻的关系；

(3) 掌握等偏法测定电流计的常数及内阻.

【实验原理】

灵敏电流计是一种高灵敏度的磁电式电流表. 它分指针式和光点反射式两种. 指针式电流计的电流灵敏度一般在 $10^5 \sim 10^7$ div/A (分度/安)左右，光点反射式可达 $10^8 \sim 10^{11}$ div/A . 用来测量微弱电流($10^{-11} \sim 10^{-7}$ A)或微小电压($10^{-8} \sim 10^{-3}$ V)、光电流、生理电流、温差电动势等. 还常用作检流计，如作高精度电势差计和电桥中的零示器，以提高其测量的灵敏度.

1. 光点反射式灵敏电流计

光点反射式灵敏电流计的构造如图 3-29-1 所示，其基本部分有永久磁铁、圆柱形软铁芯和矩形线圈. 为了提高灵敏度，除了线圈的绕线较细，圈数较多外，线圈不靠轴和轴承支承，而是用一根金属细丝将线圈悬挂起来，线圈能够以悬丝为轴自由转动. 悬丝上粘着小反射镜，将一束光投射到小镜上，从反射光束的偏向可以测出线圈的偏转角度. 其中光源、三个反射镜和标尺的作用相当于一个无重量的指针. 当线圈中通过电流时，线圈在磁场中受磁力矩 $L_磁$ 作用而发生偏转. 悬丝被扭转，由于弹性，就会产生一个反方向的弹性扭力矩 $L_弹$，它使线圈在一定的偏转角 φ 处达到平衡. 此时标尺上的光标将稳定在一定位置上，如图 3-29-2 所示. 这个偏转角 φ 反映了待测电流的大小，而且电流的大小与光标的偏转距离 d 成正比，

$$I_g = K_i d \tag{3-29-1}$$

式中比例常数 K_i 称为电流计的电流常数(由电流计结构决定，常以 A/mm 为单位)，在数值上等于光标移动一个单位长度时所需的电流值. K_i 的倒数 $1/K_i = S_i$ 称为电流计的灵敏度，表示单位电流引起的偏转. 显然，S_i 越大，K_i 值越小，电流计灵敏度越高.

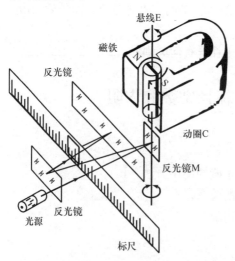

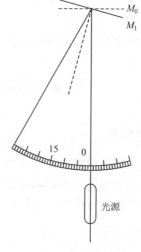

图 3-29-1　光点反射式灵敏电流计的构造　　图 3-29-2　光点反射式灵敏电流计光路图

2. 电流计的运动状态与外电阻的关系

当外电流通过电流计或切断电流时，均会使线圈发生转动. 由于线圈具有转

动惯量和转动动能，它不可能在电磁力矩与悬丝扭转力矩相平衡的位置上立即停止，而是越过平衡位置在其两侧来回振动，只有慢慢地把动能消耗完，光标才停止在(3-29-1)式所确定的位置上. 一般的指针式电表，内部装有电磁阻尼线圈，通电流后指针很快摆到平衡位置上，但灵敏电流计的阻尼问题要求使用者在外部线路解决，这就需要研究一下如何用电磁阻尼控制线圈的运动状态. 这可由图 3-29-3(a)的电路加以说明. 在图 3-29-3(a)的电路中，R 是外接电阻，开关 K 置"1"时，光标停在标尺的刻度 d 上. 将开关 K 从位置"1"迅速合向"2"时，悬丝的扭力使线圈转向零点平衡位置，其转动的方向以及线圈切割磁力线而产生的感应电流 i 的方向如图 3-29-3(a)所示. 通过电流 i 的线圈又受到磁场 B 的作用力 f 而使 v 减小. 不论线圈正转还是反转，v 和 f 的方向总是相反的，所以 f 称为电磁阻尼.

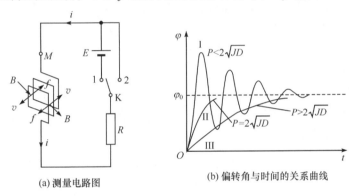

(a) 测量电路图   (b) 偏转角与时间的关系曲线

图 3-29-3   电流计线圈运动状态与外阻

我们知道，线圈转动的原因是受到以下几个力矩作用，即驱动力矩(或称为电磁转动力矩) $L_磁$ ，弹性扭力矩 $L_弹$ 和电磁阻尼矩 $L_阻$ 以及空气阻力矩(此力矩与 $L_磁$ 和 $L_阻$ 相比数值较小所以可忽略). 它们分别用下列各式表示：

$$L_磁 = NSBI$$

$$L_弹 = -D\varphi$$

$$L_阻 = -P\frac{\mathrm{d}\varphi}{\mathrm{d}t}$$

式中 N 、S 分别为线圈的匝数和面积，I 为流过线圈的电流，B 是线圈所在磁场强度； D 是悬丝的扭转常数，φ 是线圈偏转角； P 是电磁阻力系数 $P = (NSB)^2/(R_g + R_外)$，它除了与电流本身的常数(N、S、B 和电流计的内阻 R_g)有关外，还与电流计两端相连接的外回路电阻 $R_外$ 有关. $L_磁$ 、$L_弹$ 和 $L_阻$ 这三个力矩的作用决定了线圈的运动状态.

根据转动定理，电流计线圈的运动方程为

$$J \frac{\mathrm{d}^2 \varphi}{\mathrm{d}t^2} = L_磁 + L_弹 + L_阻$$

$$J \frac{\mathrm{d}^2 \varphi}{\mathrm{d}t^2} = NSBI - D\varphi - P \frac{\mathrm{d}\varphi}{\mathrm{d}t}$$

式中 J 为线圈和小镜的转动惯量, 将上式移项后得

$$J \frac{\mathrm{d}^2 \varphi}{\mathrm{d}t^2} + P \frac{\mathrm{d}\varphi}{\mathrm{d}t} + D\varphi = NSBI \qquad (3\text{-}29\text{-}2)$$

这是一个二阶线性常系数微分方程(这类方程的解请参考赵凯华、陈熙谋所著《电磁学》第 2 版下册附录 C , 由高等教育出版社出版, 1985 年 6 月). 它的解给出阻尼度 $\lambda = P / 2\sqrt{JD}$ 分下列三种情况:

(1) 当 $P < 2\sqrt{JD}$, 即 $\lambda < 1$ 时, 外接电阻 $R_外$ 较大, 电磁阻力小, 光标在零点两侧做减幅振动, 最后才停在零点上, 我们称这时的线圈处于欠阻尼振动状态. 如图 3-29-3(b)中曲线 Ⅰ 所示.

(2) 当 $P = 2\sqrt{JD}$ 或 $\lambda = P / 2\sqrt{JD} = 1$ 时, 光标刚好不越过零点, 即刚好使线圈不发生周期振动, 我们称这时的线圈处于临界阻尼状态. 如图 3-29-3(b)中曲线 Ⅱ 所示. 此时的 $R_外 = R_c$ 称为外临界阻尼电阻.

(3) 当 $P > 2\sqrt{JD}$, 即 $\lambda > 1$ 时, 外加电阻 $R_外$ 很小, 电磁阻力很大, 光标从它的最大偏离点 d 缓慢回到零点. 如图 3-29-3(b)中曲线 Ⅲ 所示. 我们称这时线圈的运动状态处于过阻尼状态.

上述三种阻尼状态, 即欠阻尼、临界阻尼和过阻尼状态, 不仅在电流停止流动时发生, 而且在被测电流通入电流计时也出现.

使用灵敏电流计测量电流时, 光标从开始偏转到最终停在某一位置所需要的时间越短越好. 因此, 我们总希望电流计在接近临界阻尼状态下工作, 以便迅速取得读数. 为此, 在实际工作中, 我们采用下面的办法使电流计工作在或接近工作在临界阻尼状态.

① 选择适当的电流计, 使它的 $R_{外临}$ 接近于 $R_外$.

② 对所给定的电流计, 当 $R \gg R_外$ 时, 可在电流计上串联一个电阻 R' , 使 $R' + R_外 \cong R_{外临}$, 见图 3-29-4(a). 但要注意, 由于 R 的引进, 整个电路的灵敏度都受到了影响.

③ 当 $R_{外临} \ll R_外$ 时, 可在电流计上并联一个电阻 R' , 使 $\dfrac{R'R_外}{R' + R_外} \cong R_{外临}$, 见图 3-29-4(b). 同样, R' 的存在会影响整个电路的灵敏度.

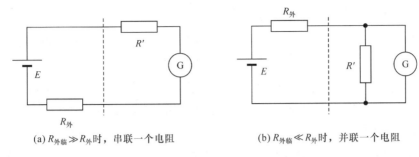

(a) $R_{外临} \gg R_{外}$时，串联一个电阻　　　　　　(b) $R_{外临} \ll R_{外}$时，并联一个电阻

图 3-29-4　临界阻尼状态工作原理电路图

3. 灵敏电流计参数的测定

由(3-29-1)式知，电流常数 $K_i = I_g / d$．设法测量流过电流计的 I_g 值和由它引起的光标偏转距离 d 值，就能测量 K_i 值．但是微电流 I_g 不能准确地直接测量．因此，只能根据有关量的测量和电路的计算间接地得到，测量路线如图 3-29-5 所示．电源 E 经分压后，再串联电阻 R_1 (标准电阻)和 R_2 构成第二次分压电路．取 $R_1 \ll R_2$，则 a，b 两端间的电压足够小；而 $R_1 \ll (R + R_g)$，所以电流计回路基本上不影响上述分压情况．只要改变电阻 R 的大小，就能实现电流计的三种运动状态．

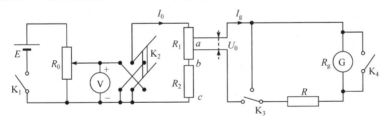

图 3-29-5　测量电路图

由图 3-29-5 可知，通过电流计支路的电流 I_g 与通过 R_1 的电流 I' 之比为

$$\frac{I_g}{I'} = \frac{R_1}{R + R_g} \tag{3-29-3}$$

主电路中的电流强度 $I_0 = I_g + I'$时，有

$$I_g = I_0 \frac{R_1}{R + R_g + R_1} \tag{3-29-4}$$

由于 $R_1 \ll R_2$，所以 $I_0 \cong \dfrac{U}{R_2}$，因而

$$I_g = \frac{UR_1}{R_2 (R + R_g + R_1)} \tag{3-29-5}$$

如果 R_1 不是太小，则上式应改为

$$I_g = \frac{UR_1}{\left(R + R_g\right)\left(R_1 + R_2\right) + R_1R_2} \tag{3-29-6}$$

上两式中 U 为电压表读数，R、R_1、R_2 值可由电阻箱直接读取. 测出相应的光标偏转距离 d，与(3-29-1)式通过解联立方程得出 R_g 和 K_i (或 S_i). 测定电流计常数和内阻的方法有：

(1) 等偏法. 此方法是保持 R_1、R_2 不变，当 $U = U_1$ 时，调节 $R = R_1'$，使电流计偏转 d 格(如偏转 $50\mathrm{mm}$)，然后改变电压至 U_2，同时调节 $R = R_2'$ 使电流计偏转格数不变(I_g 不变). 这样就可以取得一系列数据，即

$$U = U_1, U_2, U_3, \cdots$$

对应的 $R = R_1', R_2', R_3', \cdots$，则

$$\frac{U_1}{R_1' + R_g} = \frac{U_2}{R_2' + R_g}$$

$$R_g = \frac{U_1R_2' - U_2R_1'}{U_2 - U_1} \tag{3-29-7}$$

由上式可以看出，如果取 $U_2 = 2U_1$，则 $R_g = R_2' - 2R_1'$，计算将更简单. 利用求出的 R_g 的平均值代入(3-29-1)式即可求 K_i (或 S_i).

根据(3-29-5)式，灵敏度可以写成

$$S_i = \frac{d}{I_g} = \frac{dR_2\left(R + R_g + R_1\right)}{R_1U}$$

化简成

$$R = -\left(R_1 + R_g\right) + \frac{R_1S_i}{R_2d}U$$

若在实验中保持电流计的偏转 d 不变(等偏法)，则上式可化为

$$R = A_e + B_eU$$

这就是线性回归方程，其回归线的截距 $A_e = -\left(R_1 + R_g\right)$，斜率 $B_e = \frac{R_1S_i}{R_2d}$. 如果 A_e 和 B_e 值由实验求得，则可由 A_e 算出 R_g，由 B_e 算出 S_i，即

$$R_g = -A_e - R_1$$

$$S_i = \frac{B_edR_2}{R_1}$$

实验中为了减小测量误差，电压表和电流计的偏转格数不宜太小，而 R 值不宜太大. 故 U 值的选取可以从 0.6~0.7V 开始，以后每隔 0.1~0.2V 读一次数.

(2) 半偏法. 此方法是保持电压恒定不变，改变电阻 R 从 R_1' 增至 R_2' 时，刚好使电流计偏转格数为原偏转格数的一半. 如图 3-29-5 中，设电阻 R 调至 R_1' 时，电路中的电流为

$$I_g = \frac{U_0}{\left(R_1' + R_g\right)} \tag{3-29-8}$$

当电阻 R_1' 调至 R_2' 时，并使电流计的偏转格数减半，即

$$\frac{1}{2}I_g = \frac{U_0}{\left(R_2' + R_g\right)} \tag{3-29-9}$$

由(3-29-8)式、(3-29-9)式得

$$R_g = R_2' - 2R_1' \tag{3-29-10}$$

从而计算出 I_g、K_i 值.

【实验器材】

光点反射式灵敏电流计、直流电压表、滑线变阻器、双刀双掷开关、单刀双掷开关、阻尼开关、直流稳压电源、标准电阻、直流电阻箱等.

【实验内容】

1. 调节灵敏电流计使光点停在"0"刻度线上

(1) 按图 3-39-5 连接线路. 开始时使 K_3 置"1"，K_1 和 K_2 断开，R_0 分压为零，$R_0 \geqslant 10k\Omega$，R 取外临界电阻(由仪器铭牌上读取)的 4~5 倍.

(2) 电流计应水平放置，使电流计内悬丝竖直，以保证转动时不会与旁边的磁极和柱形软铁发生摩擦和相碰. 调整光标与标尺零点重合.

(3) 检查线路无误后，合上 K_1 和 K_2，缓慢调节 R_0 使电压表读数逐渐增大，同时观察光标的偏移，当光标大约偏到满刻度的一半时，断开 K_3，观察光标的振动. 光标经过零刻度时，立即合上阻尼开关 K_4，并反复跃接，直至光标停止不动. 如光标为对正零点，应微调标尺. 将 K_2 换向，重复前述的观察.

2. 观察电流计的运动状态与外电阻的关系并测定灵敏电流计的外临界电阻 R_c

(1) 不断减小 R，使光标位于满刻度的一半(必要时稍调 R_2)，同时将 K_3 迅速从"1"合向"2"，观察光标的振动情况，直至 R 减少到刚好能使光标不发生振动(即光标很快回到零点，又恰好不超过零点)时的临界阻尼状态. 记录此时的 R

值(为 R')，则外临界电阻 $R_c = R' + R_1$.

(2) 取 $R = \infty$ (即把 K_3 断开，但不合向"2")， $R = R_{外临}$ ， $R = 0$ 等分别观察和判断属于哪一种运动状态.

3. 用半偏法测定灵敏电流计的内阻 R_g

(1) 调节 R_0 使电压表读数为零，再将 R 调到零(即 $R_1' = 0$). 然后缓慢调节 R_0 使电压表指示值增加(必要时可稍调 R_2)，使光标偏转 d 格(如 $50\,\text{mm}$).

(2) 保持其他条件不变，只增大 R ，直到 R 增大到能使光标偏转到原偏值的一半，即 $d/2$ ，记录此时的 R 值为 R_2' ，则电流计内阻 $R_g = R_2' - 2R_1' = R_2'$.

(3)由 R_g 与 R_c 测得值，计算电流计的全临界电阻

$$R_w = R_c + R_g$$

必须指出，只有在 $\left(R + R_g \right) \gg R_1$ 以及通过电流计的电流变化(由 $d \to d/2$)对 U_0 恒定值影响甚小时，所测得的 R_g 值才足够正确.

4. 测定灵敏电流计的电流常数 K_i

(1) 将 R 调到外临界电阻 R_c 的数值，调节 R_0 使电压表读数增大(必要时稍调 R_2)，使光标偏转 d 格(如 $50\,\text{mm}$)，记下此时的电压表读数 U 、 R_1 、 R_2 和光标的偏转距离 d_1 . 将 K_2 换向，读出光标在零点另一侧的偏转距离 d_2 ，求平均值 $\bar{d} = \left(d_1 + d_2 \right) / 2$.

(2) 由(3-29-4)式算出 I_g ，再由(3-29-1)式计算出 K_i (式中 d 取 $\bar{d}$ 值； I_g 单位为 A； d 的单位取 mm).

5. 用等偏法测量电流计的 S_i 和 R_g 值

当 $U = U_1$ 时，调 $R = R_1'$ ，使电流计偏转到一定格数 d (如 $50\,\text{mm}$)，以后改变电压至 U_2 ，同时调 R 使电流计偏转格数不变. 这样可取得一系列数据，将数据记录于自己设计的表格中. 用线性回归法处理数据，求出 S_i 和 R_g .

【注意事项】

(1) 因灵敏电流计的动圈及悬丝都很精细，不允许过强的振动和过分的扭转. 为此，电流计不得随意搬动. 必须搬动时，应首先将电流计短路，轻拿轻放.

(2) 实验过程中，电路调节应缓慢进行，不要使光标偏转超过标尺.

(3) 灵敏电流计搁置不用时，应短路，增大阻尼，以防电流计线圈可能发

生的自由晃动.

【思考题】

(1) 灵敏电流计有较高的灵敏度是由于在结构上作了哪些改进?

(2) 动圈在磁场中运动时受到哪几种力矩的作用? 产生这些力矩的原因是什么?

(3) 灵敏电流计有几种运动状态, 研究它有什么意义?

(4) 测量 $K_i(S_i)$ 的主要误差来源是什么?

(5) 怎样改变电流计的 S_i 和 R_g 值?

3.30　冲击电流计特性研究

【实验目的】

(1) 了解冲击电流的工作原理;

(2) 观察冲击电流计的三种运动状态;

(3) 测定冲击电流计常数, 学会正确使用冲击电流计.

【实验原理】

1. 冲击电流计的构造原理

在电磁测量中, 冲击电流计是一种重要的测量仪器, 它并不是用来测电流, 而是用来测量极短时间内脉冲电流所迁移的微小电量, 还可以用来进行与此有关的其他方面的测量, 如测量磁感应强度、磁通量、高阻和电容等.

冲击电流计从构造上讲, 完全类似于灵敏电流计, 两者的区别仅在于冲击电流计的线框和铁芯扁而宽, 如图 3-30-1(b)所示, 悬线的扭转系数 D 很小, 所以转动惯量 J 较大, 自由振动周期较长, $T_0 = 2\pi\sqrt{\dfrac{J}{D}}$ (约几十秒). 而灵敏电流计的线框和铁芯窄而长, 如图 3-30-1(a)所示, 其转动惯量 J 较小, 自由振动周期 T_0 亦小(1~2s) 由于冲击电流计和灵敏电流计结构不同, 读数方法也不一样. 用灵敏电流计读取的是它的稳定偏转角 θ_0, 而用冲击电流计时读取的是第一次最大冲掷角 θ_m.

和灵敏电流计一样, 冲击电流计的读数部分仍采用"光指针"来指示, 即它的线圈上端装了一面小镜, 它把从光源射来的光反射到标尺上并形成一个光标, 当脉冲电流 $i(t)$ 通过线圈时, 线圈将受到一个磁偏力矩 L_M, L_M 与 $i(t)$ 成正比, 也是脉冲式的, 在脉冲期间线圈产生一定的角速度, 脉冲后它将依惯性而偏转, 此后电流计线圈只受扭转力矩 L_d 和阻力力矩 L_a 两个力矩作用,二者都是阻碍它偏转的,于是线圈逐渐减速,设这时线圈转过 θ_m 角,则光标在标尺上移动的距离 $d_m = 2\theta_m \cdot L$,其中 L 是小镜至标尺的距离,如图 3-30-2 所示.

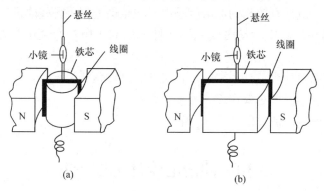

图 3-30-1　结构比较图

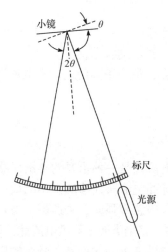

图 3-30-2　光标示意图

2. 冲击电流计的测量原理

(1) 冲击电流计的运动特性和电量 Q 的测量. 设电流计线圈最初静止在零点,当脉冲电流 $i(t)$ 通过电流计时,在时间 τ 内所迁移的电量 Q 为

$$Q = \int_0^\tau i(t)\mathrm{d}t$$

在 $0 \sim \tau$ 这段时间内,电流计线圈受到磁场力矩 $L_M = N_g S_g B_g i(t)$ 的作用,式中 N_g、S_g、B_g 分别为电流计线圈的匝数、面积和磁铁气隙间的磁感应强度,$i(t)$ 为脉冲电流.

在很短暂的时间 τ 内，L_{M} 是一个很强的冲击力矩，在此期间 L_{d} 和 L_{a} 都可忽略不计，故电流线圈的运动方程为

$$L_{\mathrm{M}} = J\frac{\mathrm{d}^2\theta}{\mathrm{d}t^2} = N_{\mathrm{g}}S_{\mathrm{g}}B_{\mathrm{g}}i(t)$$

或

$$\frac{\mathrm{d}}{\mathrm{d}t}\left(\frac{\mathrm{d}\theta}{\mathrm{d}t}\right) = \frac{N_{\mathrm{g}}S_{\mathrm{g}}B_{\mathrm{g}}}{J}i(t)$$

等式两边对 t 积分，左边的积分为

$$\int_0^\tau \frac{\mathrm{d}}{\mathrm{d}t}\left(\frac{\mathrm{d}\theta}{\mathrm{d}t}\right)\mathrm{d}t = \int_0^\tau \mathrm{d}\left(\frac{\mathrm{d}\theta}{\mathrm{d}t}\right) = \frac{\mathrm{d}\theta}{\mathrm{d}t}\bigg|_{t=\tau} - \frac{\mathrm{d}\theta}{\mathrm{d}t}\bigg|_{t=0}$$

冲击力矩作用之前，$\dfrac{\mathrm{d}\theta}{\mathrm{d}t}\bigg|_{t=0} = 0$，冲击力矩作用之后，线圈已获得角速度 ω_0，即 $\dfrac{\mathrm{d}\theta}{\mathrm{d}t}\bigg|_{t=\tau} = \omega_0$，所以

$$\omega_0 = \frac{N_{\mathrm{g}}S_{\mathrm{g}}B_{\mathrm{g}}}{J}\int_0^\tau i(t)\mathrm{d}t = \frac{N_{\mathrm{g}}S_{\mathrm{g}}B_{\mathrm{g}}}{J}Q, \quad \omega_0 \propto Q \qquad (3\text{-}30\text{-}1)$$

说明 ω_0 与 Q 成正比.

当电流计线圈以角速度 ω_0 转动后，要受到 L_{d} 和 L_{g} 两个力矩作用而减速，经过一段时间 t_{m} 后线圈达到回转点(第一次最大偏角) θ_{m}，在此期间电流计线圈受到力矩 L_{d}，L_{g} 的作用，其运动方程为

$$J\frac{\mathrm{d}^2\theta}{\mathrm{d}t^2} = L_{\mathrm{d}} + L_{\mathrm{g}} = -P\frac{\mathrm{d}\theta}{\mathrm{d}t} - D\theta$$

即

$$J\frac{\mathrm{d}^2\theta}{\mathrm{d}t^2} + P\frac{\mathrm{d}\theta}{\mathrm{d}t} + D\theta = 0 \qquad (3\text{-}30\text{-}2)$$

其中 D 是悬丝的扭转系数，$P = \dfrac{\left(N_{\mathrm{g}}S_{\mathrm{g}}B_{\mathrm{g}}\right)^2}{R}$ 为电磁阻尼系数，在求解(3-30-2)式的过程中(见本实验【附录】)，我们知道，按 $\lambda = \dfrac{P}{2\sqrt{JD}}$ (称为阻尼度)的大小，不同的线圈有衰减振动、临界、过阻尼三种不同的运动状态.

① 衰减振动状态：当 $\lambda < 1$ 时，即 $P^2 - 4JD < 0$，方程(3-30-2)的解为

$$\theta = \frac{2\lambda\left(R_0 + r_{\mathrm{g}}\right)}{N_{\mathrm{g}}S_{\mathrm{g}}B_{\mathrm{g}}\sqrt{1-\lambda^2}}Q\mathrm{e}^{-\lambda\omega_0 t}\sin\left(\omega_0\sqrt{1-\lambda^2}\,t\right)$$

式中 $\omega_0 = \sqrt{\dfrac{D}{J}}$ 称为自由振荡圆频率.

$$\lambda = \frac{P}{2\sqrt{JD}} = \frac{\left(N_g S_g B_g\right)^2}{2\sqrt{JD}R}$$

其中 $R = R_0 + r_g$，R_0 是电流计回路外阻，r_g 是电流计内阻. θ 与 t 的关系曲线如图 3-30-3 中曲线 I 所示，可见只要改变 R_0 就有不同的 λ，因而就有不同的阻尼运动.

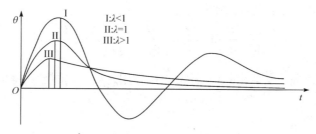

图 3-30-3　θ 与 t 的关系曲线

② 临界阻尼状态：当 $\lambda = 1$ 时，方程(3-30-2)的解为

$$\theta = \frac{2\left(R_0 + r_g\right)\omega_0 t}{N_g S_g B_g} Q e^{-\omega_0 t}$$

θ 与 t 的关系曲线如图 3-30-3 中曲线 II 所示，这时线圈回零最快.

③ 过阻尼状态：当 $\lambda > 1$ 时，方程(3-30-2)的解为

$$\theta = \frac{2\lambda\left(R_0 + r_g\right)Q}{\sqrt{\lambda^2 - 1}\,N_g S_g B_g} e^{\lambda\omega_0 t}\, \text{sh}\left(\omega_0\sqrt{\lambda^2 - 1}\,t\right)$$

θ 与 t 的关系曲线如图 3-30-3 中曲线 III 所示.

假定我们不考虑任何阻尼，即讨论没有电磁阻尼($R_0 = \infty$)的情形，并忽略空气阻尼的情况，根据能量守恒关系可知，线圈在 $t = \tau$ 时有动能最大值 $\dfrac{1}{2}J\omega_0^2$，而当线圈转到回转点(第一次最大偏转或冲掷角) θ_m，其全部动能转化为位能 $\dfrac{1}{2}D\theta_m^2$，即

$$\frac{1}{2}J\omega_0^2 = \frac{1}{2}D\theta_m^2$$

$$\theta_m = \sqrt{\frac{J}{D}}\,\omega_0$$

将(3-30-1)式代入，得

$$\theta_m = \frac{N_g S_g B_g}{\sqrt{JD}} Q$$

说明冲掷角 θ_m 和电量 Q 成正比.

在实际测量时，偏转角 θ 是用镜尺上的偏转距离 d 来反映的，若与冲掷角 θ_m 对应的电流计光标最大偏转距离为 d_m，则由前面的讨论($d_m = 2\theta_m \cdot L$)可知 $Q \propto d_m$，所以可以写成

$$d_m = S_Q Q \quad 或 \quad Q = K_Q d_m \tag{3-30-3}$$

式中，S_Q 称为电流计的电量灵敏度，表示单位电量所能引起的最大偏转距离，单位是 mm/C(毫米/库仑)，$K_Q = \dfrac{1}{S_Q}$ 称为电流冲击常数，单位是 C/mm(库仑/毫米)，两者互为倒数. S_Q 和 K_Q 除了与电流计本身的常数有关外，还与电流计回路中的总电阻 R 有关，一般电流计铭牌上给出的 K_Q 只是代表 $R = \infty$ 时(无电磁阻尼)的值，实际测量 Q 值时，应根据当时线路中所包含的电阻确定 S_Q 和 K_Q，从而计算出 Q.

(2) 电流计冲击常数 K_Q 的测量. 测量电流计冲击常数一般常使用标准互感器，其测量线路如图 3-30-4 所示，M 为标准互感器，当它的初级线圈上有 dI 的电流变化时，在次级线圈上会产生感应电动势，其大小为

$$E = -\frac{\mathrm{d}\phi}{\mathrm{d}t} = -M\frac{\mathrm{d}I}{\mathrm{d}t}$$

其中 M 为标准互感器的互感系数，设次级回路中总电阻为 $R\left(= R_g + R_x\right)$，则次级回路中的感应电流为

$$i = \frac{E}{R} = -\frac{1}{R}\frac{\mathrm{d}\phi}{\mathrm{d}t} = -\frac{1}{R}M\frac{\mathrm{d}I}{\mathrm{d}t}$$

若使电流突然反向，初级回路中电流从 I_0 变到 $-I_0$，则在次级回路中通过的总电量为

$$Q = \int_0^\tau i\mathrm{d}t = \int_0^\tau -\frac{1}{R}M\frac{\mathrm{d}I}{\mathrm{d}t} \cdot \mathrm{d}t$$
$$= \int_{I_0}^{-I_0} -\frac{1}{R}M \cdot \mathrm{d}I = \frac{2}{R}MI_0 \tag{3-30-4}$$

若此时电流计最大偏转距离为 d_m，则根据(3-30-3)式，有

$$K_Q = \frac{Q}{d_m} = \frac{2MI_0}{Rd_m} \tag{3-30-5}$$

改变 R_x，次级回路中的总电阻 R 也改变，得到不同阻尼情况下的冲击常数 K_Q.

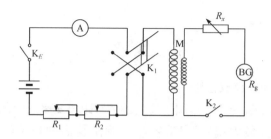

图 3-30-4　　电流计冲击常数测量电路图

【实验器材】

冲击电流计、标准互感器、安培计、直流电源、滑线变阻器、电阻箱、开关、导线等.

【实验内容】

(1) 电流计的三种运动状态，按图 3-30-4 接好线路. 调节好电流计的工作状态，然后在保持电量不变的情况下，观察衰减振动、临界阻尼和过阻尼三种运动状态，并测出线圈第一次最大偏向角时的 d_m，记下从零到 d_m 的时间，以及由 d_m 回到零点的时间，然后加以比较，判断 R_x 取什么值时线圈回到零点的时间最短，观察时改变 R_x，同时调节 R_1、R_2 来改变 I_0，始终保持电量不变.

(2) 测量冲击常数 K_Q，测量线路如图 3-30-4 所示，选择适当的 R_x 值，将 K_1，K_E 闭合，调节 R_1，R_2，使互感器中通过的电流不超过其额定值，迅速把 K_1 换向，记下此时电流计最大偏转距离 d'_m，再迅速将 K_1 换向，记下电流计另一方向的最大偏转距离 d''_m. 并记下电流表读数 I_0 和互感器的互感量 M，用(3-30-5)式计算出 K_Q.

(3) 测定电流计的自由振动周期 T_0，调节图 3-30-4 中的 R_1、R_2，使电流计有较大的偏转，然后断开 K_2 ($R=\infty$ 时电流计做无阻尼振动). 用停表测 10 个周期的时间 T，则 $T_0=\dfrac{T}{10}$，测三次取平均值，与灵敏电流计自由振动周期加以比较.

【思考题】

(1) 冲击电流计与灵敏电流计在结构上、用途上有什么不同?它们之间能否相互代替?

(2) 冲击电流计的电量灵敏度与哪些因素有关? 在测量中要注意哪些问题?

(3) 图 3-30-4 所示的测量电路中，各元件的作用是什么?

① 只有保持电量 Q 不变，才能保证电流计的偏转角 θ_m 相同，即 d_m 相同. 根据(3-30-4)式，$Q=2MI_0/R$，只要保持电流值 I_0 与回路总电阻值 R 的比值不变，

就可以保证电量不变. 在实验中若改变 R_x 的值(即改变 R), 则 I_0 也要做相应的改变, 以保证 $\dfrac{I_0}{R}$ 不变. 通过 R_1、R_2 来调节 I_0 (图 3-30-4).

② 为了减小电流计标尺零点不准、安装不正确等引起的系统误差, d_m 应取电流计的标尺零点两边读数的平均值, 即 $d = \dfrac{d'_m + d''_m}{2}$, 这只能通过换向开关 K_1 来实现.

【附录】

线圈运动之初受到的冲击力矩 L_m 很大, 但时间很短, 则 τ 本身在 $0 \sim \tau$ 期间内线圈的角位移是可以忽略的, 但线圈获得的角速度 ω_0 是不能忽略的, 比起到达冲掷角 θ_m 的时间小得多, 所以可以认为 $t = \tau \approx 0$.

求解微分方程

$$J \frac{\mathrm{d}^2 \theta}{\mathrm{d}t^2} + P \frac{\mathrm{d}\theta}{\mathrm{d}t} + D\theta = 0$$

其特征方程为

$$J\alpha^2 + P\alpha + D = 0$$

$$\alpha_{1,2} = \frac{-P \pm \sqrt{P^2 - 4JD}}{2J}$$

(1) 当 $P^2 - 4JD < 0$ 时

$$\begin{aligned}
\alpha_{1,2} &= -\frac{P}{2J} \pm \frac{\sqrt{4JD}}{2J} \sqrt{1 - \frac{P^2}{4JD}} j \\
&= \frac{-P}{\sqrt{4DJ}} \sqrt{\frac{D}{J}} \pm \frac{\sqrt{4J}}{\sqrt{4J}} \frac{\sqrt{D}}{\sqrt{J}} \sqrt{1 - \frac{P^2}{4JD}} j \\
&= -\frac{P}{\sqrt{4DJ}} \sqrt{\frac{D}{J}} \pm \sqrt{\frac{D}{J}} \sqrt{1 - \frac{P^2}{4JD}} j
\end{aligned}$$

令 $\lambda = \dfrac{P}{\sqrt{4DJ}}, \omega_0 = \sqrt{\dfrac{D}{J}}$, 则

$$\alpha_{1,2} = -\lambda \omega_0 \pm \omega_0 \sqrt{1 - \lambda^2} j$$

$$\theta = A \mathrm{e}^{-\lambda \omega_0 t} \sin\left(\omega_0 \sqrt{1 - \lambda^2} t + B\right)$$

初始条件为 $\theta|_{t=0} = 0$, 所以, $A \sin B = 0$. 而 $A \neq 0$, 所以 $B = 0$.

$$\left.\frac{\mathrm{d}\theta}{\mathrm{d}t}\right|_{i=\tau=0} = A\omega_0\sqrt{1-\lambda^2} = \omega_0 = \frac{N_g S_g B_g}{J}Q$$

$$A = \frac{N_g S_g B_g}{J\omega_0\sqrt{1-\lambda^2}}Q = \frac{\left(N_g S_g B_g\right)^2\left(R_0+r_g\right)}{J\omega_0 N_g S_g B_g\sqrt{1-\lambda^2}\left(R_0+r_g\right)}Q$$

$$= P\frac{\left(R_0+r_g\right)Q}{J\omega_0 N_g S_g B_g\sqrt{1-\lambda^2}} = \frac{P}{\sqrt{4DJ}}\sqrt{\frac{4D}{J}}\frac{\left(R_0+r_g\right)}{N_0 S_g B_0\omega_0\sqrt{1-\lambda^2}}Q$$

$$= \frac{2\omega_0\left(R_0+r_g\right)\lambda}{\omega_0 N_g S_g B_g\sqrt{1-\lambda^2}}Q = \frac{2\lambda\left(R_0+r_g\right)}{N_g S_g B_g\sqrt{1-\lambda^2}}Q$$

所以

$$\theta = \frac{2\lambda\left(R_0+r_g\right)}{N_g S_g B_g\sqrt{1-\lambda^2}}Q\mathrm{e}^{-\lambda\omega_0 t}\sin\left(\omega_0\sqrt{1-\lambda^2}t\right)$$

(2) 当 $P^2 - 4JD = 0$ 时(即 $\lambda = 1$)

$$\alpha_{1,2} = -\frac{P}{2J} = -\frac{P}{\sqrt{4JD}}\sqrt{\frac{D}{J}} = -\lambda\omega_0$$

$$\theta = (A+Bt)\mathrm{e}^{-\lambda\omega_0 t}$$

初始条件为 $\theta|_{t=0} = 0$,所以 $A = 0$

$$\frac{\mathrm{d}\theta}{\mathrm{d}t_{l=0}} = \left.B\mathrm{e}^{-\lambda\omega_0 t}\right|_{t=0} - \left.Bt\lambda\omega_0\mathrm{e}^{-\lambda\omega_0 t}\right|_{t=0}$$

$$= \frac{N_g S_g B_g}{J}Q = \frac{N_g S_g B_g}{J}\int_0^\tau \mathrm{d}t = \frac{N_g S_g B_g}{JR}\int_0^\tau \varepsilon\mathrm{d}t$$

所以

$$B = \frac{N_g S_g B_g}{JR}\int_0^\tau \varepsilon\mathrm{d}t = \frac{\left(N_g S_g B_g\right)^2}{R_0+r_g}\frac{\int_0^\tau \varepsilon\mathrm{d}t}{JN_g S_g B_g} = P\frac{\int_0^\tau \varepsilon\mathrm{d}t}{JN_g S_g B_g}$$

$$= \frac{2P}{\sqrt{4JD}}\sqrt{\frac{D}{J}}\frac{1}{N_g S_g B_g}\int_0^\tau \varepsilon\mathrm{d}t = \frac{2\lambda\omega_0}{N_g S_g B_g}\int_0^\tau \varepsilon\mathrm{d}t$$

故

$$\theta = \frac{2\lambda\omega_0 t}{N_g S_g B_g}\int_0^\tau \varepsilon\mathrm{d}t\mathrm{e}^{-\lambda\omega_0 t}$$

$$= \frac{2\lambda\omega_0 t\left(R_0+r_g\right)}{N_g S_g B_g}Q\mathrm{e}^{-\lambda\omega_0 t}$$

(3) 当 $P^2 - 4JD > 0$ 时(即 $\lambda > 1$)

$$\alpha_{1,2} = \frac{-P \pm \sqrt{P^2 - 4JD}}{2J} = -\frac{P}{2J} \pm \frac{\sqrt{4JD}}{2J}\sqrt{\frac{P^2}{4JD} - 1}$$

$$= -\frac{P}{\sqrt{4JD}}\sqrt{\frac{D}{J}} \pm \sqrt{\frac{D}{J}}\sqrt{\lambda^2 - 1}$$

$$= -\lambda\omega_0 \pm \omega_0\sqrt{\lambda^2 - 1}$$

$$\theta = e^{-\lambda\omega_0 t}\left[Ae^{\omega_0\sqrt{\lambda^2 - 1}t} + Be^{-\omega_0\sqrt{\lambda^2 - 1}t} \right]$$

初始条件为 $\theta\big|_{t=0} = 0$，所以 $A + B = 0$，即 $A = -B$ 或 $B = -A$.

$$\frac{d\theta}{dt}\bigg|_{t=0} = 2\omega_0\sqrt{\lambda^2 - 1}A = 2\lambda\omega_0 \frac{\int_0^\tau \varepsilon dt}{N_g S_g B_g}$$

故

$$\theta = \frac{2\lambda\int_0^\tau \varepsilon dt}{\sqrt{\lambda^2 - 1}N_g S_g B_g}\,\text{sh}\left(\omega_0\sqrt{\lambda^2 - 1}t\right)e^{-\lambda\omega_0 t}$$

$$= \frac{2\lambda(R_0 + r_g)Q}{\sqrt{\lambda^2 - 1}N_g S_g B_g}\,\text{sh}\left(\omega_0\sqrt{\lambda^2 - 1}t\right)e^{-\lambda\omega_0 t}$$

3.31 螺线管磁场的测定

【实验目的】

(1) 学会正确选择冲击电流计的工作状态;

(2) 用冲击电流计测定磁感应强度.

【实验原理】

冲击电流计的基本结构及原理可参看实验 3.30 "冲击电流计特性研究".

1. 磁感应强度 B 及磁通冲击常数 K_ϕ 的测量

冲击电流计之所以能用以测量磁场，是因为被测磁通与以脉冲方式通过电流计的电量可以建立起简单的关系. 如图 3-31-1 所示，将已知匝数为 n、横截面积为 S 的探测线圈 N_2 置于同轴螺线管 N_1 产生的磁场中，线圈平面与磁场方向垂直. 如果我们事先把 K_1、K_2 接通，K_3 置向"1"侧，然后将 K_2 换向，即电流反向，此时线圈 N_2 内的磁通，从 $+\phi$ 变为 $-\phi$，则线圈 N_2 两端产生的感应电动势

$$\varepsilon = -\frac{\mathrm{d}\phi}{\mathrm{d}t}$$

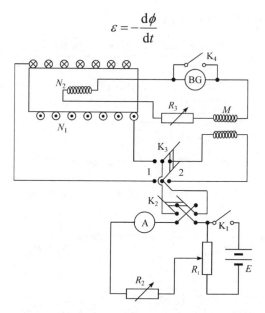

图 3-31-1　磁感应强度 B 及磁通冲击常数 K_ϕ 的测量

如果探测线圈回路的总电阻为 R ，通过的瞬时脉冲电流为 i ，则

$$iR - n\frac{\mathrm{d}\phi}{\mathrm{d}t} = 0 \qquad (3\text{-}31\text{-}1)$$

对(3-31-1)式积分可得

$$\int_0^\tau n\frac{\mathrm{d}\phi}{\mathrm{d}t}\mathrm{d}t = \int_0^\tau iR\mathrm{d}t$$

即

$$n(\Delta\phi) = RQ \qquad (3\text{-}31\text{-}2)$$

电流计第一次的最大偏转距离 d_m 与通过它的电量 Q 的关系为

$$Q = K_Q d_\mathrm{m} \qquad (3\text{-}31\text{-}3)$$

式中 K_Q 是电流计的电量冲击常数，由(3-31-2)式及(3-31-3)式得

$$\Delta\phi = \frac{RK_Q}{n}d_\mathrm{m} = \frac{K_\phi d_\mathrm{m}}{n} \qquad (3\text{-}31\text{-}4)$$

式中 $K_\phi = RK_Q$ 是冲击电流计的磁通冲击常数.

　　由于是通过改变电流的方向来产生脉冲的，所以螺线管磁场满足

$$\Delta\phi = 2\phi = 2BS$$

故

$$B = \frac{\Delta \phi}{2S} = \frac{K_\phi d_m}{2nS} \tag{3-31-5}$$

式中 B 是螺线管内的磁感应强度，$\Delta \phi$ 是探测线圈内的磁通变化.

(3-31-5)式中的磁通冲击常数 K_ϕ 通常用标准互感器测定，如图 3-31-1 所示，将 K_3 置于"2"侧，再将 K_2 换向，则互感器初级线圈中的电流从 $+I$ 变为 $-I$，初级线圈中的磁通变化为

$$\Delta \phi' = \frac{M \Delta I}{n'}$$

式中 M 为标准互感器的互感系数，n' 为互感器的次级线圈匝数，此式与(3-31-4)式比较得

$$M \Delta I = K_\phi d_m' \tag{3-31-6}$$

式中 d_m' 是开关 K_3 置于"2"侧的电流计的第一次最大偏转距离，从而电流计的磁通冲击常数为

$$K_\phi = \frac{M \Delta I}{d_m'} \tag{3-31-7}$$

2. 理想螺线管轴线上的磁场

图 3-31-2 是螺线管的理想模型，其半径为 R，半长为 l，单位长度上的匝数为 n_0，设通过的电流为 I，则轴线上任意一点 P 的磁感应强度为(图 3-31-3)

$$B = \frac{1}{2} \mu_0 n_0 I (\cos \beta_1 - \cos \beta_2)$$

$$= \frac{1}{2} \mu_0 n_0 I \left[\frac{l-x}{\sqrt{R^2 + (l-x)^2}} + \frac{l+x}{\sqrt{R^2 + (l+x)^2}} \right]$$

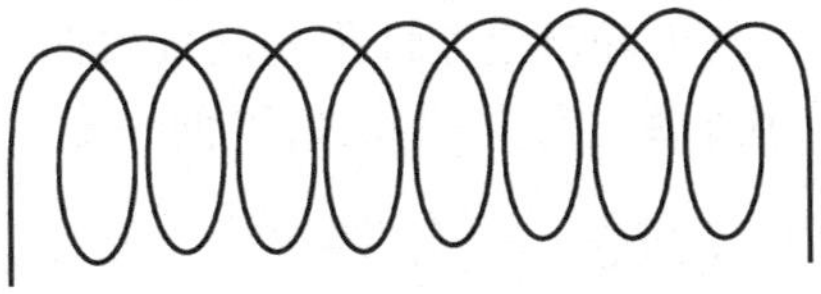

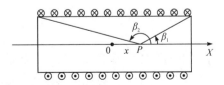

图 3-31-2　螺线管理想模型

图 3-31-3　螺线管轴线上任意一点的磁感应强度

式中 $\mu_0 = 4\pi \times 10^{-7}\,\mathrm{H/m}$ 为真空磁导率，如果令 $\dfrac{R}{l} = a$，$\dfrac{x}{l} = b$，$B_0 = \mu_0 n_0 I$，则上式变为

$$B = \frac{1}{2}B_0\left[\frac{1-b}{\sqrt{a^2+(1-b)^2}} + \frac{1+b}{\sqrt{a^2+(1+b)^2}}\right] \tag{3-31-8}$$

从上式可以看出，管口处磁感应强度 B 的大小是管中央磁感应强度 B_0 大小的一半，如图 3-31-4 所示.

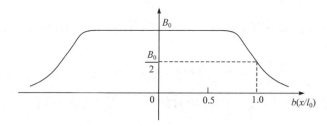

图 3-31-4　螺线管轴线上的磁场强度

【实验器材】

　　冲击电流计、圆线圈、探测线圈、互感器、电流表、电阻箱、开关、导线、直流电源.

【实验内容】

　　(1) 按图 3-31-1 连接线路.

　　(2) 磁通冲击常数 K_ϕ 的测定.

　　① 将双刀双掷开关 K_3 置于"2"侧，调节 R_1、R_2，使流过互感器线圈的电流值不超过其额定值. 调节 K_3 使检流计处于临界阻尼状态.

　　② 将 K_2 换向一次，测出冲击电流计第一次最大偏转距离 d'_m，接通阻尼开关 K_4，使检流计迅速回到平衡位置，再将 K_2 换向一次，测出其另一边的第一次最大偏转距离 d''_m，求出平均值 $\overline{d_\mathrm{m}} = \dfrac{1}{2}\left(d'_\mathrm{m} + d''_\mathrm{m}\right)$.

　　③ 利用(3-31-7)式求出磁通冲击常数 K_ϕ，式中电流的变化值 ΔI 为电流表读数的两倍，取不同的 I 值进行测量求 $K_\phi \pm \sigma_K$.

　　(3) 磁场的测量.

　　① 保持 R_3 不变，将 K_3 置于"1"，调节 R_1、R_2，使电流计有较大的偏转.

　　② 把探测线圈 N_2 置于螺线管中央，按照内容(2)中的③测出中央的磁感应强度 B.

③ 保持 R_3、R_2 和 R_1 不变(为什么？)，将探测线圈从螺线管中央向边缘逐点移动，各点的位置取 $b = \dfrac{x}{l} = 0.1, 0.2, \cdots, 0.9, 1.0$；重复步骤(2)中的③，测出各点的磁感应强度 B.

④ 根据(3-31-5)式所求出的螺线管内各点的磁场，以 $\dfrac{B}{B_0}$ 为纵坐标，$\dfrac{x}{l}$ 为横坐标作图，并与理论值作出的图相比较.

【思考题】

(1) 冲击电流计读数时，为什么要左右读数再取平均值？

(2) 为何测量螺线管内轴向磁场分布时不能改变 R_1、R_2、R_3 的值？

3.32　磁化曲线和磁滞回线的测定

【实验目的】

(1) 学会用冲击电流计测磁感应强度；

(2) 掌握基本磁化曲线的测量方法.

【实验原理】

1. 基本磁化曲线和磁滞回线

铁磁材料的一个重要特征就是磁滞，当材料磁化时，磁感应强度 B 不仅与当时的磁场强度 H 有关，而且与磁化历史有关.若磁铁材料从没有磁性开始磁化，逐渐增加 H，B 随之增加，当 H 增加到某一值 H_m 时，B 的增加将极其缓慢，再继续增大 H 时，B 几乎不再变化，这说明该材料的磁化已达到饱和状态，从未磁化到饱和磁化的这段磁化曲线称为材料的起始磁化曲线，如图 3-32-1 中 OA 曲线所示.

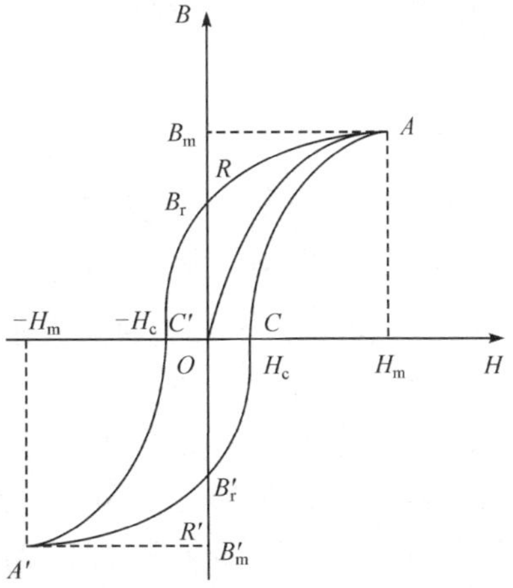

H_m 和 B_m 分别为饱和时的磁场强度和磁感应强度(对应图中的 A 点).当材料达到饱和后，使 H 减小，H 将不沿原曲线 AO 返回，而是沿另一条曲线 AR 下降.当 $H = 0$ 时，

图 3-32-1　铁磁材料磁化过程

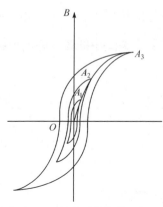

图 3-32-2　基本磁化曲线

B 降到 B_r，这说明当 H 下降为零时，材料中仍保留一定的磁性．B_r 称为剩余磁感应强度，要把剩磁去掉必须加一反向的磁场 $-H_c$（H_c 称为矫顽力），如果继续增大反向磁场 H，直到 $H = -H_m$，这时曲线到达 A'（即反向饱和点），此后若使反向磁场退回到 $H = 0$，然后又沿正向增加，直到饱和值 H_m，材料的磁化状态将沿 $A'R'CA$ 回到正向饱和磁化状态 A，曲线 $ACR'A'$ 和 $ARC'A'$ 对于坐标原点 O 是对称的，由此可以看到，当 H 从 H_m 变到 $-H_m$，再从 $-H_m$ 变回到 H_m，B 将随 H 变化经历一个循环过程，闭合曲线 $ARC'A'R'CA$ 称为材料的磁滞回线．实际上，反复磁化（$H_m \to -H_m \to H_m$）的开始几个循环内，每一个循环 B 和 H 不一定沿相同的路径进行，只有经过十几次反复磁化(称为"磁锻炼")以后，每次循环的回路才相同，形成一个稳定的磁滞回线，只有经过磁锻炼后所形成的磁滞回线，才能代表该材料的磁滞性质．在测量中，不同的磁化电流对应的磁滞回线的大小也不同，而对应于每一个磁化电流值，都必须经过磁锻炼，如此就可以得到一族磁滞回线，各磁滞回线的顶点和坐标原点的连线，称为基本磁化曲线，如图 3-32-2 中的 $OA_1A_2A_3$ 的连线(注意不要视为起始磁化曲线)．

2. 测量方法

(1) 测量磁铁材料内磁场强度 H 的方法．为了测量材料内部的 H，往往将待测材料的样品制成粗细均匀的圆环，环外绕上磁化线圈(初级线圈)，若在线圈中通以磁化电流 I_0，则材料内部的磁场强度 H 为

$$H = \frac{N_1}{L_0} I_0 \tag{3-32-1}$$

式中，N_1 和 L_0 分别为环的初级线圈匝数和磁路长度．$L_0 = \dfrac{1}{2}\pi\left(d_外 + d_内\right)$，$d_外$ 和 $d_内$ 分别是环的外直径和内直径，如图 3-32-3 所示，只要测出 I_0，H 即可求出．

(2) 测量磁感应强度 B 的方法．测量电路如图 3-32-4 所示，改变 $R_2 \sim R_6$ 的阻值(R_1 预先调好)，可以得到大小不同的磁化电流，调节 R，可以改变冲击电流计的工作状态，当 K_3 倒向 "2" 和标准互感器 M 相接时，可以测定冲击电流计的磁通灵敏度(可参考有关书籍)

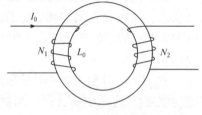

图 3-32-3　螺线管

$$S_\phi = \frac{d_m}{2MI_0} \qquad (3\text{-}32\text{-}2)$$

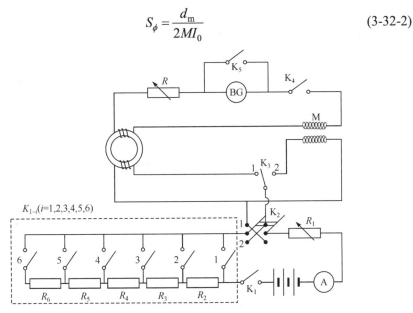

图 3-32-4 磁感应强度 B 的测量电路

只要 R 不变，S_ϕ 便等于常数. S_ϕ 与磁通冲击常数 K_ϕ 之间的关系为

$$K_\phi = \frac{1}{S_\phi} \quad （\text{Wb/mm}）$$

它表示冲击电流计偏转 1mm 所需要的磁通量变化值. 若 K_3 倒向"1"（R 不变，以使 S_ϕ 恒定)，然后将 K_2 换向，则磁通量变化为

$$\Delta\phi = \phi_1 - \phi_2$$

已知 $\phi_1 = BSN_2$，当 K_2 换向时，$\phi_2 = -BSN_2$，冲击电流计偏转距离为 d_m，式中 N_2、S 分别为环次级线圈的匝数和截面积，B 为磁感应强度，因此

$$\Delta\phi = 2BN_2S$$

根据灵敏度的定义

$$S_\phi = \frac{d_m}{\Delta\phi} = \frac{d_m}{2BN_2S}$$

则

$$B = \frac{d_m}{2S_\phi N_2 S} = \frac{K_\phi d_m}{2N_2 S} \qquad (3\text{-}32\text{-}3)$$

(3) 退磁的方法. 为了消除剩磁产生的效应，测量前应作退磁工作，可以采用直流退磁，也可以采用交流退磁. 两种方法都是使磁化电流不断反向，同时逐渐减小其数值，直到 H,B 均为零为止. 以直流退磁为例(图 3-32-5)，样品磁化线圈

与电容C并联，闭合开关K，调节变阻器R，使电流达到饱和电流值，然后断开K，因电容和磁化线圈组成LC振荡回路，利用振荡这一自然衰减现象，即能达到退磁目的. 当然也可采用交流退磁，将图 3-32-5 中的电容去掉，并将直流电源换为交流电源即可.

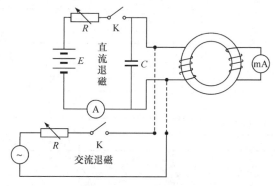

图 3-32-5　　退磁电路图

(4) 基本磁化曲线测量方法. 将经过退磁的环接入图 3-32-4 电路中，调整好冲击电流计的零点，R 选择合适值，闭合 K_{1-6}，K_3 合向"1"侧，K_2 合向"2"侧，闭合 K_4、K_1，调节 R_1 使Ⓐ的读数(磁化电流)最小(其数值由实验室给定)，然后依次闭合 K_{1-5}、K_{1-4}、K_{1-3}、K_{1-2}、K_{1-1}，并调节 R_1 使磁化电流从小依次单调增加. 每调节一次磁化电流后，都要进行磁锻炼，即先将 K_5 闭合，然后将 K_2 来回拨 10 次左右. 锻炼完毕后，打开 K_5，将 K_2 换向，磁化电流变化量为 $2I_0$(见实验 3.30)，记下冲击电流计第一次最大偏转距离 d'_m，再将 K_2 换向，记下标尺另一边的第一次最大偏转距离 d''_m，取平均值 $\overline{d_m} = \dfrac{d'_m + d''_m}{2}$，将 $\overline{d_m}$ 代入(3-32-3)式，即可求得 B 值. 由(3-32-1)式知，由不同的磁化电流 I_0，可求得不同的磁场强度 H，同时有相应的磁感应强度 B，这样使磁化电流从小单调增加到饱和值，可得到一系列相应的 B 和 H 值，作 B-H 曲线，即可得到该材料的基本磁化曲线.

(5) 磁滞回线的测量方法. 磁滞回线的测量是由材料的饱和磁感应强度 B_m 的状态开始的，从对应的 H_m 为起点，使 H 从 H_m 降到 $H_l(l=1,2,3,4,\cdots)$ 对应的各磁感应强度改变量 $\Delta B_l (l=1,2,3,4,\cdots)$ 均规定从回线的顶点 B_m 算起.

① 首先使 H 从 H_m 变到 $H=0$，相应的 B 由 B_m 变到剩磁 B_r，B 降低了 ΔB_m，如图 3-32-6 所示，又使 H 值从 0 变到 $-H_m$，相应的 B 值从 B_r 变到 A' 点，变化量为 $\Delta B'$.

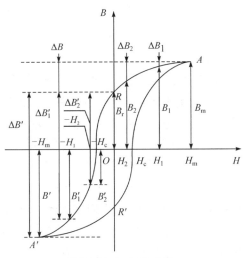

图 3-32-6 *B-H* 曲线

② 用同样方法求出从 $H_1, H_2, \cdots$ 变到 0 时，B 的变化值 $\Delta B_1, \Delta B_2, \cdots$，也可求出 H 由 0 变到 $-H_1, -H_2, \cdots$ 时，B 的变化 $\Delta B_1', \Delta B_2', \cdots$.

③ 根据剩磁公式

$$B_r = \frac{\Delta B + \Delta B'}{2} - \Delta B = K\left(\frac{d_m + d_m'}{2} - d_m\right)$$

求出 B_r，再将测得的 $\Delta B, \Delta B_1, \cdots$ 分别加 B_r，将测得的 $\Delta B', \Delta B_1', \cdots$ 分别减去 B_r，即求得 $\pm H_m, \pm H_1, \cdots$ 所对应的 $B_m, B_m', B_1, B_1', \cdots$ 之值.

④ 以 H 为横轴，B 为纵轴，作 *B-H* 图，将得到磁滞回线的一半曲线 ARA'.

⑤ 将 H、B 在一象限的值反号对称移到三象限，三象限的值反号对称移到一象限，二象限的值反号对称移到四象限，即可得到另一半曲线 $AR'A'$，从而描绘出完整的磁滞回线.

注意：因 $H = K'I_0$，$\Delta B = Kd_m$，两式中 K 和 K' 均为常数，各对数据是否乘以常数对所作图的形状没有影响，所以本实验不要求测定 K 和 K' 值，实际作图时以 $\pm I_m, \pm I_1, \cdots$ 代替 $\pm H_m, \pm H_1, \cdots$，以 $d_m, d_m', d_{m_1}, d_{m_1}', \cdots$ 代替 B_m, B_m', B_{m_1}，$B_{m_1}', \cdots$ 即可，同时剩磁公式也以 $d_E = \frac{d_m + d_m'}{2} - d_m$ 来代替 B_r，坐标轴换成 $\frac{1}{K'}H$ 和 $\frac{1}{K}B$.

【实验器材】

冲击电流计、电阻箱、安培计、滑线变阻器、标准互感器、直流电源、磁环、开关、导线等.

【实验内容】

(1) 调节冲击电流计的工作状态, 按图 3-32-4 连接线路, 将 K_3 合向 "1", 并闭合 K_{1-1}, 调节 R_1, 使磁化电流达到饱和电流值, 调节 R 使冲击电流计工作在过阻尼状态, 同时满足在换向时冲击电流计有较大的偏转. 为了减少冲击电流计回零时间, 可断开 K_4, 冲击电流计便呈自由振荡状态, 当偏转距离接近零时, 闭合 K_4, 电流计便又处于过阻尼状态, 振荡很快停止, 电流计也就较快地回到零点.

(2) 按图 3-32-5 将材料进行退磁(见原理部分).

(3) 测定磁通冲击常数 K_ϕ. 闭合 K_{1-6}, 使电流表指示值最小, 将 K_3 倒向 "2" 侧和 M 相接, 调节 R_1, 使通过 M 的电流小于它的额定值, 将 K_2 换向, 读出冲击电流计第一次最大偏转距离 d'_m, 再将 K_2 反向, 读出另一方向的第一次最大偏转 d''_m, 取平均值 $\overline{d_m} = \dfrac{d'_m + d''_m}{2}$, 记下电流表的读数 I_0 和互感系数 M, 代入 $K_\phi = \dfrac{2MI_0}{d_m}$ 中求得 K_ϕ 的值.

(4) 测量磁化曲线(见实验原理部分), 作出 B-H 图.

(5) 测量磁滞回线.

① 按图 3-32-4 连接线路, 调整好冲击电流计零点, R 调到合适的值, 断开 K_4, 同时闭合 $K_{1-i}(i=1,2,\cdots,6)$ 的所有开关.

根据实验 3.30 中的讨论, 当测量磁通量 ϕ 变化 $\Delta\phi$ 时, 电量

$$Q = \int_0^\tau i\,\mathrm{d}t = \int_0^\tau \left(-\frac{1}{R}\frac{\mathrm{d}\phi}{\mathrm{d}t}\right)\mathrm{d}t$$

$$= \int_0^\tau \left(-\frac{1}{R}\right)\mathrm{d}\phi = \frac{1}{R}\Delta\phi = \frac{1}{R}N_2 S\Delta B = K_\phi d_m$$

而 $K_\phi = \dfrac{Q}{d'_m} = \dfrac{2MI_0}{Rd'_m}$, 所以 $\Delta B = \dfrac{2MI_0}{N_2 S d'_m} d_m$. 式中 d'_m 是在互感器初级线圈中电流由 I 变到 $-I$ 时冲击电流计的读数, d_m 是饱和磁化电流值由 I_m 变到 $-I_m$ 时冲击电流计的读数. 若令 $K = \dfrac{2MI_0}{N_2 S d'_m} = $ 常数, 则 $\Delta B = K d_m$, 又根据(3-32-1)式, 令 $K' = \dfrac{N'}{L}$ 为常数, 则 $H = K'I_0$.

② 闭合 K_E, 将 K_2 合向 "1" 侧. 调节 R_1 使电流表读数为 2A, 在此电流计下进行磁锻炼(见(4)磁化曲线测量方法), 最后将 K_2 倒向 "1" 侧.

③ 闭合 K_4, 当 BG 指零时, 将 K_2 断开, 使电流从 I_m(2A) 跃到 0, 记下对

应的偏转距离 d'_m，等 BG 指零后，把 K_2 倒向 "2" 侧，即电流从 0 跃到 $-I_m(-2A)$，记下 BG 对应的偏转距离 d'_m，并迅速将 K_2 倒向 "1" 侧.

④ 断开开关 K_{1-1}，使电流表的读数为 1.5A，与内容(5)磁滞回线测定③的操作方法一样，分别读取电流从 $1.5A \to 0$，$0 \to 1.5A$ 时 BG 的偏转距离，然后闭合 K_{1-1}，将 K_2 倒向 "1" 侧.

⑤ 依次断开 K_{1-1}、K_{1-2}、K_{1-3} 和 K_{1-4}，使电流表的读数分别为 1.1A、0.9A、0.6A 和 0.3A，类似内容(5)磁滞回线测定④的操作，测量其对应的偏转距离 d_m 和 d'_m，记录在所设计的表格中.

⑥ 作出磁滞回线.

【思考题】

(1) 图 3-32-4 中所有开关各起什么作用?

(2) 为什么要进行磁锻炼?

(3) 从 B-H 磁滞回线可以了解到哪些磁特性?

3.33　用冲击电流计测电容

【实验目的】

(1) 进一步掌握冲击电流计的原理和使用方法;

(2) 学会用冲击电流计测电容.

【实验原理】

冲击电流计的基本结构和原理可参看实验 3.30 "冲击电流计特性研究".

(1) 冲击电流计常数的测定. 测量电路如图 3-33-1 所示. 它的特点是电源的任何一极都不直接与冲击电流相连，这对削弱漏电流(由于电路中开关接点间的绝缘电阻不足够大(小于 $10^{19}\Omega$)或其他的原件、导线经实验台与电流计的接地导通等因素所致)效果较好.

当 K_4 与标准电容器 C_0 连接，K_3 合向 "1" 侧，电源对标准电容器 C_0 充电. 充电电压可由电压表读出，则电容器充电后储存的电量

$$Q_0 = C_0 U \tag{3-33-1}$$

当 K_3 合向 "2" 侧，电容器将通过冲击电流计放电，根据实验 3.30 中(3-30-3)式可知其放电量

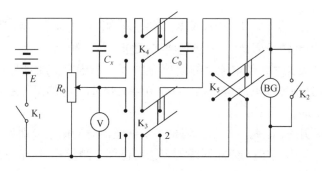

图 3-33-1　冲击电流计常数测量电路

$$Q_0 = K_Q d_{m0} \tag{3-33-2}$$

式中 K_Q 为冲击电流计的电量冲击常数，d_{m0} 为 Q_0 引起的冲击电流计的第一次最大偏转距离. 将(3-33-2)式与(3-33-1)式比较有

$$K_Q = \frac{C_0 U}{d_{m0}} \tag{3-33-3}$$

(2) 比较法测电容. 将 K_4 与待测电容器 C_x 连接，保持充电电压不变，重复上述过程，则有

$$Q_x = C_x U = K_Q d_{mx} \tag{3-33-4}$$

由(3-33-3)式、(3-33-4)式可得

$$C_x = \frac{d_{mx}}{d_{m0}} C_0 \tag{3-33-5}$$

可见用已知标准电容和待测电容在相同电压下分别充电并通过冲击电流计放电，根据相应的冲击电流计第一次最大偏转距离的比值及标准电容值，即可求出待测电容值. 由于在测量中不需要知道电压 U、电流计常数 K_Q 等的具体数值，因此避免了一系列的系统误差.

【实验器材】

冲击电流计、标准电容器、待测电容器、直流电压表、滑线变阻器、双刀双掷开关、换向开关、阻尼开关、直流电源.

【实验内容】

1. 测定冲击常数

(1) 按图 3-33-1 连接线路，并调节标尺，用光标对准标尺零点.

(2) 调节充电电压，将 K_3 合向"1"侧，K_4 合向 C_0 一侧，K_5 合向任意一侧，

调节 R_0 ，使电压表的读数为一合适值 U (其值应使电容通过冲击电流计放电时，电流计的偏转尽可能接近但不能超过标尺的大刻度).

(3) K_3 合向"1"侧，对 C_0 充电结束后，将 K_3 合向"2"侧，使 C_0 极板上电量通过冲击电流计放电，记下第一次最大偏转距离 d_{m0} .

(4) 将 K_5 换向，保持 U 不变，重复内容(3)，测量冲击电流计在另一方向的最大偏转距离 d''_{m0} ，取 d'_{m0} 和 d_{m0} 的平均值，由(3-33-3)式求出 K_Q 的值.

(5) 取三个不同的电压值，重复内容(3)、(4)，最后求出 K_Q 的平均值.

2. 用比较法测定未知电容

(1) 调节 R_0 ，选取一个对 C_0 和 C_x 都合适的充电电压 U (即在此电压充电后 C_0 和 C_x 分别通过冲击电流计放电，使电流计的最大偏转距离接近但不超过标尺满刻度).

(2) 保持充电电压 U 不变，同内容 1. 的(3)、(4)中的操作，将 K_4 分别合向标准电容 C_0 与待测电容 C_x 一侧，把充电后的 C_0 和 C_x 通过 K_3 向冲击电流计放电，并利用换向开关 K_5 ，测出各自使电流计两个方向偏转的第一次最大偏转距离，反复测三次，分别把 $\overline{d_{m0}}$ 和 $\overline{d_{mx}}$ 及 C_0 代入(3-33-5)式求出待测电容的容量 C_x .

【思考题】

(1) 冲击电流计在测量过程中发生零点漂移，应怎样处理?

(2) 在测量过程中有时阻尼开关失去了作用，其原因什么?

(3) 冲击电流计在安装使用合理的情况下，测量中仍然存在某些较大的误差，通过实验，试着找出这些误差来源?

3.34　用冲击电流计测高电阻

【实验目的】

(1) 进一步熟悉冲击电流计的使用方法;

(2) 学会用电容器漏电法测量高电阻.

【实验原理】

在电磁学实验中，常用电桥来测电阻. 但是，对于高电阻($>10^6\Omega$)，由于惠斯通电桥灵敏度有限，因此不宜也不能对高电阻进行精确测量，本实验是采用电容器漏电法通过冲击电流计来测高电阻的.

测量电路如图 3-34-1 所示，图中 C_0 为标准电容，R_x 为待测高电阻，先将开关 K_3 倒向"1"侧，对电容器 C_0 充电，则此时电容器所储电量为

$$Q_0 = C_0 U_0 \tag{3-34-1}$$

然后断开 K_3(既不与"1"侧接通，也不与"2"侧接通)，那么电容器 C_0 上的电量将通过高电阻 R_x 泄漏，故称为电容器漏电法，即电容器通过高电阻放电，使电容器极板间电势下降. 经过时间 t 后，电容器 C_0 上的电量为

$$Q = C_0 U \tag{3-34-2}$$

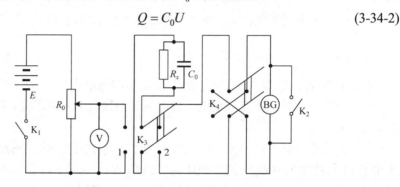

图 3-34-1　用冲击电流计测高电阻电路图

在 C_0 与 R_x 新组成的回路中，由基尔霍夫定律，有

$$iR_x + U = 0 \tag{3-34-3}$$

U 和 i 分别是瞬时电压和瞬时电流强度，它们都是时间 t 的函数，且

$$i = -\frac{\mathrm{d}Q}{\mathrm{d}t} \tag{3-34-4}$$

将(3-34-2)式、(3-34-4)式代入(3-34-3)式，得

$$-R_x \frac{\mathrm{d}Q}{\mathrm{d}t} + \frac{Q}{C_0} = 0$$

即

$$\frac{\mathrm{d}Q}{\mathrm{d}t} = -\frac{Q}{R_x C_0} \tag{3-34-5}$$

$R_x C_0$ 称为电容器充电的时间常数.

由此可以看出，电容器极板上所储电量的衰减率在任何瞬间与此时间内极板上的电量成正比，(3-34-5)式是一阶常微分方程，该方程的解是

$$Q = Q_0 \mathrm{e}^{-\frac{t}{R_x C_0}} \tag{3-34-6}$$

设 d_{m} 和 d_{m0} 分别是电容器极板上电量为 Q 和 Q_0 时，通过冲击电流计放电而

使其发生的第一次最大偏转距离，由实验 3.30 中的(3-30-3)式有

$$Q = K_Q d_{\mathrm{m}}$$

$$Q_0 = K_Q d_{\mathrm{m0}}$$

将上两式代入(3-34-6)式，有

$$d_{\mathrm{m}} = d_{\mathrm{m0}} \mathrm{e}^{-\frac{t}{R_x C_0}} \tag{3-34-7}$$

上式两边取对数，得

$$\ln d_{\mathrm{m}} = \ln d_{\mathrm{m0}} - \frac{t}{R_x C_0}$$

由此可见，冲击电流计的第一次最大偏转距离 d_{m} 的自然对数和漏电时间 t 存在着线性关系，若以 t 为自变量，$\ln d_{\mathrm{m}}$ 为因变量，作 $\ln d_{\mathrm{m}}$-t 图，可得一直线，其斜率为 K，则

$$K = -\frac{1}{R_x C_0}$$

利用图解法或回归计算法即可求得 R_x 之值.

【实验器材】

冲击电流计、标准电容器、被测高电阻、直流电压表、滑线变阻器、双刀双掷开关、换向开关、阻尼开关、直流电源等.

【实验内容】

(1) 按照 3-34-1 连接线路，将 K_3 倒向"1"侧，闭合 K_1 对标准电容器充电.

(2) 断开 K_3(既不与"1"侧接通，又不与"2"侧接通)，同时开始计时，经过 t 时间，将 K_3 与"2"侧接通，记下冲击电流计的最大偏转距离 d'_{m}.

(3) 将开关 K_4 换向，重复以上步骤，记下另一方向(漏电时间和上相同)的偏转距离 d''_{m}，求出平均值 $\overline{d_{\mathrm{m}}}$ 得到(t，$\overline{d_{\mathrm{m}}}$)一组数据.

(4) 选择不同的 t 值($t = 0, 5, 15, \cdots$)，并测量相应的 $\overline{d_{\mathrm{m}}}$ 值，至少测量 10 组数据.

(5) 作 $\ln d_{\mathrm{m}}$-t 图，求出 R_x 的值.

【思考题】

(1) 若 C_0 本身有损耗电阻 R_0，那么怎样确定高电阻 R_x 的值?

(2) 怎样估算测量高电阻 R_x 的误差? 误差的大小与哪些因素有关? 如何适当处理?

3.35　用交流电压表、电流表和功率表测量电感和电容

【实验目的】

(1) 掌握 RLC 串联电路的分析方法;

(2) 掌握用交流电压表、电流表和功率表测量电感和电容的方法.

【实验原理】

　　用交流电压表、电流表和功率表测量电感和电容的方法通常称为"三表法". 用"三表法"测量阻抗, 由于表本身的损耗, 会产生较大的误差, 测量的准确度不高, 但这种方法可以在电路处于正常工作状态下进行, 对于非线性阻抗元件(如铁芯线圈)是一种重要的测量方法.

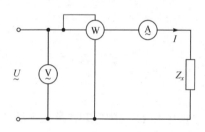

图 3-35-1　"三表法"测量阻抗(外接法)

　　电路如图 3-35-1 所示, Z_x 为一般交流阻抗, 由电抗 X_x 和电阻 R_x 组成, 它们的关系为

$$Z_x = \sqrt{R_x^2 + X_x^2} \tag{3-35-1}$$

如果测出阻抗的端电压 U, 通过阻抗的电流 I 与损耗功率 P, 根据交流电路的欧姆定律, 即可求得阻抗大小为

$$Z_x = \frac{U}{I} \tag{3-35-2}$$

阻抗负载的等效电阻

$$R_x = \frac{P}{I^2} \tag{3-35-3}$$

电抗

$$X_x = \sqrt{Z_x^2 - R_x^2} \tag{3-35-4}$$

及功率因数

$$\cos\varphi = \frac{P}{UI} \tag{3-35-5}$$

将(3-35-2)式和(3-35-3)式代入(3-35-4)式得

$$X_x = \sqrt{\left(\frac{U}{I}\right)^2 - \left(\frac{P}{I^2}\right)^2} \tag{3-35-6}$$

1. 测量电感 L

若阻抗 Z_x 为一实际电感线圈，在工频(50Hz)条件下，其电容效应可以忽略，但损耗电阻应予考虑，通常用其等效电阻 R_L 与电感 L 的串联表示(图 3-35-2)，由 (3-35-6)式可得

$$X_x = X_L = \omega L = 2\pi f L = \sqrt{\left(\frac{U}{I}\right)^2 - \left(\frac{P}{I^2}\right)^2} \qquad (3\text{-}35\text{-}7)$$

所以

$$L = \frac{1}{2\pi f}\sqrt{\left(\frac{U}{I}\right)^2 - \left(\frac{P}{I^2}\right)^2} \qquad (3\text{-}35\text{-}8)$$

2. 测量电容 C

若阻抗为一实际电容器，在工频条件下，其电感效应可以忽略. 由于电容损耗甚小，为测量方便，可串联一适当的无感电阻，电路如图 3-35-3 所示，由(3-35-6)式可得

$$X_x = X_C = \frac{1}{\omega L} = \frac{1}{2\pi f C} = \sqrt{\left(\frac{U}{I}\right)^2 - \left(\frac{P}{I^2}\right)^2} \qquad (3\text{-}35\text{-}9)$$

所以

$$C = \frac{1}{2\pi f \sqrt{\left(\frac{U}{I}\right) - \left(\frac{P}{I^2}\right)^2}} \qquad (3\text{-}35\text{-}10)$$

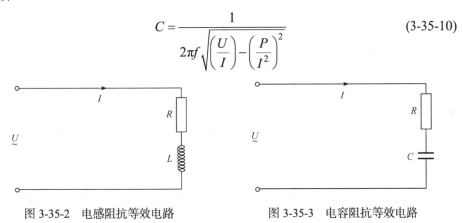

图 3-35-2 电感阻抗等效电路   图 3-35-3 电容阻抗等效电路

3. 仪表布置和接入误差

一般电压表内阻抗很大，但不是无限大；电流表的内阻抗很小，但不等于零. 在测量线路中仪表和负载的连接如果布置不当，将会产生很大误差. 类似于直流电路中的伏安法测电阻，一般有两种接线方法. 如图 3-35-1 所示的电路，电压表

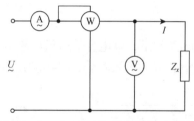

图 3-35-4　"三表法"测量阻抗(内接法)

接在功率表和电流表外侧，简称电压表外接法；如图 3-35-4 所示的电路，电压表接在功率表和电流表内侧，简称电压表内接法.不论哪种接法，都会给测量结果带来不同的系统误差.

(1) 电压表外接法. 图 3-35-1 的电压表外接法电路中，电流表的读数确实是通过负载阻抗 Z_x 的电流，但电压表的读数却是功率表支路的阻抗 Z_W、电流表内阻抗 Z_A 及负载阻抗 Z_x 的电压之和，功率表的读数也是三者损耗功率之和. 可见仪表阻抗对测量结果有较大影响，应加以修正. 对图 3-35-1 的电路，功率表测量的功率为

$$P = I^2\left(R_W + R_A + R_x\right) \tag{3-35-11}$$

阻抗模

$$Z = \frac{U}{I} = \sqrt{\left(R_W + R_A + R_x\right)^2 + \left(X_W + X_A + X_x\right)^2}$$

由此可得

$$P_x = \frac{P}{I^2} - \left(R_W + R_A\right)$$

$$X_x = \sqrt{\left(\frac{U}{I}\right)^2 - \left(\frac{P}{I^2}\right)^2} - \left(X_W + X_A\right) \tag{3-35-12}$$

式中 R_x、R_W 和 R_A 分别为负载电阻、功率表电流支路电阻和电流表的电阻；X_x、X_W 和 X_A 分别为负载电抗、功率表电流支路电抗和电流表的电抗.

比较(3-35-3)式、(3-35-6)式与(3-35-12)式可以看出，只有当功率表电流支路和电流表的阻抗比负载阻抗小得多时，(3-35-3)式与(3-35-6)式才能较精确地成立，也就是说，当待测负载为高阻抗时，应采用图 3-35-1 的测量线路，以尽量减小仪表对测量结果的影响.

(2) 电压表内接法. 图 3-35-4 的电路为电压表内接法，电压表的读数确实是负载阻抗两端的电压，但电流表的读数却是功率表电压支路、电压表支路及负载阻抗支路的电流之和，功率表的读数也是三者损耗功率之和. 仪表阻抗同样对测量结果有较大影响，此时，功率表测量的功率为

$$P = U^2\left(g_W + g_V + g_x\right) \tag{3-35-13}$$

通常功率表电压支路和电压表均串联了很大的电阻，其电纳相对较小可以忽略，即近似有

$$Y_W = g_W \atop Y_W = g_V \Bigg\} \tag{3-35-14}$$

故导纳模

$$y = \frac{I}{U} = \sqrt{(g_W + g_V + g_x)^2 + b_x^2} \tag{3-35-15}$$

于是得

$$g_x = \frac{P}{U^2} - (g_W + g_V)$$

$$b_x = \sqrt{\left(\frac{I}{U}\right)^2 - \left(\frac{P}{U^2}\right)^2} \tag{3-35-16}$$

式中 g_x、g_W 和 g_V 分别为负载阻抗、功率表电压支路电导和电压表的电导, b_x 为负载阻抗的电纳.

(3-35-16)式表明, 只有当功率表电压支路和电压表的电阻比负载阻抗大得多(即电导小得多)时, 其分流效应可以忽略, (3-35-3)式与(3-35-6)式才能较好地成立, 也就是说, 当待测负载为低阻抗时, 采用图 3-35-4 的电路, 才能减小仪表对测量结果的影响.

【实验器材】

交流电压表、交流电流表、功率表、自耦变压器、开关、导线等.

【实验内容】

1. 测量电感

(1) 按图 3-35-5 连接线路, 其中负载阻抗 Z_x 为镇流器, K_2 是用来保护功率表的, 实验前应先闭合 K_2 (将功率表电流线圈短接).

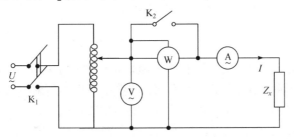

图 3-35-5 "三表法"测量阻抗测试电路

(2) 经教师检查无误后接通电源, 调节调压器, 使输出电压在 180V 左右, 并观察电路工作是否正常.

(3) 断开 K_2, 读取并记录电压表、电流表和功率表的读数, 根据(3-35-8)式

计算镇流器的电感 L.

(4) 改变调压器的输出电压(注意要控制在170～190V 范围),在不同电压下重复步骤(3),测量五组数据,计算镇流器的电感 L,求出 $\overline{L}$.

2. 测量电容

(1) 把一个约 100Ω的电阻与电容串联起来作为负载,按图 3-35-5 连接线路,闭合 K$_2$(电容一般用日光灯电容器).

(2) 调节调压器使输出电压约 220V,按照测电感的步骤,记录电压表、电流表和功率表的读数,由(3-35-10)式计算电容 C.

(3) 在 200～220V 范围内改变调压器的输出电压,测量五组数据,计算 C 值,并求出 $\overline{C}$.

【思考题】

(1) 根据你的实验结果,说明本实验中仪表连接采用哪种方式合理?

(2) 由实验数据求出镇流器的等效电阻 R_L 和功率因数 $\cos\varphi$,说明电感线圈在一般交流电路中起怎样的作用?

(3) 如果在电感和电容上加上与其额定值相等的直流电流电压,结果如何?

3.36　单透镜像差观测

【实验目的】

(1) 学习观察单透镜的像差;

(2) 了解单透镜的像差现象及其测定方法.

【实验原理】

在研究透镜成像时,通常把它作为理想的光学元件来对待. 如假定透镜没有厚度;介质的折射率不随光的波长而变;光线在球面上折射时的入射角和折射角都很小,一切角的正弦或正切都用角本身的弧度数值代替等,因而物和像完全相似. 实际上光束不是单色和完全近轴的,而透镜又具有一定的厚度,则得不到完全相似的像,两者之间存在偏差. 通常把这种实际光学系统的成像与理想光学系统成像的偏差,称为像差. 像差按其产生原因的不同,可分为复色像差和单色像差. 单色像差还可分为轴上物点单色像差和轴外物点单色像差,现分述如下.

(1) 色差:即复色像差. 由于透镜材料的折射率随光波波长而变,因而一个透

镜对不同波长(即不同颜色)的光将有不同的焦
距值. 如果光源不是单色光，则一束平行光线
经过透镜折射后就不会交于一点，形成与各色
光对应的一系列像点，从而使像变得模糊和带
有颜色，这就是色差. 如图 3-36-1 所示，在凸
透镜成像情况下，波长较长的色光(如红光)比
波长较短的色光(如紫光)的折射率小，所以焦
距较长. 色差公式为

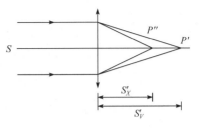

图 3-36-1　色差图示

$$H = S'_V - S'_X \qquad\qquad (3\text{-}36\text{-}1)$$

(2) 球差：光轴上某一物点发出的单色光束，若不同孔径角的各光束经透镜
折射后交于光轴不同位置，从而使轴上像点成一弥散光斑，这种现象称为球面
像差.

如图 3-36-2 所示，会聚透镜主轴上一点 P 发出单色光. 近轴光束通过透镜中
心部分后，交于 P' 点. 最边缘的光束经透镜折射后交于轴上 P''' 点. 从透镜的中心
到最边缘，各孔径在轴上的像点从 P' 到 P'''，从而在像屏上形成弥散模糊的光斑.
对于给定物点 P 产生的球差大小为 $\delta_{\bar{S}}$，以近轴光线像点和最边缘光线的像点到透
镜距离之差表示，即为

$$\delta_{\bar{S}} = S' - \overline{S}' \qquad\qquad (3\text{-}36\text{-}2)$$

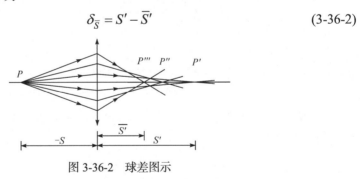

图 3-36-2　球差图示

(3) 彗差：彗差是轴外物点的单色像差. 对于一个已消除球面像差的透镜，在
近轴外一点 Q 发出的单色光束，经透镜折射后在理想的像面上得到的不是像点，
而是生成一个彗星形状的像，如图 3-36-3 所示，称为"彗差".

如图 3-36-3(a)所示，由 Q 点发出的光线经过透镜不同环带折射后，在理想
像面 MN 上将形成不同的圆斑. 各圆斑的圆心在子午面内，但不重合. 圆斑的半
径与环带的半径有关，在 MN 面上形成像照度不均匀的彗星状光斑的结果，如
图 3-36-3(b)所示.

(4) 像散：像散是轴外单色物点的像差. 当在透镜前加一孔径很小的光阑时，
球面像差和彗差可基本消除. 但对于离主轴很远的点光源来讲，即使入射光束的

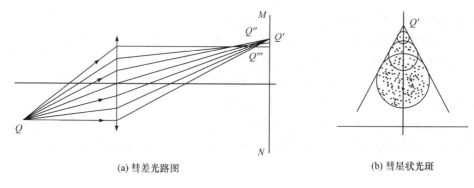

(a) 彗差光路图　　　　　　　　　　　(b) 彗星状光斑

图 3-36-3　彗差

角度可能很小，然而由于光束与主轴夹角很大，出射光束也并不交于一点. 把像屏放在与出射光束中心线垂直的方位来观察时，其像点将是一系列椭圆形的弥散斑. 其中有两个特殊的位置，在此位置处，椭圆变为两个线段 aa' 及 bb'. 这两个线段分别叫"子午焦线"和"弧矢焦线"，如图 3-36-4 所示.

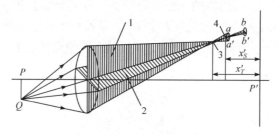

图 3-36-4　像散图示

1. 子午平面；2. 弧矢平面；3. 子午焦线 T；4. 弧矢焦线 S

此二线段互相垂直. 两焦线间有一个最小圆斑称为"模糊圆". 两焦线间的距离称为"像散差"

$$\mathrm{ST} = x'_T - x'_S \tag{3-36-3}$$

(5) 像场弯曲：以上讨论的四种像差都是物面上一点经透镜折射后引起的. 如果考虑整个物面的成像问题，将会发现平面物体经透镜所成的像不再是一个平面，而是一个曲面，这种现象叫"像场弯曲". 如图 3-36-5 所示，直线物 P_1P_2 的像为一曲面 $P'_1P'_2$，当 P_1P_2 绕主轴旋转一周时，P_1P_2 形成一平面，而 $P'_1P'_2$ 形成一曲面. 像场弯曲主要是在物体较大时发生的. 因为由物体上远离主轴的点发出的光束与主轴夹角很大，所以必有像散产生，故生成的像如图 3-36-5 所示.

(6) 畸变：对于大面积物体经透镜成像，若透镜对离主光轴距离不同的物体上各部分的横向放大率不同，则所成像与原物不相似. 它不影响成像的清晰程度，而仅影响像与物的几何相似性，或者说仅影响像的几何形状，这种像差叫"畸变".

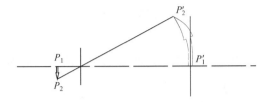

图 3-36-5 像场弯曲

对某一光学系统，垂轴放大率 β 不是常数，而是物高的函数(或视场角的函数). 畸变量的大小，通常用

$$\text{dist} = \frac{\beta_0 - \overline{\beta}}{\beta_0} \times 100\%$$

来衡量. 其中 β_0 为对小视场角的(或近轴的)垂轴放大率，$\overline{\beta}$ 为对较大的某一视场角的垂轴放大率. 当共轭平面上垂轴放大率随视角 ω 的增大而增大时，$|\overline{\beta}| > |\beta_0|$，则所产生的畸变称为**正畸变**，或称为**枕形畸变**，如图 3-36-6(b)所示. 反之，为**负畸变**，亦称桶形畸变，如图 3-36-6(c)所示.

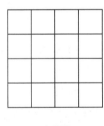

(a) 原像

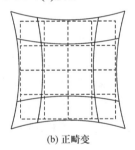

(b) 正畸变

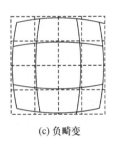

(c) 负畸变

图 3-36-6 像的畸变

【实验仪器】

光具座、待测透镜两块、光源光阑两个(边缘透光和中部透光各一个)、滤光片两片(红色、紫色各一片)、针孔屏、白屏、钢丝网格、读数小灯.

【实验内容】

1. 测色差

(1) 将物屏(箭孔或网格)、透镜、像屏同轴放在光具座上，再在物屏与光源之间放一夹具，此夹具上面同时夹有红色和紫色的滤色片(各一半)，并与其他元件共轴.

(2) 移动像屏找出红色滤色片滤出的红光所成的清晰像，测出红色像距 S_R'，重复多次求平均值 $\overline{S_R'}$.

(3) 再移动像屏，找出紫色滤色片滤出的紫光所成的清晰像. 测出紫色像距 S_V'，重复多次求平均值 $\overline{S_V'}$.

(4) 由公式 $H = \overline{S_R'} - \overline{S_V'}$ 求出色差.

2. 测球差

(1) 将光源、物屏(网格)、透镜、光阑、像屏同轴放置在一光具座上. 光阑放在透镜前，与透镜相隔一段距离，并使光阑遮去的光与主轴对称. 先以最小口径的光阑放在镜前.

(2) 移动像屏，得到清晰的像，测出像屏和透镜之间的距离为 $S_0{}'$，重复多次求平均值 $\overline{S_0{}'}$.

(3) 换上边缘透光的光阑(透镜的位置保持不变)，用同样的方法测出 $\overline{S'}$，求平均值 $\overline{S'}$. 按公式 $\delta_{\overline{S}} = \overline{S_0'} - \overline{S'}$ 计算球差.

3. 测像散

(1) 将透镜 L 换成平凸透镜，凸面向着光源，使透镜绕直轴转过 30°，并使像屏与透镜平行. 移动像屏,使屏上分别出现两条相互垂直的焦线. 记录屏在光具座上两焦线像的位置上的读数，并按 $ST = X_T' - X_S'$ 算出给定物点的像散差.

(2) 重复上步骤，将透镜转到另外一些角度(10°、20°)，比较像与转角的关系.

4. 彗差的观察

将光源、聚光透镜、小孔物屏、光阑、像屏放在光具座上，使之共轴. 然后将透镜绕光轴转动一个角度，并使像屏面与透镜面平行. 这时像将呈彗星状光斑，记录所观察到的现象.

注意：因物体有一定的大小，故所成的像并非完全与所作之图相同. 当转动角度较大时，像散会显著出现，它掩盖了彗差. 当几种像差同时存在时，彗差就要随圆改变形状，只在特殊情况下，方可明显地观察到彗差.

5. 观察像场弯曲和畸变现象

(1) 以网格作物，物屏离光源一段距离. 网格物经透镜成像时，像屏在任何位置上网格的不同部分均不能同时清晰地成像. 而当屏由远及近移动时，先得到网格中部的清晰像，而后得到边缘部分的清晰像，它表示网格物的清晰像不是平面的. 并且观察到正方形网格平面像成一枕形, 即发生了畸变.

(2) 在网格与透镜之间加入一光阑, 同上步骤会观察到枕形(光阑直径 5mm).

【思考题】

(1) 测凹透镜焦距时, 在凸透镜和虚物之间插入凹透镜时, 为什么要强调适当位置? 试述移动像屏而找不到像 $A''B''$ 的原因.

(2) 透镜成像时会出现哪些像差? 产生原因是什么? 如何减少其他像差的干扰, 突出要观察的像差?

3.37 透镜组基点测定

【实验目的】

(1) 了解透镜组基点的性质;

(2) 了解测节仪的结构、原理;

(3) 测定透镜组三对基点的位置, 并验证有关公式.

【实验原理】

1. 基点特性

对于一个在空气中的薄透镜, 物距 s 、像距 s' 、焦距 f' 之间的关系可用公式

$$\frac{1}{s'} - \frac{1}{s} = \frac{1}{f'} \tag{3-37-1}$$

确定. 透镜成像的横向放大率

$$\beta = \frac{y'}{y} = \frac{s'}{s} \tag{3-37-2}$$

依符号法则, 上式各量的坐标原点是透镜的光心. 日常生活中所用的光学仪器, 如照相机镜头、显微物镜、目镜等, 并非单一薄透镜, 而是由多个具有一定厚度的透镜组成的光组(系统). 光组的作用与薄透镜的相同, 但成像质量更好. 坐标原点应如何更改, 使上述二式也适用于光组和厚透镜, 是本实验要解决的首要问题.

根据理想共轴光学系统理论, 任何一个共轴光学系统都可以定出三对基点、基面: 焦点 F 、 F' , 主点 H 、 H' , 节点 N 、 N' ; 上述六个与主光轴垂直的平面, 为相应的基面.

三对基点定义如下:

(1) 焦点：在主光轴上与无穷远的像共轭的物点为第一焦点，用 F 表示；与无穷远的物点共轭的像点为第二焦点，用 F' 表示.

(2) 主点：一对共轭的、横向放大率 $\beta = \pm 1$ 的、垂直于主光轴的平面为主平面. 主平面与主轴的交点为主点. 与入射光束相关联的主点为第一主点，用 H 表示；与出射光束相关联的主点为第二主点，用 H' 表示.

(3) 节点：主光轴上两个共轭的、角放大率 $r = \pm 1$ 的点称为节点. 与入射光束相关联的节点为第一节点，用 N 表示；与出射光束相关联的节点为第二节点，用 N' 表示. 由其性质，通过两节点的光线必然是相互平行的.

实践和理论证明：当物距 s 和第一焦距 f 的坐标取原点主点 H，像距 s' 和第二焦距 f' 的坐标原点取主点 H' 时，薄透镜的近轴高斯理论适用于厚透镜和共轴光具组.

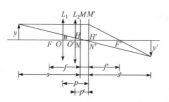

图 3-37-1　透镜组基点测量

还可证明，当光组两侧的介质相同时，主点与节点对应重合(即 H 与 N，H' 与 N' 重合). 因此，对于极大多数光组，测知节点的位置后，主点的位置也就确定了.

在实验中，如果取 L_1 的焦距 $f_1' = -100\text{mm}$，L_2 的焦距 $f_2' = 70\text{mm}$，镜间距 $d = 40\text{mm}$，可得到如图 3-37-1 所示的成像光路图($\beta = -1$).

2. 测节仪原理

测节仪是根据节点角放大率 $r = \pm 1$ 的性质设计，用以测定一个光组节点和焦点位置的光学实验仪器，其原理如图 3-37-2 所示. 设平行光束射入光组，穿出光组的光线会聚于 Q' 点. 根据焦点、焦面的性质，Q' 点必在光组的第二焦面上. 若平行光束中有通过第一节点 N 之光线 PN，按节点性质，出射光束中必有一束光线 $N'Q'$ 是通过第二节点 N'，而不改变原方向的，即 $PN /\!/ N'Q'$. 现假定光组绕通过第二节点 N' 与主光轴垂直的直线为轴而转动至新的位置 N_1(图中虚线示)，而入射光束方向不变，则原先通过第一节点 N 的光线 PN，现变成 P_1N_1，但方向并未改变(即 $PN /\!/ P'N'$). 根据节点的性质，P_1N_1 的出射线必过第二节点 N' 且与原光束平行. 由于 N' 的位置并未因旋转而变动，故 P_1N_1 的

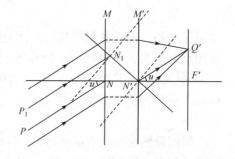

图 3-37-2　测节仪原理

出射线仍为 $N'Q'$. 即光组旋转后入射的平行光束中仍有光线 P_1N_1 穿出光组后通过 Q'. 又因 Q' 在光组的焦面上，它是穿出光组的所有光线的会聚点，此时它在

$N'Q'$ 的竖直方向不产生移动. 因此, 在平行光束照射下, 移动旋转架, 只要光组绕轴转动时像点没有任何移动的, 则转轴与主轴交点即为 N' (或 H')的位置, N' (或 H')便确定了. 清晰像点 Q' 的位置确定了, 焦点 F' 也就确定了.

【实验器材】

日光台灯、光具座、旋转架、箭孔物屏、像屏、平面反射镜、凸透镜 4 个、凹透镜 1 个.

【仪器描述】

一种为本实验而研制的多用测节仪[①], 包括上述各种部件. 其装置、结构如图 3-37-3 所示.

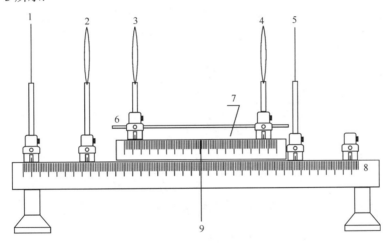

图 3-37-3　多用测节仪

图中 7 为旋转导轨, 导轨 300mm , 其两侧面嵌有毫米刻尺. 8 为长导轨(700mm 光具座), 一侧面嵌毫米刻尺. 7 可绕中心转轴 9 旋转任意角度. 1 为剪孔物屏, 插在长轨滑座中. 2 为凸透镜, 插在长轨另一滑座中, 可用它获取平行光束. 3、4 为待测光组透镜, 分别插在旋转的两个滑座中. 镜间距离 d 可取范围为 25~250mm, 并用连杆 6 固定 d 的数值. 5 为像屏, 可在长轨上移动. 屏面位置坐标, 既可在长轨刻度尺上读取, 也可在旋轨刻度尺上读取.

使用方法: 实验时, 用日光台灯照明箭孔, 用自准法调整透镜 2, 使其产生平行光. 选好光组透镜及镜间距离 d 值后, 再进行共轴调节. 找节点时, 一边移动光组(d 值固定好), 一边转动它, 直到屏上箭像清晰, 且箭像不因光组的摆动而

---

① 该套仪器由西南师范大学张和民、徐传海研制.

左右有任何移动时停止. 此时转轴与光组主轴之交点, 即为第二节点 N', 清晰的像点为第二焦点. 透镜、节点、焦点的位置坐标可在刻度尺上读取.

第一节点和焦点的测定, 可用光的可逆原理进行.

没有此种仪器的学校, 可将旋转架、物屏、透镜、像屏等支撑在普通光具座上进行实验, 其方法同上.

【实验内容】

(1) 测出所给薄透镜的焦距值(方法不限).

(2) 测定两个焦距相同的凸透镜组成的光组的基点位置坐标和焦距值(N 、N' 和 f 、f').

(3) 改变镜间距 d , 重测上述光组的基点坐标和焦距值.

(4) 测定用两个焦距不同的凸透镜组成的光组的基点坐标和焦距值.

(5) 测定用两个焦距不同的凸透镜和一个凹透镜组成的光组的基点坐标和焦距值.

(6) 任取上述一个光组, 验证高斯物、像公式.

(7) 任取一个光组, 验证组合焦距公式

$$f = \overline{HF} = \frac{f_1 f_2}{\Delta} = \frac{-f_1' f_2'}{f_1' + f_2' - d}$$

$$f' = \overline{H'F'} = \frac{-f_1' f_2'}{\Delta} = \frac{f_1' f_2'}{f_1' + f_2' - d}$$

(8) 任取一个光组, 验证第二主面位置公式

$$P' = \overline{H_2' H'} = \frac{f_2' \cdot d}{\Delta} = \frac{-f_2' d}{f_1' + f_2' - d}$$

验证第一主面位置公式

$$P = \overline{H_1 H} = \frac{f_1 d}{\Delta} = \frac{f_1' d}{f_1' + f_2' + d}$$

(9) 适当选取两个透镜组成一个光组, 验证主面横向放大率 $\beta = \pm 1$ 的性质(得到等大、正立实像).

(10) 用几何光学作图法作光路图, 求出各组基点的位置.

【思考题】

(1) 本实验为何需要平行光? 如何获得平行光?

(2) 测出第二节点和焦点后, 如何测定第一节点和焦点位置坐标?

(3) 参考图 3-37-1, 测量的 f, f', p, p' 各是哪两点之间的距离, 在实验中应记录哪些坐标值?

(4) 如何验证主面 $\beta = \pm 1$ 的性质，应得到怎样的结果才算验证了它？

3.38　发光强度测定

【实验目的】

(1) 熟悉陆末(Lummer)-布洛洪(Brodhun)光度计的结构原理；

(2) 掌握用光度计测电灯的发光强度及其光强分布曲线的方法.

【实验原理】

发光强度的测定是以照度定律为依据的. 在点电源照明情况下，若光线垂直地照射在某一物体的表面上，则该表面上的照度 E 与光源的发光强度 I 成正比，而与光源到该表面的距离 r 的平方成反比，即

$$E = \frac{I}{r^2} \tag{3-38-1}$$

式中 I 是单位立体角的光通量为 1lm 的发光强度，单位为 cd；E 是单位面元上所接收的光通量，单位是 lx(lm/m²).

若有两点光源对某一平面的照度相等($E_1 = E_2$)，则有

$$\frac{I_1}{r_1^2} = \frac{I_2}{r_2^2} \tag{3-38-2}$$

式中 I_1 为第一光源的发光强度，r_1 是第一光源至观察点的距离；I_2、r_2 分别为第二光源的发光强度和第二光源至观察点之间的距离. 在实验中，r_1、r_2 可测，故可对 I_1 和 I_2 进行比较，若已知 I_1，就可由(3-38-2)式求得

$$I_2 = \frac{I_1 r_2^2}{r_1^2} \tag{3-38-3}$$

【实验器材】

陆末-布洛洪光度计、光具座、标准灯、待测灯、附有刻度盘的灯座、交流伏特表两只、交流电流表两只(或瓦特表两只)、滑线变阻器、调压变压器.

【仪器描述】

图 3-38-1 是陆末-布洛洪光度计的内部结构图. S 是一块石膏制成的漫反射屏，它的两面应完全相同. M_1、M_2 是两个相同的直角全反射三棱镜(或平面镜). P 称

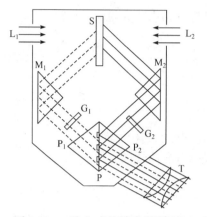

图 3-38-1　陆末-布洛洪光度计的内
部结构图

为陆末-布洛洪立方体，是由两个完全相同的三棱镜 P_1、P_2 组合而成的. 它的两底面为"光学接触"，并蚀刻有一定的图形. T 为望远镜. 从光源 L_1 和 L_2 发出的光线分别照亮漫射屏 S 的两面，经漫反射后，其中一部分光线分别在两个全反射棱镜 M_1 和 M_2 的斜面上反射后，再通过陆末-布洛洪立方体，进入望远镜中. 然后对进入望远镜的两束光线进行比较. 如果漫射屏 S 两面的照度不相等，则蚀刻的图形显现. 如图 3-38-2(a)所示，图中阴影部分为来自右方光源所照明的视场，空白部分为来自左方光源所照明的视场；图 3-38-2(c)则相反，如果漫射屏两面的照度相等，则视场中明暗的差别消失，只观察到如图 3-38-2(b)所示明暗均匀的圆光片. 为便于比较，另有两块可转动的波片 G_1、G_2. 用它可去掉一部分光线的作用，从而能精确地判断视场的亮度是否相等.

 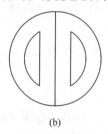 

(a)　　　　　　　　(b)　　　　　　　　(c)

图 3-38-2　蚀刻图形

图 3-38-3 是另一种陆末-布洛洪光度计. 玻璃体 P 是由两块不同的全反射镜 P_1、P_2 组成的. P_1 的底面是球面，且底面的中心部分被切割成平面. P_2 是通常的平底面全反射棱镜，两棱镜经过精细研磨后达到"光学接触". 由于接触面为圆形，因此观察到如图 3-38-4(a)、(b)、(c)所示的图形. (a)是漫射屏 S 左面较亮的视场；(b)是屏 S 两面照度相等时的均匀明亮视场；(c)是屏 S 右面较亮的视场.

【实验内容】

(1) 按图 3-38-5 所示电路接线，并放置 L_1、L_2，光度计在光具座上. 使标准灯 L_1、待测灯 L_2、光度计 T 等高、共轴，使漫射屏 S 垂直于两灯发光中心的连线. 扭转光度计底面上的两个螺钉，使滤光片 G_1、G_2 与光路垂直.

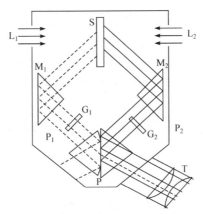

图 3-38-3　陆末-布洛洪光度计

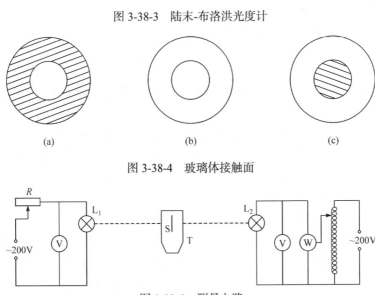

图 3-38-4　玻璃体接触面

图 3-38-5　测量电路

(2) 调节电阻, 使标准灯 L_1 的电压达到额定值, 且在实验过程中保持不变; 调节变压器使 L_2 的电压也保持在 220V.

(3) 沿着光具座移动光度计, 改变它与 L_1、L_2 的距离, 直到光度计望远镜中得到均匀视场为止, 记下光度计与 L_1、L_2 的距离 r_1、r_2. 保持 L_1、L_2 位置不变, 将光度计翻转 180°, 再找望远镜中达均匀视场时光度计的位置, 读取 L_1、L_2 至光度计的距离 r_1、r_2. 两距离各取其平均值代入(3-38-3)式, 算出待测灯的发光强度值 I_2. 重复三次算出 L_2 在某方向上的发光强度的平均值.

(4) 旋转 L_2, 每转动 45° 作一次测量, 直至旋转一周. 以发光强度为矢径长, 在极坐标上作出 L_2 在水平方向上的光强分布曲线.

(5) 调节变压器，使 L_2 的电压从 220V 递减至 150V，每次递减 10V，测出各电压值所对应的发光强度 I 及所消耗的电功率 P。以 U 为横坐标，以 $\eta = P/I$ 为纵坐标，作出一曲线，由此说明所测灯泡在什么电压下工作最好。

注：图 3-38-5 中的瓦特表可换为电流表。

3.39　菲涅耳双棱镜折射率和锐角的测量

【实验目的】

(1) 学习用分光计测定微小角度的测量方法；

(2) 观察分析成像原因；

(3) 进一步熟练掌握分光计的调节。

【实验原理】

用菲涅耳双棱镜测定光波波长是理工科学生的必修实验，在实验中双棱镜的折射率及两个小锐角的数值，均与相邻干涉条纹的间距，两虚光源的间距和位置有关，设计一种用分光仪测量双棱镜折射率和小锐角的实验方法，该方法的测量结果能达到一定要求的精度，此实验有利于帮助学生分析讨论分波前干涉成像，学习微小角度的测量方法。

菲涅耳双棱镜是由玻璃制成的等腰三角棱镜，它有两个小锐角 α（约 1°）和一个大的钝角，如图 3-39-1 所示。

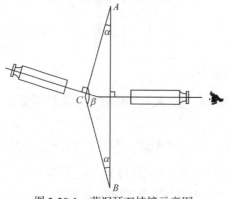

图 3-39-1　菲涅耳双棱镜示意图

(1) 测量 α 时，将双棱镜放在已调整好并处于使用状态的分光仪上，使望远镜光轴与双棱镜 AB 面垂直，这时在望远镜中能观察到叉丝的反射像与叉丝重合，相当于有一束沿 AB 面法线方向的平行光投射于望远镜中，记下此时分光仪左右角游标的读数 j_1 和 j_1'，转动望远镜使光轴与 AC 面垂直，记录下左右角游标读数 j_2 和 j_2'，由此得 j，则双棱镜的小锐角 $\alpha = 180° - j$。

(2) 测量双棱镜的折射率 n 时，由 $n = \sin i / \sin \alpha$，只要测出入射角 i，利用已经测出的 α 就可以求出折射率 n（图 3-39-2）。测量 i 时，旋转分光仪载物平台，使双棱镜转动，当由望远镜物镜焦平面上发出的亮十字叉丝经 AB 面折射后，再由 AC 面垂直反射（此时 AB 面折射线与 AC 面法线重合），随后由 AB 面折射后，回到望远镜物镜的焦平面上, 此时在望远镜中能观察到亮十字叉反射像与叉丝重合, 记录角游标读数 j_1、j_1', 转动望远镜使其光轴与 AB 面垂直, 记录角游标的读数 j_2、j_2', 由此得入射角 i, 从而获得双棱镜折射率 n, 也可以从 AC 面入射进行测量, 方法同上.

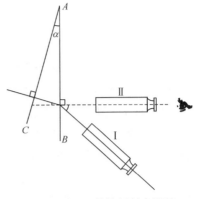

图 3-39-2　双棱镜折射率测量

【实验器材】

分光仪、菲涅耳双棱镜、光源.

【实验结果】

分光仪的最小刻度为 $30'$, 当室温为 $25℃$ 时, 对一双棱镜的实际测量结果为

$$\alpha = 0.97°, \quad n = 1.545$$

用阿贝斯折射仪测定双棱镜折射率为

$$n = 1.5165 \pm 0.0005$$

相对误差

$$E = \left| \frac{1.5165 - 1.545}{1.5165} \right| \approx 0.019$$

【分析讨论】

(1) 测量 α 和 i 时, 对视场中观察到的像进行分析.

测量 α 时, 当望远镜对准 AB 面时, 由望远镜物镜的焦面上发出的光束射到 AB 面上, 一部分反射, 形成要测量的像, 部分透射进入棱镜后, 分别在 AC 和 BC 面上反射回到望远镜中, 所以在测量中, 实际看到的是三个十字叉丝像, AB 面反射的像较亮, AC 和 BC 面反射的像较暗, 望远镜叉丝应对准较亮的十字叉丝像测量. 参照图 3-39-2.

当望远镜转到 AC 和 BC 面一侧时, 在望远镜中实际看到四个十字像, 中间两个像较暗, 边上两个较亮, 望远镜叉丝应对准 A 一侧的亮像测量. 测量 i 时, 当望远镜转向 AB 面一侧位置 Ⅱ 时, 视场中有三个像, 让望远镜叉丝对准最亮的像.

由于 α 很小, 望远镜视场中能观察到多个像, 在实验教学中, 引导学生分析成像原因, 有利于培养学生的观察能力.

(2) α 和 n 与光波长的测量.

在测量光波长的实验中利用了公式

$$l = \frac{dL}{D}, \quad l = 2R\alpha(n-1) \tag{3-39-1}$$

可见棱角 α、玻璃的折射率 n、狭缝至棱镜的距离 R 与两虚像的间距 l 有关. d 为双棱镜厚度, D 为虚光源至干涉条纹间距离, 对于确定的双棱镜而言, α、n 都是确定的, 通过调节 R 可以改变 l 的值, 但 α、n 在制作中如果选择不适宜, 要得到同样的 l 值, R 的调整范围就会受到限制, 甚至得不到所需的 l 值.

α 在设计中不能取得太大, 否则(3-39-1)式也不成立, 得到的虚像有像散, 只有 α 和光源的发散角很小时, 才可以认为近似成虚像.

(3) 狭缝 S 经过双棱镜 B 折射而形成的两个虚像的位置在哪里? 两虚光源的间距 l 取决于哪些因素?

可以用追迹法找出狭缝虚像的位置, 设双棱镜主截面平行于 xSz 平面(图 3-39-3), 棱镜 B 的折射率为 n, 其小棱角为 α ($\alpha \ll 1\text{rad}$), 双棱镜厚 d, 沿 z 轴, 狭缝 S 在 $x=0, z=0$ 处, 与棱镜距离为 R. 研究 S 发出的光线经半个棱镜折射后所形成虚像 S_1 位置 (x_1, z_1).

为了方便, 选择两条特殊光线 I、II, 计算这两条光线经 B 折射后形成的光线 I′、II′, I′ 和 II′ 的交点即为虚光源的位置 (x_1, z_1)(图 3-39-3).

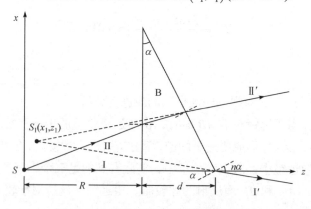

图 3-39-3　追迹法找狭缝虚像位置光路图

选光线 I 沿 z 轴传播, 正入射到棱镜第一个表面, 不发生折射, 以 α 角入射到第二个表面上, 由于 α 角很小, $\sin\alpha \approx \alpha$, 折射光线 I′ 的折射角近似为 $n\alpha$, 也就是说 I′ 与 z 轴交角为 $\alpha(n-1)$.

选择光线 II 正好以最小偏向角通过棱镜, 即光线 II 与 z 轴夹角为 $n\alpha / 2$, 在棱镜第一表面折射角为 $\alpha / 2$, 又以 $\alpha / 2$ 角入射到第二表面, 再一次折射后形成光线 II′. I′ 和 II′ 的延长线相交于 (x_1, z_1), 用几何方法可以证明下列关系:

$$x_1 = \left(R + \frac{d}{n}\right)\alpha(n-1)$$

当 $d \ll R$ 时，有

$$\begin{cases} x_1 = \alpha R(n-1) \\ z_1 = d\left(\dfrac{n-1}{n}\right) \end{cases} \qquad (3\text{-}39\text{-}2)$$

同样可以证明另外半个棱镜所形成虚像 S_2 的位置为

$$x_2 = -\alpha R(n-1), \quad z_2 = d\left(\frac{n-1}{n}\right)$$

根据以上计算，可以获得以下结论.

① 两虚光源的间距为

$$l = |x_1 - x_2| = 2\alpha R(n-1) \qquad (2\text{-}39\text{-}3)$$

即棱角 α 越大，玻璃折射率 n 越大，狭缝与棱镜离得越远，则两虚像间距 l 越大，干涉条纹越细. 对于某一确定的棱镜来说，α、n 都是一定的，则通过调节 R 可以改变 l 的值.

② 虚光源 S_1、S_2 并不与狭缝 S 在同一平面上，S 位于 $z=0$，而 S_1、S_2 在 z 轴坐标则为 $d(n-1)/n$，即比 S 更靠近棱镜.

③ 上述虚像位置的计算是假设棱角 α 很小，光源的发散角也很小的情况下作出的近似. 如果严格地用追迹法推算，则会发现由 S 发出的各条光线经棱镜折射后并不会聚于一点，也就是说虚像是有像散的，只有在棱角 α 和发射角都很小时可以认为近似成虚像.

【思考题】

(1) 什么是菲涅耳双棱镜？菲涅耳当年用它说明了什么？如何进行说明的？双棱镜干涉和杨氏双缝干涉有什么异同？

(2) 双棱镜干涉实验为什么要用线光源？可否用点光源？可否用面光源？它对光源的大小、强度和单色性有何要求？

(3) 图 3-39-4 所示的双棱镜干涉光路图有哪两个严重错误？请画出正确的光路图.

(4) 双棱镜干涉条纹的清晰度是否与光源的亮度、面积和单色性有关？是否与光线的宽度、长度有关？是否与所用透镜的直径、焦距有关？是否与光源、光缝及双棱镜的相对位置(前后、左右)有关？

(5) 光源对双棱镜的两翼是否必须均匀照亮？为什么？

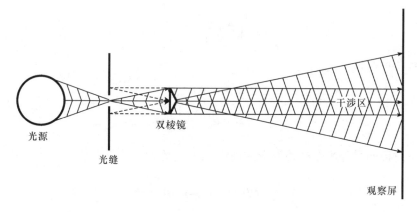

图 3-39-4　错误的双棱镜干涉光路图

3.40　用分光仪和双棱镜测定光波长

【实验目的】

(1) 掌握用双棱镜获得双光束干涉的方法，加深对干涉条件的理解；
(2) 学会用双棱镜测定钠光的波长.

【实验原理】

菲涅耳双棱镜测定光波波长是理工科学生的必修实验，在现行的教材中，这个实验都是在光具座上使用测微目镜完成的，实验中由于光学元件的共轴调节虚像和干涉条纹的间距、清晰度等问题，学生要做好这个实验有一定难度. 本书介绍一种在分光仪上做这个实验的方法，这种方法的测量结果有一定精度，仪器调整方便，从教学角度考虑，有利于学生认识由分波阵面法产生的光干涉现象.

菲涅耳双棱镜是利用分波前的方法实现光干涉的常用元件. 从狭缝 S 射来的光束经过双棱镜折射产生狭缝的两个虚光源 S_1 和 S_2，它们是相干光源，通过双棱镜的两束折射光在重合区域发生干涉，如图 3-40-1 所示，在屏上形成明暗交替的直线状干涉条纹，任意两相邻亮纹(或暗纹)之间的距离为

$$\delta = \frac{D}{l}\lambda \tag{3-40-1}$$

式中 D 为虚光源到屏的距离，λ 为单色光的波长，l 为两虚光源 S_1 和 S_2 的距离，也可以写成

$$l = 2(n-1)\alpha l_1 \tag{3-40-2}$$

式中，n 和 α 为双棱镜的折射率和小锐角，l_1 为双棱镜到两个虚光源 S_1 和 S_2 的距

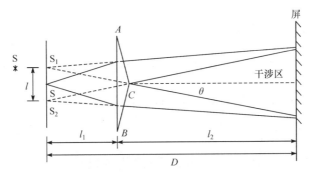

图 3-40-1　双棱镜干涉示意图

离，由(3-40-1)式和(3-40-2)式得

$$\delta = \frac{D\lambda}{2(n-1)\alpha l_1} = \frac{(l_1+l_2)\lambda}{2(n-1)\alpha l_1} \tag{3-40-3}$$

实验中将双棱镜放在分光仪载物平台上，使仪器转轴与 AB 面平行并且尽可能过 AB 平面，相邻干涉条纹之间的夹角 θ 可以用分光仪测出. 由(3-40-3)式有

$$\tan\theta = \frac{\delta}{l_2} = \frac{(l_1+l_2)\lambda}{2(n-1)\alpha l_1 l_2} = \frac{\lambda}{2(n-1)\alpha}\left(\frac{1}{l_2}+\frac{1}{l_1}\right) \tag{3-40-4}$$

为了便于测定 l_1，自制一个分光仪附件，结构和外形与原分光仪平行光管狭缝相似，带有刻度尺，能套在分光仪平行管上，并且狭缝位置可以从平行光管透镜外侧调至分光仪载物平台上，如图 3-40-2 所示.

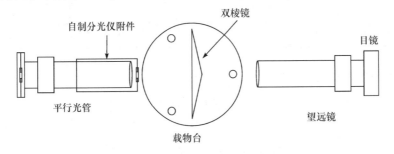

图 3-40-2　双棱镜安置示意图

测量前，调整分光仪使其处于正常工作状态，将平行光管狭缝打开到最大，把自制附件套在平行光管上. 双棱镜放置在分光仪载物平台上，转动载物台，用自准直法使双棱镜 AB 面与望远镜光轴垂直，固定双棱镜(即固定载物台)，l_2 也随之固定). 取下望远镜物镜，仅利用目镜观测. 微微转动自制附件使其狭缝的取向与双棱镜棱脊平行，狭缝的宽窄适宜，这时从目镜中能看到清晰的干涉条纹.

根据(3-40-4)式，改变 l_1 测出对应的 N 条条纹所夹角 θ_N，$\theta = \theta_N/(N-1)$. 应用

一元线性回归法处理数据，令 $y = \tan\theta$ ， $x = \dfrac{1}{l_1}$ ，斜率 $a_1 = \dfrac{\lambda}{2(n-1)\alpha}$ ，截距 $a_0 = \dfrac{\lambda}{2(n-1)\alpha l_2}$ ，可以求出 a_0 和 a_1 ，用分光仪能方便地测出双棱镜的折射率和小锐角(或实验室给定)，则 λ 被求出. 也可以用作图法求出 a_0 和 a_1 .

【实验器材】

单色光源(钠灯)、分光仪、双棱镜、自制分光仪附件.

【实验结果】

双棱镜折射率 $n = 1.5165 \pm 0.0003$ ；双棱镜小锐角 $\alpha = 58'30'' \pm 15''$ ； $l_2 = 230.0\text{mm} \pm 0.5\text{mm}$.

表 3-40-1 列出了测量结果，表中 φ_1 、 φ_2 、 φ_1' 、 φ_2' 为分光仪两游标盘在起始位置的读数(仅列出结果). 用回归法处理数据.

表 3-40-1　实验数据记录表

l_1/mm	75.0	70.0	65.0	60.0	55.0	50.0	45.0	40.0	35.0	30.0
$\bar{\varphi} = \dfrac{(\varphi_1 - \varphi_2)(\varphi_1' - \varphi_2')}{2}$	24'0''	25'30''	22'30''	21'30''	23'0''	22'0''	18'0''	13'30''	15'0''	17'0''
$N/$条	13	13	11	10	10	9	7	5	5	5
$\theta = \dfrac{\bar{\varphi}}{N-1}$	2'0''	2'8''	2'15''	2'23''	2'33''	2'45''	3'0''	3'23''	3'45''	4'15''
$\tan\theta/(\times 10^{-4})$	5.818	6.206	6.545	6.933	7.418	7.999	8.727	9.842	10.908	12.363

依据线性回归分析方法

$$l_{xx} = \sum_{i=1}^{10} x_i^2 - \frac{1}{10}\left(\sum_{i=1}^{10} x_i\right)^2 = 3.891 \times 10^{-4}$$

$$l_{yy} = \sum_{i=1}^{10} y_i^2 - \frac{1}{10}\left(\sum_{i=1}^{10} y_i\right)^2 = 4.2228 \times 10^{-7}$$

$$l_{xy} = \sum_{i=1}^{10} x_i y_i - \frac{1}{10}\left(\sum_{i=1}^{10} x_i\right)\left(\sum_{i=1}^{10} y_i\right) = 1.2813 \times 10^{-5}$$

$$r = l_{xy} / \sqrt{l_{xx} l_{yy}} = 0.9995$$

$$a_1 = l_{xy} / l_{xx} = 0.03293$$

$$a_0 = \bar{y} - a_1 \bar{x} = 1.4605 \times 10^{-4}$$

$$S = \sqrt{\frac{\left(1-r^2\right)l_{yy}}{8}} = 6.92 \times 10^{-6}$$

$$\delta_{a_1} = S / \sqrt{l_{xx}} = 3.5 \times 10^{-4}$$

$$S_{a_0} = \sqrt{\overline{x}^2}\,\delta_{a_1} = 7.2 \times 10^{-6}$$

回归方程

$$\tan\theta = 1.461 \times 10^{-4} + 0.3629 / l_1$$

待测波长

$$\lambda = a_1(n-1)\alpha = 578.3 \text{nm}$$

相对误差

$$E = \frac{5893 - 5783}{5893} = 1.9\%$$

由 $l_2 = \dfrac{a_1}{a_0} = 225.5 \text{mm}$ 与用米尺直接测量的相对误差

$$E = \frac{230.0 - 225.5}{230.0} \approx 2.0\%$$

【分析讨论】

(1) 分光仪是学生较熟悉的仪器，加一个自制附件后，将实验改在分光仪上做，仪器的调整变得很方便. 采用分光仪测量相邻干涉条纹的夹角 θ 并直接测出 l_1，应用回归法或作图法处理数据，均能求出 λ. 当实验课时较充足时，可以让学生在分光仪上测定 n、a，反之，由实验室给出精确值.

(2) 仔细观察双棱镜所产生的干涉图，会发现这些条纹的可见度并不是常数，即有的区域明暗条纹很清晰，反衬度很大；有的区域条纹不清晰，即使是亮条纹也显得光强较弱. 这种现象与双缝干涉中观察到的单缝衍射图对干涉条纹的调制有类似之处. 为了进一步分析研究此现象，可用挡板(或一片黑纸)遮住棱镜的一侧，但注意不要挡住棱脊(图 3-40-3). 这样在屏上的 A 区域，S_1 所发出的光已被挡住，只有虚像 S_2 发出的光，但从目镜中仍能看到明暗相间的条纹，这些条纹不同于干涉条纹，它们不是等间距的，条纹单向逐渐减小，同时反衬度也渐渐降低. 从条纹的这些特点可以判断它们是单边菲涅耳衍射产生的，当单边菲涅耳衍射出现在球面或柱面波受到不透明的直边的阻挡时，屏上 P′ 处在虚光源 S_2 和棱镜钝角连线附近的亮场中，由于棱脊附近的波前上各次波不能都对观察点 P′ 做出贡献，因而出现了衍射. 根据理论计算，单边衍射的光强分布如图 3-40-3 右边 I-x' 所示，靠近几何影界的前面三个光强极大值与几何影界的距离分别为

$$x_1' = 1.2e, \quad x_2' = 2.4e, \quad x_3' = 3.1e$$

其中 $e=\sqrt{\lambda(r+R)r/(2R)}$，$r$ 为棱镜到屏幕的距离，R 为光源到棱镜的距离(图 3-40-3). 显然，e 可由实验条件算出. 上述亮条纹间距可用望远镜测出，其数据与单边衍射计算结果相符.

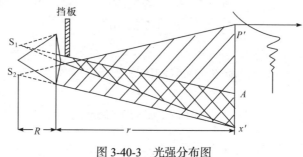

图 3-40-3　光强分布图

(3) 四种方法的实验原理分析讨论.

① 基本方法. 基本方法在高校物理实验中应用最为广泛. 待测光波波长可以利用下式求得：

$$\lambda = d\frac{\Delta x}{D} \tag{3-40-5}$$

式中，$d=\sqrt{d_1 d_2}$，为两虚光源间距，可通过对虚光源二次成像，分别测出放大像和缩小像间距 d_1 和 d_2 而获得；D 为虚光源到测微目镜叉丝平面的距离；Δx 为干涉条纹间距.

② 等位移法. 等位移法实验装置如图 3-40-4 所示，待测光波波长可表示为

$$\lambda = \frac{\left(\dfrac{1}{\delta_1}-\dfrac{1}{\delta_2}\right)\lambda_1}{\dfrac{1}{\delta_1'}-\dfrac{1}{\delta_2'}} \tag{3-40-6}$$

式中，λ_1 为已知氦氖激光波长；δ_1 和 δ_2 分别是以氦氖激光器为光源时双棱镜在 B 和 B' 位置时干涉条纹的间距；δ_1' 和 δ_2' 分别为待测波长光为光源时双棱镜在 B 和 B' 位置时干涉条纹的间距.

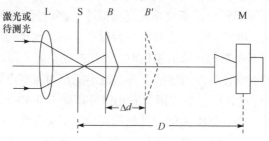

图 3-40-4　等位移法实验装置图

等位移法可以消除实验仪器给测量结果带来的系统误差，同时避免了 D 和 d 的测量，所得结果最准确，实验结果也证明了这一点. 但测量值的分散性过大，主要是由波长表达式中分母过小造成的. 另外，此方法在测量过程中需要换光源，操作不方便.

③ 改进法. 改进法是针对"基本方法"存在的一些问题提出的方法，实验装置如图 3-40-5 所示. 图中 S_1 和 S_2 为加入透镜时狭缝光源 S 经过双棱镜 P 后所形成的两个虚像，先用"基本方法"将虚光源两次成像透镜所在位置 I 和 II 确定下来，然后将双棱镜置于位置 I 和 II 的正中间，分别测出透镜在 I 和 II 位置时两虚光源像的间距为 d_2' 和 d_1'，待测光波长可用下式计算：

$$\lambda = \frac{d_2' - d_1'}{d_2' + d_1'} \frac{d_2'}{l} \Delta x \tag{3-40-7}$$

式中，l 为透镜位置 I 处和 II 处的间距，Δx 为干涉条纹间距.

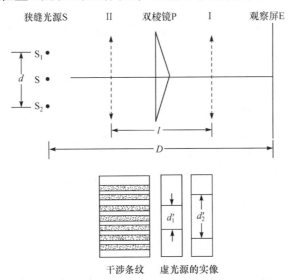

图 3-40-5 透镜置于双棱镜和单缝之间的光路及成像

改进法理论上是为了使测量更加方便、精确，但在实验操作时很难将双棱镜的位置置于两次成像透镜位置的正中间；再者虚光源的放大像和缩小像均被放大后，虽然给缩小像的测量带来了方便，但对于放大像，不仅两条亮线间距变大，亮线本身的宽度也变宽，这些都导致实验误差增大，测量结果的准确性不高，分散性较大，所以此方法在实际应用中并不可行.

④ 虚光源法. 虚光源法的测量过程与"基本方法"大体相同，但(3-40-5)式中的 d 通过下式得到：

$$d = 2\left[a - b\left(1 - \frac{1}{n}\right)\right]\tan(n-1)\theta \tag{3-40-8}$$

式中，a 为狭缝到双棱镜的距离；b 为双棱镜的厚度；n 为双棱镜材料的折射率；θ 为双棱镜的棱角.

虚光源法为了避免基本方法中 d 的测量不精确，而采取尽量减少待测量的办法，大部分量以已知的形式给出，此方法操作起来较为简洁，但实际测量时发现待测量 a 对 d 值影响很大且不易测准，如当 $a = 147\text{mm}$ 时，$d = 1.631\text{mm}$，$\bar{\lambda} = 5.49 \times 10^{-4}\text{mm}$；若 $a = 148\text{mm}$，有 $d = 1.654\text{mm}$，$\bar{\lambda} = 5.57 \times 10^{-4}\text{mm}$.

3.41　用迈克耳孙干涉仪测量空气的折射率

【实验目的】

学习组装迈克耳孙干涉仪，并掌握测量气体折射率的原理及方法.

【实验原理】

如图 3-41-1 所示，由氦氖激光器发出的光束经 G_1 分成两束，各经过平面反射镜 M_1、M_2 反射后又经 G_1 和 G_2 重新会合于毛玻璃屏 P. 在激光器前放置小孔光阑 R 和扩束镜 L，则在 P 处可见到非定域干涉条纹，在一个光臂中插入一长度为 l 的气室，重新调出非定域干涉条纹. 使气室中的气压变化为 Δp，从而使气体折射率改变为 Δn（光经气室的光程变化量为 $2l\Delta n$），引起干涉圆环"陷入"或"涌出" k 条，则由 $2l|\Delta n| = k\lambda$，得

$$\Delta n = k\lambda / 2l \tag{3-41-1}$$

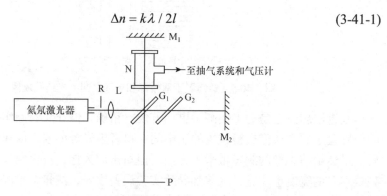

图 3-41-1　测量空气折射率原理图

当温度一定，气压不大时，气体折射率的变化量 Δn 与气压的变化量 Δp 成正

比，即 $\dfrac{n-1}{p} = \dfrac{\Delta n}{\Delta p} = C$，故有 $n = 1 + \dfrac{|\Delta n|}{|\Delta p|}p$，将(3-41-1)式代入得

$$n = 1 + \frac{k\lambda}{2l}\frac{p}{|\Delta p|} \tag{3-41-2}$$

由此可知气压为 p 时的空气折射率. 如令气压改变一个大气压 $(\Delta p = -760\text{mmHg})$，则一个大气压下气体的折射率 $n_0 = 1 + \dfrac{k\lambda}{2l}$，只要记录气压改变量为 Δp 时的条纹移动数，即可求得一个大气压下空气折射率 n_0(金清理、黄晓虹，2007；熊永红等，2004).

【实验仪器】

实验仪器俯视示意图见图 3-41-2.

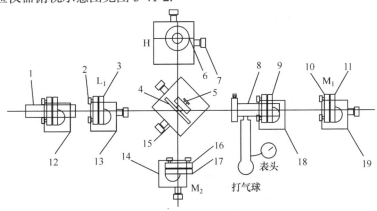

图 3-41-2　实验仪器俯视示意图

1. 氦氖激光器；2. 二维调整架：SZ-07；3. 扩束镜 L_1；4. 分束镜 G (半透半反镜)；5. 二维调整架：SZ-07；6. 白屏 P：SZ-13；7. 公用底座：SZ-04；8. 气室 R；9. 可变口径二维架：SZ-05；10. 二维调整架：SZ-07；11. 平面反射镜 M_1；12. 公用底座：SZ-04；13. 一维调座：SZ-03；14. 一维调座：SZ-03；15. 三维底座：SZ-01；16. 二维调整架：SZ-07；17. 平面反射镜 M_2；18. 一维调座：SZ-03；19. 三维底座：SZ-01

【实验内容】

(1) 把所有仪器按实物图的顺序摆放在平台上，靠拢后目测调至共轴.

(2) 调节氦氖激光器的倾角，使其发出的光束平行于平台面(扩束镜 L_1 暂不放).

(3) 将分束镜 G 大致调成 $45°$，并调其倾角，使光束 2 平行于平台面.

(4) 调 M_1 使光束 1 沿原路返回，调 M_2 使光束 2 沿原路返回，并使两束光在屏 H 上交于一点.

(5) 加扩束镜 L_1，调至在屏 H 上出现干涉圆环.

(6) 用打气球向气室充气，直到表头走满刻度(300mmHg)，用手压捏打气皮

管，待读数稳定时，记气压值 a 丁表 3-41-1 中.

(7) 然后慢慢放气，数冒出或缩进的条纹数 k_a.

【注意事项】

(1) 调节时激光必须平行于平台.

(2) 要注意由 G 分成的两束光必须严格垂直(即两块平面镜位置要垂直).

(3) 两块平面镜到分束镜的距离应该大致相等，且应使光程尽可能短，这样可以方便调节.

(4) 在找屏 H 上的像时，可以前后左右移动屏 H，这样可以找到最清晰的像.

(5) 由于震动对此实验影响比较大，所以应该尽量避免震动.

(6) 记录数据时应该尽量慢慢放气，这样可以方便记录数据.

【实验结果示例】

因为在不高的气压条件下空气折射率与气压呈线性关系，则气室内气压变化一个大气压时干涉圆环变化的数量应为：$k = 760 \times \dfrac{k_a}{a}$(其中 $\dfrac{k_a}{a}$ 为条纹随压强的变化率 $\dfrac{\Delta k}{\Delta p}$). 则一个大气压下的空气折射率为 $n = 1 + \dfrac{k\lambda}{2L}$(其中 $L = 200\text{mm}$ 是空气室的长度，$\lambda = 628.3\text{nm}$ 是激光波长).

表 3-41-1 实验结果

次数	k_a/条	a/Pa	次数	k_a/条	a/Pa
1	65	298.0	13	61	288.0
2	61	291.5	14	64	298.0
3	63	294.1	15	63	292.0
4	64	312.5	16	62	284.0
5	61	298.1	17	60	286.5
6	64	302.0	18	64	310.0
7	67	310.0	19	60	302.0
8	61	294.5	20	60	300.0
9	65	298.5	21	65	302.0
10	61	286.1	22	65	294.0
11	65	308.0	23	65	284.0
12	65	302.0	24	65	302.0

$\bar{a} = 297.4$；$\overline{k_a} = 63$；$k = 760 \times \dfrac{\overline{k_a}}{\bar{a}} \approx 161.0$；$n = 1 + \dfrac{k\lambda}{2L} \approx 1.00025$.

误差分析

$$\sigma_a = \sqrt{\frac{\sum \left(\overline{a} - a_n\right)^2}{n(n-1)}} = 1.68$$

$$\sigma_{k_a} = \sqrt{\frac{\sum \left(\overline{k_a} - k_{a_n}\right)^2}{n(n-1)}} = 0.436$$

$$\sigma_k = \sqrt{\left(\frac{\partial k}{\partial a}\partial a\right)^2 + \left(\frac{\partial k}{\partial k_a}\right)^2} = 1.438$$

$$\partial_n = \sqrt{\left(\frac{\partial_n}{\partial_k}\partial_k\right)^2} = \frac{\lambda}{2L}\sigma_k = 0.000023$$

$$n = \overline{n} \pm \sigma_n = 1.00025 \pm 0.00002$$

【实验教学中常见问题的分析与研究】

1. 在干涉条纹调节的过程中出现的问题

迈克耳孙干涉仪的调节是一个精细的工作，教学中要求在短时间内能正确快捷地调节出等倾干涉条纹，对学生来说有一定的难度，而且教材对调节中可能出现的问题并无详细的叙述，学生在调节的过程中，常出现如下问题：打开激光源后，如果在观察屏内只能看见一片亮区，无干涉条纹，有可能是 M_1、M_2 镜的固定螺丝松动了，光源不垂直入射，需首先调节 M_1、M_2 镜垂直. 处理方法是：拿下观察屏，在 M_1 镜中会看到两排光点 (这是因为玻璃板的每个平行界面都反射，故光点不止一个. 但是 M_1 镜使用高反射镜，所以它反射的光点光强最强)，先旋紧 M_1、M_2 镜的底座螺丝，调节两镜背后的微调螺丝让两排中最亮的点对齐. 对齐后，如果观察屏内仍为一片亮区，有可能是空气膜的厚度 d 值过大，需调整 M_1 镜在轨道上的位置以减小 d 值. 根据经验，一般 M_1 镜在轨道上的读数为 35mm 左右得到的干涉条纹大小最适合测量.

通过以上调节，一般能在观察屏中看到干涉条纹，但经常会出现以下情况：①观察屏上无完整的干涉图样，只是在屏的边缘有部分弯曲条纹；②干涉图样过小，条纹过于密集，无法测量；③无弯曲条纹，干涉图样为直条纹. 第一种情况是由 M_1、M_2 镜不严格平行导致的，需细调两镜背后螺丝，直至观察屏上出现完整的等倾干涉图样为止. 第二种情况是 M_1 镜距离 P_1 板过远或过近，导致空气层的 d 值过大. 第三种情况与第二种情况相反，是由于空气层的厚度过小，形成了等厚干涉条纹.

2. 两个反射镜 M_1 和 M_2（M_2 的像）不平行对光波测长的影响

在日常教学实验中教师应尽量让学生做到两个反射镜 M_1、M_2 平行及 M_1、M_2 垂直，但在实际操作中两反射镜完全垂直是很难做到的.

当两反射镜 M_1、M_2 不严格垂直时，实验中会出现若干的问题，例如，条纹有且较清晰，但看起来是等间距的直条纹；圆条纹出现，但条纹中心不在视场中. 针对问题一进行分析可知其原因为：一是 M_1、M_2 镜不严格垂直，使 M_1 和 M_2 橡胶形成尖劈，因而产生等厚干涉直条纹；二是 M_1 和 M_2 的间距太小，条纹直径很大，同时观察的是边缘条纹，因而看到近似等间距的直条纹. 解决的办法是，调节 M_2 镜使 M_1 和 M_2 平行或调节 M_1 镜使两镜的间距增大并且观察中间处的条纹. 针对问题二进行分析可知其原因为：M_1、M_2 还没有严格垂直. 解决的办法是，调节 M_2 的上下和左右调节螺丝，使条纹中心出现在视场中.

3. 在做测钠光波长实验时，有时数据尚未测好，条纹却已看不清楚

在课堂上很少讨论这个问题，究其具体原因如下：视见度太小，使得人眼不能分辨. 视见度变小是由于钠光是由两种波长组成的，当一种波长的暗纹和另一种波长的亮纹逐渐重合时，视见度逐渐变小，直至视见度为零时，条纹完全重合. 两次视见度为零时，条纹完全重合. 两次视见度为零的 M_1 镜的间距大约是 $\Delta d = 0.289\text{mm}$.

由 $2d_{21} = k_{21}\lambda_2$ 及 $2d_{22} = k_{22}\lambda_2 + \lambda_2/2$，得 $2\Delta d = 2(d_{22} - d_{21}) = (k_{22} - k_{21})\lambda_2 + \lambda_2/2$，则

$$\Delta k_2 = (k_{22} - k_{21}) = 2\Delta d/\lambda_2 - 0.5$$
$$= 2 \times 0.289 \times 10^{-3}/5896 \times 10^{-10} - 0.5 \approx 980(\text{条})$$

因此，在两次视见度为零的范围内条纹应有 980 条左右. 但由于人眼的分辨率的限制，只能看到其中的一部分.

由瑞利判据：当 $I_{\min} \leqslant 80\% I_{\max}$ 时，人眼能分辨条纹. 条纹的视见度是

$$V = (I_{\max} - I_{\min})/(I_{\max} + I_{\min})$$

人眼能分辨条纹的视见度应满足

$$V = (1 - 0.8)/(1 + 0.8) \approx 0.11$$

因此，人眼实际能看到的条纹数是

$$980 - 2 \times 980 \times 0.11 \approx 764(\text{条})$$

所以在视见度 $V=1$ 到视见度 $V=0$ 之间只有 382 条左右的条纹能分辨清楚. 如果某同学测量时从条纹最清晰（$V=1$）时开始，则不能测到 400 条条纹，这就是有些同学不能测量的原因.

正确的测量方法应是从刚能分辨出条纹测到 $V=1$, 再测到刚好不能分辨条纹, 在此范围内肯定有我们要测量的 400 条条纹. 此外要考虑螺距间隙误差的影响, 为了减小误差, 应该在测量之前先连续旋转微调鼓轮, 待图样变化均匀后再开始测量. 如向相反方向测量, 可先转动粗调手轮, 再转动微调手轮, 待图样同样变化均匀后再开始读数, 这样可以避免微调鼓轮的螺距差. 在从 0 到 350 环的读数过程中不能反向测量, 如果读数过程中因振动而使环数读错, 应重新设置起始点, 从头测量.

4. 在测量薄膜厚度时如何测出突变条纹数

有些文章说, 在迈克耳孙干涉仪的一臂上置入折射率为 n 的薄膜, "导致干涉条纹的移动是个突变过程, 所以无法测出干涉条纹移动的条纹数 N ". 其实突变条纹数并非无法测出, 用一个白光源与单色光适当配合, 就能解决问题. 其方法是: 先把白光等厚条纹的中央条纹调到视场中间, 再把镀在平行平板上的折射率为 n 的薄膜置入动镜前的一条光路, 同时将另一同样的平板作为补偿板置入另一条光路, 两光路分别垂直于两平行平板, 因薄膜介入产生的光程差使视场内的彩纹突变移位, 只要薄膜足够薄, 中央条纹就不会移出视场. 这时让单色光只照下半分束板, 参照充满视场下半部的等厚干涉直条纹, 就能测出中央条纹移开视场中间标志的条纹数. 若薄膜稍厚, 以至于彩纹移出视场, 则可在缓移动镜的同时, 以视场中标志为准, 对下半视场内渐移的单色条纹逐一计数, 经过彩纹在上半视场的复出, 直到中央条纹回归原处, 即可完成条纹移动总数的计量.

5. 如何解释和解决测出的波长值偏大的问题

用迈克耳孙干涉仪观察等倾干涉条纹, 所测量出的光波波长值偏大是大学物理实验中一个普遍存在的问题, 细心观察就可发现这种现象在所观察的干涉同心圆纹中相邻圆纹间距越大, 即镜面 M_2 和 M_1 间距越小时越为明显. 弄清该现象的缘由并给出有效的改善方法对本实验的教学和实际应用很有意义.

引起本实验波长测量值误差的各种可能因素很多, 通过分析比较可知, 在实际实验条件下无法做到镜面 M_2 和 M_1 严格平行是上述现象的主要原因. 尽管调得 M_1 平行于 M_2' , 但 M_1 的移动方向与 M_1 镜子法线方向并不保证一致, 这样使得接收屏上干涉同心圆纹表现为 "生出" 或 "消失" 一个个圆环的同时中心位置移动, 实际从刻度读出的移动距离不等于 M_2 和 M_1 之间空气膜的厚度变化, 而是偏大, 这就使运用公式 $\Delta d = N\lambda / 2$ 计算所得的光波长 λ 偏大.

随着 M_1 镜上下移动, M_2 和 M_1 间距增加或减少, 则相应波长测量值偏大, 程度也就逐渐变小或变大. 下面我们讨论一下在什么情况下光波偏离值较大.

利用自组的迈克耳孙干涉仪在 M_2 和 M_1 由小到大不同距离处连续测量了氦氖激光的等倾干涉同心圆环中每"生出"100 个圆环的 Δd 详细数据见表 3-41-2.

表 3-41-2　圆环的 Δd 测量数据

次数	1	2	3	4	5	6	7	8
Δd/nm	0.03258	0.03192	0.03178	0.03168	0.03162	0.03166	0.03161	0.0316
λ/Å	6516	6384	6356	6336	6324	6332	6322	6330
$\Delta\lambda$/Å	188	56	28	8	−4	4	−6	2

将用两个 Δd 算出的相应波长值,与标准值 6328 Å 相比较,从表中数据可见,在 M_2 和 M_1 间距较小时波长测量值明显偏大,相对误差明显增大. 随着 M_2 和 M_1 间距变大,测量值虽伴有随机起伏,但仍可看出整个趋势是偏离值减小趋于标准值.

从上面的实验数据可以看出,调整仪器使得 M_1 镜面法线与移动方向一致是提高实验精度的关键,然而通常实验条件下这是不易做到的. 在本实验中利用简单关系式 $\Delta d = N\lambda/2$ 测光波波长过程中,应避免在干涉同心圆环中相邻条纹间距过大处,即在 M_2' 和 M_1' 间距过小处测量,而应在同心圆环较密、Δd 连续测得值较稳定处测量,方可达到比较满意的结果.

采用"比较法"可以简单地解决这个问题.

设两次测量中 M_1 镜面移动使等倾干涉纹"涌出"或"陷入"的同心圆纹个数均为 N ,波长及 M_1 镜面移动距离分别为 λ 、Δd 和 λ_0 、Δd_0. 根据几何关系有

$$\Delta d\cos\theta = N\lambda/2$$

$$\Delta d_0\cos\theta = N\lambda_0/2$$

将上面两式左右相比可得 $\lambda = \dfrac{\Delta d}{\Delta d_0}\lambda_0$.

从上式可以看出,角对波长测量值的影响消除了.

6. 仪器对实验结果的影响

随着实验仪器的使用率增加,仪器出现松动和磨损较普遍,甚至有的学生在原理不清晰的情况下乱动仪器上的螺丝,这样会人为地造成光路不正确,影响实验测量结果,如以下情况:①转动微调鼓轮时,干涉环变化缓慢,甚至出现图样变化突然中断的现象,从而使其读数与干涉环数不相符. 处理的方法是:将移动镜托板重新调节固定,减少空隙;旋紧转动螺母上的紧固螺纹,使螺杆挡板与导

轨达到正常范围. ②转动微调鼓轮时，干涉图样产生抖动，可能是两镜有松动，需紧固底座固定螺丝；也可能是光源振动或电源工作不稳定造成的.

7. 影响空气折射率测量精度的因素

由公式(3-41-2)可得：空气的折射率 n 的标准差为

$$\frac{\sigma_{n-1}}{n-1} = \sqrt{\left(\frac{\sigma_L}{L}\right)^2 + \left(\frac{\sigma_N}{N}\right)^2 + \left(\frac{\sigma_{\overline{\Delta p}}}{\Delta p}\right)^2 + \left(\frac{\sigma_{p_0}}{p_0}\right)^2}$$

小气室的厚度 N 约为 3cm，可以用精度为 0.02mm 的游标卡尺测量，误差不大，因而本实验误差主要来源于压强差 Δp 测量的准确度，直接采用气压表测量压强精度远远不够，并且公式(3-41-2)的压强变化范围不宜太大，但实际实验操作时压强变化太大了，故其存在一些原理和方法上的误差. 若用新型扩散硅压力传感器来测量气体压强，其灵敏度、准确度大大提高，这样就克服了本实验方法上存在的误差.

【思考题】

(1) 观察非定域干涉条纹所用光源是否仅限于激光光源？如果用钠光或白光作为光源，能否观察到非定域的干涉条纹？空气的折射率能否用其他方法进行测量？

(2) 图 3-41-3 为一种利用干涉现象测量气体折射率的原理性结构，在 S_1 后面放置一长度为 l 的透明容器，在待测气体注入容器而将空气排出的过程中，屏幕上的干涉条纹就会移动，由移动条纹的根数可推知气体的折射率.

① 设待测气体的折射率大于空气的折射率，则干涉条纹如何移动？

② 设 $l = 2.0$cm，条纹移动 20 根，光波长 5893 Å，空气折射率为 1.000276，求待测气体(氯气)的折射率.

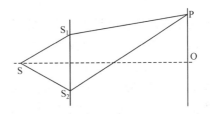

图 3-41-3　干涉现象测气体折射率原理图

(3) 将一折射率为 1.56 的玻璃平板插入波长为 589.3nm 的光波照明迈克耳孙干涉仪的一侧光路中，圆环形条纹中心吞(或吐)了 10 个干涉条纹，求玻璃平板的厚度.

(4) 波长为 5893 Å 的钠黄光照明迈克耳孙干涉仪，先看到视场中有 10 个暗环，且暗环中心是暗斑(中心暗斑不计为暗环数)，移动平面镜 M_1 后，看到中心吞(或吐)了 10 个干涉条纹，此时视场中还剩两个暗环，求：①中心是吐还是吞了条纹；②平面镜 M_1 移动的距离；③移动前中心暗斑的干涉级次；④平面镜 M_1 移动后中心暗斑的干涉级次.

3.42　测量钠光 D 双线波长差及白光相干长度

【实验目的】

(1) 利用圆形干涉条纹测钠光 D 双线波长差；

(2) 测白光相干长度.

【实验原理】

1. 测钠光 D 双线波长差

当图 3-42-1 中 M_1 与 M_2 互相平行时，应得到明暗相间的圆形干涉条纹. 如果光源的单色性很好，则当 M_1 镜缓慢移动时，虽然视场中心条纹不断涌出或陷入，但条纹的清晰程度不变. 通常定义

$$V = \frac{I_{\max} - I_{\min}}{I_{\max} + I_{\min}}$$

为条纹的视见度. 式中 $I_{\max}$ 与 $I_{\min}$ 分别表示明、暗条纹的最大与最小光强. 如果光源中包含有波长相近的两种光波 λ_1 和 λ_2，则可遇到这样的情况：当反射和透射两列光波的光程差恰为 λ_1 的整数倍，而同时又为 λ_2 的半整数倍时，有

$$\Delta = K_1 \lambda = \left(K_2 + \frac{1}{2} \right) \lambda_2 \tag{3-42-1}$$

即在光波 λ_1 生成亮环的地方，恰好是光波 λ_2 生成暗环的地方. 如果这两列光波强度相等，则由定义，在这些地方条纹的视见度为零. 从某一视见度为零到相邻的下一次视见度为零，恰好是一种波长的亮条纹和另一种波长的暗条纹颠倒. 即如果第一次视见度为零时 λ_1 为亮条纹，那么第二次它即为暗条纹. 也就是光程差的变化 Δl 对 λ_1 是半个波长的奇数倍，同时对 λ_2 也是半个波长的奇数倍. 又因这两个奇数是相邻的，故得

$$\Delta l = K \frac{\lambda_1}{2} = (K + 2) \frac{\lambda_2}{2} \tag{3-42-2}$$

式中 K 为奇数，由此得

$$\frac{\lambda_1 - \lambda_2}{\lambda_2} = \frac{2}{K} = \frac{\lambda_1}{\Delta l}$$

所以

$$\Delta \lambda = \lambda_1 - \lambda_2 = \frac{\lambda_1 \lambda_2}{\Delta l} \approx \frac{\overline{\lambda^2}}{\Delta l} \tag{3-42-3}$$

　　对于视场中心来说，设 M_1 镜在相继两次视见度为零时移过 Δd ，则由此而引起的光程差的变化 Δl 应等于 $2\Delta d$ ，所以

$$\Delta\lambda = \frac{\overline{\lambda^2}}{2\Delta d} \tag{3-42-4}$$

只要知道两波长的平均值 $\overline{\lambda}$ 和 M_1 镜移动的距离 Δd 就可以算出两者的波长差 $\Delta\lambda$. 根据上述原理还可以测钠光 D 双线的波长差(钠光双线的平均波长 $\overline{\lambda} = 589.3\text{nm}$).

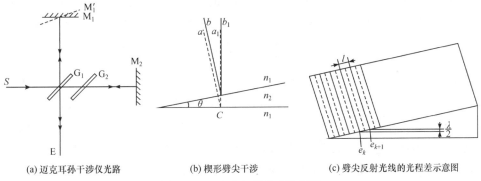

(a) 迈克耳孙干涉仪光路　　　　(b) 楔形劈尖干涉　　　　(c) 劈尖反射光线的光程差示意图

图 3-42-1　白光相干长度的测量

2. 测量白光相干长度

　　在调整迈克耳孙干涉仪时，若 M_1 与 M_2 不互相垂直(即 M_1 与 M_2 相交成一微小角度)，则相当于楔形薄膜(劈尖)干涉，两镜面间形成空气劈尖. 两镜面的交线为棱边，在平行于棱边的线上，劈尖的厚度是相等的.

　　当平行单色光垂直入射 $(i = 0)$ 于这样的薄膜时，在空气劈尖的上下两表面所引起的反射光线将形成相干光. 如图 3-42-1 所示，劈尖在 C 点处的厚度为 e ，在劈尖上下表面反射的两光线之间的光程差是：$\delta = 2e\sqrt{n_2^2 - n_1^2\sin^2 i} + \dfrac{\lambda}{2}$ ，当 $i = 0$ ，

$n_2 = n_1 = 1$ 时，$\delta = 2e + \dfrac{\lambda}{2}$.

　　虽然从空气劈尖的上表面反射的光没有半波损失，但从空气劈尖的下表面反射的光有半波损失，所以在式中仍有附加的半波长光程差. 因此，反射光的干涉条件为

$$\delta = 2e + \frac{\lambda}{2} = k\lambda \quad (k = 1, 2, 3, \cdots) \quad 明纹$$

$$\delta = 2e + \frac{\lambda}{2} = (2k+1)\frac{\lambda}{2} \quad (k = 0, 1, 2, \cdots) \quad 暗纹$$

每一明暗条纹都与一定的 k 值相对应，也与劈尖的一定厚度相对应. 这样的条纹称为等厚条纹.

任何两相邻明条纹(或暗条纹)之间的距离 l 由下式决定:

$$l\sin\theta = e_{k+1} - e_k = \frac{1}{2}(k+1)\lambda - \frac{1}{2}k\lambda = \frac{\lambda}{2}$$

式中 θ 为劈尖的夹角.

当 θ 增大时, l 减小, 条纹变密集; 当 θ 减小时, l 增大, 条纹变稀疏.

当用白光作迈克耳孙干涉仪的光源时, 干涉条纹只在很有限的范围内能看到. 这是因为白光包括了从 400.0nm 到 700.0nm 的各种波长的光, 波长长的, 条纹间距宽. 如将 M_1 与 M_2 略夹一角度并使之相交, 则不同波长的光仅在 $e=0$ 的地方重合, 其光程差为 $\frac{\lambda}{2}$, 为暗条纹. 在 e 较大的地方, 由于各种波长的光产生的干涉条纹彼此重叠, 因此看不见干涉条纹.

为了寻找白光干涉条纹(彩色), 可用单色光在调成等厚干涉条纹的基础上, 再使 $d \to 0$, 调整成近乎铅直的弧形条纹. 然后用白光照亮视场, 再缓缓移动 M_1 使条纹向弧线圆心方向移动, 直至弧线弯曲有反向的趋势(即在快变直之前调整微动手轮, 使 M_1 极为缓慢地往条纹变直的方向移动), 则白光彩色条纹即可出现.

【实验内容】

(1) 在圆形干涉条纹调整好的基础上, 缓慢移动 M_1 镜, 使视场中心的视见度趋于零. 记下此时 M_1 镜的位置 x_1, 再沿原方向移动 M_1 镜, 直至视见度再次为零时, 记下此时 M_1 镜的位置 x_2, 即可得到 $\Delta d = |x_1 - x_2|$. x 按以上步骤重复两次, 求得 Δd 的平均值, 代入(3-42-4)式即可算出钠光 D 双线的波长差.

(2) 测量白光相干长度.

白光干涉条纹能准确地确定 M_1 和 M_2 至 G_1 半反射面为等光程时 M_1 的位置. 因白光的相干长度极短, 只能在 $d=0$ 附近很小范围内看到干涉条纹. 因此, 可先用单色光源进行调节, 以便观察到双曲线形状的定域等厚干涉条纹(条纹宽度适当约 2mm). 此后微微移动 M_1 镜, 如果移过了白光条纹出现的范围, 条纹的曲率就会反向. 这时应将 M_1 反向移动, 直到条纹曲率又恢复原来方向为止. 这样反复几次就可以大致确定光程差为零时 M_1 镜的位置. 再换上白光光源, 来回缓缓移动 M_1, 就可观察到白光彩色条纹. 记下出现白光彩色条纹时 M_1 镜的位置, 设为 x. 再继续缓慢转动微调手轮, 当白光彩色条纹刚好消失时, 立即停止转动, 记下此时 M_1 镜的位置 x', 则白光的相干长度 $L_m = |x - x'|$.

【思考题】

(1) 如何应用干涉条纹视见度的变化测定钠光 D 双线的波长差?

(2) 计算波长差的理论公式是怎样得出的?

(3) 如用白光照明, 分析干涉条纹生成的条件, 试调节并观察之.

3.43 单缝和双缝衍射的光强分布

【实验目的】

(1) 通过对夫琅禾费单缝和双缝衍射的光强分布曲线的绘制, 加深对光的衍射现象和理论的理解;

(2) 掌握使用硅光电池(或光电二极管)测量相对光强分布的方法.

【实验原理】

光的衍射现象分为夫琅禾费衍射和菲涅耳衍射两大类. 在本实验中, 我们只考虑夫琅禾费单缝和双缝衍射的情况. 所谓夫琅禾费衍射, 是指光源和衍射屏幕到狭缝的距离都是无限远(即平行光)的衍射. 在这种情况下计算衍射花样中光强的分布时, 数学运算就比较简单, 并可以得出准确的结果, 以便于和实验比较.

所谓光源在无限远, 实际上就是把光源置于第一个透镜的焦平面上, 使之成为平行光束; 所谓观察屏幕在无限远, 实际上是在第二个透镜的焦平面上放置观察屏幕, 如图 3-43-1 所示. 从光源 S' 发出经透镜 L_1 形成的平行光束, 垂直照射到狭缝 S 上, 根据惠更斯-菲涅耳原理, 狭缝上各点可以看成是新的波源, 新波源向各方向发出球面次波. 次波在透镜 L_2 的后焦面上叠加形成一组明暗相间的条纹. 和狭缝平面垂直的衍射光束会聚于屏上 P_0 处, 是中央亮纹的中心, 其光强度设为 I_0, 与 $S'P_0$ 成 θ 角的衍射光束则会聚于屏上 P_θ 处. 计算得出 P_θ 处的光强度为

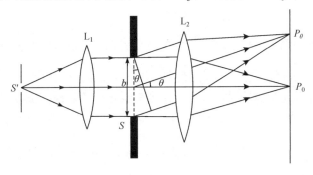

图 3-43-1 单缝衍射

$$I_\theta = I_0 \frac{\sin^2 u}{u^2}, \quad u = \frac{\pi b \sin \theta}{\lambda} \qquad (3\text{-}43\text{-}1)$$

式中 b 为狭缝宽度，λ 为单色光的波长.

由(3-43-I)式可以得到：

(1) 当 $u=0$ (即 $\theta=0$)时，P_θ 处的光强度 $I_\theta=I_0$ 是最大值，称为主最大. 主最大的强度不仅取决于光源的亮度，还和缝宽 b 的平方成正比.

(2) 当 $\sin\theta=\dfrac{k\lambda}{b}(k=\pm1,\pm2,\pm3,\cdots)$ 时，$u=k\pi$，则有 $I_0=0$，即出现暗条纹的位置. 由于 θ 值实际上很小，因此暗条纹出现在 $\theta\approx\dfrac{k\lambda}{b}$ 处. 由此可见，主最大两侧暗纹之间 $\Delta\theta=\dfrac{2\lambda}{b}$，而其他相邻暗纹之间 $\Delta\theta=\dfrac{\lambda}{b}$.

(3) 除了主最大以外，两相邻暗纹之间都有一个次最大. 由数学计算得出，这些次最大的位置出现在 $u=\pm1.43\pi,\pm2.46\pi,\pm3.47\pi,\cdots$ 处. 这些次最大的相对光强依次为

$$\frac{I_\theta}{I_0}=0.047,0.017,0.008,\cdots \tag{3-43-2}$$

以上是夫琅禾费单缝衍射的主要结果，其光强分布曲线如图 3-43-2 所示.

下面简要讨论一下夫琅禾费双缝衍射的情况. 对于夫琅禾费双缝衍射，其处理的方法与夫琅禾费单缝衍射的方法基本相同，只不过除了考虑单缝的衍射外，还要考虑双缝的干涉作用. 双缝可看作两个宽度同为 b 的狭缝并列，中间间隔着宽度为 a 的不透明部分，$d=a+b$，为缝距，如图 3-43-3 所示. 由计算可得屏幕上 P_θ 处的光强分布为

$$I_\theta=4I_0\frac{\sin^2 u}{u^2}\cos^2\varphi \tag{3-43-3}$$

其中，$u=\dfrac{\pi b\sin\theta}{\lambda}$；$\varphi=\dfrac{\pi d\sin\theta}{\lambda}$.

由(3-43-3)式可以看出，因子 $\dfrac{\sin^2 u}{u^2}$ 是宽度为 b 的夫琅禾费单缝衍射图样的光强分布式，而因子 $\cos^2\varphi$ 是由光强相等而相位差为 2φ 的双光束所产生的干涉图样的光强分布式. 由此可以得出结论：夫琅禾费双缝衍射可看成是宽度为 b 的单缝衍射光强调制下的双缝干涉. 如果这两个因子中有一个是零，则合光强为零. 就第一个因子 $\dfrac{\sin^2 u}{u^2}$ 来说，光强为零出现在 $u=\pm\pi$，$\pm2\pi$，$\pm3\pi$，$\cdots$ 处；就第二个因子 $\cos^2\varphi$ 来说，光强为零出现在 $\varphi=\pm\pi/2$，$\pm3\pi/2$，$\pm5\pi/2,\cdots$ 处. 因此，当某一级干涉最大正好出现在衍射最小的位置上时，合光强将为零. 我们把这种本应出现干涉最大而由于衍射，光强反而为零的现象称为**缺级**现象. 由于 u 和 φ 之间存在下列关系：

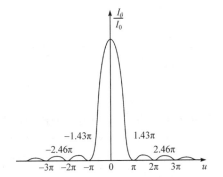

图 3-43-2　夫琅禾费单缝衍射的光强分布曲线

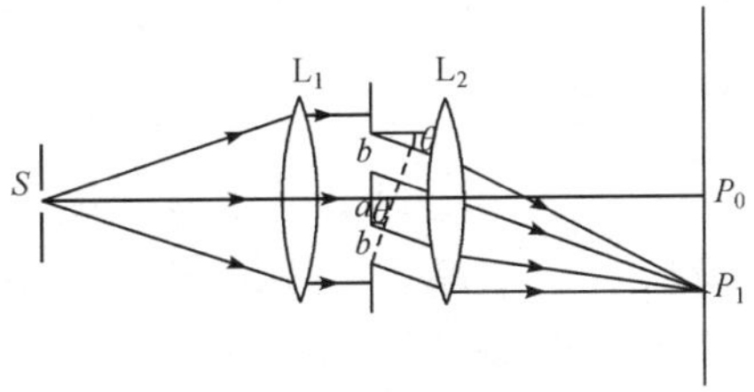

图 3-43-3　双缝衍射装置

$$\frac{\varphi}{u} = \frac{d}{b} = \frac{a+b}{b} \qquad (3\text{-}43\text{-}4)$$

所以，如果 $d = 3b$，则缺级现象将出现在 $\frac{\varphi}{u} = 3$ 以及 3 的整数倍的位置上. 其光强分布曲线如图 3-43-4 所示.

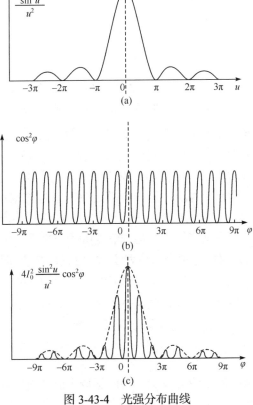

图 3-43-4　光强分布曲线

【实验器材】

氦氖激光器、单缝(双缝)、硅光电池(或光电二极管)、光点检流计、读数显微镜底座(或测微目镜的支架)、电阻箱两只、双刀双掷电键.

【实验内容】

(1) 按图 3-43-5 连接实验仪器. 与图 3-43-1 对比, 尽管我们将狭缝前后两个透镜L_1、L_2省略了, 但由于氦氖激光器的发散角很小(1mrad 度左右), 并且衍射屏幕离狭缝的距离Z又很远(Z约 3m), 即$Z \gg b$, 所以我们仍把没有透镜的单缝衍射作为夫琅禾费衍射来处理.

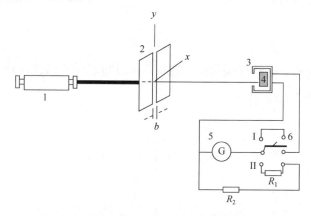

图 3-43-5　用氦氖激光器研究单缝的光强分布装置

1. 氦氖激光器; 2. 单缝(双缝); 3. 硅光电池狭缝罩; 4. 硅光电池; 5. 检流计; 6. 双刀双掷电键

(2) 按图 3-43-5 右方所示电路连接好测量线路. 由于在夫琅禾费单缝和双缝衍射光强分布中主最大与次最大之间相差几十倍, 测量时光点检流计势必要换挡. 有的检流计虽然是多量程的, 但使用时量程扩大的倍数不一定符合使用要求. 同时量程改变(换挡)后检流计内阻一般也会随之改变, 这样很难保证扩大(或衰退)倍数呈线性关系. 因此, 实际测量时一般不换挡, 即使用检流计的同一挡进行测量. 为了达到既能扩大量程又能保证扩大(或衰退)呈线性关系, 采用图 3-43-5 所示的线路即可解决. 当双刀双掷电键倒向位置Ⅰ时, 检流计 G 直接接入电路进行测量, 检流计的内阻为R_g; 当双刀双掷电键倒向Ⅱ时, 检流计 G 并联了一个分流电阻R_2. 但为了保证整个线路的电阻不变, 同时还串联了一个电阻R_1. 这样, 就只有一部分电流进入检流计. R_1、R_2的阻值需如下选择:

$$R_1 = (n-1)R_g, \quad R_2 = \frac{n}{n-1}R_g$$

由于整个线路的总电阻不变(仍为R_g), 因此保持了测量电表的灵敏度不变, 而流经检流计的电流衰减为被测电流的 $\frac{1}{n}$，即量程扩大了 n 倍. 在本实验中，一般扩大 10 倍量程，即取 $n=10$. 事先按此要求选择 R_1、R_2 的阻值，并连接好线路.

(3) 测量单缝衍射的相对光强分布.

① 调节单缝的宽度，使在屏上呈现出清晰的衍射图像，并使中心主最大亮条纹的宽度为 1~2cm.

② 用安装在读数显微镜底座(或测微目镜的支架)上的带有进光狭缝(或进光小圆孔)的硅光电池(或其他光电元件)代替屏幕接收衍射光. 旋转读数显微镜的丝杆，使硅光电池进光狭缝从衍射图像左边(或右边)的第二个最小的位置到右边(或左边)的第二个最小位置，进行逐点扫描. 每隔 1mm 记录一次检流计偏转的格数. 以偏转格数来表示衍射光的强度.

测量过程中要注意：测量两边次最大时，双刀双掷电键倒向Ⅰ，直接连接检流计，使用其最灵敏挡；测量中心主最大时，双刀双掷电键倒向Ⅱ，使光电流衰退 n 倍进行测量.

(4) 测量双缝衍射的相对光强分布：换上双缝，重复上述步骤进行测量.

(5) 将所测数据中的最大值 I_0(即中央主最大)取相对比值 I/I_0，作 I/I_0-x 曲线. 曲线应尽可能画得光滑，对于偏离较大的点，绘图时可以不通过它，对于略微分散的各点，应使这些点较为均匀地分布于曲线的两侧.

(6) 对单缝衍射的光强分布曲线，将两个次最大值的相对光强与(3-43-2)式比较，分析产生差别的原因.

【注意事项】

(1) 在整个测量过程中，要求氦氖激光器输出的功率有较高的稳定性. 为此，实验中应选择质量比较好，性能比较稳定的激光管. 同时，一般应在激光器点燃半小时以后再进行测量.

(2) 本底电流主要是周围杂散光进入光电池引起的. 为了减小本底电流的影响，应加盖罩，不使光电池裸露在外，同时，应先测出本底电流. 如本底电流较大，应对测量数据作修正.

【思考题】

(1) 什么叫夫琅禾费衍射，用氦氖激光作光源的实验装置是否满足夫琅禾费衍射的条件？为什么？

(2) 使用光电池应注意什么问题？

(3) 在双缝衍射实验中，要选用缝宽较小的双缝和功率较大、性能稳定的激光器才能取得较好的效果，这是为什么？

3.44 用偏振光测定液体的折射率

【实验目的】

折射率是表征介质光学性质的物理量，折射率的测定是几何光学中的重要问题. 在普通物理实验中，薄膜介质折射率的测定是一个必做的基础性实验，我们把用偏振光测定液体的折射率的内容加到其中，既充实了这个题目的实验内容，又给出了一种测量液体折射率的新方法. 测定液体折射率的方法通常有：掠入射法、等厚干涉法、折射定律法、全反射法、阿贝折射计等. 这些方法各有其优点和缺点，而用偏振光测定液体的折射率的方法不但所需实验器材简单，完全不需要新的实验器材，而且测得结果准确度高. 在薄膜介质折射率的测定实验中，加入了用偏振光测定液体的折射率的内容，既充实了这个题目的实验内容，使学生加深了对布儒斯特定律的理解，又给出了一种测量液体折射率的新方法.

【实验原理】

透过偏振片的光线中只剩下与其透振方向平行的振动，这种只包含单一振动方向的光叫做线偏振光. 因线偏振光中沿传播方向各处的振动矢量维持在一个平面(振动面)内，故线偏振光又叫平面偏振光. 当一束波长为 λ 的平面偏振光从空气入射到折射率为 n 的介质表面上时，如果平面偏振光的偏振面平行于入射面(简称 TM 波)，当光线的入射角为布儒斯特角 i_B 时，入射的平面偏振光在界面上将不反射而全部进入介质内. 根据布儒斯特定律，入射角 i_B 的正切等于对应波长 λ 介质的折射率 n ，即

$$\tan i_B = n \tag{3-44-1}$$

因此，若改变 TM 波的入射角，当反射光强为零时，即可确定布儒斯特角 i_B ，由(3-44-1)式求得介质的折射率 n . 这种方法虽然简便，但精度较低，而且应用这种方法测量液体的折射率时，还将遇到新的困难. 这是由于 TM 波在液膜表面虽不发生反射，但在液膜和基片的界面上仍有反射光透过液膜层而折回到空气中，透射光干扰了对 i_B 的准确测定. 如果在一块平面玻璃基片上，局部区域涂上待测液膜，如图 3-44-1(a)所示，当用 TM 波照明时，迎着反射光观察玻璃基片的表面，由于液膜层和玻璃表面的反射系数不同，故能看见液膜区与非液膜区界线分明. 当光线的入射角等于布儒斯特角 i_B 时，如图 3-44-1(b)所示，TM 波在液膜前表面虽然没有反射光，但是进入液膜层的光可在液膜层后表面反射回来.

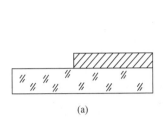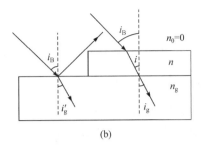

图 3-44-1　实验原理图

根据菲涅耳公式，液膜层与玻璃上的振幅反射系数 r_p 为

$$r_\mathrm{p} = \frac{n_\mathrm{g} \cos i - n \cos i_\mathrm{g}}{n_\mathrm{g} \cos i + n \cos i_\mathrm{g}} \tag{3-44-2}$$

式中 n_g 为基片玻璃折射率，i 为光线从介质膜射向基片的入射角，i_g 为在基片中的折射角. 当射入介质膜光线的入射角为 i_B 时，应用 $i + i_\mathrm{B} = \dfrac{\pi}{2}$ 和折射定律 $\sin i_\mathrm{B} = n \sin i$，可得 $\cos i = \sin i_\mathrm{B}$，$\sin i = \cos i_\mathrm{B}$，代入(3-44-2)式，则有

$$r_\mathrm{p} = \frac{n_\mathrm{g} \cos i_\mathrm{B} - \cos i_\mathrm{g}}{n_\mathrm{g} \cos i_\mathrm{B} + \cos i_\mathrm{g}} \tag{3-44-3}$$

而 TM 波在空气-玻璃界面的反射系数 r_p' 为

$$r_\mathrm{p}' = \frac{n_\mathrm{g} \cos i_\mathrm{B} - \cos i_\mathrm{g}'}{n_\mathrm{g} \cos i_\mathrm{B} + \cos i_\mathrm{g}'} \tag{3-44-4}$$

由镀液膜区与非镀液膜区的折射定律 $\sin i_\mathrm{B} = n_\mathrm{g} \sin i_\mathrm{g}'$ 和 $n_\mathrm{g} \sin i_\mathrm{g} = n \sin i = \sin i_\mathrm{B}$，直接得到

$$i_\mathrm{g} = i_\mathrm{g}'$$

比较(3-44-3)式和(3-44-4)式，显然

$$r_\mathrm{p} = r_\mathrm{p}' \tag{3-44-5}$$

上式说明，当 TM 波以布儒斯特角入射样品表面时，迎着反射光观察玻璃基片的表面，因镀液膜区与非镀液膜区的反射光强相等，明暗界线将消失，呈现一片均匀照明. 尽管人眼视觉不能定量地确定光强的数值，但却能相当准确地判断两束光的强度是否相等. 因而当眼睛观察到待测样品的视场呈现均匀照明，镀液膜区与非镀液膜区之间界线消失时，光波的入射角必为布儒斯特角 i_B，应用(3-44-1)式即可较准确地求得液膜层介质的折射率.

【实验器材】

分光计、钠灯、偏振片、平面镜、甘油.

【实验内容】

(1) 为了方便起见，在实验中我们把甘油作为待测液体，取一块光学玻璃，并在实验前用镜头纸将光学玻璃擦干净. 在上面滴少许甘油，为了使明暗界限清晰，用洁净的玻璃片把甘油压到光学玻璃上使之形成一层甘油膜，另一半用高级眼镜纸擦拭干净，如图 3-44-1(a)所示. 然后利用辅助平面镜，根据自准直原理调整望远镜 T，使之垂直于分光计转轴.

(2) 点亮钠灯 S，用钠光照明准直管 C，使准直管发出平行光束. 再调整其光轴，使之与望远镜共轴，并垂直于分光计转轴.

(3) 将样品 F 的背面涂黑，以减少样品反射光的干扰. 然后，如图 3-44-2(a)所示，将样品垂直放置在分光计的载物平台上. 用调整好的望远镜对准待测样品的表面，使之位于与分光计转轴平行的位置.

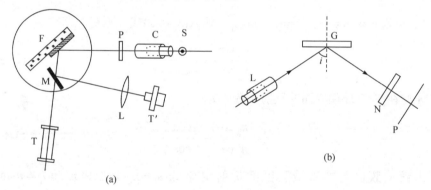

(a)　　　　　　　　(b)

图 3-44-2　仪器调整图

(4) 在准直管物镜前加一偏振片 P，转动偏振片，使其透光截面平行于样品的入射面，以获得 TM 波. 其中偏振片主截面的确定方法如下：如图 3-44-2(b)所示，将一背面涂黑的玻璃片 G 立在铅直面内，激光器 L 射出的一细光束沿水平方向入射到玻璃片上，G 的反射光为偏振面垂直于入射面的平面偏振光，使 G 的反射光垂直射入偏振片 N，以反射光的方向为轴旋转偏振片 N，从透光强度的变化和反射光的偏振面，可以确定偏振片的主截面，即透过光光强极大时偏振片的主截面和反射光的偏振面一致. 在偏振片上标记其主截面的方向.

(5) 为测定 i_B，必须旋转平台. 由于平台的旋转，光线的入射角在不断改变，而样品表面反射光的方向将随之改变. 如图 3-44-2(a)所示，在样品 F 的近旁添置一块平面镜 M，则 M 和 F 就构成一个横偏向装置，当平台旋转时，经 F、M 反射的平行光的方向将不随平台的旋转而变化，即出射光与入射光之间的夹角为常量. 可用透镜 L 和测微目镜组成的监测装置，在 M 的反射光方向上观察到样品表面的光强分布情况. 缓慢地转动平台，通过测微目镜 T 能看到样品表面液膜区和非液膜区的明显对比在不断变化. 当视场的明暗界线消失时，固定平台，则相应的入射角即为液膜层介质的布儒斯特角 i_B.

(6) 取下平面镜 M，用望远镜对准 F 的反射光方向，记录其方位 T_1，再将望远镜直接对准准直管，记录其方位 T_2，由此求出入射光线和反射光线的夹角 θ，则入射角 i_B 应等于 $\frac{1}{2}(\pi - \theta)$，测量几次，取平均值，然后代入(3-44-1)式就可以计算出液膜的折射率.

【实验数据】

表 3-44-1 是在室温下测定甘油的折射率的实验数据.

表 3-44-1 实验测量数据表

次数	V_1	V_2	V_1'	V_2'
1	102°40′30″	282°40′0″	171°5′30″	351°5′0″
2	102°41′0″	282°41′0″	171°5′30″	351°6′0″
3	102°37′0″	281°36′30″	171°3′0″	351°3′30″
4	102°36′30″	282°37′0″	171°3′0″	351°3′0″
5	102°36′30″	282°37′0″	171°2′30″	351°3′30″

由实验记录，求得

$$\theta = \frac{1}{2}\left[(V_1' - V_1) + (V_2' - V_2)\right]$$

$\theta_1 = 68°26′0″$; $\theta_2 = 68°24′30″$; $\theta_3 = 68°27′0″$; $\theta_4 = 68°25′30″$; $\theta_5 = 68°27′0″$; $\bar{\theta} = 68°25′30″$，则

$$i_B = \frac{1}{2}(\pi - \theta) , \qquad i_B = 55°47′18″$$

把测得的数据代入(3-44-1)式得

$$n_H = \tan i_B = \tan 55°47′18″ = 1.471$$

计算不确定度，其中分光计的容许误差取 $\Delta = 30″$，

$$u_A(\theta) = 0.0085° , \quad u_B(\theta) = \frac{\Delta}{\sqrt{3}} = 0.0048°$$

$$u_C(\theta) = \sqrt{u_A^2(\theta) + u_B^2(\theta)} = \sqrt{0.0085^2 + 0.0048^2} = 0.00796°$$

根据 n 的误差传递公式

$$u(n) = \sqrt{\left(\frac{\partial n}{\partial \theta}\right)^2 u^2(\theta)}$$

可以求得

$$u_A(n) = 0.017$$

最后求得甘油的折射率为

$$n = n_H \pm u_A(n) = 1.471 \pm 0.017$$

与阿贝折射计测得的值 $(\overline{n} = 1.47052)$ 比较.

【分析讨论】

　　本实验由于温度、系统误差，以及待测甘油质量等级等的影响，甘油折射率与波长为 $\lambda_D = 589.3\mathrm{nm}$，温度 20℃ 时的公认值 $n_H = 1.474$ 比较虽有些出入，但在测量误差范围内. 做本实验的几个关键问题：第一，分光计的调节. 第二，如何获得 TM 波，加深对偏振方面知识的理解，从理论上升到实践上来. 第三，如何将甘油均匀涂在玻璃上且使涂甘油区与未涂甘油区界线清晰，因为甘油的折射率与玻璃的折射率很接近，这对准确地判断何时视场明暗界限消失很重要. 否则界限模糊，很难确定最佳读数时间，从而影响整个实验的精度.

　　现代实验教学要求教师在有限的学时内使学生学到更多的知识. 我们把用偏振光测定液体的折射率的内容融合到测定薄膜介质折射率实验中来，既可以让学生加深对布儒斯特定律意义的理解，同时又掌握了一种测量液体折射率的新方法. 用偏振光测定液体折射率，调节步骤不复杂，使用仪器简单，测量结果准确，百分误差为 0.217%，为测量液体折射率提供了一种切实可行的方法.

【思考题】

　　(1) 本实验测量方法对于薄膜的折射率和膜层厚度有无限制？为什么？

　　(2) 试估计由于偏振片的透光截面与样品入射面偏离给测量引入的误差.

3.45　全　息　照　相

【实验目的】

　　(1) 了解全息照相的基本原则；

　　(2) 学习全息照相的基本技术，学会几种全息图的拍摄方法.

全息照相的基本原理是英国科学家丹尼斯·伽博(Dennis Gabor)在 1947 年提出的，他因此获得了 1971 年的诺贝尔物理学奖. 由于需要相干性好、强度高的光源，直到 1960 年激光出现以及 1962 年利思(Leith)-乌帕特尼克斯(Upatnieks)提出离轴全息图后，全息照相技术才得到较快的发展.

如图 3-45-1 所示，照射到物体上的光波在物体各点产生漫反射，物体上不同点处的反射光波就会受到不同的强度调制和相位调制，因此形成反映物体明暗程度和形状特有的波面，它们含有物体各点的空间信息. 如果物体不存在，但能得到物体光波的特定波面，就能够再现出该物体逼真的立体像. 在普通照相术中，感光片记录的仅仅是在一定时间内的物体反射光波的强度(振幅)平均值，它不含有物体反射光波原有的相位信息(而相位信息恰恰反映了物体的空间形状)，因而只能得到物体的平面影像，观察起来就没有立体感. 全息照相术则不同，它是利用光的干涉和衍射原理来进行波面的记录和再现的.

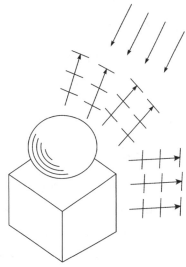

图 3-45-1 物体上的漫反射

波面记录：如图 3-45-2(a)所示，用相干光照明被摄物体，使强度和相位都受到物体调制的反射光波——称为**物光波 O**，与另一束在相位上相关的相干光波——称为**参考光波 R**，发生干涉，用感光片记录下物光波与参考光波的干涉图样，经处理就得到一张全息图. 由于记录的是干涉条纹，因为全息图就包含了物光波的振幅和相位信息(彩色全息还记录了波长信息)，即物光波的全部信息，故称为**全息照相**(holography，holo 是"全部、完整"之意，graphy 是"记录"之意).

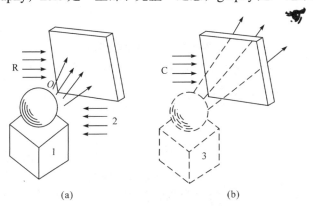

(a)　　　　　　　　(b)

图 3-45-2 波面记录和再现

1. 物；2. 相干光；3. 再现像

波面再现：用一定的光波——称为照明光波 C，照射全息图，光通过全息图发生衍射得到与原物光波相似的衍射光波，即再现出和原物体一样的有实物感的立体像.

【实验器材】

防震台、氦氖激光器、快门及曝光定时器、分束镜、反射镜、扩束镜、成像透镜、狭缝光阑、载物台、被摄物体、全息干板、洗相用具、光电池和光点检流计.

3.45.1　透射式全息照相

【实验原理】

记录时**物**光波和**参考**光波都从同一侧入射到感光片上，再现时是全息图的透射光衍射成像. 这里只讨论透射式平面全息图的情况，即忽略感光片乳胶层的厚度，认为全息图上记录的干涉条纹是沿乳胶平面的二维分布.

图 3-45-3(a)是简单的记录光路. 激光束扩束后分成两部分：一部分照射在物体上，经物体表面反射后投射到感光片 H 上，即物光波 O；另一部分经反射镜 M 后直接投射到感光片上，即参考光波 R.

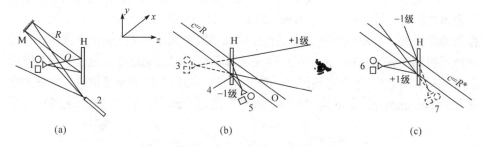

图 3-45-3　透射式全息照相

1. 物；2. 激光束；3. 虚像；4. 乳胶层；5、6. 实像；7. 虚像

物光波和参考光波分别用复振幅表示为

$$\tilde{O}(x,y) = O_0(x,y)e^{i\varphi_O(x,y)} \tag{3-45-1}$$

$$\tilde{R}(x,y) = R_0(x,y)e^{i\varphi_R(x,y)} \tag{3-45-2}$$

式中(x,y)是感光片上任意一点的坐标，$O_0(x,y)$ 和 $R_0(x,y)$ 分别为物光波与参考光波的空间振幅，$\varphi_O(x,y)$ 和 $\varphi_R(x,y)$ 是物光波和参考光波的空间相位，它们都是坐标(x,y)的函数. 物光波与参考光波相干叠加，在感光片上的光强分布为

$$I(x,y) = |\tilde{O} + \tilde{R}|^2$$
$$= \tilde{O}\tilde{O}* + \tilde{R}\tilde{R}* + \tilde{O}\tilde{R}* + \tilde{O}*\tilde{R}$$
$$= \left(O_0^2 + R_0^2\right) + \tilde{O}\tilde{R}* + \tilde{O}*\tilde{R}$$
$$= \left(O_0^2 + R_0^2\right) + 2O_0 R_0 \cos(\varphi_O - \varphi_R) \qquad (3\text{-}45\text{-}3)$$

上式表明干涉后的光强按余弦规律分布. 式中 O_0^2、R_0^2 分别为物光与参考光的光强，$2O_0 R_0 \cos(\varphi_0 - \varphi_R)$ 则取决于两光波的振幅和相位差. 由此可见，感光片上的光强分布包含了物光波的振幅和相位信息.

如果曝光时间为 t，则感光片上各点的曝光量为

$$H_r = I(x, y) t \qquad (3\text{-}45\text{-}4)$$

曝光后的感光片经显影、定影处理即得到一张透射式全息图. 它不是物体的几何图像，而是物体上每一点发出的物光波与参考光波在感光片上形成的干涉图样.

当用照明光波照射全息图时，各点的振幅透射率是不同的，透射率和曝光量的关系如图 3-45-4 所示. 因为实验用的感光片是负片，曝光量越大的地方越黑，透射率越小. 从图中可见，曲线中有一直线部分 CB，在此曝光量范围内，振幅透射率 $T(x, y)$ 与曝光量 H_r 成正比，即

$$T(x, y) = \beta_0 - \beta H_r = \beta_0 - \beta t I(x, y) \quad (3\text{-}45\text{-}5)$$

式中，β_0 是感光片的灰雾度；β 为曲线中直线部分的斜率，是取决于感光片的感光特性和显影过程的一个常数.

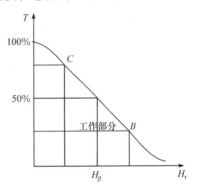

图 3-45-4　透射率和曝光量的关系

再现过程如图 3-45-3(b)所示. 为了讨论方便，设照明光波与记录时的参考光波完全相同，即

$$\tilde{C} = \tilde{R} \qquad (3\text{-}45\text{-}6)$$

在 z=0 平面上透过全息图的衍射光波的复振幅分布为

$$\tilde{U}(x, y) = \tilde{C}T(x, y) = \tilde{R}\left[\beta_0 - \beta t I(x, y)\right]$$
$$= \tilde{R}\left[\beta_0 - \beta t\left(O_0^2 + R_0^2\right)\right] - \beta t \tilde{R}\tilde{O}\tilde{R}* - \beta t \tilde{R}\tilde{O}^*\tilde{R}$$
$$= \tilde{R}\left[\beta_0 - \beta t\left(O_0^2 + R_0^2\right)\right] - \beta t R_0^2 \tilde{O} - \beta t R_0^2 \tilde{O}^* e^{z\varphi_R} \qquad (3\text{-}45\text{-}7)$$

由上式可知，衍射光波由三部分组成. 第一项是照明光波 $\tilde{C} = \tilde{R}$ 乘以系数 $\left[\beta_0 - \beta t\left(O_0^2 + R_0^2\right)\right]$，可以近似地看作衰减了的照明光波，称为 0 级衍射，它不包

含物光波的相位信息. 第二项是物光波 $\tilde{O}$ 乘以系数 $\beta t R_0^2$，称为+1 级衍射，它包含了物光波的全部信息. 这时物体虽然不存在了，但在全息图后面又再现出了原来的光波，故又称为原始像波. 在图 3-45-3(b)中，如果迎着这束光波看全息图，就会看到与原物体大小、形状、位置完全一样的像，仅是亮度有所不同. 由于看到的像不在透射场内，因而称之为**虚像**，其波面是发散的. 第三项称为–1 级衍射波，它带有与物光波共轭的信息 $\tilde{O}^*$，故又称为**共轭像光波**，其波面是会聚的，在全息图透射场内再现一个**实像**(与再现虚像共轭). 该项还多了一个相位因子 $e^{iz\varphi_R}$，在平面波或球面波照明下，它只改变像光波的方向和曲率，即改变像的位置或大小.

如果照明光是参考光的共轭光(图 3-45-3(c))，经计算也可以得到三个方向的衍射光，但实像正好在原物体的位置，而虚像位置发生偏离. 对于透射式全息图，记录时参考光波可以是平面波或球面波，再现时的照明光波也可以不同于参考光波，这时再现像的大小和位置会发生变化. 但由于这种全息图光栅结构的特点，再现时必须用激光或其他单色性好的单色光照明，而不能用白光再现.

【实验内容】

首先检查防震台的稳定性，方法是布置一个长臂迈克耳孙干涉仪系统，如图 3-45-5 所示，调节到干涉条纹只有 3～5 条，观察条纹的稳定性，要求在曝光时间内干涉条纹的漂移不能超过 $\frac{1}{4}$ 个条纹间距，否则应重新调整防震台.

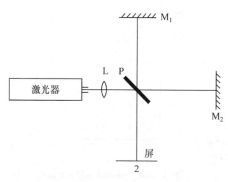

图 3-45-5　长臂迈克耳孙干涉仪系统

1. 全息图的拍摄

(1) 打开激光器，参照图 3-45-6 布置光路，激光器输出的光束被分束镜 P 分为两束:一束经反射镜 M_1 和扩束镜 L_1 后投射到全息干板 H 上，即参考光 R ；另一束经反射镜 M_2 和扩束镜 L_2 后照射到物体上，物体表面的漫反射光投射到 H 上，即物光 Θ .

(2) 先用一乳白屏代替全息干板 H 进行光路调节，使物光和参考光的光程尽量相等，夹角为30°左右.

(3) 分别遮挡参考光和物光，调节分束镜 P ，用光电池及光点检流计检查白屏上的光强比，使物光和参考光之比为 1：3～1：6 .

(4) 测定物光和参考光的总光强，确定曝光时间，定好曝光定时器.

(5) 取下乳白屏，关闭快门，在黑暗状态下将全息干板装到干板架上，注意使干板的乳胶面对着入射光方向.

（6）肃静 1～2min，开启快门曝光.

（7）对曝光后的干板进行显影、定影、漂白、干燥处理(详见节后【附录二】).

（8）将作好的全息图置于白炽灯下观察，若能看到彩色的衍射光，即证明全息图拍摄成功.

2. 再现象的观察

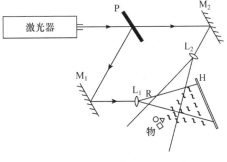

图 3-45-6　全息图的拍摄光路

（1）把全息图按记录时的位置放回干板架上夹好，挡住物光束和被拍摄物体，以原参考光作为照明光照射全息图，从不同的方位观察虚像；使全息图向着光源靠近或远离，观察像的变化.

（2）将全息图绕垂直轴旋转180°，用会聚光(即参考光的共轭光)或未扩束的激光束照明全息图，用毛玻璃屏找实像(图 3-45-3(c)).

3.45.2　反射式全息照相

【实验原理】

用激光记录，白光照明再现单色像，再现时眼睛接收的是白光在全息图上的反射光. 这种方法是 1962 年由苏联人丹尼苏克(Denisyuk)提出的，它的原理基于李普曼(Lippman)的驻波法彩色照相，白光再现的关键在于利用布拉格条件来选择波长.

如图 3-45-7(a)所示，记录反射全息图时物光波 O 和参考光波 R 分别从正反两侧投射到感光片上，在乳胶层内发生干涉，沿乳胶层厚度方向形成一个个干涉条纹面. 全息感光片的乳胶层厚度一般为 6～15 μm，以波长为 632.8nm 的氦氖激光器为光源，当物光波与参考光波之间的夹角近于180°时，就可以在乳胶层内形成几十个基本上平行于表面的干涉条纹面，因而反射全息图是具有**三维光栅结构**的**体积全息**图.

再现时照明光波在反射全息图中的衍射情况如图 3-45-7(b)所示，粗线条表示全息图中的条纹峰值强度面. 当光波照射到条纹面上时，一部分光反射，一部分光透射；透射或反射的光再遇到一个条纹面时亦如此，于是在全息图中形成复杂的多次反射和透射. 在入射光波中取 1、2、3 三条光线作为代表，同一个面层上的反射光，如(1.1, 2.1, 3.1)、(1.2, 2.2, 3.2)和(1.3, 2.3, 3.3)等，只要它们满足反射定律，就是同相相加；对于在不同层面之间的反射光，如(1.1, 1.2, 1.3)、(2.1, 2.2, 2.3)和(3.1, 3.2, 3.3)等则须满足光栅方程才能有相加干涉. 由图 3-45-7(b)可得

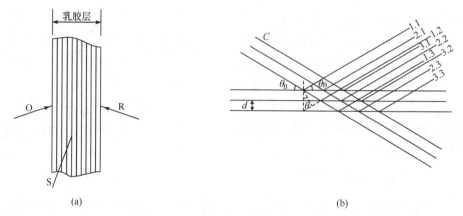

图 3-45-7　反射式全息照相光路

S 为条纹面

$$2d \sin \theta = k\lambda_0 \tag{3-45-8}$$

当两个条件同时满足时，必须是 $\theta = \theta_B$，$k = 1$. 所以上式只能是

$$2d \sin \theta = \lambda_0 \tag{3-45-9}$$

或

$$2n_D d \sin \theta_B = \lambda_0 \tag{3-45-9'}$$

这就是所谓的布拉格条件. 式中 λ_0 是记录时空气中的波长，n_D 是感光片乳胶的平均折射率，θ_B 称为布拉格角. 当照明光波的入射方向使得在全息图中与条纹面的夹角为 θ_B 时，就称为布拉格入射，满足这个条件的再现像衍射效率最高. 如果照明光波偏离布拉格入射，衍射效率会很快地降低. 偏离布拉格入射有两种原因，一种是照明光波的入射角与记录时参考光波的入射角不同，称为角度选择性；另一种是照明光波的波长与记录时的波长不同，称为波长选择性. 反射全息图能够用白光再现单色像就是利用了**波长选择效应**. 当白光以一确定的入射角照明全息图时，只有满足布拉格入射即波长为 $\lambda_0 = 2n_D d \sin \theta_B$ 的光才有衍射极大值，所以全息图的反射光(即衍射光)呈单色，人眼就能够看到原物体的单色像.

　　用银盐感光片记录反射全息图时，由于在定影过程中析出银粒子，乳胶层收缩变薄，满足布拉格条件的波长向短波漂移，故用波长为 632.8nm 的红光记录的反射全息图，白光再现时呈绿色像. 为了得到与记录波长相近的再现像，可对全息图进行防缩处理.

【实验内容】

1. 全息图的拍摄

(1) 按图 3-45-8 放置光路，物光和参照光来自同一束光，直接投射在全息干板 H 上的光作为参考光，透过干板从物体表面反射回来的光作为物光.

(2) 在干板架上装上毛玻璃屏，选择有金属光泽的高反射体作为被摄物体，紧贴毛玻璃屏放置(最好与干板架固定在同一台面上)调好光路，定好曝光时间，取下毛玻璃屏，关闭快门，装上干板 H (乳胶面对着物体)，静置片刻，曝光处理.

2. 白光再现

用日光或线度较小的白炽灯作光源，如图 3-45-9 所示，从与拍摄时间参考光方向相反的一侧(乳胶面)照明全息图便可观察到原物体的单色虚像. 若照明光源是简单的幻灯机，则可观察到更鲜艳明亮的再现像.

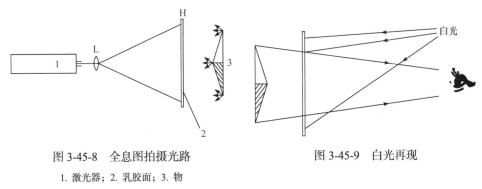

图 3-45-8　全息图拍摄光路　　　　　图 3-45-9　白光再现

1. 激光器；2. 乳胶面；3. 物

3.45.3　彩虹全息照相

【实验原理】

用激光记录，白光再现，特点是在记录光路中的适当位置加入一个狭缝限制物光波，以减小再现时像光束色散的影响，从而在白光照明下能观察到清楚的单色像. 彩虹全息是 1969 年由本顿(Benton)提出的，后来发展了许多具体的方法，下面为一步彩虹全息.

图 3-45-10(a)是一步彩虹全息的记录光路,透镜 L 把物体的像成在感光片附近,把狭缝的像成在观察位置，感光片把物像和狭缝像同时记录下来. 由于狭缝的作用，物体上一点发出的光波只能在感光片上一窄条部分与参考光发生干涉，这样在底片上实际上是记录了许多窄条状的全息图，称为**线全息图**. 用与原参考光波相同的光照明全息图时，每一个线全息图的衍射光就形成一个像点，同时再现一个狭缝像S′，人眼置于狭缝像的位置即可看到物体完整的像，如图 3-45-10(b)所示. 当用白光照明时，对于不同波长的光，物体再现像和狭缝像的位置都不同，因而在不同狭缝像的位置，就会看到不同颜色的像. 图 3-45-10(c)中 S'_R、S'_G 和 S'_B

分别表示红光、绿光和蓝光的狭缝像. 如果将眼睛分别置于这些位置，就会看到红、绿、蓝的单色像. 当眼睛位置能使几种颜色的光同时进入时，就会看到再现像有连续变化的颜色，如同雨后天空中的彩虹一样，因而叫**彩虹全息**.

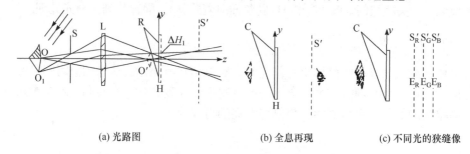

(a) 光路图 　　　　　 (b) 全息再现 　　　　 (c) 不同光的狭缝像

图 3-45-10　彩虹全息照相

在图 3-45-10(a)中，物光波受到狭缝 S 的限制，只能有一束细光束通过透镜 L 投射在感光片上，因而对应一个物点 O_1 的信息在全息图 y 方向上只占了一小部分，即 ΔH_1. 如图 3-45-10(a)和图 3-45-11 所示，O'、S' 分别是物点 O 和狭缝 S 通过透镜成的像，设 O' 到感光片 H 的距离为 z_O，S' 到 H 的距离为 z_S，其宽度为 a'，则线全息图的宽度为

$$\Delta H = \frac{|z_O| a'}{|z_O| + z_S} \tag{3-45-10}$$

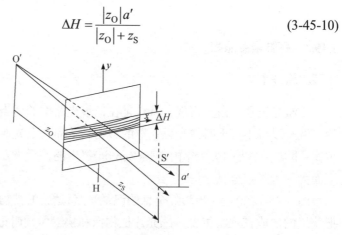

图 3-45-11　彩虹全息图视差

由于一个物点的全息图在 y 方向(垂直方向)受到限制，在 x 方向(水平方向)不受限制，所以再现像在 y 方向便失去了体视感，而在 x 方向仍保持了体视感. 由此可见，彩虹全息图能够用白光再现，是以牺牲垂直方向上的视差为代价的.

【**实验内容**】

1. 彩虹全息图的拍摄

(1) 根据图 3-45-12 布置光路. 成像透镜 L 应选择相对孔径大(即大口径、短焦距)、成像质量好的透镜，以保证物体的再现像有较好的体视感.

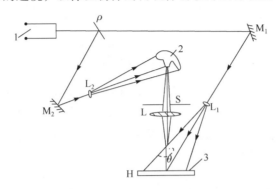

图 3-45-12　拍摄光路

1. 激光器；2. 物；3. 乳胶面

(2) 把被摄物体躺倒放置于成像透镜 L 的物方焦距以外，在干板架上先装上毛玻璃屏. 前后移动干板架直到在毛玻璃屏上看到清晰的像，然后再把干板架向后移动一点(5cm 以内).

(3) 把狭缝光阑 S 紧贴 L 竖直放置，S 的宽度在 5mm 左右为宜.

(4) 调整参考光路，使物光与参考光的夹角为 25°～30°，光程尽量相等，光强比为 1∶1～1∶8.

(5) 取下毛玻璃屏，关闭快门，换上全息干板，夹紧(乳胶面向着入射光). 静止片刻，曝光及处理.

2. 白光再现

将全息图相对记录位置绕水平轴旋转 90°，用灯丝较集中的白炽灯照明，眼睛相对全息图上下左右移动，仔细观察再现像，注意颜色的变化和视差特点.

【**思考题**】

(1) 全息照相有什么特点？全息图上记录的是什么？"再现"是什么过程？

(2) 如何在同一张透射式全息图上记录两个不同的物体并分别再现？不妨做做看.

(3) 比较透射式全息图和彩虹全息图的记录和再现特征，如果它们被打碎，各自的碎片能再现出被摄物体的完整像吗？

(4) 彩虹全息记录光路中的狭缝起什么作用？如果想在一张彩虹全息图上记录两个物体，使其再现像的颜色不同，应如何记录？

(5) 反射全息图和彩虹全息图的白光再现原理有何不同？

【附录一】

全息照相的基本条件

(1) 光源. 全息照相是利用光的干涉原理进行物体光波的记录的，因而要求有相干性很好的记录光源. 激光具有很好的时间相干性与空间相干性，而且能量在空间高度集中，所以采用激光进行记录. 本实验使用的是小型氦氖激光器，腔长 250mm 左右，单模，输出功率为 1~3mW，波长 632.8nm，相干长度不小于其谐振腔长的 $\frac{1}{2}$~$\frac{1}{4}$. 根据记录的方式，再现光源除了用激光外，还可以用白光. 白光光源一般用日光或灯丝较集中的白炽灯.

(2) 光学系统的稳定性. 全息图记录的是物光与参考光的干涉条纹，这些条纹十分细密复杂，在曝光过程中各光学元件间的微小移动与振动都会引起干涉条纹的漂移，造成全息图上的条纹模糊甚至完全无法记录. 因此，在曝光时间内，干涉条纹的漂移不得超过其间距的 $\frac{1}{4}$. 这对光学系统的稳定性提出了很高的要求，所有的光学元件都用磁性座或其他方式固定在实验台上，这个台子又放在一个防震系统上(如高弹泡沫、空气弹簧或其他减震器)，防止地面振动的干扰. 此外，气流通过光路、声波以及温度变化都会引起干涉条纹漂移. 曝光前应先静止几分钟，使台子上各元件稳定下来、室内各处温度均衡后再进行曝光.

(3) 高分辨率的感光片. 感光片的分辨率是指它所能记录光强度空间调制的最小周期，用每毫米内能分辨出多少条线或几组线来表示. 普通照相用的感光片每毫米只能分辨几十至几百条线，不能用来记录全息图的细密条纹. 记录全息图必须用特制的高分辨率感光片. 实验室用的一般是天津感光胶片厂生产的全息 I 型干板，它的乳胶层厚度为 6~7μm，灵敏波长为 632.8nm，曝光量约为 3mJ/cm²，极限分辨率大于 3000 条线/mm. 此外，国产 HP633P 型全息干板较适合记录反射全息图，其乳胶层厚度为 10μm，极限分辨率大于 4000 条线/mm，灵敏波长为 632.8nm，但要求有较大的曝光量，约为 30mJ/cm².

【附录二】感光片的处理程序及药液配方(表 3-45-1)

表 3-45-1　感光片的处理程序及药液配方

步骤	操作方法	药液配方
1. 显影	在 D_{19} 中显影 5min，(20±1)℃，水洗 30s	D_{19} 显影液 (略)
2. 停显	在酸性停显液中浸泡 30s，水洗 1min	停显液： 蒸馏水 1000mL 冰醋酸 13.5mL
3. 定影	在 F5 中定影 5min，16～20℃，水洗 1min	F5 定影液 (略)
4. 漂白	在铁剂漂白液(或氯化汞漂白液)中浸泡 2～4min	a.铁剂漂白液 　铁氰化钾 　(赤血盐)15g 　溴化钾 15g 　加蒸馏水到 1000mL b.氯化汞漂白液 　氯化汞 9g 　溴化钾 4g 　加蒸馏水到 400mL
5. 水洗	在流水中冲洗 5～10min	
6. 干燥	室温下晾干，亦可将全息图浸入无水乙醇中 1min，脱水后取出吹干	

注① 未经漂白的全息图是振幅型全息图，衍射效率很低，漂白后变成相位型全息图，衍射效率比较高；

② 一般的感光片背面都涂有防光晕层，记录反射全息图时应先在暗室中用适当的溶剂(如无水乙醇)将其清除；

③ 反射全息图的防缩处理：将做好的全息图放入用水稀释的甲醇中(甲醇与水的体积比为 7∶1)，然后在异丙醇中浸泡后取出晾干.

3.46　光 电 效 应

【实验目的】

(1) 通过实验加深对光的量子性的认识；

(2) 验证光电效应方程并测定普朗克常量.

【实验原理】

当光照射金属表面时，金属中有电子逸出的现象，叫做**光电效应**，所逸出的电子叫**光电子**. 光线效应的基本规律可归纳为：

(1) 在光谱成分不变的情况下，饱和光电流的大小与入射光强度成正比

(图 3-46-1).

(2) 光电子的最大初动能(截止电压)与入射光强度无关(图 3-46-1), 仅与入射光的频率有关, 频率越高, 光电子的能量就越大(图 3-46-2).

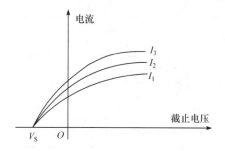 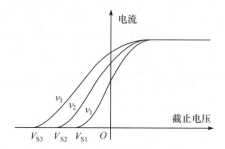

图 3-46-1　截止电压与入射光强度的关系　　图 3-46-2　截止电压与入射光频率的关系

(3) 入射光有一个截止频率 ν, 在这个截止频率下, 不论光的强度如何, 照射时间多长, 都没有光电子发射.

显然, 经典电磁理论无法解释上述规律, 而爱因斯坦认为: 光是由光子组成的粒子流, 每个光子的能量为 $E = h\nu$, 式中 h 为普朗克常量, ν 是光子的频率, 光子的多少取决于光的强弱. 当光照射金属表面时, 光子的能量全部被金属中的电子吸收. 电子用这能量的一部分来挣脱金属对它的束缚, 即用作脱出功, 余下的部分就变成电子离开金属表面后的动能. 按能量守恒和转换定律有

$$h\nu = \frac{1}{2}mv^2 + A \tag{3-46-1}$$

上式称为**爱因斯坦光电效应方程**, 它说明对一定的金属(其脱出功 A 为常数), 光子的频率 ν 越高, 光电子的能量 $\frac{1}{2}mv^2$ 就越大. 如果入射光的频率过低, 使得 $h\nu < A$, 则电子根本不可能脱离金属表面. 只有当入射光的频率 $\nu > \nu_0 > \dfrac{A}{h}$ 时, 光电子才能脱离金属表面. 这个截止频率 $\nu_0 = \dfrac{A}{h}$ 所对应的波长称为光电效应的**红限**. 不同的物质红限不同, 对于碱金属, 红限在可见光区域内.

另外, 在光谱成分不变的情况下, 入射光的强度由单位时间到达金属表面的光子数目决定, 而被击出金属表面的光电子数又与光子数目成正比, 这些被击出的光电子全部到达 A 极便形成了饱和光电流. 因此, 饱和光电流与被击出的光子数成正比, 也就是与到达金属表面的光子数成正比, 即与入射光的强度成正比.

实验中采用"减速电压法"来验证爱因斯坦方程, 并由此求出 h. 实验装置如图 3-46-3 所示, K 为光电管的阴极, 涂有碱金属材料; A 为圆环形阳极; 能量为 $h\nu$ 的光子射到 K 上, 打出光电子. 当 A 加正电压, K 加负电压时, 光电子被

加速；反之光电子被减速. 如果 A 极所加的负电压 $V = V_S$，而 V_S 满足方程

$$\frac{1}{2}mv_{max}^2 = eV_S \tag{3-46-2}$$

则光电流为零，V_S 称为截止电压，如图 3-46-1 所示. 由(3-46-1)式和(3-46-2)式得

$$V_S = \frac{h}{e}\nu - \frac{A}{e} = \frac{h}{e}(\nu - \nu_0) \tag{3-46-3}$$

改变入射光的频率 ν，可以测得不同截止电压 V_S (图 3-46-2)，作 V_S-ν 图可得一直线. 由直线斜率可以求出 h ($e = 1.6022 \times 10^{-19}$ C). 也可以令 $y = V_S$、$x = \nu$，用一元线性回归法求出斜率及误差，得出 h 和它的误差.

在实验中，为了验证在光谱线成分不变的情况下，饱和光电流的大小与入射光强度成正比，与截止电压无关，可以选用一短波单色光，改变入射光强度，测出加速、减速电压 V 和光电流 I 的特性曲线(图 3-46-1).

实际上测出的特性 V-I 曲线比图 3-46-1 要复杂，如图 3-46-4 所示. 这是由于电子的热运动及光电管管壳漏电等使光阴极未受光照射也能产生电子流(暗电流). 此外各种杂散光也会形成光电流(本底电流). 这些电流和光电子流形成阴极电流如图 3-46-4 中虚线所示. 为了精确地确定截止电压 V_S，必须去掉暗电流和本底电流及反向电流的影响. 实验中，应根据选用的光电管 V-I 曲线的特点，来确定选择 $-V_S'$ 还是 $-V_S''$ 近似作为 V_S. 选 $V = -V_S'$ 作为 V_S 的称为交点法，选 $V = -V_S''$ 作为 V_S 的称为拐点法. 不论采用什么方法，均不同程度地引进了系统误差. 本实验采用如图 3-46-3 所示的光电效应实验仪，其反向电流小，阴极电流上升很快，采用交点法确定截止电压.

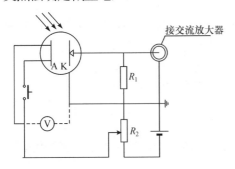

图 3-46-3 光电效应实验仪电路图

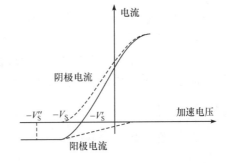

图 3-46-4 V-I 特性曲线

【实验器材】

高压汞灯、有手动快门的光阑、干涉滤色片、带电磁屏蔽的光电管电路盒、直流电源、直流电压表、交流放大器、交流毫伏表、示波器.

【仪器描述】

图 3-46-5 为实验装置的方框图，各部分的作用简述如下.

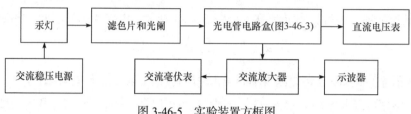

图 3-46-5　实验装置方框图

(1) 光源. 采用高压汞灯，在灯前面加相应的干涉滤光片. 汞灯在可见光范围内几条较强谱线的波长及滤光片的参数由实验室给出.

(2) 光电管电路盒. 如图 3-46-3 所示，采用 451RMM/GKV 光电管，其阳极为圆环形状，能直接以适当的电压加热，使淀积在其上面的阴极材料蒸发掉，以减少光照射到阳极时阳极电流造成的误差. 光电管套在黑色的金属灯罩内，整个电路都装在屏蔽盒内. 为了测量方便，在光电管入射窗前加用手动快门软线连接的光阑.

(3) 交流放大器. 实验中选用屏蔽较好、输入阻抗高($>1014\Omega$)的交流放大器与交流毫伏表或示波器相接来测量光电流，能避免暗电流和本底电流的影响. 这是由于汞灯是 50Hz 的市电供电，光强是交变的，频率为 100Hz，则光电流的频率也是交变的. 而暗电流是直流电流，室内漫反射产生的本底电流也是一个变化较为缓慢的直流电流. 交流放大器只能放大交流的光电流，故暗电流和本底电流不影响测量的数据.

(4) 交流毫伏表、直流电压表. 为了准确测定光电流和截止电压V_S，在交流放大器输出端接入交流毫伏表，用交流毫伏表读数作光电流的相对指示. 用直流电压表测定加速电压、减速电压. 当改变减速电压，交流毫伏表读数最小时，直流电压表指示的读数即为交点法测出的截止电压V_S.

【实验内容】

(1) 按图 3-46-5 接好线路，注意光电管电路盒、交流放大器、交流毫伏表的接地.

(2) 测出 365.0nm 光照射光电管的I-V曲线，改变光源到光电管的距离(即改变了光强)，重测光电管的I-V曲线，从而验证基本规律(1). 并根据I-V曲线，确定实验中应该选用交点法还是拐点法测定截止电压V_S.

(3) 用交流毫伏表法分别测出不同波长的光入射时的截止电压V_S，作V_S-ν图，由直线的斜率计算出h，用回归法求出斜率及误差，由此得出h的值和误差.

(4) 用示波器测定普朗克常量.

在实验中为了观察光电流信号和外界干扰感应信号，准确直观地测定光电流

为零时的截止电压 V_S，可以用示波器替换交流毫伏表，在交流放大器的输出端接入示波器. 没有光照在光电管上时，可以看到外界干扰感应信号，主要为 50Hz 的正弦波，如图 3-46-6(a)所示. 当光照在光电管上时，光电流信号叠加在感应信号上，在示波器上

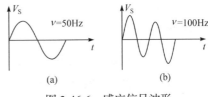

图 3-46-6　感应信号波形

观察到如图 3-46-6(b)所示的交变信号. 实验中调节减速电压，当光电流为零时，示波器上显示的仅仅是如图 3-46-6(a)所示信号. 此时直流电压表的读数 V 即为截止电压 V_S.

按上述方法，用示波器测出不同波长的光入射时的截止电压 V_S. 作 V_S-ν 曲线，由直线的斜率计算出普朗克常量 h. 用回归法求出斜率及误差，由此得出 h 的值和误差.

【思考题】

(1) 观察电流是否随入射光强弱而变? 截止电压是否随入射光强弱而变化? 截止电势是否随入射光波长而变化? 并解释之.

(2) 什么是确定截止电势的交点法和拐点法?

(3) 为什么光电管的阳极制成圆环形状?

(4) 试分析比较用不同方法测定截止电势时产生误差的主要原因，如何减少误差.

(5) 光电效应的基本规律为: ①_____; ②_____; ③_____.

(6) 光电效应实验中所用理论公式为_____. 式中___表示_____; ___表示_____; _____表示_____; _____表示_____.

(7) 实验中采用汞灯作_____，滤色片的作用是_____，交流毫伏表的作用是_____，直流变压表的作用是_____.

(8) 作图法处理数据的方法是: 以_____作为横轴，_____作为纵轴，可得一直线. 从直线上取_____，求得斜率 $\tan\theta = $ _____，由此式可求得 $h = $ _____.

(9) 用回归法处理数据的方法是以_____作为自变量，以_____为因变量，求得斜率 b，则 $h = $ _____.

3.47 阿贝成像原理和空间滤波

【实验目的】

(1) 熟悉阿贝成像原理，了解透镜孔径对分辨率的影响；

(2) 在初步学习信息光学的基础上，加深对空间频谱和空间滤波等概念的认识；

(3) 学习一种记录空间频谱的方法.

【实验原理】

1. 阿贝成像原理

在几何光学中，薄透镜所生成的像与物体本身是一一对应的，即像与物在形状上是一致的. 这可看成是透镜一次成像的结果. 而阿贝成像原理首次引出了频谱概念和二次衍射成像的概念，并用数学上的傅里叶变换解释了透镜成像的原理. 这为后来的光学信息处理奠定了良好的理论基础. 阿贝认为，在相干光的照明下，显微镜的成像可分为两个步骤：第一个步骤是通过物的衍射光在物镜后焦面上形成一个初级干涉图；第二个步骤是物镜后焦面上的初级干涉图复合为中间像. 这个像可在目镜中观察到. 这两个步骤本质上就是傅里叶变换. 如果设 $g(\zeta,\eta)$ 为物平面上的光场复振幅分布，而透镜后焦面上的复振幅分布 $G(x,y)$，则为 $g(\zeta,\eta)$ 的一次傅里叶变换：

$$G(x,y) = \iint_{-\infty}^{\infty} g(\zeta,\eta)e^{-i2\pi\left(F_x\xi + F_y\eta\right)}\mathrm{d}\zeta\mathrm{d}\eta \qquad (3\text{-}47\text{-}1)$$

其中 $F_x = \dfrac{x}{\lambda f}$，$F_y = \dfrac{y}{\lambda f}$ 分别为 x、y 方向上的空间频率，f 为成像透镜的焦距，λ 为光波波长. $G(x,y)$ 也可称为频谱函数. 这就完成了成像的第一个步骤，即把光场的空间分布变为空间频率分布. 然后，此时的频谱再作为物，再次衍射，在像面上可得到复振幅分布为 $g'(\zeta',\eta')$，而 $g'(\zeta',\eta')$ 又是 $G(x,y)$ 的一次傅里叶变换：

$$g'(\zeta',\eta') = \iint_{-\infty}^{\infty} G(x,y)e^{i2\pi\left(F_x\zeta + F_y\eta\right)}\mathrm{d}x\mathrm{d}y$$

$$(3\text{-}47\text{-}2)$$

这也就完成了成像的第二个步骤，即把光场的空间频率分布又还原到空间分布. 图 3-47-1 可形象地反映出这一原理.

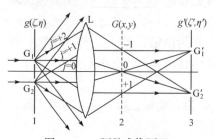

图 3-47-1　阿贝成像原理

1. 物面(光栅); 2. 焦面; 3. 像面

如图 3-47-1 所示，物为一维光栅，成像系统为单个正透镜. 平行光(每一束平行光相应于一定的空间频率)经透镜分别聚焦在后焦面上形成一维点阵(空间频谱)，然后各代表不同空间频率的光束又重新在像平面上复合成像.

需要指出的是，由于透镜的口径总是有限的，总有一部分衍射角较大的高频成分不能进入透镜. 因此，从像上获得的信息总是要少一些，而高频成分主要反映物的细节，如果这部分信息受到阻挡而未能进入像平面，则无论显微镜有多大的放大倍数，也无法分辨这些细节. 这就是显微镜分辨率受到限制的根本原因. 当物的结构相当精密而物镜口径又非常小时，只有零级衍射光能通过，不能形成图像.

2. 空间滤波

既然透镜的成像可看成是二次衍射的结果，那么如果我们在透镜的后焦面(频谱面)上放置吸收板或移像板，以减弱某些空间频率成分或改变某些空间频率成分的相位，则必然使像发生相应的变化. 这样的图像处理方法称为空间滤波. 它是信息处理中的一种最基本的方法. 频谱面上放置的模板就称为滤波器.

【实验内容】

(1) 调整光路. 本实验的基本光路如图 3-47-2 所示.

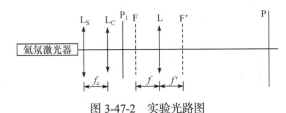

图 3-47-2　实验光路图

首先调节整个系统共轴. 经高倍显微物镜 L_S 扩束后的光再经准直透镜 L_C 射出. 要判断出射光是否为平行光，一个简单的方法就是，先去掉 L，在 L_C 后选两处相距较远的位置. 用毛玻璃屏观察这两处的光斑，并用钢卷尺测量光斑的大小. 同时仔细、反复地调节 L_C 的位置，直到这两处的光斑直径相等为止. 此时经 L_C 投射出的光即为一束平行光.

(2) 在物平面 P_1 处放置 50mm 的一维光栅，将毛玻璃屏放在 L 后焦面附近来回移动，直到屏上出现清晰的光点. 此时屏的位置就是 L 的后焦面 F′. 观察屏上的点阵结构，可用卡尺量出点阵间距，从而算出空间频率.

(3) 去掉毛玻璃屏，在同一位置放上一可调狭缝作为光阑. 调节狭缝，使之通过不同的频率成分(衍射级次分别为 0, ±1, ±2, …)，观察各种情况下像的情况，并作出解释.

(4) 在 P_1 处换上 20mm 的正交光栅,关掉所有光源及快门. 将全息干板置于 F' 处,使乳胶面朝向透镜,固定好后,开启快门,曝光 4～6s,然后进行暗室处理. 将处理好的干板放在读数显微镜下测出 x、y 方向上的点阵距离,算出 F_x、F_y.

(5) 空间滤波现象的观察. 采用上述光路,在 F' 处放置可调狭缝,改变狭缝取向,观察 P 上像的情况,并将观察到的结果填于图 3-47-3 空白处.

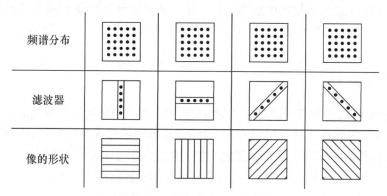

图 3-47-3 　空间滤波现象的观察

(6) 空间滤波现象的又一实验观察. 无线电传真的图像或字迹,都是由一些排列规则的像元构成的. 如果去掉这些像元,还能否得到一幅完整的图像呢? 由于像元比图像小得多,它具有更高的空间频率,这就成为一个高频滤波问题. 为此,我们可将一个正交铜或铁丝网格(10mm)和纸上透明的字重叠在一起作为物. 字的笔画粗细约为毫米量级,其放大图像如图 3-47-4 所示. 它的像成在距透镜 L 较远的屏上,为一带有网格的字迹. 在 L 的后焦面 F' 处,由于网格为一周期性空间函数,其频谱仍是分列的点阵,而字迹是非周期函数,其频谱是连续的. 将一个可变圆孔光阑放在 F' 处,逐步缩小光阑孔径,直到光轴上只剩下一个光点而其余部分均被挡住. 此时像面 P 上不再有网格,而字样却仍然保留下来. 如何从空间滤波的概念说明这一现象?

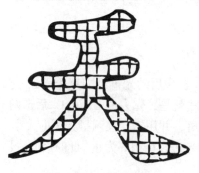

图 3-47-4 　实验观察

(7) θ -调制. θ -调制也可用来说明空间滤波实验. 它是用不同取向的光栅调制物平面的不同部位,采用白炽灯照明. 经滤波后,像平面的各相应部位可呈不同色彩. 此实验可按图 3-47-5 光路进行.

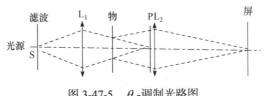

图 3-47-5　θ-调制光路图

其中物为三种不同取向的光栅构成的图形，如天空、草地、房子. 光栅取向各相差 $60°$，约 100mm. 在物的后面紧靠 L_2 的 P 处放置一特制的滤波器，如图 3-47-6 所示(可根据具体情况自行制作，材料可选用薄金属片或硬纸片，制成活动型. 这样各狭缝便可随拉条来回移动而处在不同的位置上). 三种不同取向的衍射极大相应于不同取向的光栅，即图像中的草地、房子、天空. 而这些衍射极大除零级外都有色散. 由于蓝光波长短，衍射角最小，故一级衍射中蓝光最靠近零

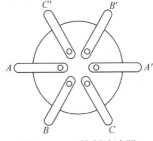

图 3-47-6　特制滤波器

级极大，依次为绿光和红光. 在进行实验时，可仔细调节滤波器上各拉条 $A\text{-}A'$，$B\text{-}B'$，$C\text{-}C'$ 的位置，使相应于草地的一级衍射图上有绿光通光；相应于房子和天空的一级衍射图上分别有红光和蓝光通光. 这时在像平面上可看到原物的彩色图样，图 3-47-7 反映了 θ-调制的全部过程.

图 3-47-7　θ-调制的全部过程

1. 草地；2. 房子；3. 天空

【思考题】

(1) 简述阿贝成像原理.

(2) 何为空间滤波，试解释之.

(3) 简述实现空间滤波现象的方法和过程.

参 考 文 献

饭田修一，大野和郎，泽田正三，等. 1987. 物理学常用数表[M]. 曲长芝译. 北京: 科学出版社.

龚镇雄. 1985. 普通物理实验中的数据处理[M]. 西安: 西北电讯工程学院出版社.

龚镇雄，刘雪林. 1990. 普通物理实验指导(力学、热学和分子物理学)[M]. 北京: 北京大学出版社.

金清理, 黄晓虹. 2007. 基础物理实验[M]. 杭州: 浙江大学出版社.

李惕培. 1981. 实验的数学处理[M]. 北京: 科学出版社.

潘国能. 2003. 用迈克尔孙干涉仪测量空气的折射率[D]. 昆明: 云南师范大学.

秦世忠, 姜林. 1995. 普通物理典型实验分析与研究[M]. 北京: 新华出版社.

沈元华、陆申龙. 2003. 基础物理实验[M]. 北京: 高等教育出版社.

松下昭, 平井纪光. 1988. 全息照相术的原理及实验[M]. 孙万林, 等译. 北京: 科学出版社.

泰勒 F. 1990. 物理实验手册[M]. 张雄, 等译. 昆明: 云南科技出版社.

吴泳华, 霍剑青, 熊永红, 等. 2001. 大学物理实验. 第一册[M]. 北京: 高等教育出版社.

谢慧瑗, 等. 1989. 普通物理实验指导[M]. 北京: 北京大学出版社.

熊永红, 任忠明, 张炯, 等. 2004. 大学物理实验[M]. 武汉: 华中科技大学出版社.

杨述武. 2000. 普通物理实验(一、力学及热学部分)[M]. 北京: 高等教育出版社.

于美文. 1984. 光学全息及信息处理[M]. 北京: 国防工业出版社.

云南师范大学. 1989. 大学物理实验[M]. 重庆: 西南师范大学出版社.

张雄, 王黎智, 马力, 等. 2001. 物理实验设计与实验研究[M]. 北京: 科学出版社.

曾贻伟, 龚德纯, 王书颖, 等. 1990. 普通物理实验教程[M]. 北京: 北京师范大学出版社.

Collier R J, Burckhardt C B, Lin L H. 1972. Optical holography[J]. Physics Today, 25(9): 51-52.

(第 3 章由云南师范大学物理实验教学示范中心供稿, 张雄、张皓晶编)